Strukturbildung und Simulation technischer Systeme Band 1

Axel Rossmann

Strukturbildung und Simulation technischer Systeme Band 1

Die statischen Grundlagen der Simulation

Axel Rossmann
Hamburg, Deutschland

ISBN 978-3-662-46765-7 ISBN 978-3-662-46766-4 (eBook)
DOI 10.1007/978-3-662-46766-4

Die Deutsche Nationalbibliothek verzeichnet diese Publikation in der Deutschen Nationalbibliografie; detaillierte bibliografische Daten sind im Internet über http://dnb.d-nb.de abrufbar.

Springer Vieweg

Gedruckt auf säurefreiem und chlorfrei gebleichtem Papier.

Springer Vieweg ist Teil von Springer Nature
Die eingetragene Gesellschaft ist Springer-Verlag GmbH Berlin Heidelberg

Vorwort

Simulationsprogramme werden heute in größerer Zahl angeboten. Mit ihnen ist die graphische Programmierung nicht besonders schwierig. Das eigentliche Problem besteht in der Darstellung aller Funktionen eines Systems im Zusammenhang, genannt **Struktur**.

Diese ‚**Strukturbildung und Simulation technischer Systeme**' zeigt durch vielfältige Beispiele aus allen Bereichen der **Technik und klassischen Physik**, wie Strukturen gebildet und durch Simulation getestet und optimiert werden. So werden frühzeitig Fehler erkannt, die in der Realität nur ungleich schwerer zu korrigieren wären. Der Bau einer neuen Anlage beginnt dann erst nach der Simulation mit einem umfangreichen und virtuell getesteten Vorwissen über ihr zu erwartendes Verhalten (Abb. I).

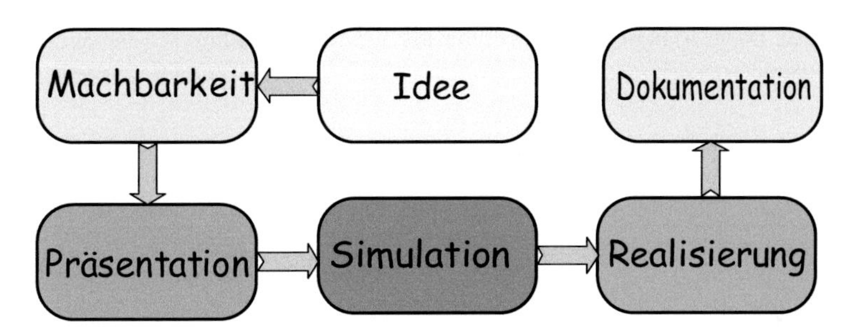

Abb. I Die Stellung der Simulation bei der Produkt-Entwicklung

Ermittelt man die Struktur einer existierenden Anlage, so kann diese durch **Parametervariation viel einfacher optimiert** werden, als wenn dies an der realen Anlage im Probierverfahren gemacht werden müsste. Die virtuell ermittelten Änderungen können dann auf die reale Anlage übertragen werden. Die Vorteile liegen auf der Hand: besseres Verständnis des Systems, kürzere Entwicklungszeiten und Fehlervermeidung.

Die Struktur ist die symbolische Darstellung aller Funktionen, die zusammen das System bilden. Zur **Struktur und Simulation**, die zeigen **wie** etwas ist, gehört auch die Analytik, die klärt, **warum** etwas so ist. Analytik mit Strukturen liefert die gesuchten Zusammenhänge ohne aufwändige Mathematik. **Simulationen veranschaulichen** alle interessierenden Zusammenhänge. Analyse und Simulation bilden zusammen ein optimales Werkzeug zur Untersuchung auch komplexester Systeme.

Oft wird die Meinung vertreten, dass nur das, was man real gesehen hat, auch verstanden wird. Der Autor ist nicht ganz der Meinung. Was man real gesehen hat, fördert die Anschauung ungemein und man wird es kaum bestreiten. Aber nur die Struktur zeigt, **wie** Systeme im Einzelnen funktionieren. Durch Simulation werden auch die Unterschiede des aktuellen Verständnisses zur Realität besser erkannt. Dadurch können

sie schrittweise verringert werden. Am Schluss ist **das simulierte Verhalten vom realen kaum noch zu unterscheiden**.
Dieses Buch will die **Werkzeuge** zur Strukturbildung und Simulation vermitteln und zeigen, wie leistungsfähig dieses Verfahren ist. Zu jedem behandelten Thema wird eine kurze Einführung gegeben. Vorkenntnisse sind nicht unbedingt erforderlich, aber hilfreich.

Zur **dynamischen Analyse:**
Zum Verständnis dynamischer Vorgänge sind die Begriffe Differenzierung und Integration unerlässlich, nicht aber die Differenzial- und Integral-Rechnung. Differenzierung und Integration werden erklärt und durch Simulation veranschaulicht. Die Simulationen zeigen die Lösungen der als Struktur dargestellten Differenzialgleichungen.

Die zur **Systemanalyse** benötigte **komplexe Rechnung** wird in Kurzform dargestellt. Zur Untersuchung räumlicher Systeme wird der Begriff des Vektors und seiner Komponenten (x, y, z) benötigt, **nicht** aber die Vektor- und Matrizen-Rechnung.
Zur Methode:

1. Zu jedem Beispiel (Gerät oder Schaltung) wird die **Funktion als Modell in Form einer Struktur** symbolisch dargestellt. Wenn möglich, erscheinen steuernde Signale links und die gesteuerten Signale rechts. So liest man Strukturen wie ein Buch.
2. Die Struktur zeigt die Verarbeitung der äußeren Signale durch **Blöcke, die die Funktionen der Bauelemente** darstellen, und **ihre Verknüpfung** durch interne Signale. So fördern Strukturen das **systematische Denken in Ursache und Wirkung**. Eine Struktur ist vollständig, wenn außer den steuernden und gesteuerten Signalen keine offenen Leitungen, d.h. unerklärte Signale, mehr vorkommen.
3. Danach müssen die **Konstanten der Blöcke bestimmt** werden. Sie sind so einzustellen, dass bekannte, geforderte oder gemessene Ein- und Ausgangssignale als Aussteuerung um einen Arbeitspunkt (Mittelwert) entstehen. Durch die Parameter wird die Struktur der Realität angepasst.
4. Ist eine Struktur gebildet, ganz oder in Teilen, kann das Verhalten der Anordnung simuliert – und das heißt veranschaulicht werden: im **Zeitbereich meist als Sprungantwort** oder im **Frequenzbereich für sinusförmige Aussteuerung.**
5. Es wird gezeigt, wie die interessierenden analytischen Zusammenhänge **ohne höhere Mathematik** aus der Struktur **abgelesen** werden können. Das bleibt immer übersichtlich und ist effizient, weil Wiederholungen vermieden werden.

Strukturen bleiben **gerade bei umfangreichen Systemen** nachvollziehbar. Deshalb sind sie umso notwendiger, je komplexer ein System ist.

Angestrebt wird größtmögliche Vielseitigkeit der Themen, verbunden mit möglichst einfacher und übersichtlicher Darstellung des Wesentlichen. Das bedeutet, dass letzte Exaktheit nicht immer erreicht wird. Daher besteht keine Konkurrenz zu kommerziellen Simulationen, die bestrebt sind, ein spezielles Thema ganz genau abzubilden. Diese Expertensysteme lassen sich anwenden, ohne dass der Benutzer die internen Einzelheiten verstanden haben muss.
Bei der hier vorliegenden **Strukturbildung** ist das aber möglich und gewollt. Sie eignet sich daher besonders zum praxisnahen **Erlernen der Regelungstechnik.**

Abgesehen von den elektronischen Schaltungen hat der Autor die meisten der hier simulierten Beispiele nicht praktisch erprobt (das kann eine einzelne Person nicht leisten). Seine Referenzen sind die in Büchern und dem **Internet veröffentlichten technischen Daten und Messungen.** Der Autor kann daher keine Garantie für die Richtigkeit jeder Struktur und Simulation übernehmen. Aber auch falsche oder nur teilweise richtige Strukturen können ein Denkanstoß sein.

Falls Sie selbst über Erfahrungen zu den behandelten Themen verfügen, würde sich der Autor über Rückmeldungen freuen. Für alle Hinweise auf Fehler, Kritik und Verbesserungsvorschläge bin ich meinen Lesern dankbar. Mein herzlicher Dank gilt allen, die mich bei diesem Projekt unterstützt haben, insbesondere den Firmen, deren Abbildungen und technische Daten ich benutzen durfte.

Axel Rossmann Hamburg, im April 2016

Fragen und Antworten zum Thema Simulation:

Warum Simulation?

- Systeme sollten so weit wie möglich berechnet werden, bevor sie realisiert werden.
- Reale Systeme sind zu komplex, um sie ‚per Hand' vollständig zu berechnen.
- Zur Simulation werden Systeme in überschaubare Teile zerlegt.
- Das Gesamtsystem kann das Simulationsprogramm berechnen.
- Simulationen können schnell geändert werden, bis sie sich von der Realität kaum noch unterscheiden.

Was ist eine Struktur?

- Strukturen zeigen sämtliche Funktionen eines Systems als Verknüpfung aller Ursachen und Wirkungen in graphischer Form.
- Alle am System beteiligten physikalischen Größen – ob sie gemessen werden können oder nicht – werden durch Signalleitungen dargestellt.
- Dass das System vollständig beschrieben ist, erkennt man daran, dass es intern keine offenen ‚Leitungen' mehr gibt. Das System wird von Messgrößen angesteuert (Eingangsgrößen). Die Struktur berechnet daraus sämtliche interessierenden Informationen als Ausgangsgrößen.

Was sind die Vorteile von Strukturen?

- Strukturen bleiben auch bei komplexen Systemen, die in Blöcke (Funktionseinheiten) zerlegt werden, immer übersichtlich. Simulationen sind so anschaulich wie die Praxis selbst. Allerdings sagt Ihnen die Praxis nur, **ob** etwas funktioniert oder nicht. Die Simulation hat darüber hinaus den Vorteil, dass sie auch zeigt, **wie** und **warum** etwas funktioniert.
- Strukturen können von beliebigen Simulationsprogrammen berechnet werden. Durch Variation der Parameter – die als Daten zum Bau eines Systems gebraucht werden – wird das System optimiert. Das spart Entwicklungskosten und Zeit.
- Dadurch erhalten Sie in kürzester Zeit alle Informationen zum statischen und dynamischen Verhalten eines Systems im Zeit- und im Frequenz-Bereich: Informationen, die durch den praktischen Aufbau – wenn überhaupt – nur mit großem Aufwand und Kosten zu erhalten wären.

Wenn man die Funktionen eines Systems analytisch kennt, kann man sie z.B. durch Excel berechnen lassen. In dieser Hinsicht ist ein Simulationsprogramm etwa gleichwertig. Der besondere Vorteil eines Simulationsprogramms ist jedoch, dass es das Verhalten auch komplexester Systeme übersichtlich und im Zeit- oder Frequenzbereich darstellen kann - und das kann Excel nicht. Die besondere Stärke von SimApp besteht darin, die Realität in allen Details mit einfachen Mitteln abzubilden. Davon handelt dieses Buch.

Ist Simulation schwierig?

- Mit dieser ‚Strukturbildung und Simulation technischer Systeme' nicht, denn es werden nur elementare Gesetze verwendet. Man muss sich nur an das **UVW-Prinzip** gewöhnen:

  ‚Ursache – Verarbeitung - Wirkung'

  Höhere Mathematik in klassischer Form ist dazu nicht erforderlich.
- Häufig benötigt werden die Begriffe **Integration** und **Verzögerung.** Was das ist, wird anschaulich erklärt. Die Berechnung von Integralen übernimmt der PC, dem die Struktur sagt, was er integrieren soll.
- Klassische Ableitungen allgemeiner Zusammenhänge können direkt aus Strukturen abgelesen werden. Wie das gemacht wird, wird erklärt.

  Dadurch werden die Zusammenhänge zwischen den Signalen und den Bauelementen, die zu dimensionieren sind, erkannt.

Simulationen sind wie die Realität immer konkret!
Die durch sie ermittelten, optimalen Parameter der Systemkomponenten sind die Vorgaben zur späteren Realisierung. Die hier behandelten Themen sollen Sie anhand vieler Beispiele in die spezielle Denkweise der Strukturbildung und Simulation einführen.

Was sind die Simulationsvoraussetzungen?
Der Autor geht davon aus, dass Sie über einschlägige technische Erfahrungen und Grundkenntnisse der Physik und Mathematik verfügen. Mehr nicht.

Die Grundlagen zur Simulation werden, soweit es zum Verständnis der Strukturen erforderlich ist, zu allen behandelten Themen in Kürze vorangestellt. Wer Spaß an Simulationen hat und sich gründlicher in diese Themen einarbeiten möchte, dem empfiehlt der Autor seine Bände der Reihe

‚Strukturbildung und Simulation technischer Systeme'

Darin werden die Grundlagen der Simulation systematisch vermittelt und in 14 Kapiteln in Beispielen aus vielen Bereichen der Technik angewendet.
Informationen zum Buch finden Sie im Internet unter

http://strukturbildung-simulation.de

Wie simulieren?
Die hier angegebenen Strukturen lassen sich mit vielen auf dem Markt befindlichen Programmen simulieren. Der Autor hat sich für **SimApp** aus der Schweiz entschieden, denn es bietet wichtige Vorteile:

- SimApp ist leicht zu erlernen und trotzdem äußerst leistungsfähig.
- SimApp verwendet die in der Regelungstechnik üblichen Symbole.
- SimApp ist gut dokumentiert und preiswert.

Weitere Informationen zu SimApp finden Sie unter http://www.simapp.com/

Falls Sie über ein anderes Simulationsprogramm als SimApp verfügen, sollte es kein Problem sein, damit die hier angegebenen Strukturen nachzustellen.

Zum Simulationsprogramm

Für viele der hier angegebenen Strukturen ist die **Light-Version** von **SimApp** ausreichend (maximal 30 Blöcke). Allerdings erlaubt sie nicht die Erstellung von Anwenderblöcken. Daher empfiehlt der Autor, sich die **Vollversion** zu leisten. Sie kann **30 Tage kostenlos** als **Test-Version** genutzt werden.

Hinweise zum Gebrauch des Simulationsprogramms:

1. Falls Ihnen diese Strukturbildung nur als PDF-Datei und nicht in Papierform vorliegt und Sie gleichzeitig mit SimApp arbeiten wollen, richten Sie am besten zwei Fenster ein (Abb. II).

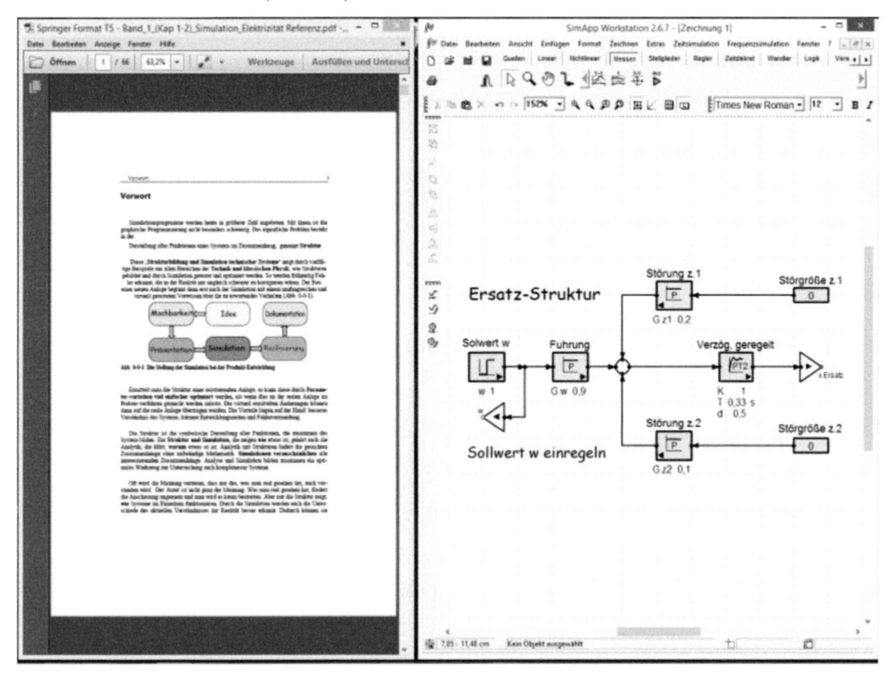

Abb. II Darstellung von Word und SimApp in zwei Fenstern. Links: Seite aus diesem Worddokument und rechts: SimApp-Zeichnung.

2. Den Simulationen mit SimApp sind häufig Abbildungen des simulierten Objekts hinzugefügt. Das soll den Zusammenhang zwischen Realität und Struktur herstellen. Allerdings wird der Bildaufbau durch die Bilder verlangsamt. Wenn Sie mit den Strukturen experimentieren wollen, empfiehlt es sich, nur die Strukturen in eine neue Datei mit ähnlichem Namen zu kopieren. Dann können Sie Änderungen nach eigenem Gutdünken vornehmen und der Bildaufbau geht viel schneller.

3. In den folgenden Kapiteln werden Tabellen und Formeln aus der **Technischen Formelsammlung von K.+R.Gieck: 30. Auflage von 1995** verwendet. Auch in der **Nomenklatur** hält sich diese Strukturbildung so weit wie möglich an den Gieck.

Zur Nomenklatur
Konstanten erhalten wenn möglich große Buchstaben, z.B. der elektrische Widerstand R. Arbeitspunktabhängige Konstanten erhalten kleine Buchstaben, z.B. der differenzielle Diodenwiderstand r.AK.

Signale erhalten, wenn es nicht anders üblich ist, auch kleine Buchstaben, z.B. der elektrische Strom i.
Ausnahmen: Die konstante Masse heißt traditionsgemäß klein m. Das Drehmoment, eine Variable (=Signal), heißt dagegen groß M.

Schreibweisen von Zahlenwerten

- dezimal: 123456,789 – ist scheinbar genau, aber unübersichtlich
- exponentiell: $123{,}456789 \cdot 10^3 \approx 123$ E(3)
  ist übersichtlich und mit an die Messpraxis angepasster Genauigkeit.
  Die dritte Ziffer hat eine Unsicherheit von höchstens 1%.

Abb. III SimApp schreibt große und kleine Zahlen in exponentieller Form: **E=10^{Exp}**.

Abb. III Konstante, exponentiell geschrieben

Die symbolische Darstellung einer exponentiellen Messgröße ist in Abb. IV gezeigt:

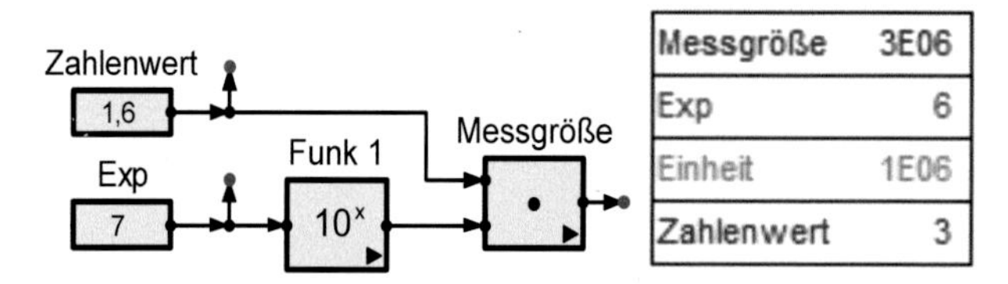

Abb. IV Simulation einer Messgröße, bestehend aus Zahlenwert und Einheit

Den Grundeinheiten werden dekadische Vorfaktoren (Präfixe) vorangestellt. So ist z.B. die Krafteinheit **N/1000=1mN**. Dagegen ist **1Nm ein Drehmoment.**
Eine Übersicht über die SI-Präfixe für die Zehnerpotenzen ist in Tab. I angegeben.

Tab. I Abkürzungen für Zehnerpotenzen

SI-Präfixe										
Name	Deka	Hekto	Kilo	Mega	Giga	Tera	Peta	Exa	Zetta	Yotta
Symbol	da	h	k	M	G	T	P	E	Z	Y
Faktor	10^{1}	10^{2}	10^{3}	10^{6}	10^{9}	10^{12}	10^{15}	10^{18}	10^{21}	10^{24}
Name	Dezi	Zenti	Milli	Mikro	Nano	Piko	Femto	Atto	Zepto	Yokto
Symbol	d	c	m	µ	n	p	f	a	z	y
Faktor	10^{-1}	10^{-2}	10^{-3}	10^{-6}	10^{-9}	10^{-12}	10^{-15}	10^{-18}	10^{-21}	10^{-24}

Tab. II Verwendet werden die allgemein üblichen Abkürzungen, z.B. M für Drehmomente, n für Drehzahlen, U oder u für Spannungen, I oder i für Ströme und f für Frequenzen. Für spezielle Fälle werden sie entsprechend indiziert, z.B. die Resonanzfrequenz ist f.Res. Größen, die individuell verschieden sein können, werden als ‚ind' bezeichnet.

Abkzg.	Einheit	Größe
φ	rad	Winkel
ε	ppm	Dehnung
α	1	Stromübertrag.-faktor
ϑ	°C	Temperatur
Δ	1	Änderung
ρ	kg/m^3	mechanische Dichte
ρ	$\Omega \cdot m$	spez.elektr.Wider.
σ	N/m^2	mechanische Spannung
A	1	Exponent
A	Ind	Amplitude
b	A/s	Ladungsbeschl.
C	F=As/V	el. Kondensator
DT	ind/K	Temperatur-durchgriff
d		Kleine Änderung
dT	K	Temperaturänderg
F.ind	ind	Absoluter Fehler
F.rel	%	Relativer Fehler
E	lx	Beleuchtungs-Stärke
E.Mod	N/m^2	Elastizitätsmodul
h	m	Höhe
I	W/m^2	Strahlungsintens.
I oder i	A	elektrischer Strom
I.Nen	A	Nennstrom
Komp	1	Kompensations-faktor
k.DMS	1	Dehnungsmess-konstante
k.Str	ind.	Streckenverstärkg
k.F	N/m	Federkonstante
L	M	Länge
M	Nm	Drehmoment
M.A	Nm	Antriebsmoment
MB	ind	Messbereich
n	rad/s	Drehzahl

Abkzg.	Einheit	Größe
n	Umd/min	Drehzahl
$\sim$		proportional
$\approx$		ungefähr
Om=ω	rad/s	Kreisfrequenz
Om=Ω	rad/s	Winkelgeschw.
P	W	Leistung
P.A	W	Antriebsleistung
P.el	W	elektrische Leistung
P.L	W	Belastungsleistg.
PWM	-	Pulsbreiten-modulator
phi	°	Winkel
Pa	N/m^2	Pascal
P	W	Leistung
p	Pa, bar	Druck
q.M	kg/s	Massenstrom (Durchsatz)
q.V	lit/s	Volumenstrom
Q	As	Ladung
R	Ω	elektrischer Widerstand
r	Ω	arbeitspunktabh. Widerstand
SF	Ind	Skalenfaktor
t	s	Zeit
T	s	Zeitkonstante
T	°C, K	absolute Temperatur
TE		Thermoelement
TK	ppm/K	Temperatur-koeffizient
T.el	%	Toleranz
T.el	s	elektrische Zeitkonstante
U; u	V	elektrische Spannung
V		konstante Verstärkung
v		arbeitspunktabh. Verstärkung

Inhaltsverzeichnis

Abb. V: Liste der Simulationen in Bd. 1/7

*S*imulationen:

1 Modellbildung

Name	Änderungs...
Formeln	
Schnelleinstieg in SimApp	
1 Analogien	
2 Bauplan und Struktur	
Dateien(1)	

Schnelleinstieg in SimApp

Name	Änderungs...	Typ
Abbildungen		
1 SimApp Hauptfenster		
2 Objekte und Signale		
3 Signal-Verarbeitung		
4 Fehlersuche		
5 Frequenz-Bereich		
6 Simulation testen		
7 Simulation erfolgreich		
8 Zeit-Simulation		
9 Test-Ausgänge		
10 Einer-Rückführung		
11 Blockbildung		
12 Block benutzen		
13 Betrag und Phase		
14 Verzögerung		
15 Verzögerung mit Gegenkopplung		
16 Bandpass im Zeitbereich		
17 Wobbel-Generator		
18 Berechng einer GK		
19 Einfachen Block bilden		
20 Einfache Verzögerung		
Einer-Rückführung		

Formeln

Name	Änderungs...	Typ
1 Mittelwert einer Sinus-Funktion		
2 Mittelung mit einstellbarer Zeit		
3 Effektivwert		
4 Effektivwert mit einstellbarer Zeitkonst		
5 Effektivwert mit Block		
6 Auflagerkräfte mit Block		
7 Einweg-Gleichrichter ohne Glättung		
8 Träger auf 2 Lagern		
9 RC-Glättung		
10 Mittelung einer Dreiecks-Funktion		
11 Dioden-Kennlinie		
12 Dioden-Näherung		
13 Diode mit Wurzel-Funktion		
14 Brücken-Gleichrichter ohne Glättung		
15 Brücken-Gleichrichter mit Glättung		
16 Spitzenwert-Gleichrichter		
17 Netzteil, symm, belastet		
Auflagerkräfte		
Effektivwert		
Effektivwert, T einstellbar		
Effektivwert, T=1s		

Abb. V Simulationen von Kap. 1 – Änderungen vorbehalten

Eine DVD mit den in Bd. 1/7 angegebenen Strukturen zum Ausprobieren und Variieren mit dem Simulationsprogramm SimApp ist in Vorbereitung. Sie soll ab Ende 2017 im Internet unter http://strukturbildung-simulation.de *angeboten werden.*

1 Von der Realität zur Simulation

Was Sie in Kap. 1 lernen:

- Die Analogien zwischen Mechanik, Elektrik, Pneumatik/Hydraulik und Wärme/Kälte
- Den Umgang mit SimApp, einem einfach zu erlernenden und sehr leistungsfähigen Simulationsprogamm
- Formeln berechnen durch Simulation
- Zinseszins, quadratische Gleichung und Gleichung mit zwei Unbekannten
- Winkelfunktionen
- Die Sinusschwingung: Mittelwerte und Effektivwerte
- Die Vierpolmethode
- Das symbolische Rechenverfahren

Einführung in die Regelungstechnik
Die meisten Systeme sind rückgekoppelt. Zu ihrer Simulation sind regelungstechnische Grundkenntnisse erforderlich.

- Zwei- und Dreipunkt-Regelungen
- Testverfahren: Sprungantwort und Anstiegsantwort
- Das Stabilitätsproblem und optimale Dynamik
- Proportionalregelung und Regleroptimierung
- Temperaturregelung
- Wendetangentenverfahren
- PID-Regelungen
- Gleichstrom-Motor und -Generator
- Drehzahl-Steuerung und -Regelung
- Elektronischer Tacho mit Widerstandsmessbrücke

Warum Sie Kap. 1 lesen sollten:

- Sie erkennen die Vorteile der Struktur gegenüber mathematischen Funktionsbeschreibungen durch Gleichungen.
- Sie werden durch Strukturbildung und Simulation zum wahren **Rechenmeister.**
- Sie erkennen die **Anschaulichkeit und Flexibilität** der Simulation. Das fördert Ihr Verständnis technischer Zusammenhänge wie die Praxis selbst, nur schneller.

Von der Realität zur Simulation
Durch Simulation wird die Funktion technischer Systeme mittels graphischer Systemanalyse nachgebildet. Sie ist bei der Komponentenbeschaffung, im technischen Unterricht und bei der Systementwicklung eine unschätzbare Hilfe.

Die Reihe ‚Strukturbildung und Simulation technischer Systeme' behandelt Grundlagen und Anwendungen zur Simulation aus allen Bereichen der Physik und Technik. Dadurch erhalten Sie die Fähigkeit zur Analyse und Optimierung eigener Systeme und ihrer Komponenten. Angestrebt wird maximaler Nutzen bei größtmöglicher Einfachheit. Höhere Mathematik ist dazu nicht erforderlich. Damit ist diese Schrift nicht nur für Studenten der Technik sondern auch für Ingenieure der Praxis gedacht, die sich die ‚Kunst' der Simulation ohne Ballast aneignen wollen.

Dieser erste Bd. 1/7 der ‚Strukturbildung und Simulation technischer Systeme' legt die Grundlagen zur Simulation auch komplexer Systeme, die in den folgenden Bänden die Themen sind. Das soll

- das Verständnis technischer Systeme fördern,
- die Entwicklung technischer Systeme beschleunigen und
- den technischen und physikalische Unterricht unterstützen.

Der Autor wendet sich an Leser mit technischen Vorkenntnissen – wie sie auf Ingenieurschulen, aber auch auf technischen Gymnasien vermittelt werden. Höhere Mathematik (Infinitesimalrechnung, Matrizenrechnung) wird zum Erlernen der ‚Kunst' der Simulation nicht benötigt.

Technische Systeme sind meist so komplex, dass sie analytisch nicht mehr berechenbar sind. Dann gewinnt man die gesuchten Daten zur Dimensionierung der Bauelemente am besten durch Simulation. Das ist wesentlich einfacher, schneller und billiger als das praktische Ausprobieren, auf das letztlich natürlich nicht verzichtet werden kann.

Die Praxis zeigt nur, **wie** etwas funktioniert, sagt aber nicht **warum**. Die Simulationen zeigen die Funktionen eines Systems im Einzelnen. Die **Systemanalysen** klären die Zusammenhänge zwischen den Eigenschaften der grundlegenden Systeme. Damit können die Bauelemente so dimensioniert werden, dass geforderte Systemeigenschaften entstehen. Damit sind die Ziele dieser ‚Strukturbildung und Simulation technischer Systeme' umrissen.

Bauplan und Struktur
Als Kind hatten wir eine Modelleisenbahn oder eine Dampfmaschine. Damit ließen sich viele Zusammenhänge zu Hause spielend erfahren. Und spielen hieß gestalten. Dabei haben wir das Meiste aus Fehlern gelernt. Fehler zu machen soll in der Technik vermieden werden, denn das kostet Zeit und Geld und ist oft nicht ungefährlich.

Deshalb muss der projektierende Ingenieur Vorversuche machen, die die grundsätzliche Machbarkeit eines Projekts klären. Vorausgegangen sind mehr oder weniger komplizierte Berechnungen. Diese lassen sich heute am besten durch einen Computer erledigen. Nur muss man ihm sagen, was er rechnen soll. Das könnte in traditioneller Weise durch einen Satz von Funktionen erfolgen (zeilenorientiertes Programm des gesamten Algorithmus). Diese Methode wird jedoch schnell unübersichtlich.

Wesentlich übersichtlicher dagegen ist die graphische Darstellung von Algorithmen. Dieses Verfahren unterteilt komplexe Systeme in leichter zu überblickende Einheiten, die dann zu einem Ganzen zusammengefügt werden. Das bezeichnet man als Struktur. Allerdings muss man, um eine Struktur bilden zu können, zwischen Ursache und Wirkung unterscheiden (Schaltbilder wie Abb. 1-1 zeigen dies nicht).

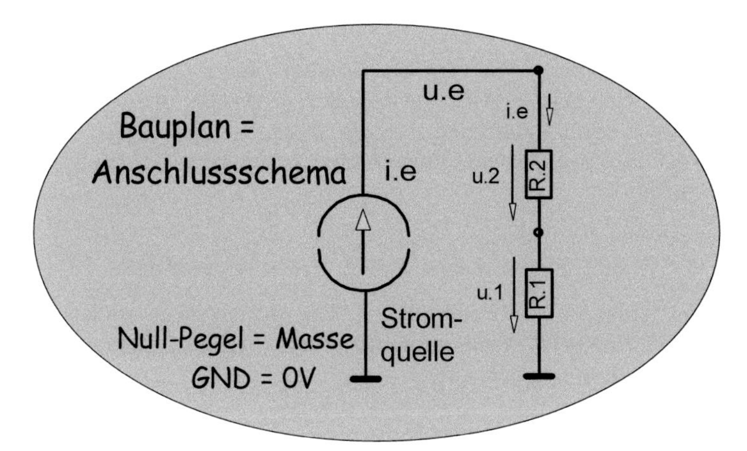

Abb. 1-1 Beispiel für einen elektrischen Bauplan aus zwei Widerständen und einer Stromquelle: Das System soll als erstes Beispiel simuliert werden. Dazu bekommen alle Bauelemente und Signale Namen und die Signale noch Zählpfeile, die die positive Richtung festlegen. Ist ein Nullpegel (GND) festgelegt, genügt der Name eines Signals.

Strukturbildung setzt physikalische Grundkenntnisse des untersuchten Systems voraus und ist nicht immer einfach. Bei der Klärung der inneren Zusammenhänge hilft die Strukturdarstellung selbst. Sie sagt uns durch **offene Signalleitungen**, die weder Ein- noch Ausgänge sind, wo noch Abhängigkeiten zu klären sind.

Die Darstellung der Struktur eines zu analysierenden Systems beginnt immer mit einer Zeichnung oder Skizze (Abb. 1-1). Sie zeigt die Funktion so gut es geht und benennt alle daran mitwirkenden Signale. Ihre positiven Zählrichtungen werden z.B. durch Zählpfeile definiert.

Dann beginnt die Darstellung der **Signalverknüpfungen in graphischer Form** durch **Funktionsblöcke.** Ob man dabei bei irgendeinem Signaleingang, irgendwo in der Mitte oder an einem Signalausgang beginnt, ist unerheblich. Sind alle **Signalverknüpfungen** zwischen allen Ein- und Ausgängen hergestellt, **ist die Struktur fertig.**

Danach folgt die **Konstantenbestimmung**. Dazu benötigt man **Stützwerte,** die entweder am realen System **gemessen sind, gefordert oder auch nur abgeschätzt** werden. Wenn alle beteiligten Konstanten bestimmt sind, kann das **System simuliert** werden. Die Simulation zeigt dann Abweichungen zur Realität, die durch Änderung der Struktur oder ihrer Parameter minimiert werden.

In dieser Strukturbildung werden die Skizzen zu allen Beispielen vorgegeben. Daran wird dann die Entwicklung der Strukturen gezeigt.

Zur Definition der positiven Zählrichtungen

Strukturen stellen die Gesetzmäßigkeiten, nach denen ein System Signale verknüpft, symbolisch dar. Das setzt voraus, dass alle Signale Namen erhalten und ihre positiven Zählrichtungen durch Zählpfeile festgelegt sind. Die Festlegung ist prinzipiell willkürlich, sollte aber so erfolgen, dass in Berechnungen (Simulationen) möglichst wenige Minuszeichen auftreten, denn zu viele Minuszeichen führen leicht zur Verwirrung.

Das Simulationsprogramm, hier **SimApp – aber auch jedes andere**, berechnet Strukturen. Durch Diagramme sieht man sofort, ob die Simulation mit der Realität übereinstimmt oder noch modifiziert werden muss. Beschreibt die Simulation die Realität dann richtig, lässt sich die Dimensionierung der Bauteile des Systems aus der Struktur entnehmen.

Beispiel für einen Bauplan und seine Struktur (Abb. 1-2):

die Hintereinanderschaltung zweier Widerstände

Gesucht sei die Struktur bei Stromsteuerung. Der wesentlich kompliziertere Fall der Spannungssteuerung und die Spannungsteilung wird in Kap. 2 Signalverarbeitung als Beispiel zum Thema Vierpole behandelt.

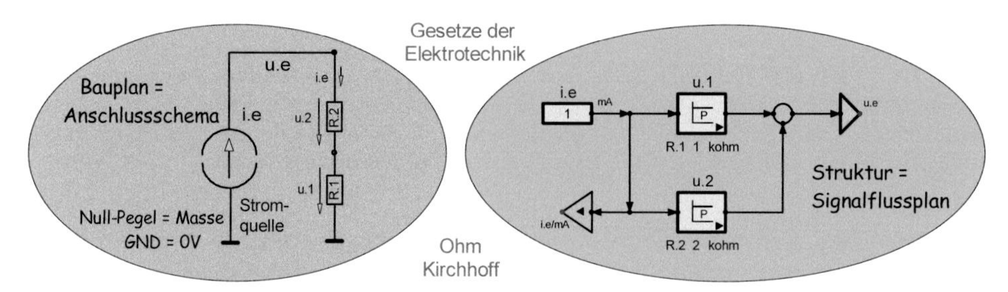

Abb. 1-2 links der Bauplan, rechts die Struktur einer stromgespeisten elektrischen Reihenschaltung: In diesem Beispiel wird der Strom als Ursache für die Spannung aufgefasst. Dann addieren sich die Teilspannungen zur Gesamtspannung, die die Stromquelle erzeugen muss. Das ist z.B. bei Solarzellen der Fall (Kap. 10: Photometrie).

Die Struktur eines Systems zu kennen, hat entscheidende Vorteile:

1. kann das Verhalten des Systems z.B. mittels Simulation nachgebildet werden, so als ob es real existieren würde.
2. lassen sich die Einflüsse von Veränderungen sofort erkennen. Dadurch ist es möglich, die Bauelemente eines Systems zu optimieren.
3. überblickt man das dynamische Verhalten (Sprungantworten, Frequenzgänge) und kann das System auch diesbezüglich optimieren.
4. lassen sich aus Strukturen die analytischen Zusammenhänge (Übertragungsfaktoren) ohne formale Mathematik ablesen. Wie das gemacht wird, erfahren Sie in Kap. 2 (statisch) und Kap. 3 (dynamisch). Einfacher und übersichtlicher geht es nicht.
5. Strukturen fördern das systematische Denken in Ursache und Wirkung. Eine Struktur ist vollständig, wenn es außer den Ein- und Ausgängen keine offenen Signalleitungen (unerklärte Signale) mehr gibt. So sagt Ihnen die Struktur, dass Ihre Überlegungen zur Funktion eines Systems abgeschlossen sind.
6. Strukturen lassen Analogien zu Systemen aus anderen Bereichen schnell erkennen. Dadurch fällt die Einarbeitung in ein neues Gebiet leichter.

Beispiele:

- In Bd. 4/7, Kap. 6 wird der elektrodynamische Motor und Generator behandelt. Darauf folgt in Bd. 6/7, Kap. 11 Aktorik der Piezo als elektrostatischer Motor und Generator.
- In Bd. 5/7, Kap. 8 wird der der elektronische Operationsverstärker behandelt und in Bd. 7/7, Kap. 12 in gleicher Weise der pneumatische Verstärker.

Die genannten Beispiele unterscheiden sich erheblich durch ihre äußere Erscheinung. Prinzipiell verhalten sie sich jedoch ähnlich. Das wird durch ihre Strukturen transparent.

Wie man eine Struktur gewinnt, behandelt diese Schrift an Hand von Beispielen aus vielen Bereichen der Physik und Technik. So soll der Leser die Übung bekommen, die er zum Erstellen eigener Strukturen braucht.

Die dazu nötigen Grundlagen werden in den Kapiteln **2 Signalverarbeitung** und **3 Dynamik** vermittelt – und zwar ohne höhere Mathematik. Die dann folgenden Beispiele können je nach Interesse in den einzelnen Kapiteln ausgewählt werden (siehe Schluss: Wie geht es weiter?).

Analogien

Zur Verdeutlichung allgemeiner Aussagen wird zuerst auf elektrische Beispiele verwiesen. Die sind besonders einfach, denn Strom ist inkompressibel und die Widerstände sind linear. Dann folgen mechanische Beispiele (analog zur Elektrik, aber mit Haftreibung bei kleinen Geschwindigkeiten) und zuletzt hydraulische Beispiele (nichtlineare Widerstände, aber inkompressibles Medium) und pneumatische Beispiele (nichtlineare Widerstände und kompressibles Medium), denn die sind am kompliziertesten.

Tab. 1-1 Analogien - senkrecht: Themen der Strukturbildung, Grundgrößen. Von links nach rechts: Integration=Zeitfläche, von rechts nach links: Differenzierung= zeitliche Änderung

Translation	Beschleunigung a	Geschwindigkeit v	Weg x, y, z
Rotation	Winkel-Beschl. α	Winkel-Geschw. ω, Ω	Winkel φ
Wärme	Wärmestrom/Zeit	Wärmestrom P.th	Wärmemenge Q
Elektrik	Ladungs-Beschl. b	elektr. Stom i	Ladung q
Photometrie	Photonen Emission Absorption	Lichtstrom Φ	Strahlungs-Dosis D
Hydraulik	Öl-Beschleunig. m/t²	Ölstrom m/t	Ölmenge m
Pneumatik	Luft-Beschl. V/t²	Luftstrom V/t	Luftvolumen V(p)

Tab. 1-1 zeigt die hier behandelten Themenbereiche:

- Die untereinander stehenden Größen sind einander ähnlich.
- Nebeneinander stehen die zeitlichen Zusammenhänge mit von rechts nach links differenzierten (abgeleiteten) Größen.
- Von links nach rechts werden die Signale integriert. Differenzierung und Integration werden in Kap. **3 Dynamik** behandelt.

Auch die Gesetzmäßigkeiten sind in allen Bereichen der Physik ähnlich (**Tab. 1-2**). Hier zeigen wir als Beispiel die Zusammenstellung der kinematischen Gesetze der Mechanik und der Elektrizität:

Tab. 1-2: Vergleich analoger Gesetze in der Mechanik und der Elektrotechnik: Mechanische Kräfte werden F genannt, Wege x, Geschwindigkeiten v und Beschleunigungen a. Elektrische Spannungen heißen u, Ladungen heißen q und Ströme i. d.i/d.t ist die Ladungsbeschleunigung b. Die zugehörigen Konstanten werden in den Kapiteln 4 Mechanik und 3 Elektrizität erklärt.

Tab. 1-2 mechanische und elektrische Grundgesetze:

Analoge Bauelemente und Gesetze

Translation	Trägheitskraft: F.T=m*a	Reibungskraft: F.R=k.R*v	Federkraft: F.F=k.F*x
Elektrik	Induktion: u.L=L*d/dt(i)	Ohmsches Gesetz: u.R=R*i	Kondensation: u.C=1/C*q

Abb. 1-3 zeigt zu Tab. 1-2 ein mechanisches Beispiel, Abb. 1-4 zeigt das Diagramm dazu. Ist die zweite Ableitung (linke Spalte in Tab. 1-2) konstant (Sprung = Schritt), steigen die erste Ableitung (mittlere Spalte) zeitproportional an (Rampe) und die physikalische Größe selbst (0.Ableitung, rechts) quadratisch an. Mit der Maus können Sie in der Simulation den Zeitzeiger (senkrechte grüne Linie) auf jede beliebige Stelle ziehen und die zugehörigen Signalwerte dazu in der Legende ablesen.

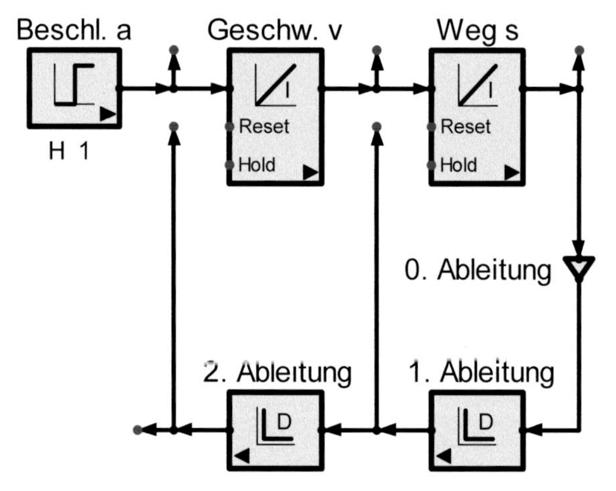

Abb. 1-3 Integration und Differenzierung: Sie werden beim Thema Dynamik in Bd. 2/7 der Strukturbildung und Simulation technischer Systeme erklärt.

Abb. 1-4: Die mechanische Kinetik verknüpft Wege s mit Geschwindigkeiten v und Beschleunigungen a.

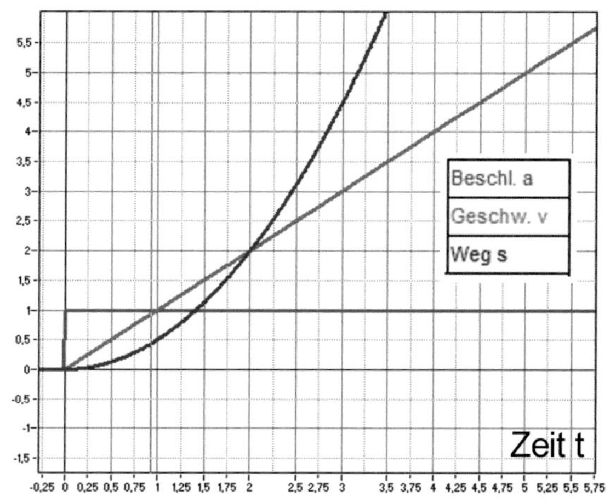

Abb. 1-4 Beschleunigung a, Geschwindigkeit v und Weg s sind Umkehrfunktionen. Sie werden in Bd. 2/7 beim Thema Dynamik behandelt.

Statik und Dynamik

Zu unterscheiden sind statische (bzw. stationäre) und dynamische Berechnungen. Abb. 1-5 zeigt, was darunter zu verstehen ist:

Energiespeicher und -verbraucher erzeugen das Zeitverhalten von Systemen. Die Darstellung von Zeitfunktionen f(t) gehört zu den besonderen Stärken der Simulation.

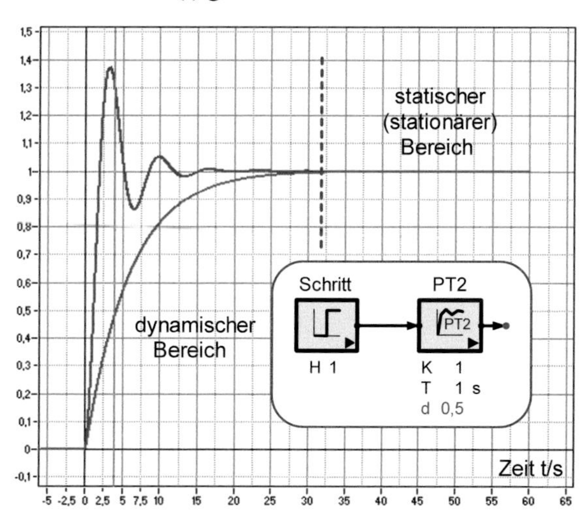

Abb. 1-5 Unterteilung einer Sprungantwort in einen statischen und einen dynamischen Bereich

Statisch heißen **zeitunabhängige** Vorgänge, z.B.

- speichern mechanische Federn (Kap. 4.2) bei Auslenkung x die Energie der Lage
- speichern elektrische Kondensatoren (Kap. 2.4) elektrische Ladungen q.

Deshalb sind Federn und Kondensatoren statische Speicher. Im Idealfall haben sie keine Verluste, d.h. sie erwärmen sich im Betrieb nicht.

Stationär heißen Vorgänge, die mit **konstanten Amplituden** ablaufen. Stationäre Vorgänge lassen sich statisch berechnen, z.B.

- erzeugen mechanische Dämpfer (Bd. 2/7, Kap. 4.2) Geschwindigkeits-proportionale Signale. Es gilt das lineare **Reibungsgesetz F.R=k.R·v.**
- erzeugen elektrische Widerstände (Kap. 2.3) in Wechselstromkreisen Stromstärke-proportionale Signale. Es gilt das **ohmsche Gesetz U=R·I für Effektivwerte** (Abschnitte 1.3.7 und 1.3.8), das **Georg Simon Ohm 1826** zur Berechnung von Momentanwerten (u, i) in Gleichstromkreisen entdeckt hat.

Mechanische Widerstände (Dämpfer, Kap. 4.2) und elektrische Widerstände (Kap. 2.1) sind Energieverbraucher. Sie erwärmen sich im Betrieb und müssen gegebenenfalls gekühlt werden.

Dynamisch heißen **zeitabhängige** Vorgänge. z.B.

- erzeugen Massen m nur dann Trägheitskräfte F.T, wenn sie beschleunigt werden.
  Das Trägheitsgesetz lautet **F.T=m·a** mit a=dv/dt und v=dx/dt.
- induzieren Spulen nur bei Stromänderung Spannung.
  Das **Induktionsgesetz lautet: u.L=L·b** mit der Ladungsbeschleunigung b=di/dt und dem elektrischen Strom i=dq/dt.

Massen m (Bd. 2/7, Kap. 4.2) und Induktivitäten L (Bd. 2/7, Kap. 3.1) sind dynamische Speicher. Sie erwärmen sich im Betrieb nicht, wenn sie keine Verluste haben.

In Kap. 2 dieses ersten Bd.es der ‚Strukturbildung und Simulation technischer Systeme' werden **zuerst nur statische Vorgänge** berechnet. Sie sind einfacher als dynamische Prozesse und die Voraussetzung zur dynamischen Systemanalyse.

Dynamische Berechnungen enthalten für große Zeiten (t->∞) den statischen (stationären) Fall. Der Bd. 2/7 behandelt die **Simulation dynamischer Systeme** im Zeit- und im Frequenzbereich.

- Im Zeitbereich interessieren Ein-und Ausschaltvorgänge.
- Im Frequenzbereich interessieren Resonanzen und Dämpfungen.

Ein Ziel dabei ist die **dynamische Optimierung**. Dazu sind Komponenten (z.B. Dämpfer oder Widerstände) so einzustellen, dass das System möglichst schnell, aber immer stabil arbeitet.

In Kap. 3 werden elektrische und in Kap. 4 mechanische Systeme dynamisch analysiert. Die darin vorgestellten Verfahren (komplexe Rechnung, Bode-Diagramme) werden in den nachfolgenden Kapiteln zur Analyse beliebiger Systeme gebraucht, z.B. in Kap. 5 ‚magnetisch', in Kap. 9 ‚PID-Regelungen' oder in Kap. 12 ‚hydraulisch und pneumatisch'.

1.1 Schnelleinstieg in SimApp

Ein Simulationsprogramm ist das Handwerkszeug des Systemanalytikers. Am Beispiel von SimApp soll gezeigt werden, wie einfach der Umgang damit ist. Wenn Sie noch nicht in Besitz von SimApp sind oder ein anderes Simulationsprogamm benutzen wollen oder nur an der Methode der Strukturbildung interessiert sind, genügt es, wenn Sie sich die in diesem Abschnitt angegebenen Simulationsbeispiele ansehen.

Das **Zeichnungsfenster** (Abb. 1-6):
Ein Simulator wie **SimApp** ist nur ein schneller Rechner. Was er rechnen soll, sagt man ihm anschaulich durch Symbole (= Blöcke = Glieder = Objekte), die durch Signalleitungen verknüpft werden. So entsteht die Struktur eines Systems.

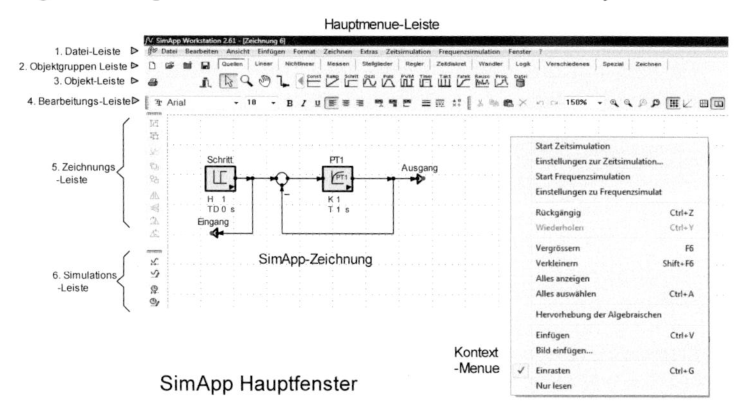

Abb. 1-6 Das kommentierte SimApp-Hauptfenster: Links: die Bezeichnungen der Bearbeitungsleisten. Mitte: eine Beispielzeichnung. Rechts: Das Kontextmenü: Es öffnet sich nach dem Anklicken der rechten Maustaste.

SimApp verwendet die meisten der in Word üblichen Shortcuts zum Editieren einer Zeichnung, z.B.

- Strg+Z = Befehl rückgängig machen
- Strg+Y = rückgängig machen wieder rückgängig machen

Aber: Strg+Druck = in Zwischenablage kopieren (copy) und Strg+Einfg = einfügen (paste) funktionieren nicht. Dazu benötigt man das Kontextmenü (rechte Maustaste).

Aufgabe dieses Kapitels ist, Sie anhand einfacher Beispiele möglichst schnell in die Benutzung von **SimApp** einzuführen. Die angegeben Strukturen dienen in erster Linie als Vorlage zur Simulation. Genau erklärt werden sie erst in den folgenden Kapiteln 2 (statisch) und 3 (dynamisch). Vollständigkeit ist nicht beabsichtigt. Wer sich vorher lieber gründlich informiert, bevor er das Programm verwendet, der sei auf die SimApp-Beschreibung

http://www.simapp.com/simulation-software-description.php

... die SimApp-Beispiele http://www.simapp.com/simulation-tutorials.php

und das **Benutzerhandbuch** verwiesen:

http://www.simapp.com/SimApp_Handbuch.pdf

Das SimApp Hauptfenster = Arbeitsfenster = Zeichnungsfenster
Durch Simulation werden Sie zu einem Rechenmeister. Um mit SimApp arbeiten zu können, machen wir uns zunächst mit seiner Bedienoberfläche vertraut. Nach dem Programmstart öffnet sich das SimApp-Hauptfenster. Es zeigt zunächst eine leere Seite, die zum Zeichnen der gewünschten Strukturen dient. Betrachten Sie dazu bitte das Hauptfenster in der Abbildung Abb. 1-6.

Im Hauptfenster werden die zu simulierenden **Strukturen gezeichnet** und **verwaltet**. Es enthält alles, was Sie zur Simulation benötigen. Sie müssen nur wissen**, was** Sie simulieren wollen und **wo Sie etwas** finden. Dazu müssen Sie sich die Leisten oben und an den Rändern des Hauptfensters näher (Abb. 1-6) ansehen.

Die Menüleisten
Zuerst erläutern wir Ihnen die Aufgaben der einzelnen Leisten (Abb. 1-7). Danach zeigen wir, wie man mit den darin zu findenden Befehlen eine Struktur zeichnet und simuliert. Am oberen Rand des SimApp Hauptfensters befinden sich vier Leisten:

Abb. 1-7 Funktions-Leisten des SimApp Hauptfensters: Sie besitzen schraffierte Anfasser zum Verschieben (Anklicken mit linker Maustaste und ziehen). Aktiviert oder deaktiviert werden sie unter ‚Ansicht'.

1. Die **Dateileiste**
Die Dateileiste enthält alle, in Funktionsgruppen zusammengefasste SimApp-Befehle (Abb. 1-8). Durch Anklicken mit der linken Maustaste öffnet sich die Gruppe und zeigt die in ihr enthaltenen Befehle. Als Beispiele zeigen wir die Inhalte der Gruppen **Datci** und **Bearbeiten**.

Für den Anfang genügt es, wenn Sie sich die Befehle (=Funktionen) der übrigen Gruppen einmal kurz ansehen. Wenn wir sie zum Zeichnen einer Struktur benötigen, wird angegeben, wo die Objekte (=Blöcke) zu finden sind.

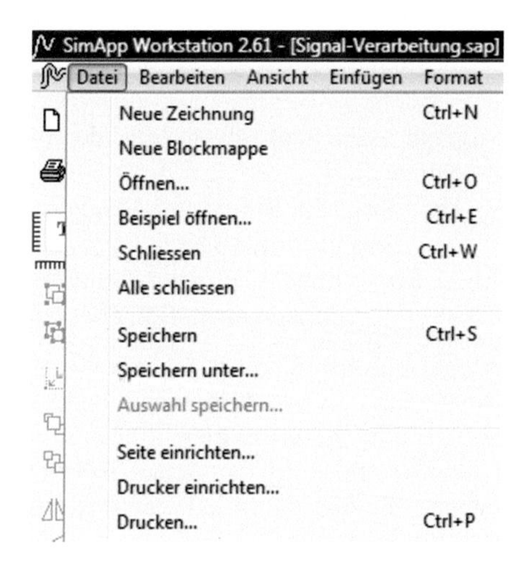

Abb. 1-8 Inhalte der Gruppe Datei: Die ausführbaren Befehle erscheinen schwarz, die zurzeit nichtaktiven Funktionen (=Befehle) sind blassgrau.

In der Gruppe **Bearbeiten** finden Sie die Befehle zum Kopieren und Ausschneiden markierter Objekte und zum Einfügen aus dem Zwischenspeicher (Abb. 1-9).

Abb. 1-9 Die Gruppenleiste: Auswahl der Gruppe Bearbeiten

2. die **Gruppenleiste**

In Abb. 1-9 finden sie - in Gruppen zusammengefasst - sämtliche Objekte und Steuerbefehle, die zur Simulation benötigt werden.

3. die **Objektleiste**

Die Objektleiste zeigt den Inhalt (die Objekte) der momentan ausgewählten Objektgruppe. Durch Anklicken mit der linken Maustaste und Absetzen holen Sie die Objekte in die Zeichnungsebene.

4. die **Bedienleiste**

Mit den Befehlen der Bedienleiste (Abb. 1-10) wird die Form und Größe der Zeichnungsebene eingestellt. Probieren Sie sie aus!

Abb. 1-10 Ausschnitt aus der Bedienleiste von SimApp

Am linken Rand des Hauptfensters finden Sie noch zwei weitere Leisten (Abb. 1-11):

die **Zeichnungsleiste** und die **Simulationsleiste**

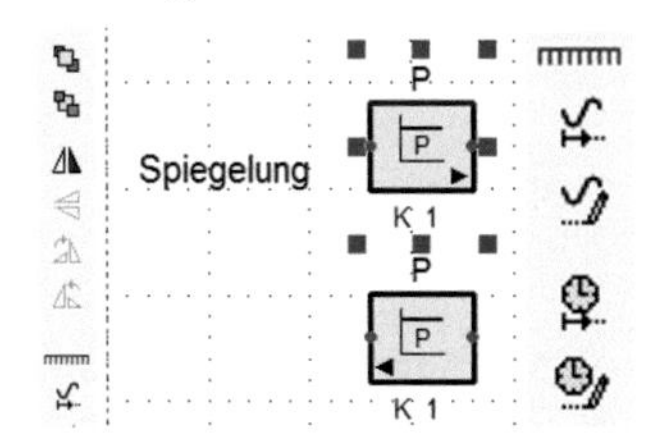

Abb. 1-11 Zeichnungsleiste mit gespiegeltem Block (blau markiert) und Simulationsleiste

Mit den Befehlen der Zeichnungsleiste können Sie z.B. Objekte spiegeln und drehen, mit der Simulationsleiste stellen Sie die Simulationsparameter ein und starten Sie die Zeit- oder Frequenzsimulation.

Zeichnung mit Bauplan und Struktur
Wie man aus einem Bauplan dessen Struktur (oder umgekehrt) gewinnt, ist das Thema aller folgenden Kapitel dieser **Strukturbildung und Simulation** (Abb. 1-12**).** Darin erlernen Sie die **Bildung von Strukturen** anhand von Beispielen aus vielen Bereichen der klassischen Physik und Technik. Dabei werden die nach dieser Einführung noch vorhandenen Lücken in der Benutzung von SimApp geschlossen. Hier geht es zunächst nur darum, zu zeigen, wie eine **gegebene Struktur** durch SimApp dargestellt und simuliert wird.

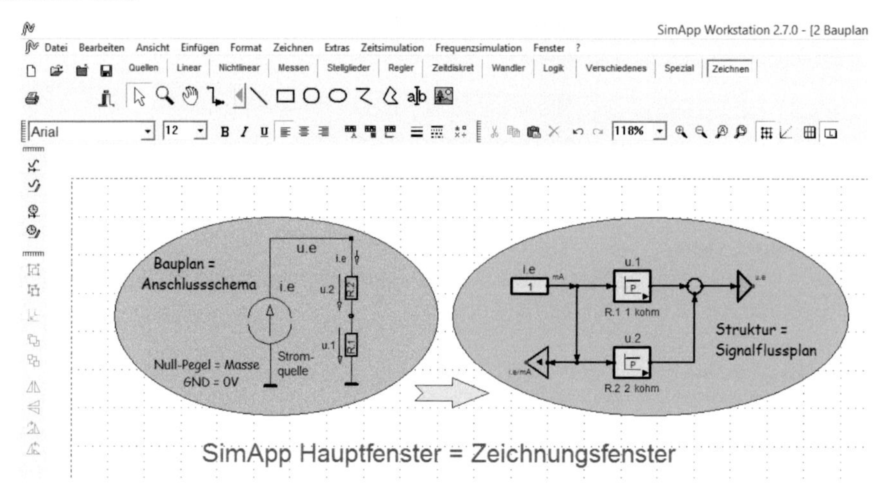

Abb. 1-12 Zeichnungs(=Haupt)-Fenster: Anschlussschema (Bauplan) und Struktur gehören zusammen.

Der Bauplan zeigt, was wie anzuordnen (hier anzuschließen) ist. Die Struktur der Abb. 1-12 zeigt, wie das Gebilde funktioniert: Zwei hintereinandergeschalteten Widerständen wird ein Strom i.e eingeprägt. Dadurch entstehen zwei Teilspannungen, die sich zur Gesamtspannung u.a addieren **(Kirchhoff'sches Gesetz).**

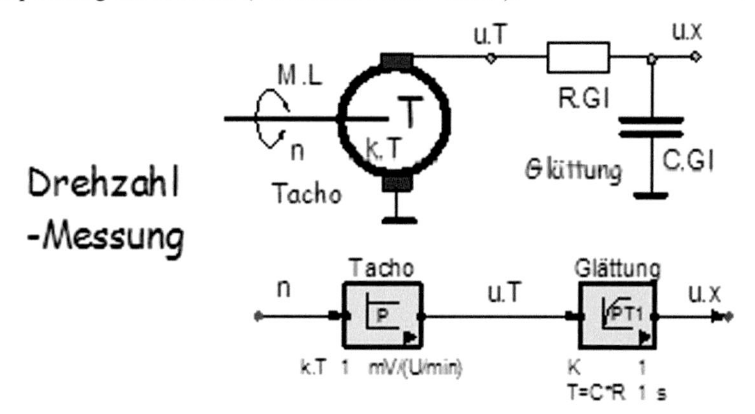

Abb. 1-13 zeigt ein elektromechanisches Beispiel zum Bauplan und seiner Struktur: ein Tachogenerator mit Glättung. Drehzahlmessung: C-Glättung: Alle Signale haben einen Namen und eine positive Zählrichtung.

1.1.1 Signalwandler

Strukturen beschreiben die Funktionen signalverarbeitender Systeme. Dabei werden über Wandler aus steuernden Signalen gesteuerte. Die Signalwandlung wird durch Blöcke symbolisiert, die hier auch (Simulations-) Objekte genannt werden (Abb. 1-17).

Objekte sind Signalwandler, z.B. von Kraft nach Weg oder Spannung in Strom. Wenn ein Teil eines Systems einen anderen ansteuert, ist das **Ausgangssignal** des ersten Objekts das **Eingangssignal** eines zweiten. In der Struktur werden die Teilsysteme durch Blöcke mit Ein- und Ausgängen dargestellt. Ihre Verknüpfung erfolgt durch **gerichtete Signalflusslinien**, die auch **Signalleitungen** heißen. Als Beispiel dazu zeigten wir in Abb. 1-13 eine Drehzahlmessung mit Tachogenerator und Glättung.

Signale stellen Messgrößen dar (Abb. 1-14). Sie besitzen immer eine Wirkungsrichtung, die durch Pfeile kenntlich gemacht wird. Zu ihnen gehört die Definition der positiven Zählrichtung im Bauplan (Zählpfeile).

Zu summierende Signale (allgemein: Eingangssignale) laufen auf die Summierstelle (allgemein: den Verarbeitungsblock) zu, die Summe (allgemein: das Ausgangssignal) hat die Richtung von der Summierstelle (dem Verarbeitungsblock) weg.

Summierstellen
Häufig vorkommende Signaloperationen sind die Summation und Differenzbildung. Sie werden durch Kreise dargestellt. Die zu summierenden Signale werden durch Signalflusslinien symbolisiert.

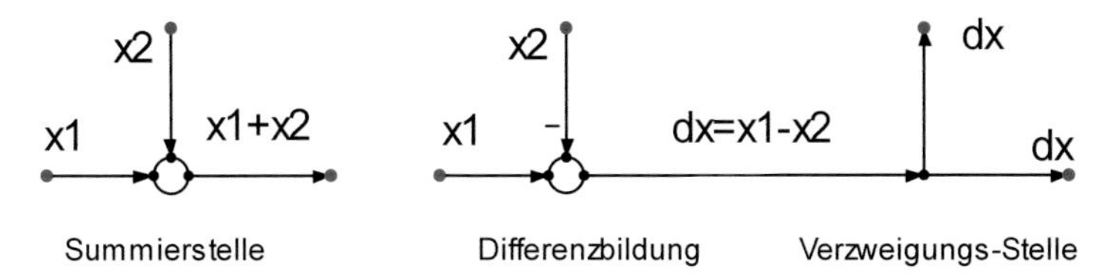

Abb. 1-14 links: Summation zweier Signale, Mitte: Differenzbildung, rechts: Verzweigung

Signalverzweigung
Signale sind energielose Informationen. Deshalb lassen sie sich, sobald sie irgendwo in einer Struktur gebraucht werden, durch eine **Verzweigung** darstellen.

Differenzbildung
Hat ein System mehrere Eingänge, so erzeugen Änderungen an einem Eingang Signaländerungen im gesamten System. Gleichzeitige Änderungen an mehreren Eingängen überlagern sich bei allen Signalen (**Überlagerung = vorzeichenrichtige Addition**). Das zugehörige Symbol ist die Summierstelle. Beispiele dazu folgen in allen Kapiteln.

Zur Differenzbildung muss ein Signal invertiert werden. Dazu **markieren** Sie es durch Anklicken mit der **rechten Maustaste**. Es öffnet sich ein Fenster (Abb. 1-15), in dem Sie die Invertierung auswählen können: **‚Vorzeichen ändern'**.

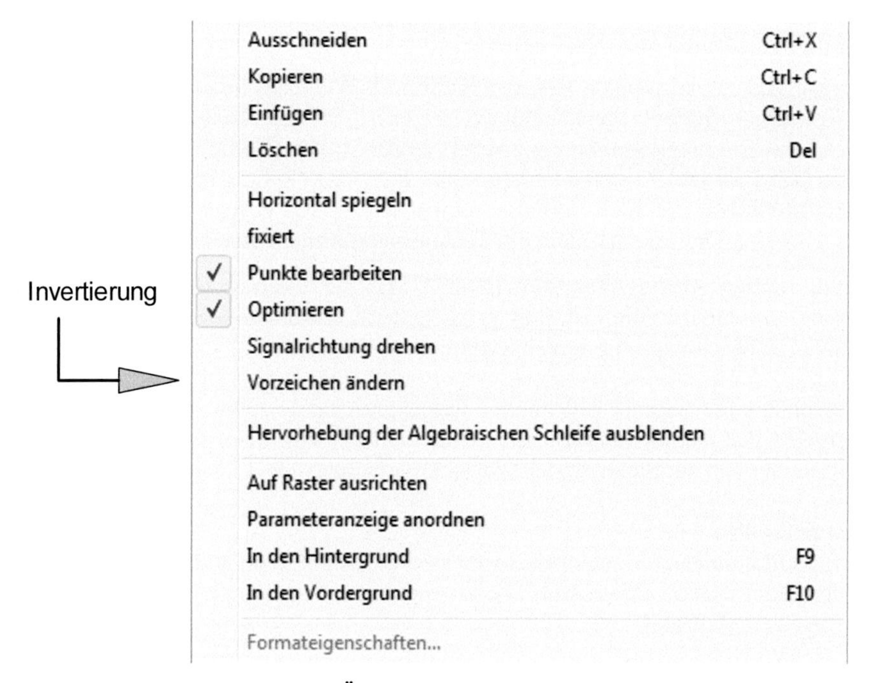

Abb. 1-15 Kontextmenü: Es zeigt die Änderungsmöglichkeiten zu dem markierten Objekt.

Objekte

Um Ihnen einen ersten Eindruck von den vielfältigen Berechnungsmöglichkeiten in SimApp zu verschaffen, folgt nun eine Auswahl oft benötigter Simulationsobjekte.

Funktionen mit einem Eingang

Alle elementaren mathematischen Funktionen finden Sie in der Gruppe Nichtlinear (Abb. 1-16), hier z.B. die mit einem Eingang:

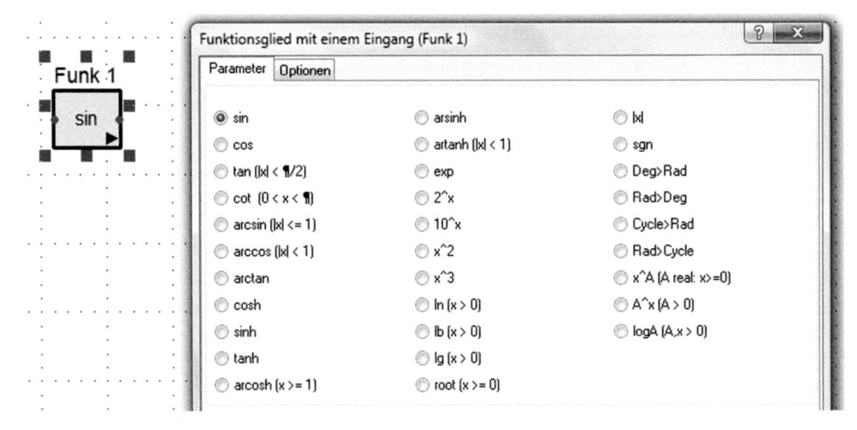

Abb. 1-16 Auswahl der Funktion mit einem Eingang

Auswahl der SimApp-Objekte (Abb. 1-17)

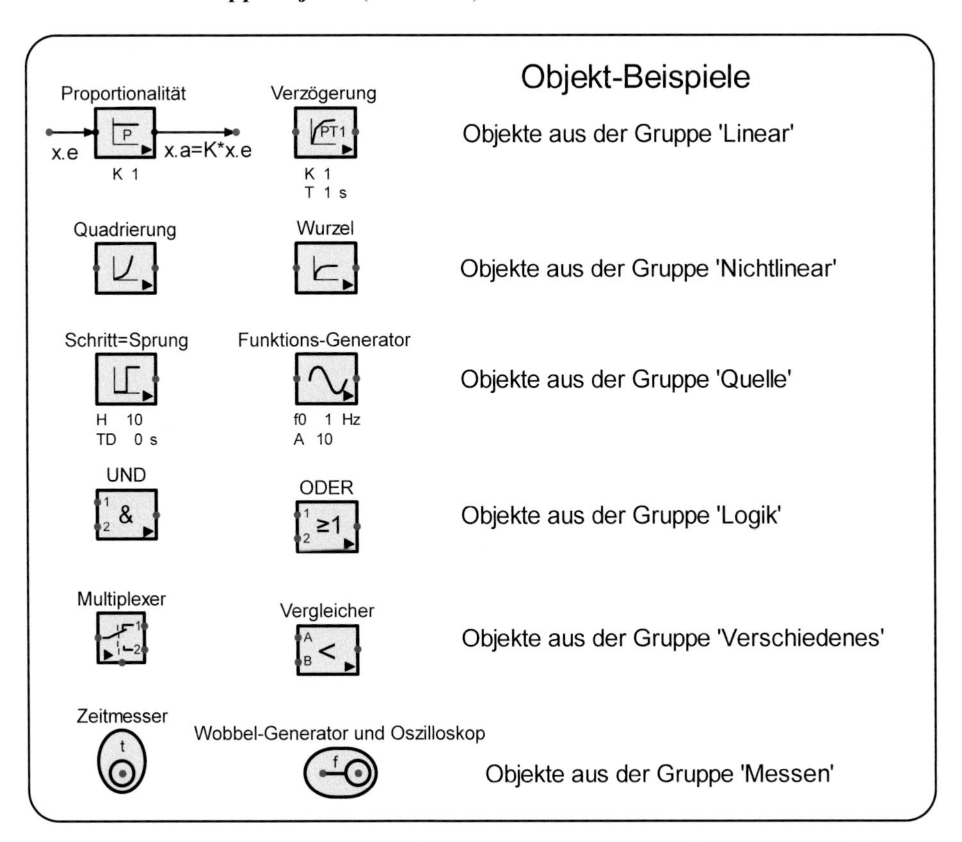

Abb. 1-17 Je zwei aus verschiedenen Gruppen (=Seiten) als Beispiel ausgewählte SimApp-Objekte: Sie berechnen die Ausgangssignale (rechts) zu den Eingangssignalen (links). Ihre Anwendung wird in den folgenden Kapiteln durch Beispiele gezeigt.

Funktionen mit zwei Eingängen (Abb. 1-18)

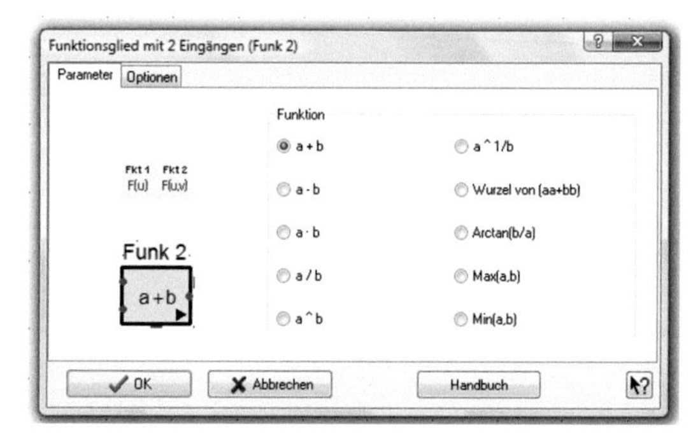

Abb. 1-18 Funktionen mit zwei Eingängen

1.1.2 Eine Struktur zeichnen

Nun soll die im Hauptfenster (Abb. 1-12) angegebene **Struktur (der Signalflussplan)** gezeichnet werden (Abb. 1-19). Danach zeigen wir Ihnen das Simulationsergebnis.

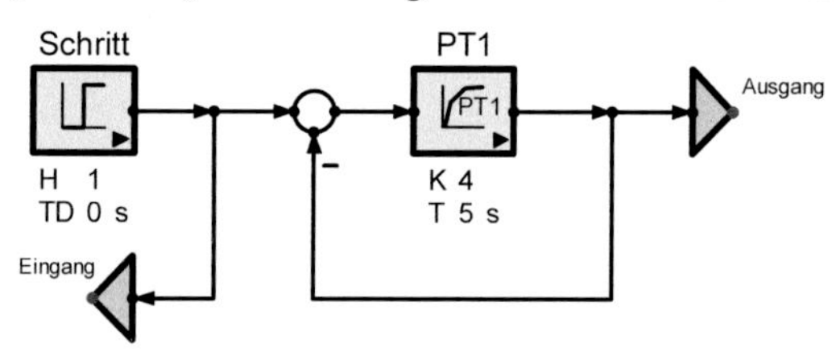

Abb. 1-19 Struktur zeichnen: eine direkt gegengekoppelte Verzögerung

Die Beispielstruktur Abb. 1-19 soll mit SimApp nachgestellt werden. Die verwendeten Blöcke finden Sie unter ‚Linear'. Sie sind durch Anklicken (linke Maustaste) auszuwählen und im Zeichnungsfenster **abzusetzen**. Die **Zahlenwerte** können direkt eingetragen werden: Position anklicken. Die individuelle Beschriftung erfolgt durch Anklicken des Blocks. Die Verbindung der Blöcke geschieht durch gerichtete Signalleitungen (Abb. 1-20): Ziehen von-nach.

- Nacheinander alle Blöcke (= Rechenoperationen), die in der Struktur benötigt werden, aus einer Palette in die Zeichnung ziehen: Block mit dem **Mauscursor** anklicken, in die Zeichnung ziehen und mit linker Maustaste **absetzen.**
- Den Eingangsblock **Schritt** finden Sie in der Gruppe **Quellen.**
- Die Schritthöhe H (Amplitude, hier H=1) können Sie direkt in der Zeichnung ändern: Anklicken und Wert eintragen.
- Die Simulationsverzögerung TD (Voreinstellung TD=0s) wird nur selten gebraucht. Beachten Sie sie nicht weiter.
- Den **PT1-Block** (= Proportionalität mit Verzögerung) und die **Summierstelle** finden sie in der Gruppe **Linear.**
- Den **Ausgangsblock** finden Sie in der Gruppe **Messen**. Er muss hier zweimal für den Eingangsschritt (=Sprung) und den Ausgang des PT1-Blocks aufgerufen werden.

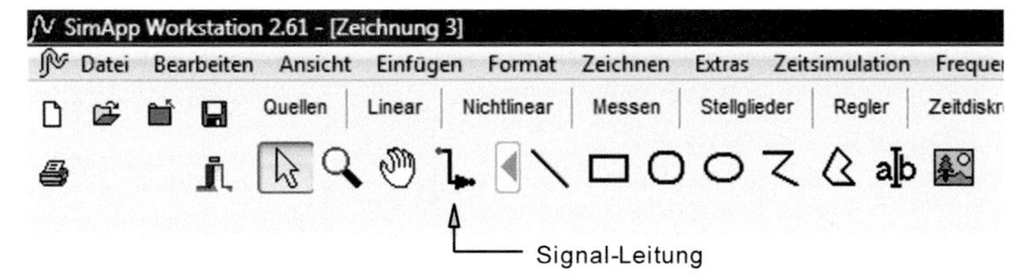

Abb. 1-20 Zeichnen einer Signalleitung: Sie verbindet einen Eingang mit einem Ausgang.

Der eingangsseitige Ausgangsblock soll **gespiegelt** werden. Dazu dient das **Doppeldreieck** in der **Zeichnungsleiste** am linken Rand des Hauptfensters (Abb. 1-11). Bevor Sie es durch **Mausklick aktivieren**, muss der Block **markiert** werden (ebenfalls durch Klick mit der linken Maustaste).

- Wenn Sie mit dem Mauszeiger den Ausgang eines Blockes berühren, weiß SimApp, dass Sie eine Signalleitung ziehen wollen (Abb. 1-20). Um die Verbindung zu einem anderen Eingang herzustellen, müssen Sie den Zeiger nur vom jeweiligen Ausgang zu dem gewünschten Eingang ziehen und ihn anklicken.
- Wenn Sie eine **unverbundene Signalleitung abknicken** wollen (Ecken einfügen), markieren Sie sie mit dem Mauszeiger und drücken die **Shifttaste**.
- Um **verbundene Signalleitungen** zu knicken, muss **Strg+Shift** gedrückt werden. Dann kann der Knick gezogen werden.
  - ➢ Das rückgekoppelte Signal an der Summierstelle muss **invertiert** werden. Dazu markieren Sie die Signalleitung durch Anklicken und öffnen das **Kontextmenü** durch Drücken der rechten Maustaste. Dann klicken Sie im Kontextmenü auf **Vorzeichen ändern.**
  - ➢ Abb. 1-21: Nun müssen **Namen** und **Daten geändert** werden. Dazu klicken Sie die gewünschte Position an, die danach editiert werden kann. Die Eintragungen sind nach Ihrem Belieben, z.B.

    Der Eingangs-Ausgang erhält den Namen **Eingang**
    Der Ausgangs-Ausgang erhält den Namen **Ausgang**

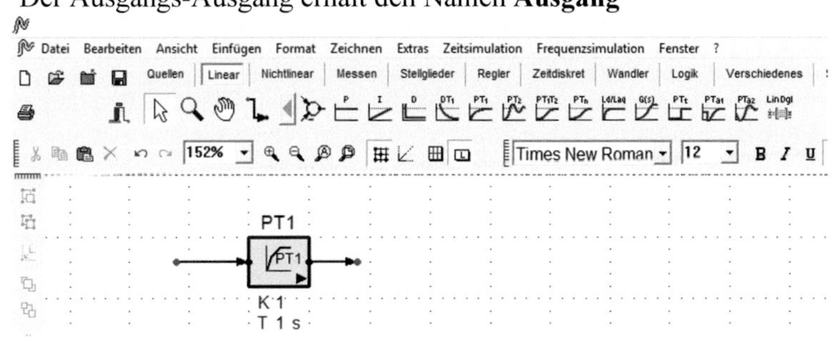

Abb. 1-21 Verzögerung aus der Gruppe Linear: Einzustellen ist eine statische Konstante K und die Verzögerungszeitkonstante T.

- ➢ Der PT1-Block erhält die statische Konstante K=4 und die Zeitkonstante T=5.
- ➢ Die voreingestellte Einheit ist s (=Sekunde). Auch sie kann in der Zeichnung durch Anklicken geändert werden – hier z.B. auf K=4 und T=5.

Wenn Sie den Namen des Ausgangs ändern wollen, klicken Sie ihn an (Abb. 1-22).

In dem sich öffnenden Kasten können Sie entscheiden, ob der Ausgang aktiv sein soll oder nicht. Rot zeigt an, dass er aktiv ist. D.h., das Simulationsergebnis wird angezeigt. Gleiches gilt für eine Summierstelle und alle Testausgänge (Abb. 1-23).

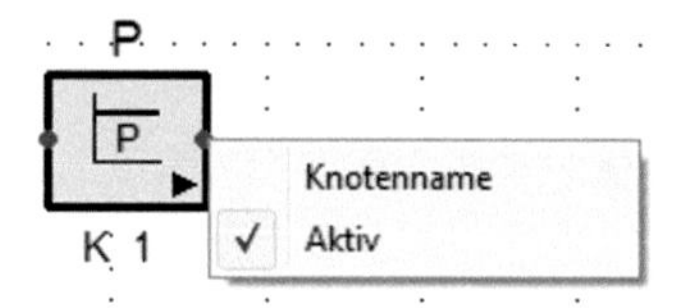

Abb. 1-22 Bezeichnung eines Ausgangs

Signalausgänge
Ein Signalausgang wird immer dann gebraucht, wenn er in der Legende zur Simulation angezeigt werden soll (Abb. 1-30). Sie finden den Ausgang in der Gruppe ‚Messen'.

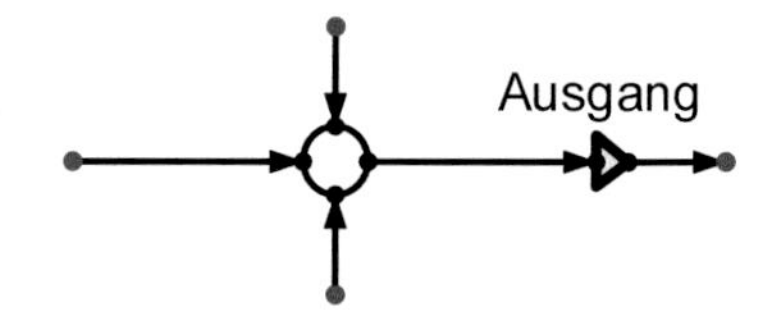

Abb. 1-23 Um dem Ausgang einer Summierstelle einen Namen zu geben, muss ein Ausgangsblock angehängt werden.

Ein Signal der Struktur erscheint nur dann in der Legende zum Diagramm, wenn es in der SimApp-Zeichnung rot markiert ist (Abb. 1-24). Das ist bei allen Objekten der Fall, deren Ausgangssignale nicht weiterverarbeitet werden. Werden sie aber weiterverarbeitet, muss ein Ausgang gesetzt werden, um ihn anzuzeigen.

Abb. 1-23 zeigt eine Summierstelle mit angehängtem Ausgang zur Namensgebung:

- **Signalleitungen** finden Sie in der Funktionsleiste (Abb. 1-7).

Wenn der Ausgangsblock **gedreht** oder **gespiegelt** werden soll, gehen Sie folgendermaßen vor:

- Dazu dient das **Doppeldreieck** in der **Zeichnungsleiste** (Abb. 1-11) am rechten Rand des Hauptfensters.
- Bevor Sie die Spiegelfunktion durch Mausklick aktivieren, muss der Block **markiert** sein (ebenfalls durch Klick mit der linken Maustaste).

Die in der Struktur rot gekennzeichneten Signale werden in Diagrammen dargestellt und in der Legende dazu aufgeführt. Sie können bei Bedarf ausgeschaltet werden: Signal mit der Maus auswählen, öffnen mit der rechten Maustaste und deaktivieren (Abb. 1-24).

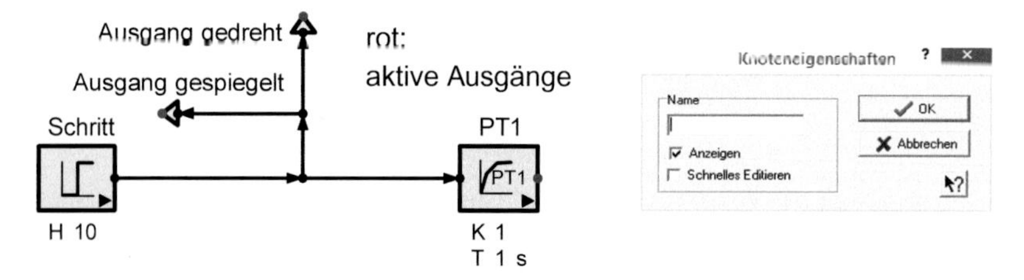

Abb. 1-24 Testausgänge: Links eingeschaltet, rechts vor der Umschaltung

Ausgangsnamen ändern:
Mauszeiger auf den Ausgang + rechte Maustaste öffnet die Eingabeoption

1. Ausgang inaktiv(grau) oder aktiv(rot) schalten
2. Namen/Einheit ändern.

Die SimApp-Sonden

Zur Darstellung der Simulationsergebnisse durch Messsonden stellt SimApp drei Alternativen zur Verfügung (Abb. 1-25):

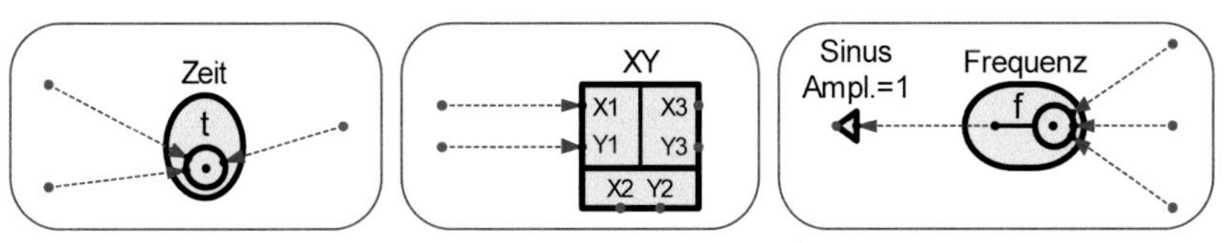

Abb. 1-25 Die Messsonden von SimApp: Die Zeitsonde ist ein Vielkanal-Oszilloskop, die XY-Sonde ist ein Zweikanal-Oszilloskop und die Frequenzsonde ist Sinusgenerator und Oszilloskop in einem.

Anstelle der Ausgangsobjekte können Sie auch eine Zeit- oder die XY-Sonde verwenden.

- Die **Zeitsonde** zeigt nur die von Ihnen ausgewählten Signale (y) an.
- Die **Frequenzsond**e erzeugt eine Sinusamplitude von 1.
- Bei der **XY-Sonde** tritt **anstelle der Zeitachse** eine von Ihnen **frei wählbare Variable x**. So lassen sich gewünschte Kennlinien y(x) generieren.

Zur Darstellung von mehr als etwa 10 Signalen sind Zeitsonden weniger geeignet, denn viele Signalleitungen machen eine Zeichnung unübersichtlich. Wenn Sie die Zeitsonde einsetzen, werden rote Knoten, die nicht mit einer Sonde verbunden sind, nach der Simulation nicht mehr angezeigt. Also: entweder die Zeitsonde oder die Ausgangssignale verwenden. Gleiches gilt für die XY- und die Frequenzsonde. Die Frequenzsonde benötigen wir erst im Bd. 2/7 Dynamik.

Blöcke bearbeiten

Bei fast allen SimApp- Blöcken ist folgendes einstellbar:
eine Proportionalitätskonstante K, der Zahlenwert, seine Einheit und die Option zur Parametervariation (Abb. 1-26).

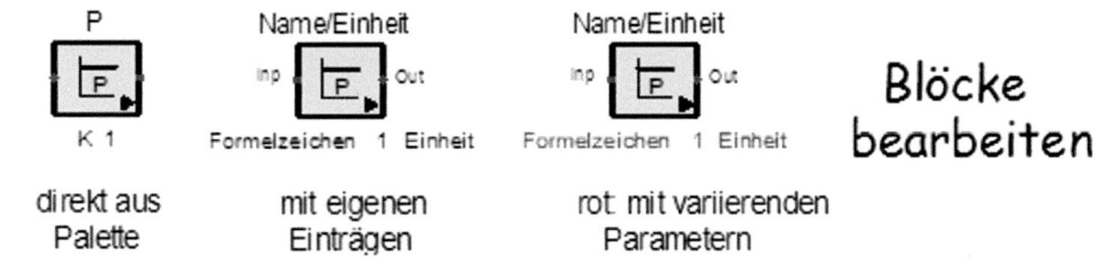

Abb. 1-26 links: der Proportionalblock aus der Linearseite - Mitte – mit eigenen Einträgen. Eingang und Ausgang werden mit der rechten Maustaste zur Bearbeitung geöffnet - rechts mit Parametervariation.

Nachdem Sie Ihre SimApp-Zeichnung soweit fertiggestellt haben, müssen Sie die Blöcke zur Anpassung an Ihren speziellen Fall bearbeiten. Die Parametervariation wird unter 1.1.5 erklärt.

Die Eigenschaften des Proportionalblocks
Durch Anklicken eines Blockes öffnet sich sein Kontextmenü. Hier lassen sich alle Blockparameter einstellen (Abb. 1-27).

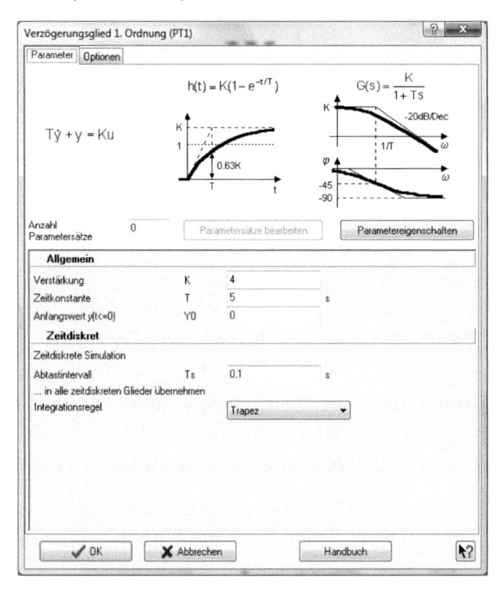

Abb. 1-27 Um den Namen der Konstante zu ändern, öffnen Sie das Untermenü ‚Parametereigenschaften' und klicken auf den Reiter Verstärkung. Dann editieren Sie das Formelzeichen K. Das zeigt Abb. 1-28.

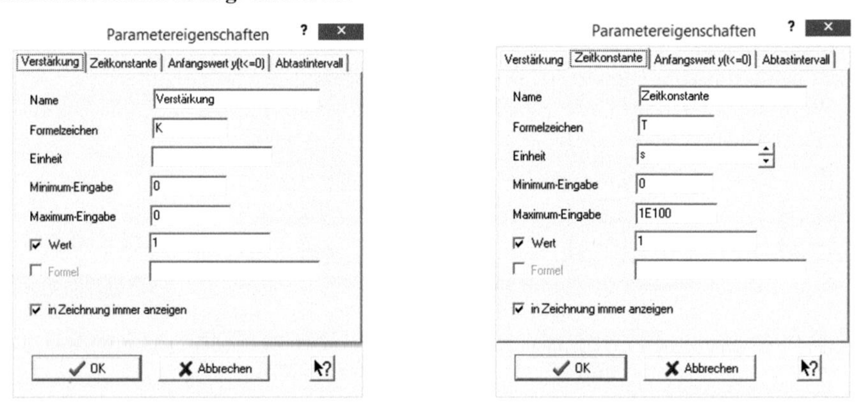

Abb. 1-28: Um die Zeiteinheit s zu ändern, klicken Sie auf den Reiter Zeitkonstante und klicken bei Einheit auf die Pfeile AUF oder AB. Den Namen der Zeitkonstante ändern Sie unter Formelzeichen.

Die **Einerrückführung (direkte Gegenkopplung)**
Gegenkopplung heißt, dass das Ausgangssignal negativ auf den Eingang zurückwirkt (Abb. 1-29). Mit diesem in der gesamten Natur und Technik besonders wichtigen, weil stabilisierenden Fall, werden wir uns in den Kapiteln 2 (statisch) und 3 (dynamisch) noch ausführlich befassen.

Hier soll es zunächst darum gehen, wie man eine Gegenkopplung simuliert und um ein Problem, das dabei auftreten kann: die **algebraische Schleife.**

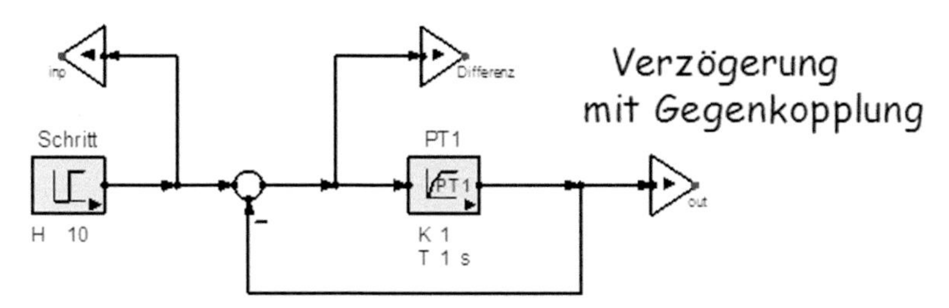

Abb. 1-29 Verzögerung mit direkter Gegenkopplung: Zu zeigen ist, wie die Gegenkopplung das Verhalten des Systems gegenüber dem ohne Gegenkopplung verändert.

Ohne langes Rechnen wird das Verhalten dieses Systems dargestellt, als wenn wir es real aufgebaut hätten. Bitte beachten Sie: Durch die direkte Gegenkopplung halbieren sich sowohl der Übertragungsfaktor als auch die Zeitkonstante gegenüber den Werten des PT1-Blocks im Vorwärtspfad. Weil der Endwert kleiner als ohne Gegenkopplung ist, wird er auch schneller erreicht. An der Anfangsgeschwindigkeit ändert die Gegenkopplung nichts.

Zur Struktur der Gegenkopplung

Als Beispiel für eine Gegenkopplung wurde in Abb. 1-29 der Einfachheit halber die Einerrückführung gewählt. Sie liegt immer dann vor, wenn ein Regler Soll- und Istwerte direkt, also ohne einen besonderen Messwandler, vergleicht. Sie funktioniert so:

Auf einen Differenzbildner (Summierstelle = Kreis mit zwei Eingängen, einer davon invertiert: rechte Maustaste\Vorzeichen ändern) wird eine sprungförmige Anregung gegeben (Schritt), von der das Ausgangssignal (out) abgezogen wird. Die Differenz (Regelabweichung) wird hier mit der Verstärkung K=1 verzögert (T=1s) zum Ausgangssignal (out) verarbeitet.

Simulation einer Gegenkopplung

Obwohl sämtliche Parameter dieser Struktur bekannt sind, lässt sich eine Gegenkopplung wegen der Differenzbildung am Eingang nicht direkt berechnen. Der Grund: Die Eingangsdifferenz hängt vom noch unbekannten Ausgangssignal ab. Die Simulation hat damit jedoch kein Problem. Wenn man ihr sagt, dass sie mit **out=0** beginnen soll, wiederholt sie die Berechnung im Kreis, bis die **Simulationszeit** - eingestellt unter **Zeitsimulation \Optionen -** abgelaufen ist. So wird die Abweichung aller Signale von ihren Endwerten mit der Zeit immer kleiner.

Abb. 1-30 zeigt die Sprungantwort zur Struktur von Abb. 1-29:

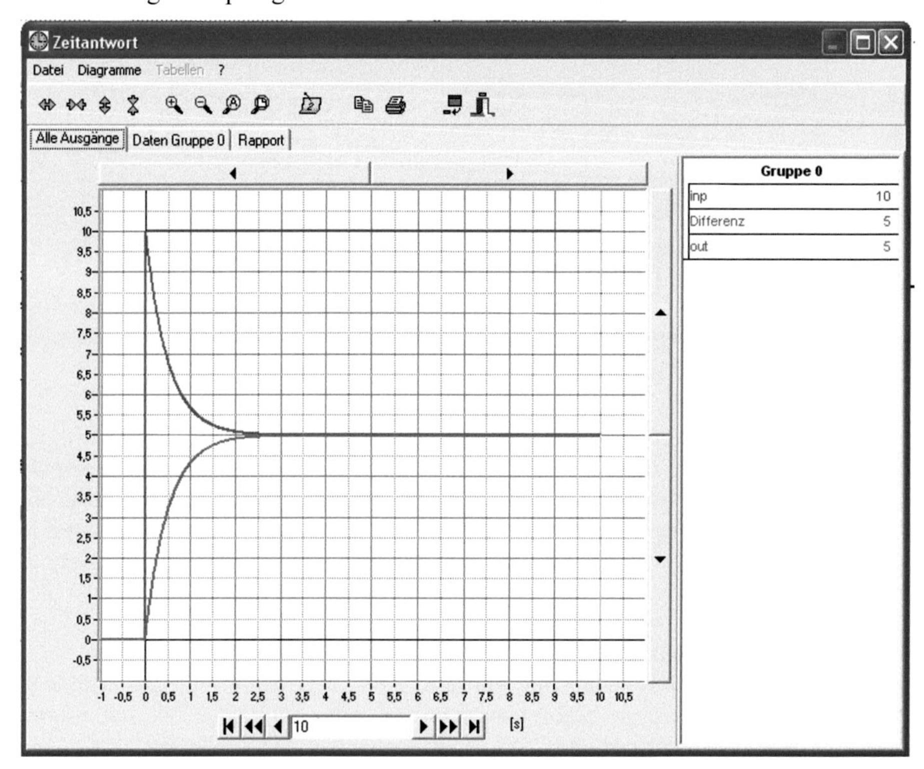

Abb. 1-30 Verzögerung mit Gegenkopplung: Der Eingangssprung ist blau, der verzögert ansteigende Ausgang ist grün, die Differenz ist rot.

Um das Verhalten einer Struktur beobachten zu können, öffnen Sie die in der Abb. 1-29 angegebene Struktur und betätigen **Zeitsimulation\Start**.

Was wäre aber, wenn im Vorwärtsteil der Struktur keine Verzögerung läge?
Dann würde der Anfangswert des Ausgangs nicht null – also undefiniert sein.
Darauf muss die Simulation mit einer **Fehlermeldung** reagieren.
Sie heißt **algebraische Schleife.**

Probieren Sie es aus, indem Sie die Verzögerung in Abb. 1-29 durch einen Proportional(P)-Block ersetzen.

Mit dieser und weiteren Fehlermöglichkeiten befasst sich der nächste Abschnitt.

1.1.3 Fehlerquellen

Gezeichnete Strukturen können nicht ausführbare Befehle enthalten (Abb. 1-31). Das führt nach dem Starten der Simulation zu einer Fehlermeldung:

Simulation abgebrochen

Mögliche Ursachen einer Fehlermeldung sind:

1. Unverzögerte Rückkopplung **(algebraische Schleife Abb. 1-31)**
Die Simulation einer Rückkopplung berechnet alle Signale des Kreises - ausgehend vom Anfangszustand out=0 - zeitlich schrittweise (iterativ, genannt Integration). Ohne eine Verzögerung im Kreis wäre die Struktur nicht berechenbar, weil das Ausgangssignal anfangs unbekannt ist. *Probieren Sie es aus!*

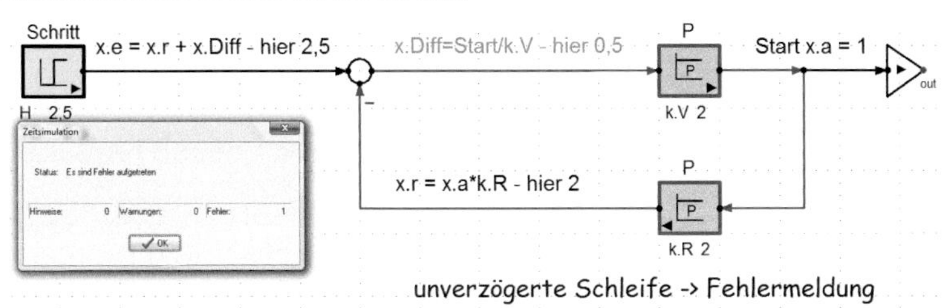

Abb. 1-31 Simulation testen: Unverzögerte Gegenkopplung erzeugt Fehlermeldung -> algebraische Schleife

Die Simulation wird erfolgreich durch eine Verzögerung im Signalkreis. Ihre Zeitkonstante T, hier 0,1s, soll die kleinste der ganzen Simulation sein. Noch kleiner muss die Berechnungsschrittweite (in SimApp Integrationszeit genannt) eingestellt werden.

Abb. 1-32: Fehlermedung bei SimApp:

Abb. 1-32 Fehlermeldung: Algebraische Schleife (im Hauptfenster Abb. 1-6, unten links) mit Auflistung aller Fehler

Abhilfe: eine Verzögerung im Kreis (Abb. 1-33)
Die eingeführte Verzögerungszeitkonstante T soll kleiner als die kleinste zu simulierende Systemzeitkonstante sein, damit sie die Simulation zeitlich nicht nennenswert verfälscht. Die Intervallzeit der Simulation muss aber mindestens noch einen Faktor 2 kleiner eingestellt sein, damit dies simulierbar ist.

Einstellung der **Integrationsschrittweite** unter **Zeitsimulation \Optionen**.
Simulierbare Rückkopplungen haben mindestens eine Verzögerung im Kreis.

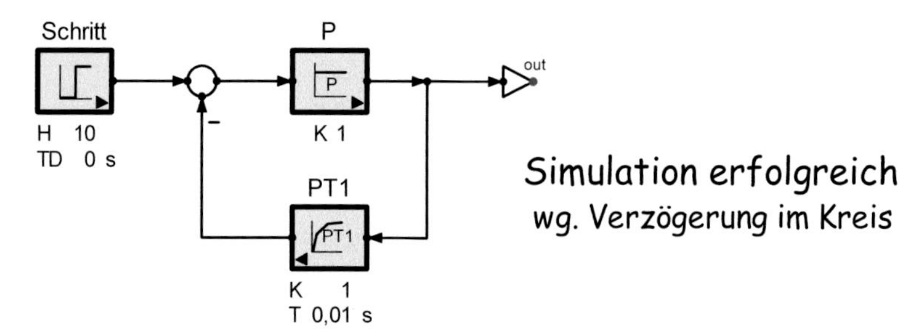

Abb. 1-33 Simulierbare Gegenkopplung: Wo die Verzögerung im Kreis liegt, ist dafür unerheblich.

2. Division durch null (Abb. 1-34)

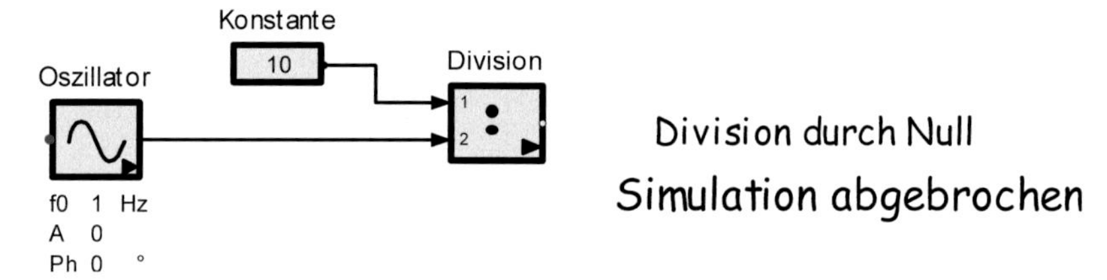

Abb. 1-34 Die Testfunktion beginnt mit null. Damit geht die Division gegen unendlich. Das ist nicht darstellbar.

3. Wurzel aus einem negativen Signal (Abb. 1-35)

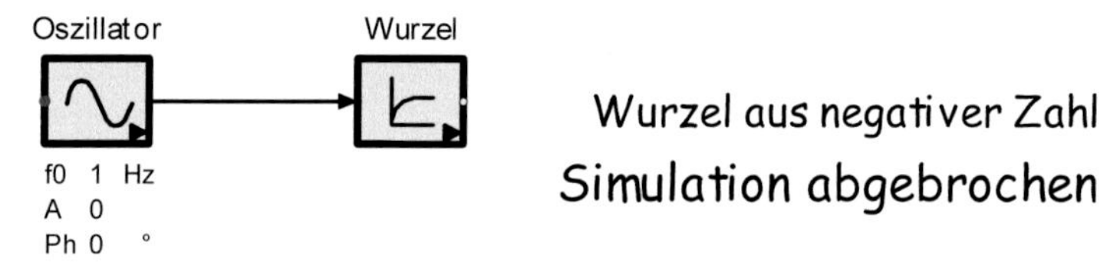

Abb. 1-35 In der zweiten Halbwelle ist die Testfunktion negativ. Die Wurzel aus einer negativen Zahl ergibt eine irrationale Zahl. Da die Simulation nur mit rationalen Zahlen rechnet, erzeugt sie eine Fehlermeldung.

4. Bei der **Frequenzsimulation** sind **keine Nichtlinearitäten erlaubt**, denn die Sinusform, mit der hier gearbeitet wird, würde dadurch zerstört.

Beispiele:

- Multiplikation und Division
- Wurzeln und Potenzen
- Signalbegrenzungen

Bei Simulationen im **Zeitbereich sind Nichtlinearitäten erlaubt**, denn es werden beliebige Funktionen berechnet.

1.1.4 Simulationen im Zeitbereich

Das Ziel von Messungen und Simulationen besteht darin, den Zusammenhang zwischen dem Aufbau und den Eigenschaften eines Systems zu ermitteln. Wenn diese bekannt sind, kann das System mit geforderten Eigenschaften geplant (designed) und gebaut werden. Durch Simulationen wird reales Verhalten nachgebildet – hier von Maschinen und Anlagen. Diagramme zeigen das Verhalten – entweder realistisch als **Funktion der Zeit** (Abb. 1-36) oder hochaufgelöst als **Funktion der Frequenz** eines **sinusförmigen Testsignals** (Abb. 1-25).

Wie in Bd. 2/7 Dynamik noch ausführlich erläutert werden wird, können Signale im **Zeitbereich** - meist nach **Schritt=Sprunganregung** - oder im **Frequenzbereich** - für **sinusförmige Anregung** - dargestellt werden.

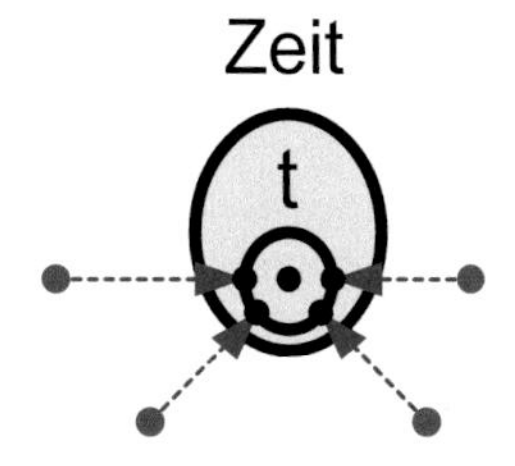

Abb. 1-36 Zeitsonde zur Simulation ausgewählter Messwerte

Im Zeitbereich ist der **Einschaltvorgang** das gebräuchlichste Testsignal, auch **Schritt oder Sprung** genannt. Die **Sprungantwort** zeigt den Übergangsvorgang. Das charakterisiert das untersuchte System als **verzögernd oder vorhaltend**, als **stark oder schwach gedämpft**.

Als erstes Beispiel zur Einführung in die Simulation wählen wir die **einfache Verzögerung**. Zunächst simulieren wir deren Zeitverhalten. Im nächsten Abschnitt folgt dann die Simulation des Frequenzverhaltens.

Der Schwerpunkt liegt hier auf der **Handhabung** des Simulationsprogramms **SimApp** zur Erstellung von **Strukturbildern**. Die Funktionsbeschreibungen zu den gewählten Beispielen folgen in den nächsten Kapiteln.

Die einfache Verzögerung
Wie in den Kapiteln 3 Dynamik und 9 Mechanik noch im Einzelnen erläutert werden wird, bilden Systeme mit einem Energiespeicher und einem Energieverbraucher einfache Verzögerungen (Abb. 1-37). Ihre **Sprungantwort** ist eine **Exponential (e)-Funktion** $\mathbf{1\text{-}e^{-t/T}}$ (Abb. 1-38).

Die **Konstante K** beschreibt das System statisch: x.a=K·x.e. Die **Zeitkonstante T** beschreibt die Langsamkeit des Systems. Seine Struktur sieht so aus:

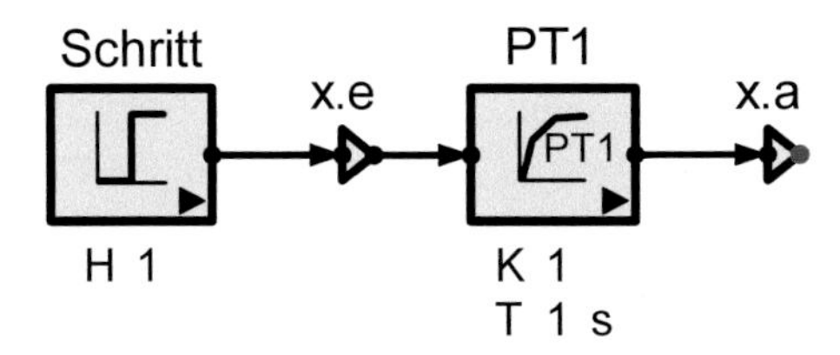

Abb. 1-37 Test einer einfachen Verzögerung PT1: Abb. 1-38 zeigt einen Einschaltvorgang.

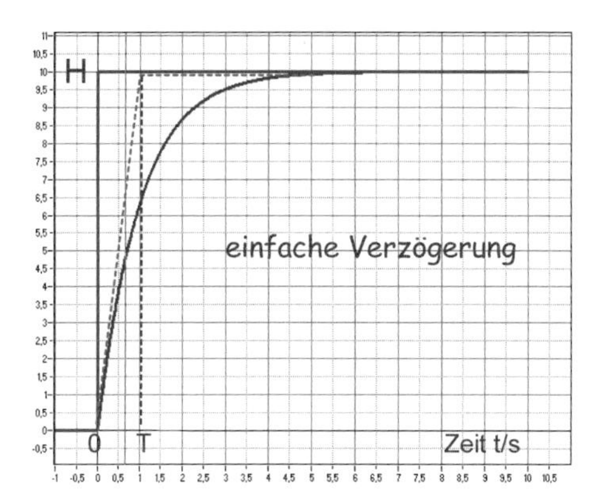

Abb. 1-38 Sprungantwort einer einfachen Verzögerung mit eingezeichneter Anfangstangente zur Bestimmung der Zeitkonstante T

Nach dem Aufruf der Zeitsimulation erscheint der Schritt = Sprung und das verzögerte Signal PT1 als Zeitfunktion: eine Exponential (e)-Funktion. Die Sprunghöhe ist H, hier 10. Die Anfangstangente (vom Autor eingezeichnet) an die Sprungantwort dient zur Bestimmung der Maximalgeschwindigkeit. Sie schneidet den Endwert H nach der Verzögerungszeitkonstante T ab. Ihre Anfangsgeschwindigkeit ist H/T, hier 10.

Der **Zeitbereich ist besonders anschaulich** (Oszilloskop), im Frequenzbereich lässt sich besonders einfach (komplex) rechnen. Daher benötigen wir beide Arten der Darstellung. Auf die Zusammenhänge wird in Teil 3 Dynamik näher eingegangen.

Simulation der einfachen Verzögerung

Wir zeichnen die in der Abb. 1-38 angegebene Struktur mit Sprungeingang und Verzögerung. Ist die Zeichnung der Struktur komplett, können Sie die Zeitsimulation starten.

Dazu klicken Sie auf das **obere Uhrensymbol** (Abb. 1-39) an der linken Seite des Hauptfensters (Abb. 1-6) …

…und sofort haben Sie das **Simulationsergebnis** Abb. 1-38.

Abb. 1-39 Start einer Simulation: Zeitsymbol anklicken. Zuerst werden die Parameter einer Simulation eingestellt, dann kann sie gestartet werden.

Kennzeichen der einfachen linearen Verzögerung ist der lineare Anstieg der Ausgangsgeschwindigkeit (=Steigung der Sprungantwort). Angefangen von einem Maximalwert bei t=0 geht die Geschwindigkeit mit der Zeit ebenso gegen null wie auch die Abweichung des Ausgangssignals von seinem Endwert.

Nach einigen **Zeitkonstanten** T ist der Ausgang von seinem Endwert nicht mehr zu unterscheiden. Seine Geschwindigkeit ist null. Der Endzustand heißt bei ruhenden Systemen **statisch** und bei strömenden Messgrößen **stationär.**

Die Darstellung von Signalen als Funktion der Zeit heißt **Zeitbereich**. Als **Testsignal** dient meist ein **Sprung (=Schritt)**. Die **Sprungantwort** einer einfachen **Verzögerung** ist eine **Exponential (e)-Funktion**. Sie beginnt mit maximaler Geschwindigkeit und läuft kriechend in den Endwert ein. Durch die Simulation können Sie die Funktionswerte zu jedem Zeitpunkt bestimmen.

1. Durch Ziehen der senkrechten grünen Linie (Cursor) mit dem Mauszeiger können Sie die **Simulationswerte** zu jedem Zeitpunkt abfragen.
2. Um den **Titel** (Voreinstellung **Zeitantwort**) zu ändern, klicken Sie auf den Reiter **Datei** und öffnen **Fenstertitel**.
3. Dem Diagramm kann unter Datei ein **eigener Name** gegeben werden. Es ist kopier- und speicherbar (Diagramme benötigen als Bitmapdatei viel Speicherplatz).

Die Simulationsparameter
Zur Durchführung der Simulation muss SimApp wissen, welcher **Zeitraum** (Simulationsdauer) simuliert werden und in welchen **Zeitschritten** die Simulation ausgeführt sein soll (Auflösung). Damit das Zeitverhalten des Systems gut zu erkennen ist, soll die Simulationsdauer etwa dreimal so groß wie die größte Systemzeitkonstante (hier T) sein. Damit auch schnelle Vorgänge simuliert werden, soll die Intervallzeit der Simulation (hier Integrationsschrittweite genannt) etwa 1/3 der kürzesten Systemzeitkonstante sein. Das ist ein guter Kompromiss zwischen Simulationsgenauigkeit und Simulationsdauer.

Abb. 1-40: **Simulationsdauer** und **Schrittweite** sind die wichtigsten Simulationsparameter. Sie werden in den **Einstellungen zur Zeitsimulation** vorgegeben. Dazu öffnen Sie das **untere Uhrensymbol** am linken Rand des Hauptfensters (Abb. 1-39).

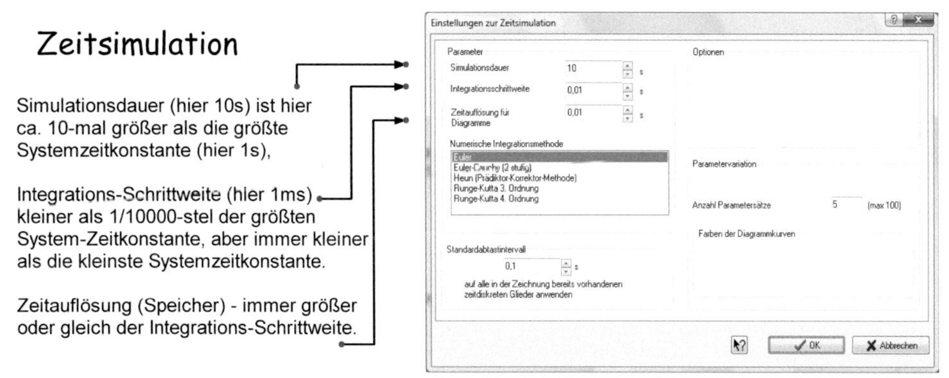

Abb. 1-40 Um die Simulation an die realen Zeitabläufe anpassen zu können, ist der Zeitmaßstab einstellbar. Für eine reale Sprungantwort ist die dominierende Verzögerungszeit T zu wählen. Dann passt man die Rechenzeiten T an: Simulationszeit ca. 10mal so groß und die Integrationsschrittweite ca. 1/100 davon. Wenn die Simulation abgespeichert wird, bestimmt die Zeitauflösung den Speicherbedarf.

Die Simulationsdauer

Mit der Simulationsdauer T.Sim stellen Sie den Zeitraum der Simulation ein (Abb. 1-40, Voreinstellung 10s). Um aussagekräftige Simulationen zu erhalten, muss T.Sim an die **größte Zeitkonstante T** des simulierten Systems angepasst werden

- Ist T.Sim >> T, ist das Zeitverhalten des Systems nicht erkennbar,
- Ist T.Sim << T, wird nur der Anfangsbereich der Sprungantwort erfasst.

Damit sowohl der Anfangsverlauf als auch der Endzustand einer Sprungantwort gut zu erkennen sind, soll **T.Sim ≈ 3T** sein.

Die Integrationsschrittweite

Zur quasikontinuierlichen Signalberechnung des Zeitverhaltens muss die Intervallzeit T.Int der Simulation, hier **Integrationsschrittweite** genannt, klein gegen die kürzeste Systemzeitkonstante sein. Macht man sie allerdings zu klein, wird die Rechenzeit unnötig lang.

Ein guter Kompromiss ist T.Int ≈ T.Sim/10000. D.h., der gesamte Simulationsbereich enthält 10000 Schritte. Als Standard hat SimApp T.Sim=10s und T.Int=0,001s=1ms vorgegeben. Das passt zur Standardzeitkonstante T=1s aller Zeitglieder.

Beispiel: **Die Netzfrequenz**

Zur Netzfrequenz **f.N=50Hz** gehört die Netzperiode **t.N = 1/f.N = 20ms**. Eine Halbwelle ist daher t.N/2=10ms lang. Um sie noch annähernd stetig darzustellen, darf die Integrationsschrittweite höchstens 1/10 von t.N/2 lang sein, hier also 1ms.

Einstellung unter: **Zeitsimulation\Optionen\Simulationszeit** = 1s
Integrationsschrittweite = Zeitauflösung = 1ms

Hinweis zur Simulationsschrittweite: In den meisten der folgenden Simulationen wird mit einer **Simulationszeit von 1ms** gearbeitet. Das ist besonders dann nötig, wenn Anwenderblöcke benutzt werden, die kleine Zeitkonstanten enthalten können. Stellt man die Integrationsschrittweise größer als die kleinste Simulationszeitkonstante ein, können die Simulationen nicht funktionieren.

Die Zeitauflösung von Diagrammen

Simulationsergebnisse werden pixelweise abgespeichert, benötigen also viel Speicherplatz (ca. 80MB pro Bild). Dabei ist diese Auflösung oft unnötig hoch. Daher besteht unter **Zeitauflösung für Diagramme** die Möglichkeit, Speicherplatz zu sparen. Dann muss sie klein gegen die Integrationsschrittweite eingestellt werden. Generell darf die Zeitauflösung für Diagramme nie kleiner als die Integrationsschrittweite sein. Falls Sie Diagramme nicht speichern wollen, spielt die Zeitauflösung für Diagramme keine Rolle.

Übungsbeispiel: Zwei Verzögerungen hintereinander

In der Realität sind häufig mehrere Verzögerungen hintereinander zu finden (Abb. 1-41). In der Sprungantwort zeigt sich dies durch eine waagerechte Anfangstangente:

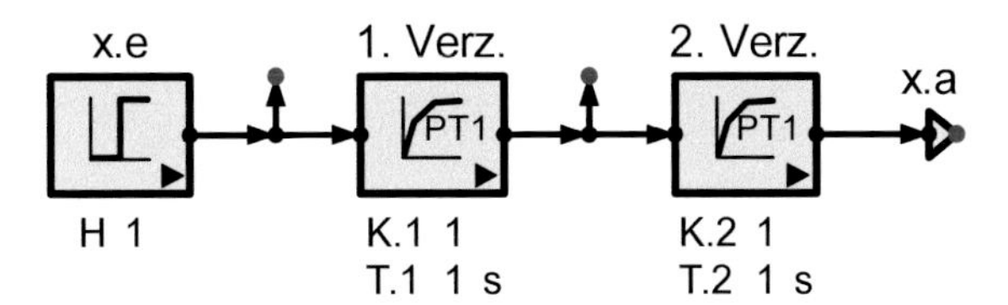

Abb. 1-41 Test einer zweifachen Verzögerung: Abb. 1-42 zeigt das Ergebnis:

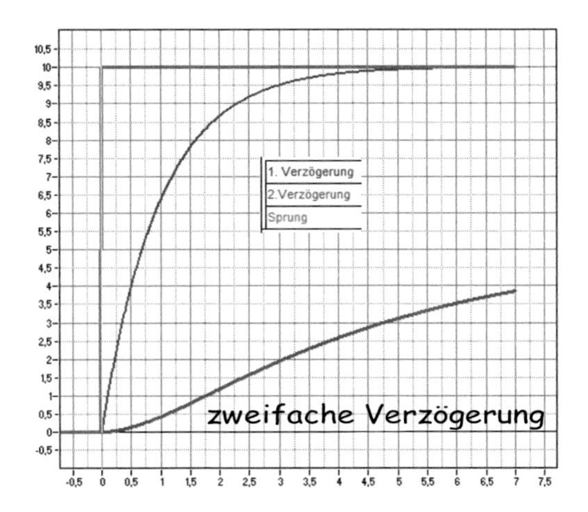

Abb. 1-42 Zeitdiagramm zur einer zweifachen Verzögerung – blau: das interne Signal nach dem ersten PT1-Block mit K.1=1 und T.1=1s und rot das Ausgangssignal nach der zweiten Verzögerung mit K.2=0,5 und T.2=4s. Rechts erscheinen die Zahlenwerte der Signale am Ort der grünen, senkrechten Linie (Cursor, hier rechts). Sie ist mittels linker Maustaste im Zeitfenster beliebig verschiebbar.

Zur Übung empfiehlt Ihnen der Autor die Simulationen der doppelten Verzögerung und auch die einer Verzögerung und eines Vorhalts (Abb. 1-43). Auf das Verständnis dieser Funktionen kommt es hier noch nicht an. Die Erklärung folgt in Bd. 2/7, Kap. 3 Dynamik.

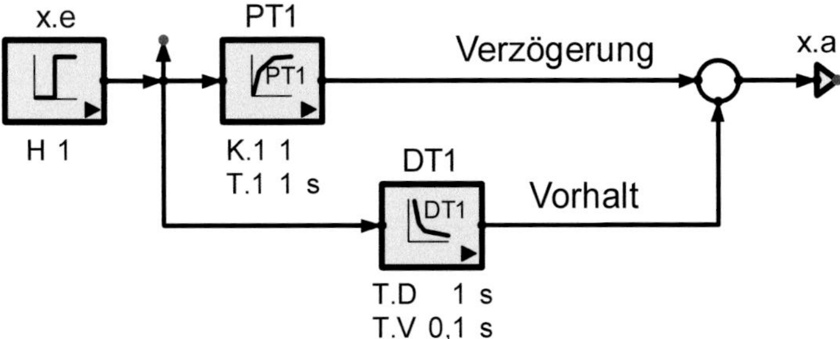

Abb. 1-43 Simulation einer Verzögerung und eines Vorhalts: Die Summe ergibt: x.a=x.e. Das zeigt Abb. 1-44.

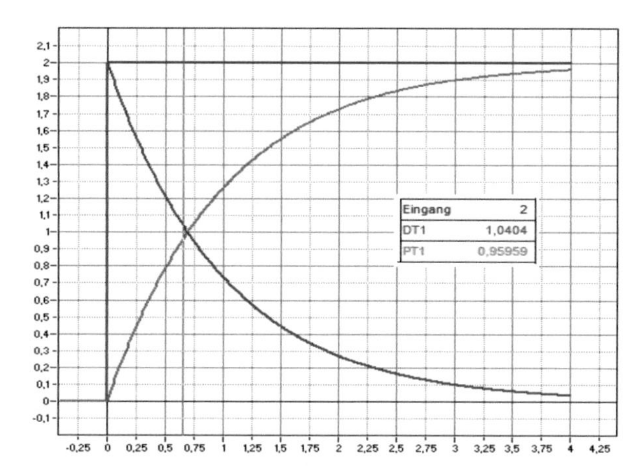

Abb. 1-44 Vorhalt und Verzögerung: Die Summe aus Vorhalt und Verzögerung ergibt zusammen zu jedem Zeitpunkt das Eingangssignal.

Damit ist das Wichtigste zum Simulationswerkzeug SimApp gesagt. Nun folgen noch Beispiele zur Simulation des Frequenzverhaltens, der Parametervariation und die Blockbildung. Eilige Leser können dies zunächst überfliegen und gleich mit dem zweiten Kapitel fortfahren.

1.1.5 Parametervariation

Um zu erkennen, wie sich die Änderung eines Blockparameters auf das Verhalten des Systems auswirkt, kann die Simulation mehrfach mit veränderten Parametern ausgeführt werden. Die Ergebnisse werden in einem Diagramm dargestellt (Abb. 1-45).

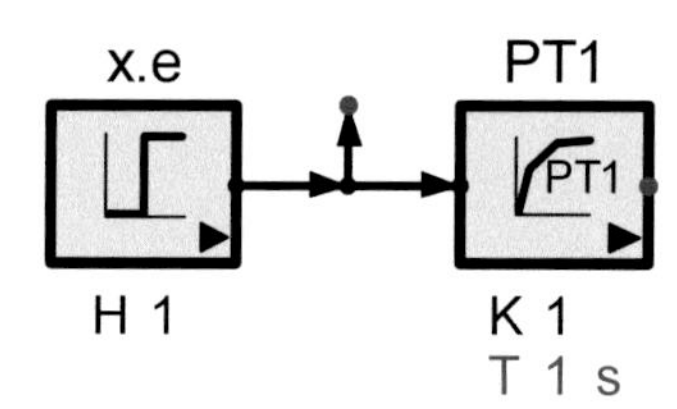

Abb. 1-45 Block mit rot markierter Parametervariation

Für die Parametervariation sind Eintragungen an zwei Orten **nötig:**

im Objektblock selbst (**Abb. 1-47**) **und in der Leiste** Zeitsimulation\Optionen **(Abb. 1-46).**

1. Einstellungen zur Zeitsimulation

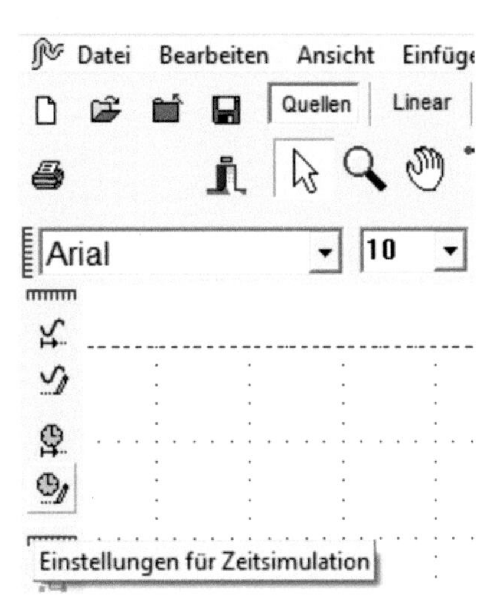

Abb. 1-46 Zeichnungsfenster links mit den Schaltflächen für die Zeit- und Frequenzsimulation: Darunter: die zugehörigen Parametereinstellungen.

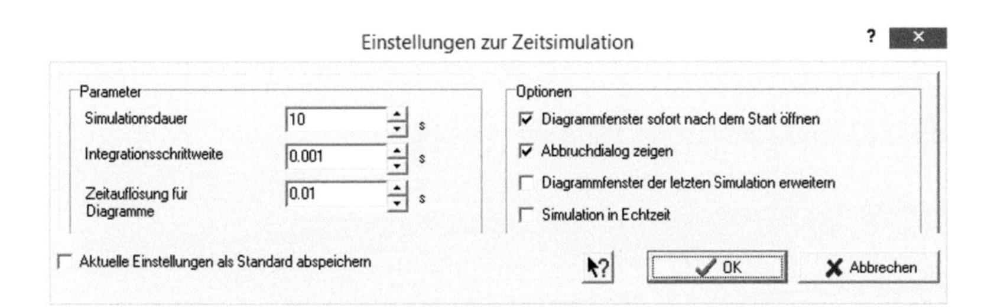

Abb. 1-47 Zur Parametervariation sind Eintragungen an zwei Stellen vorzunehmen: 1. im Objektblock (links) und 2. in Zeitsimulation\Optionen (rechts). Wenn Sie ‚Diagrammfenster der letzten Simulation erweitern' anklicken, wird das alte Diagramm durch die neuen Kurven erweitert. Ist es nicht aktiviert, zeichnet SimApp nach jeder Simulation ein neues Diagramm.

2. Der zu variierende Parameter (Abb. 1-48)
   Zur Dateneingabe öffnen Sie den Zeichnungsblock durch Doppelklick

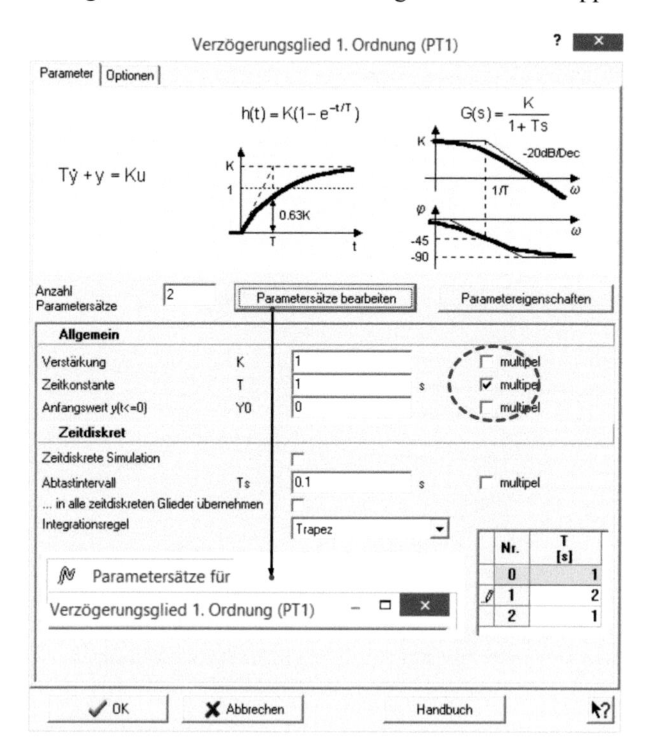

Abb. 1-48 Parametereinstellung bei einem Verzögerungsglied

Abb. 1-49: Das Zeitdiagramm zur Parametervariation:

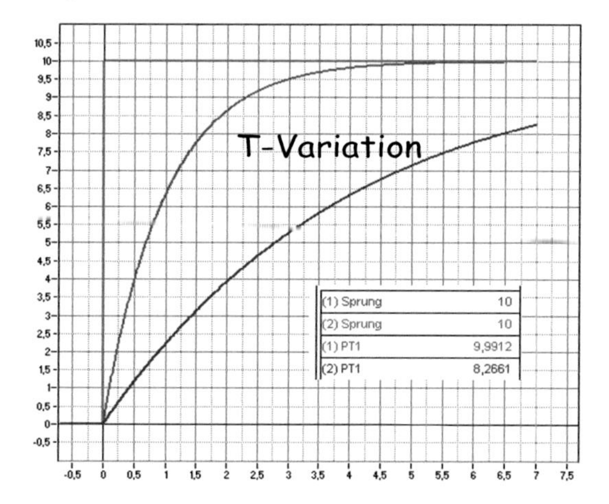

Abb. 1-49 Zwei Verzögerungen mit verschiedenen Zeitkonstanten

1.1.6 Simulationen im Frequenzbereich

Immer wenn die Schnelligkeit von Systemen mit großer Auflösung untersucht werden soll, wählt man eine **Sinusschwingung (harmonischer Oszillator)** als **Testsignal**. Der Sinus ist ein elementares Signal, das keine anderen Schwingungen enthält. Die **Sinusantwort** zeigt das Systemverhalten bei definierten Sollgeschwindigkeiten (quasistatisch).

Wenn man den Sprung (oder Schritt) wegen seiner hohen Anfangsbeschleunigung als hartes Testsignal bezeichnet, so ist der Sinus dagegen ein weiches Testsignal (harmonische Schwingung). Erhöht man aber die Frequenz, so werden auch hier die Beschleunigungen immer größer.

Dadurch erkennt man die **Grenzfrequenzen** des untersuchten Systems und findet **eventuelle Resonanzen**. Sie dienen zur Beschreibung der Schnelligkeit und Stabilität dynamischer Systeme.

Die Darstellung von Signalen als Funktion der Frequenz nennt man den **Frequenzbereich**, seine Darstellung heißt **Frequenzgang**. Frequenzgänge werden gemessen, indem die Frequenz des Testsignals langsam (quasistatisch) von klein nach groß durchgestimmt wird. Langsam heißt, dass alle Speicher des Systems immer genügend Zeit haben, sich auf ihre Maximalwerte (bei der jeweiligen Frequenz) aufzuladen. Zur Messung von Frequenzgängen benötigt man einen **Sinusgenerator** mit **durchstimmbarer Frequenz (=Wobbelgenerator)**.

Die Simulation von Frequenzgängen (Abb. 1-50) ist genauso einfach wie die der Sprungantworten im Zeitbereich. Als **Wobbelgenerator und Oszilloskop** dient die **Frequenzsonde** mit dem voreingestellten Namen ‚Frequenz' (änderbar).

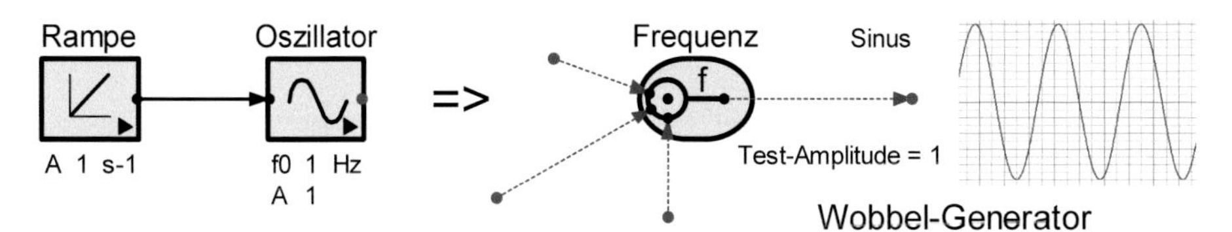

Abb. 1-50 Frequenzsonde – in SimApp aus der Kategorie ‚Messen' – erzeugt einen durchgestimmten Testsinus mit der Amplitude 1.

Die **Frequenzsonde** finden Sie in der Objektgruppe **Messen**.

Übungsbeispiele: Tiefpass und Hochpass
Im Frequenzbereich heißt das Verzögerungslied ‚Tiefpass' und das Vorhaltglied ‚Hochpass'. Die Simulation erklärt diese Bezeichnungen (Abb. 1-51).

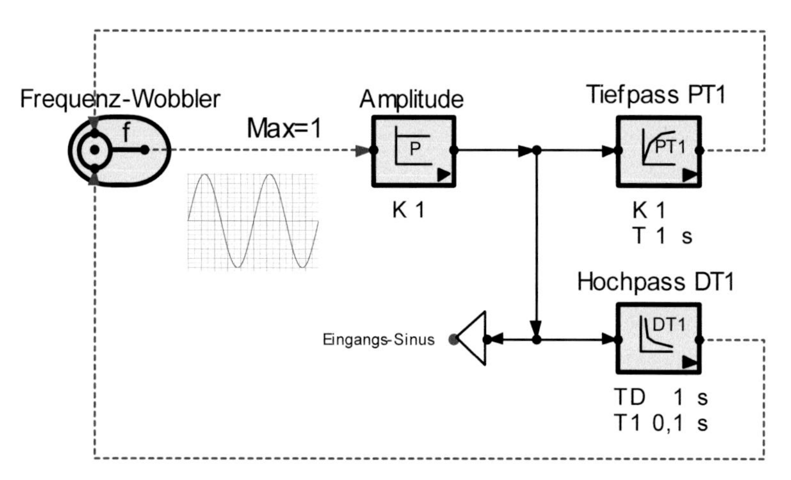

Abb. 1-51 Hochpass und Tiefpass: Tiefpässe übertragen Signale bis zu ihrer Grenzfrequenz proportional, Hochpässe übertragen Signale ab ihrer Grenzfrequenz proportional. Tief- und Hochpass ergänzen sich bei den angegebenen Beispielen bei jeder Frequenz zum gesamten Eingangssignal.

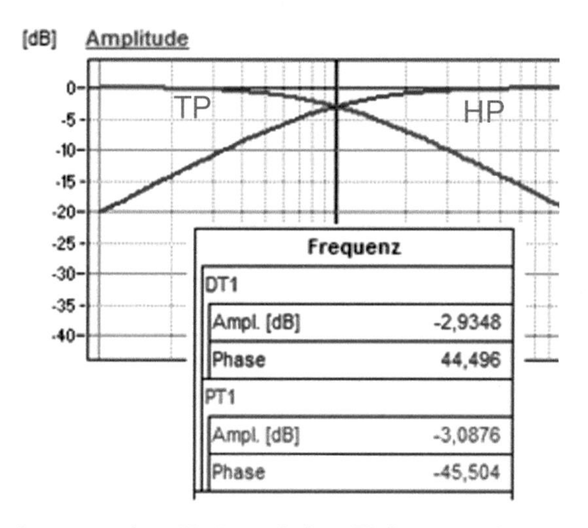

Abb. 1-52 Amplitudengänge eines Hoch- und eines Tiefpasses und zu einer Frequenz ausgewählte Daten

Abb. 1-52 zeigt die im doppellogarithmischen Maßstab abgebildeten Amplitudengänge. Diese Art der Darstellung heißt **Bode-Diagramm**. Es ist die einfachste und aussagekräftigste Art der Darstellung von Frequenzgängen. Sie erfordert allerdings die Kenntnis des logarithmischen Maßstabs. Das Bode-Diagramm wird in Kap. 3 ausführlich erklärt. Seine Leistungsfähigkeit wird in vielen Kapiteln dieser **‚Strukturbildung und Simulation technischer Systeme'** demonstriert - insbesondere in Bd.5/7, Kap. 9 bei der **graphischen Berechnung optimaler Reglerparameter.**

Die Ausführung einer Frequenzsimulation

1. Zeichnung der gewünschten Struktur, hier gemäß der Abb. 1-51
   Den **Tiefpass PT1** und den **Hochpass DT1** finden Sie in der **Leiste Linear**, die Frequenzsonde in der Leiste **Quellen.**
2. **Start** der Frequenzsimulation durch das **obere Sinussymbol** in der Simulationsleiste am linken Rand des Hauptfensters (Abb. 1-12). Die obige Abb. 1-52 zeigt einen Ausschnitt des Bode-Diagramms.

Einstellung der Simulationsparameter

Abb. 1-54**:** Für Frequenzsimulationen muss die Start- und die Stopp-Frequenz eingegeben werden.
Die dazu benötigten Icons finden Sie bei SimApp am linken Rand des Hauptfensters.

Abb. 1-53: Dort besteht - wie bei der Zeitsimulation - auch die Möglichkeit, die Parametervariationen einzustellen.

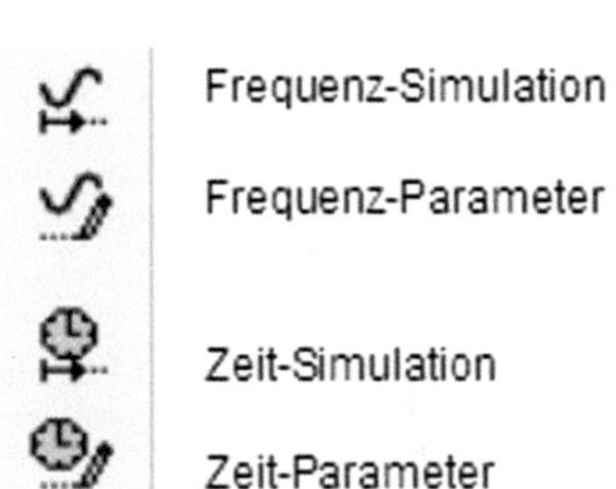

Abb. 1-53 Schaltflächen zur Einstellung der Simulationsparameter und zum Start der Simulation im Zeit- und im Frequenzbereich

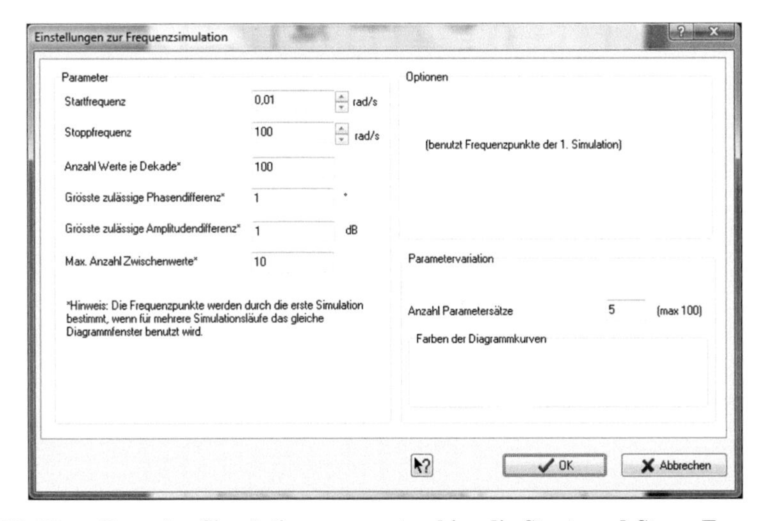

Abb. 1-54 Einstellung der Simulationsparameter, hier die Start- und Stopp-Frequenzen in rad/s

Übungsbeispiel: Frequenzgang eines Bandpasses

Die Hintereinanderausführung von Hoch- und Tiefpass (Abb. 1-55) ergibt einen Bandpass (HPxTP=>BP). Seine Simulation sieht so aus:

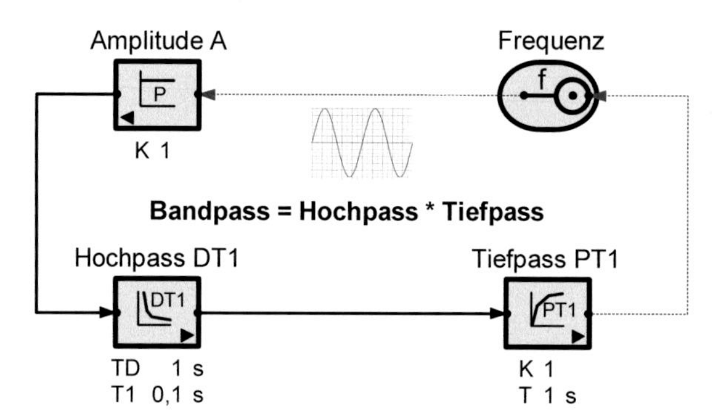

Abb. 1-55 Bandpass als Hintereinanderausführung von Hoch- und Tiefpass: Die Eingangsamplitude bestimmt ein vorgeschalteter Proportional(P)-Block.

Zur Berechnung von Frequenzgängen

Frequenzgänge können komplex (ohne höhere Mathematik) berechnet werden. Das ist ein entscheidender Vorteil gegenüber der Berechnung von Sprungantworten, die im Zeitbereich nur mit höherer Mathematik (Infinitesimalrechnung) zu berechnen sind.

Abb. 1-56 Sinusschwingungen sind relativ leicht zu berechnen, weil sich ihre Form in linearen Systemen nicht ändert (Abb. 1-56). Dann ist nur die Amplitude und die Phasenverschiebung als Funktion (komplex) zu berechnen.

Frequenzgänge praktisch zu messen ist immer mit beträchtlichem Aufwand verbunden. Viel einfacher ist die Messung von Sprungantworten (Einschaltvorgang). Deshalb werden wir in Kap. **3 Dynamik** auf den Zusammenhang beider Methoden eingehen und erklären, warum **Sprungantworten** für **Tests** und **Frequenzgänge für Analysen** am geeignetsten sind.

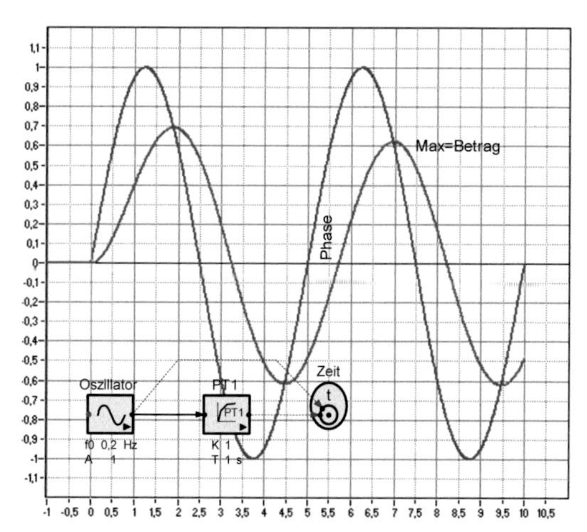

Abb. 1-56 Zeitlich verschobene Sinusschwingungen mit der Kennzeichnung von Betrag und Phase: Einzelheiten dazu erfahren Sie in Kap. 3 Dynamik.

In **Kap. 3 Dynamik** wird Ihnen die komplexe Berechnung von Frequenzgängen erklärt. Sie sind zur dynamischen Analyse unverzichtbar. Beispiele dazu folgen in vielen Kapiteln dieser ‚Strukturbildung und Simulation'.

Nichols- und Nyquist-Diagramme

Komplexe Frequenzgänge besitzen einen **Realteil Re** und einen **Imaginärteil Im**, aus denen sich (nach Pythagoras) ihr Betrag (Amplitude) und eine Phasenverschiebung – beide im Allgemeinen Funktionen der Frequenz – errechnen lassen. **Betrag (=Amplitudenverhältnis)** und **Phasenverschiebung** sind **Messgrößen**, die sich z.B. mit einem Oszilloskop ermitteln lassen. Deshalb sind **Betrag** und **Phase** und **nicht die Rechengrößen Real- und Imaginärteil** die eigentlich interessierenden Größen.
Zur Darstellung der Simulationsergebnisse bietet SimApp drei Möglichkeiten an (Abb. 1-57): als Nyquist-, Nichols- und Bode-Diagramm.

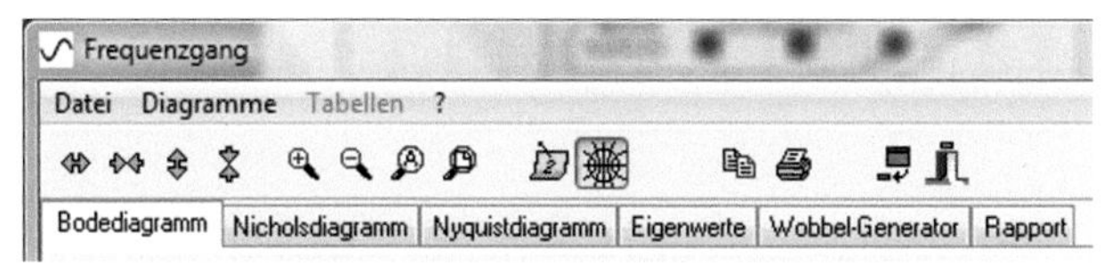

Abb. 1-57 Auswahl der Darstellung von Frequenzgängen

1. Das Nyquist-Diagramm stellt Frequenzgänge als Ortskurven im linearen Maßstab dar. Ortskurven zeigen den Imaginärteil Im über dem Realteil Re mit der Frequenz als Parameter.
2. Das Nichols-Diagramm stellt den logarithmierten Betrag eines Frequenzgangs als Funktion der Phasenverschiebung dar.
3. Das Bode-Diagramm stellt die Messgrößen getrennt nach Betrag und Phase über einer logarithmisch geteilten Frequenzachse dar.

Um Ihnen einen Eindruck der Unterschiede dieser Darstellungen zu geben, zeigen wir Ihnen das Nyquist-Diagramm (Abb. 1-58) und Nichols-Diagramm (Abb. 1-59) des in Abb. 1-55 simulierten Bandpasses.

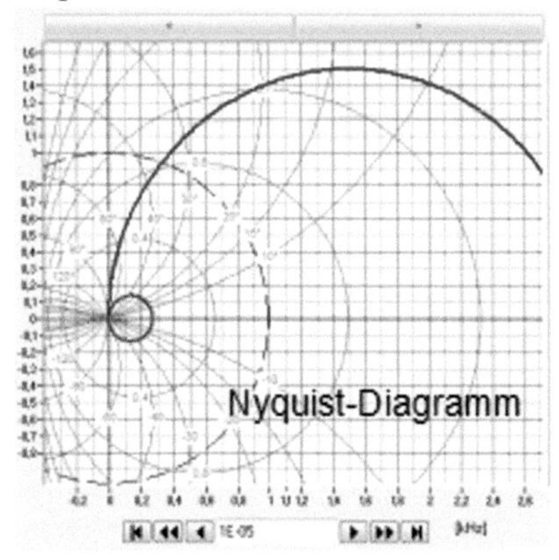

Abb. 1-58 Nyquist-Diagramme stellen Frequenzgänge als Ortskurven (Imaginärteil über Realteil) mit der Frequenz als Parameter dar.

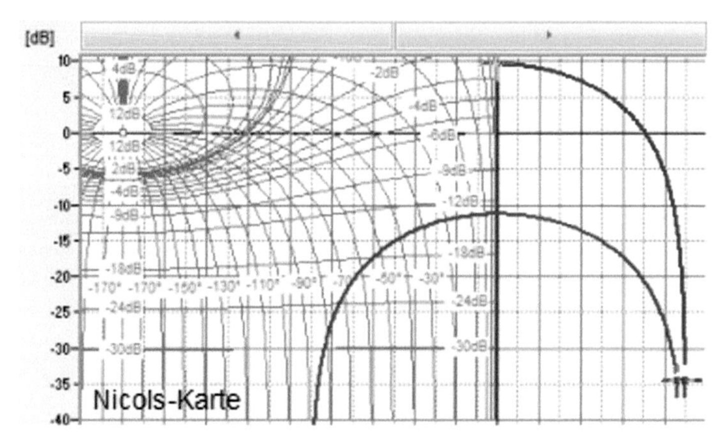

Abb. 1-59 Nichols-Diagramm ist die Darstellung des Betrages der Verstärkung (logarithmisch) als Funktion der Phasenverschiebung.

Nyquist- und Nichols-Diagramm sind **Musterbeispiele für die Verkomplizierung technischer Systeme** durch die Art der Darstellung. Komplexe Systeme sind damit nicht zu analysieren. Deshalb werden wir diese Verfahren hier nicht verwenden.

Aufgabe der dynamischen Analyse ist die Bestimmung des Zusammenhangs zwischen den **Parametern** der Komponenten eines Systems (hier repräsentiert durch die statischen Konstante K und die **Zeitkonstante T**) und den **Daten des Systems** (seine **Grenzfrequenzen**). Sie zu bestimmen ist in Nichols- und Nyquist-Diagrammen nur in einfachsten Fällen, die in der Realität nur selten vorkommen, möglich. Deshalb lehnt der Autor Nichols- und Nyquist-Diagramme ab.

Ganz anders das **Bode-Diagramm (**Abb. 1-60**)**: Im Amplitudengang sind beide Achsen logarithmisch geteilt. Die Logarithmierung bewirkt, dass aus den häufig vorkommenden **Multiplikationen** (mit einem linearen **Faktor x)** die **Addition** des **Betrages lg(x)** wird. Wir zeigen nun kurz, dass dies für die Auswertung von Frequenzgängen – und damit für die gesamte Systemanalyse - **entscheidende Vorteile** gegenüber allen linearen Maßstäben bringt. Die Einzelheiten zum Bode-Diagramm folgen in Bd. 2/7 ‚Dynamik'.

1. Die Frequenzachse ist dekadisch geteilt. Durch die Logarithmierung der Frequenzachse lassen sich größte Frequenzbereiche auf einen Blick darstellen. Andererseits können auch kleinste Bereiche hoch aufgelöst werden.
2. Beträge (=Amplitudenverhältnisse) werden logarithmiert und in dezi-Bel (dB) angegeben. Damit ist die Amplitudenachse linear geteilt. Auch auf der Amplitudenachse bedeutet z.B. die Addition einer **Dekade** die Multiplikation mit dem **Faktor 10**. Die Subtraktion um eine Dekade verkleinert die Startfrequenz um den Faktor 10.

Die Mitte einer Dekade ist die Quadratwurzel aus ihren Grenzen: $lg\sqrt{10}$ = 50% einer Dekade, etwa der **Faktor 3**. Eine **Frequenzverdoppelung** heißt **Oktave**: ·2->lg(2) ≈ 30% einer Dekade.

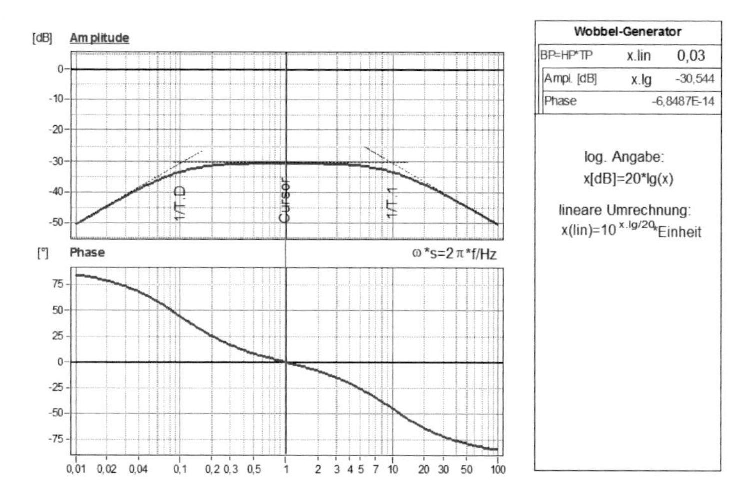

Abb. 1-60 Bode-Diagramm eines Bandpasses: Die Schnittpunkte der Asymptoten markieren die System-Parameter.

Die Amplitudenachsen des Bode-Diagramms werden in der Einheit **dB (dezi-Bel)** angegeben. Dazu rechnet SimApp die linearen **Simulationswerte x.lin** nach der Beziehung

Gl. 1-1 dB-Bildung x.log=20dB·lg(x.lin)

in den logarithmischen Maßstab um. Dadurch ist auch die Amplitudenachse im Bode-Diagramm linear geteilt.

Der wichtigste Vorteil des Bode-Diagramms:

Im doppellogarithmisch dargestellten Amplitudengang lassen sich **Tangenten** an die Graphen legen, deren **Schnittpunkte** sofort die gesuchten **Grenz- und Resonanzfrequenzen (f.g, f.0 ~ 1/T)** erkennen lassen. Das stellt die **Verbindung zwischen Theorie (Frequenzgang)** und **Praxis, Rechnung** und **Messung** her. Dadurch wird klar, wie die **Systemdaten (f.g, f.0)** von den **Parametern** der Bauelemente abhängen (z.B. T=C·R).

Mit diesem Wissen können die Bauelemente (Kondensator C, Widerstand R) so dimensioniert werden, dass geforderte Systemdaten entstehen.

Bode-Diagramme bleiben auch in kompliziertesten Fällen durch die angelegten **Tangenten** übersichtlich und interpretierbar. Deshalb sind sie in dieser ‚Strukturbildung und Simulation' die einzige Art der Darstellung von Frequenzgängen. Wie leistungsfähig Bode-Diagramme sind, erfahren Sie z.B. in Bd. 6/7, Kap. **11 Aktorik** bei der Berechnung von Mikrofonen und Lautsprechern und in Bd. 5/7, Kap. **8 Regelungstechnik** beim Entwurf von PID-Reglern.

Die **Einführung in das Bode-Diagramm** erhalten Sie in Kap. **3 Dynamik.**

Beispiele für die Anwendung von Bode-Diagrammen folgen in fast allen Kapiteln dieser Strukturbildung und Simulation. Sie werden die Leistungsfähigkeit und Alternativlosigkeit dieser Methode aufzeigen.

1.1.7 Blockbildung

Wenn Teile einer Struktur mehrfach und in verschiedenen Simulationen benötigt werden, ist es sinnvoll, sie zu einem **Anwenderblock** zusammen zu fassen (Abb. 1-63).

Anwenderblöcke unterscheiden sich nicht von den vordefinierten Objekten. Durch sie werden komplexe Strukturen übersichtlicher. Sie können den Anwenderblock

- entweder schnell aus der Struktur mit nur einem Befehl erzeugen oder
- in einer Blockmappe zeichnen, was viele Gestaltungsmöglichkeiten eröffnet.

Zur Blockbildung sollten Sie immer nur eine getestete Struktur verwenden (Abb. 1-62). Sie wird in die Strukturseite (Abb. 1-61) des Anwenderblocks kopiert.

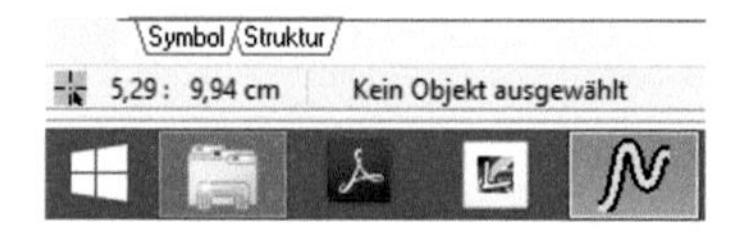

Abb. 1-61 Auswahl der Fenster zum Zeichnen des Block-Symbols und der Block-Struktur

Als Beispiel wollen wir einen gegengekoppelten Kreis mit ‚Einerrückführung = direkte Rückführung' (Abb. 1-63) zum Anwenderblock machen (Abb. 1-64):

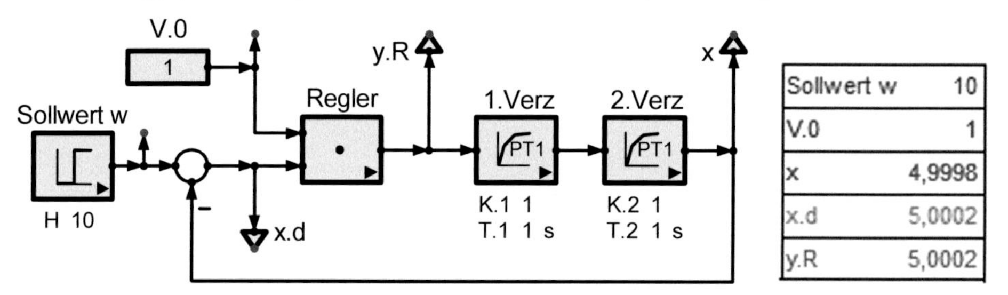

Abb. 1-62 Ausgangsstruktur zur Blockbildung: eine zweifache Verzögerung mit Einerrückführung und einstellbarer Kreisverstärkung V.0

Wir zeigen nun, wie aus einer Detailstruktur ein Anwenderblock gemacht wird:

1. In der Strukturseite müssen die Ein- und Ausgänge festgelegt werden.

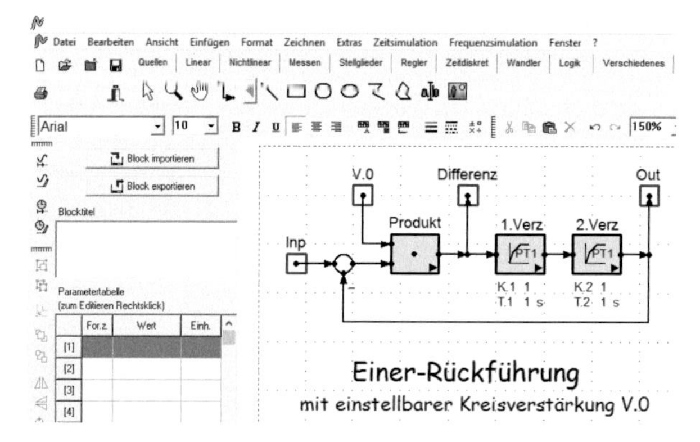

Abb. 1-63 Strukturfenster der Blockmappe zur Zeichnung von Anwenderblöcken

2. In der Symbolseite wird die Blockoberfläche gestaltet.

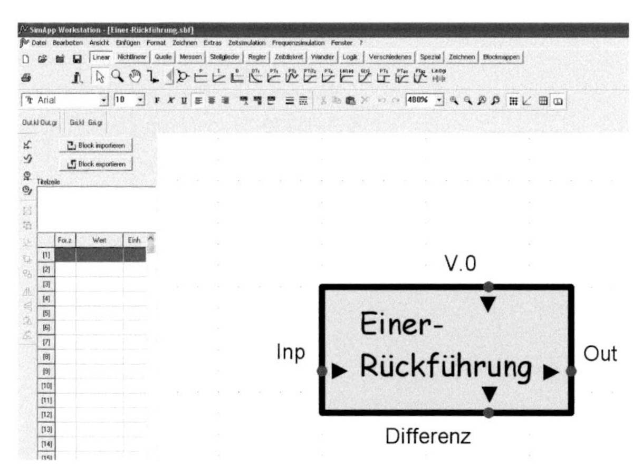

Abb. 1-64 Symbolfenster der Blockmappe zur Zeichnung des Benutzerbildes von Anwenderblöcken

Und so erzeugen Sie aus einer **getesteten Struktur** mittels Blockmappe einen **Anwenderblock** im Einzelnen:

1. Die Blöcke der zukünftigen Blockmappe (hier der Einerrückführung) in der SimApp-Zeichnung markieren und in **die Zwischenablage kopieren** (rechte Maustaste). Alles, was zu viel markiert ist, wird anschließend gelöscht.
2. Datei\Neue Blockmappe öffnen:
3. **Strukturseite aufschlagen** (unten links) und die Zwischenablage einfügen (rechte Maustaste)
4. Alle Ein- und Ausgänge löschen und durch Knoten (Seitenleiste: Spezial) ersetzen.
5. Den Ein- und Ausgängen passende Namen geben.
6. **Symbolseite** (Abb. 1-64, unten-links) aufschlagen und das Blockbild gestalten (Gruppe Zeichnen).
7. Blockmappe exportieren und Blockfenster schließen.

Nun befinden Sie sich wieder in Ihrer SimApp-Zeichnung **Datei\Öffnen\Exportieren**

Durch das Exportieren befindet sich die Blockmappe in der Zwischenablage. Durch ‚rechte Maustaste' und Einfügen wird sie in eine SimApp-Zeichnung kopiert. Blöcke sind im Dateimanager am grünen Icon zu erkennen. Sie können sie beliebig oft in allen Ihren SimApp-Zeichnungen verwenden.

8. Block testen (Abb. 1-65)
   - Block aus einer Blockmappe in eine SimApp-Zeichnung einfügen (rechte Maustaste).
   - Alle Eingänge mit typischen Signalen beschalten

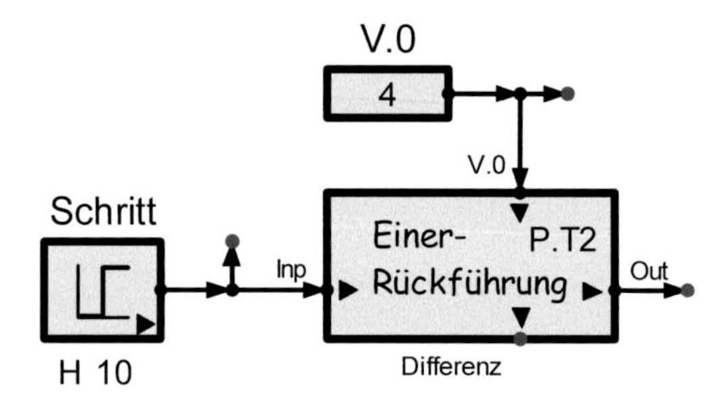

Abb. 1-65 Anwenderblock testen

Abb. 1-66: Zeitsimulation starten

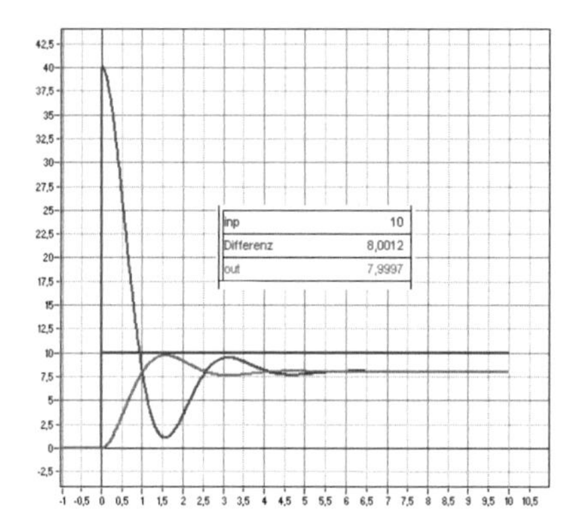

Abb. 1-66 Stellen Sie die Parameter ein, geben Sie die Testsignale vor und starten Sie die Simulation. Betrachten die Reaktionen des Ausgangs.

9. Blockstruktur einsehen

Wenn Sie die **interne Struktur eines Anwenderblocks** sehen wollen, markieren Sie ihn und drücken die rechte Maustaste. In dem sich öffnenden Menü wählen Sie ‚Anwenderblock in Blockmappe öffnen' und erhalten die Abb. 1-67. Wenn Sie sie ändern, müssen Sie den Block unter neuem Namen abspeichern.

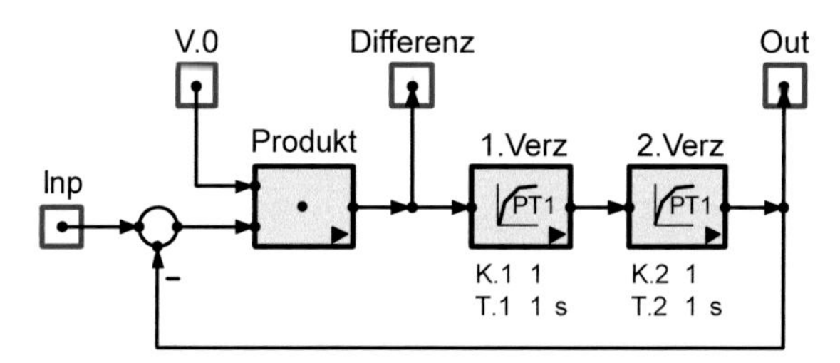

Abb. 1-67 Die interne Struktur des Anwenderblocks ‚Einerrückführung' von Abb. 1-62

Abschließend sollten Sie den Anwenderblock testen. Mit den gleichen Eingangsgrößen muss er die gleichen Resultate liefern wie die Ausgangsstruktur (Abb. 1-62).

Alternative: Blockbildung mit nur einem Befehl
Noch schneller geht die Blockbildung mit nur einem Befehl. Diese Methode empfiehlt sich allerdings nur bei einfachen Systemen mit wenigen Blöcken (Abb. 1-68).

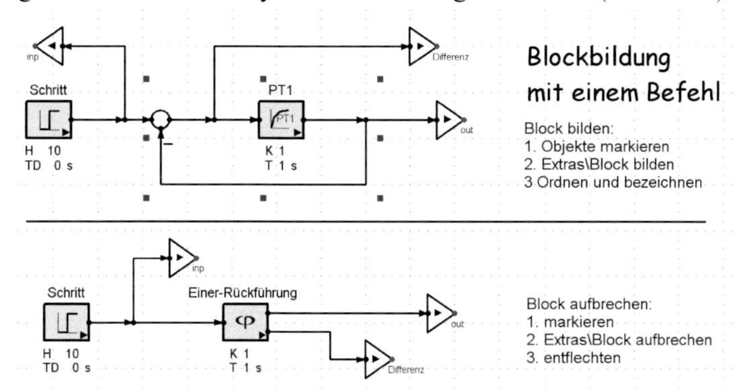

Abb. 1-68 Blockbildung: Zuerst markiert man die Objekte, die einen Block bilden sollen (anklicken und ziehen->blaue Punkte). Dann erzeugt man den Block durch den Befehl Extras\Block bilden. Durch Verschieben der Objekte erzeugt man die untere Zeichnung. Die Blockbildung kann durch Extras\Block aufbrechen, d.h., rückgängig gemacht werden.

Die Blockbildung erfolgt in SimApp durch den Befehl **Extras\Einfacher Block bilden**. Vorher ist der Teil der Struktur, der zu einem Block zusammengefasst werden soll, zu markieren. Zu Testzwecken kopiert man diesen Teil am besten in eine neue SimApp-Zeichnung. Bei der Blockbildung ist darauf zu achten, dass die **Blockein-** und **-ausgänge eindeutig** sind. Am einfachsten erreicht man dies durch **offene Signalleitungen**.

Fehlermöglichkeiten bei der Blockbildung
SimApp kann Blöcke mit mehreren Ein- und Ausgängen bilden. Das wird jedoch schnell unübersichtlich. Regelungstechnisch sinnvoll sind auch nur Blöcke mit einem Ausgang (Funktionen). Damit immer eindeutige Verhältnisse herrschen, sollten sie durch Ein- und Ausgangsblöcke definiert sein (Abb. 1-69):

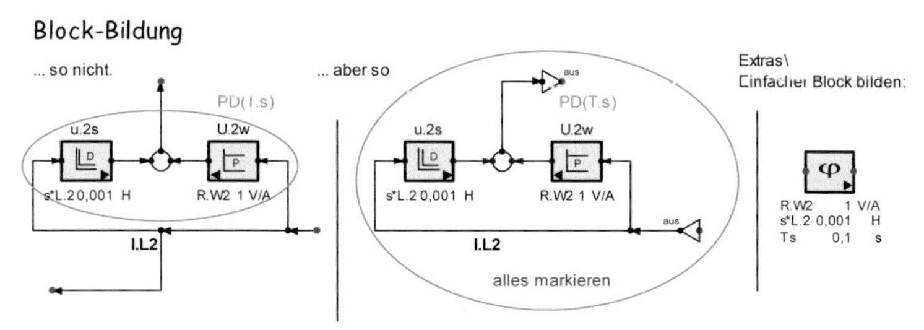

Abb. 1-69 Blockbildung: links ohne, rechts mit klar definierten Ein und Ausgängen

Wenn eine Struktur komplett ist, kann die Simulation gestartet werden. Falls sie nicht funktioniert, liegt das wahrscheinlich an Strukturfehlern, auf die oben bereits hingewiesen worden ist (unverzögerte Rückkopplung, Division durch null, Wurzel aus einer negativen Zahl).

Um einen Fehler zu lokalisieren, muss die Struktur in einfache Teile zerlegt werden, die der Reihe nach ausgetestet werden. Immer ist zu beachten, dass die eingestellte Integrationszeit der Simulation kleiner als die kleinste Zeitkonstante der Struktur sein muss.

Blöcke finden Sie zu vielen Themen der Physik und Technik in diesem Buch. Wenn Sie die Funktionen eines Sie interessierenden Blocks betrachten wollen, exportieren Sie diese in eine neue SimApp-Zeichnung und stellen die benötigten Parameter ein. Dann können Sie

- das **Zeitverhalten durch Vorgabe eines Sprunges** (Schritt) oder
- die **Linearität durch Vorgabe einer Rampe** testen.

Abschluss der Einführung in SimApp
Ich hoffe, dass die vorangegangenen Informationen für den Einstieg in SimApp ausreichen. Alle Einzelheiten zu **SimApp** finden Sie in der **Produktbeschreibung**.

Durch die Vielzahl der nun folgenden Beispiele werden Sie den **Umgang mit SimApp**, seine Möglichkeiten und die letztlich gar nicht so schwierige Handhabung immer besser verstehen.

Daher können wir uns in allen folgenden Kapiteln auf die ‚Kunst' der Strukturbildung konzentrieren. Die dazu erforderlichen **statischen und dynamischen Grundlagen** werden in den beiden nächsten Abschnitten gelegt.

Wilhelm Busch\Maler Klexel:
… so blickt man klar wie selten nur
in's inn're Walten der Natur

Erstlingswerk von Maler Klexel: Naturverständnis ohne Strukturbildung

1.2 Formeln berechnen durch Simulation

Wie man Formeln mit SimApp berechnet, wird nun an Beispielen gezeigt. Dabei geht es nur um die Berechnung, nicht so sehr um die physikalische Erklärung oder Ableitung (Das folgt erst in den nachfolgenden Kapiteln). SimApp ist unser Handwerkszeug dazu.

Hier werden Sie mit einem Problem konfrontiert, das Sie lösen müssen, wann immer Sie eine Struktur ermitteln wollen: Es muss zwischen **Ursache und Wirkung** unterschieden werden. Ursachen sind die Eingangssignale einer Struktur, die Wirkungen ihre Ausgangssignale.
Was Ursache und was Wirkung ist, hängt von der Funktion eines Systems ab und den Fragen, die wir dazu stellen. Das wird oft erst durch die Struktur und mit Hilfe einer

Simulation richtig verstanden. In jedem Fall aber **hilft Ihnen die Struktur** bei der Klärung dieser Frage.

In allen 7 Bänden dieser ‚Strukturbildung und Simulation technischer Systeme' werden physikalische Messgrößen realer Systeme berechnet. Bevor wir damit beginnen, soll gezeigt werden, wie man Gleichungen – so wie sie im Mathematik- und Physikunterricht vorkommen – durch Simulation numerisch berechnet.

Die folgenden Beispiele sind auch per Hand berechenbar. Das sind jedoch Sonderfälle. Reale Systeme sind so komplex, dass sie nur noch mit Computerhilfe berechnet werden können - am einfachsten und übersichtlichsten durch Strukturbildung und Simulation.

Gleichungen und Funktionen

Eine **Gleichung** berechnet **eine** Ausgangsgröße (oft x, y oder z) in Abhängigkeit von **beliebig vielen** Eingangsgrößen und deren Bewertungen (oft a, b, c). Eine **Funktion** berechnet eine Ausgangsvariable (y) in Abhängigkeit von einer Eingangsvariablen (x). Ein Beispiel ist die **implizite Funktion**. Wir simulieren sie unter 1.2.3.

Der Satz des Pythagoras

Als Beispiel für eine Gleichung sei der Satz von Pythagoras genannt (Abb. 1-70). Er berechnet die Hypotenuse c als Funktion der Katheten a und b eines **rechtwinkligen Dreiecks**.

Gl. 1-2 Pythagoras $c^2 = a^2 + b^2$

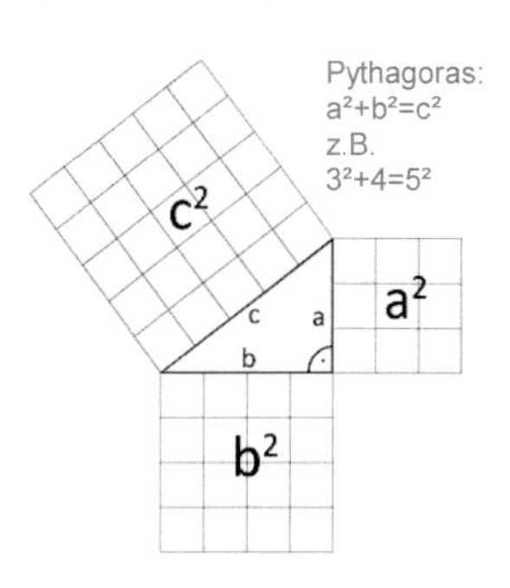

Abb. 1-70 Der Satz von Pythagoras

Beispiel:

$3^2+4^2=5^2$ - Mit den Seiten 3- 4- 5 lassen sich rechte Winkel konstruieren.

Zur Simulation dieser Funktion steht in SimApp ein **Block Fkt 2** mit zwei Eingängen in der Gruppe ‚Nichtlinear' zur Verfügung (Abb. 1-71):

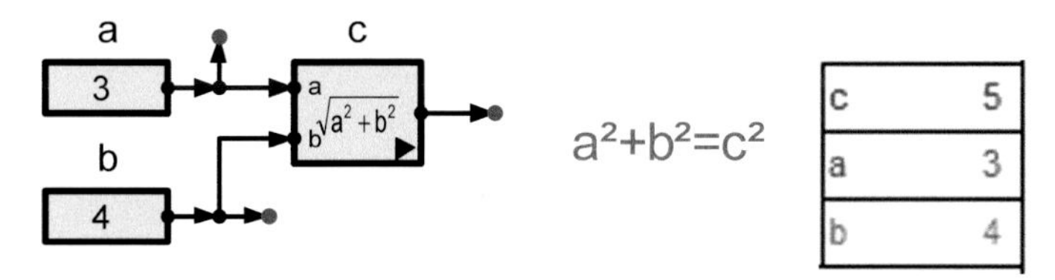

Abb. 1-71 Pythagoras: Berechnung der Hypotenuse c für zwei Katheten a und b (Seiten eines rechten Winkels) nach Pythagoras – in SimApp durch einen Funktionsblock aus der Kategorie Nichtlinear\Fkt2

Eine Gleichung wird zur Funktion, wenn mindestens eine Eingangsgröße variabel ist, z.B. y(t)=a+x(t). Darin ist t die unabhängige Variable und y die abhängige Variable.

1.2.1 Träger auf zwei Lagern

Das nächste Beispiel zur Berechnung einer Funktion stammt aus der Formelsammlung K.+R. **Gieck (1995), Statik, K4.** Dargestellt ist ein Balken der Länge l auf zwei Auflagern (F.A und F.B), auf den zwei Kräfte F.1 an der Stelle l1 und F.2 an der Stelle l2 wirken **(**Abb. 1-72**).** Gesucht werden die Auflagerkräfte F.A und F.B.

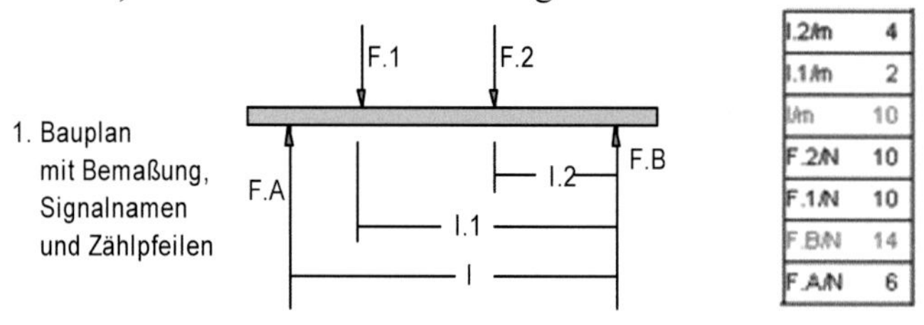

Abb. 1-72 8 Träger auf 2 Lagern: Zu berechnen sind die Auflagerkräfte F.A und F.B als Funktion der Lastkräfte F.1 und F.2 und ihrer Angriffspunkte.

Die Ableitung der Formeln für F.A und F.B erfordert den Begriff des **Drehmoments M=F·l**, der erst in Kap. 4 Mechanik eingeführt wird. Die Lösung ist in der Formelsammlung K.+R. Gieck (1995) unter k25 angegeben (Abb. 1-73).

m_L | Lage- | Plan-maß-stab | = wahre Länge / entspr. Länge in Zeichnung
m_F | Kräfte- | | = Kraft / entspr. Länge in Zeichnung
H : Polabstand | y^* : vertikaler Abstand zwischen Schlußlinie s und Seileck.
Rechn. Lösung: $F_A = F_1 \cdot l_1/l + F_2 \cdot l_2/l$; $F_B = (F_1 + F_2) - F_A$.

Abb. 1-73 Auszug zur Trägerberechnung aus der Formelsammlung Gieck\K4: darunter die Auflagerkräfte

Die Struktur zur Berechnung der Auflagerkräfte

Wir wollen die Auflagerkräfte F.A und F.B mit den Gleichungen von Abb. 1-73 berechnen. Dazu stellen wir

F.A = F.1 · l.1 / L + F.2 · l.2 / L und **F.B = (F.1 + F.2) – F.A**

als Struktur dar (Abb. 1-74):

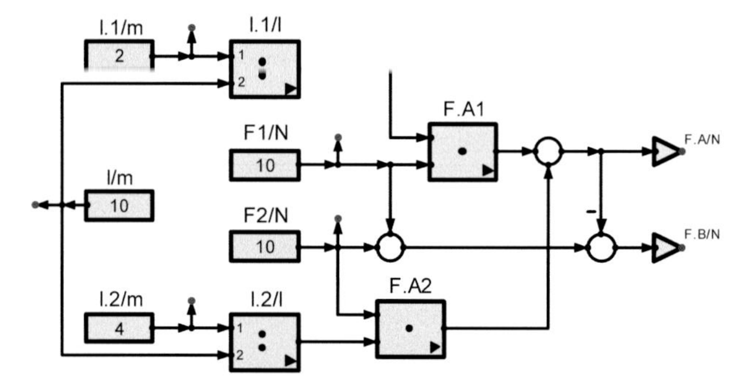

Abb. 1-74 Auflagerkräfte: L ist die Gesamtlänge des Balkens vom Auflager A zum Auflager B. l.1 und l.2 sind die Abstände der Kräfte F.1 und F.2 vom Auflager B.

Erläuterungen zur Struktur der Auflagerkräfte:
Links in Abb. 1-74 erkennen Sie die Parameter L, l.1 und l.2 und die Variablen F.A und F.B. Dann folgt ihre Verknüpfung gemäß den Gleichungen der Abb. 1-73. So entstehen rechts die Ausgangssignale F.A und F.B. Nun können Sie alle Eingangsgrößen beliebig variieren. Die Simulation liefert Ihnen sofort die Auflagerkräfte dazu. Zeitverhalten, die eigentliche Stärke einer Simulation, gibt es hier noch nicht.

In diesem Beispiel ist die Unterscheidung der Eingangs- und Ausgangssignale noch einfach. Eingänge sind die angreifenden Kräfte (Variable F.1 und F.2), Parameter sind die Abstände vom gewählten Nullpunkt (L, l.1 und l.2), Ausgangssignale sind die Auflagerkräfte (F.A und F.B).

Berechnung der Auflagerkräfte mit Anwenderblock (Abb. 1-75)

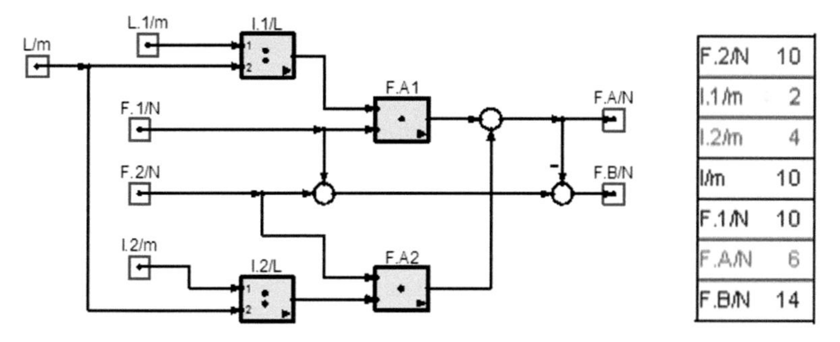

Abb. 1-75 Die Auflagerkräfte als Anwenderblock

Um aus der zuvor gezeigten Struktur einen Anwenderblock zu machen, kopieren Sie diese in eine Blockmappe. Die Monitorausgänge werden gelöscht. Dann werden alle Ein- und Ausgänge durch Knoten ersetzt. Zuletzt wird das Blocksymbol gestaltet. Das Ergebnis der Blockbildung sieht so aus (Abb. 1-76):

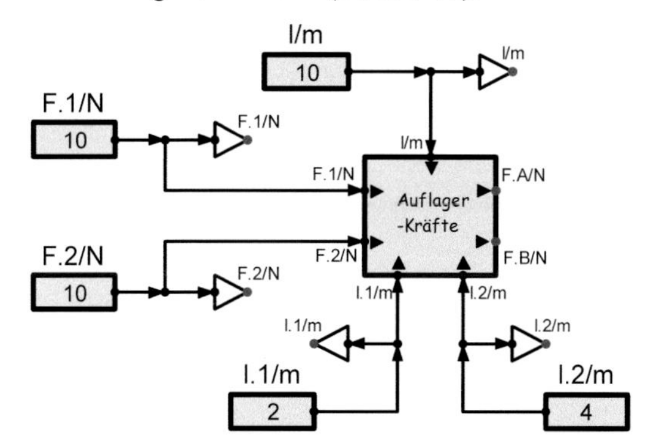

Abb. 1-76 Einfach, schnell und übersichtlich sind die Berechnungen mit einem Anwenderblock: Anwenderblock aus der Blockmappe in die SimApp-Zeichnung exportieren, Parameter als Konstanten einstellen und die Simulation starten.

Zum Test des Anwenderblocks speisen wir in alle Eingänge des Blocks die Parameter und Kräfte ein und starten die Simulation.

1.2.2 Winkelfunktionen

Winkelfunktionen setzen die Seiten eines rechtwinkligen Dreiecks ins Verhältnis (Abb. 1-77). Durch Winkelmessungen können damit Entfernungen zu Punkten bestimmt werden, die auf direktem Weg unerreichbar sind (Abb. 1-78).

Abb. 1-77 Wichtige Winkelfunktionen: Tangens und Cotangens, Sinus und Cosinus

Anwendungen:

- Parallaxenverfahren zur Bestimmung der Entfernungen naher Himmelskörper
- Bestimmung der Breite eines Flusses oder die
- Höhenmessung bei Gebäuden

Methode: Messung des Winkels α in einem Abstand A bis zur Spitze in der Höhe $\tan \alpha = H/A \rightarrow H = A \cdot \tan \alpha$

Das soll am Beispiel des Schiefen Turms von Pisa gezeigt werden.

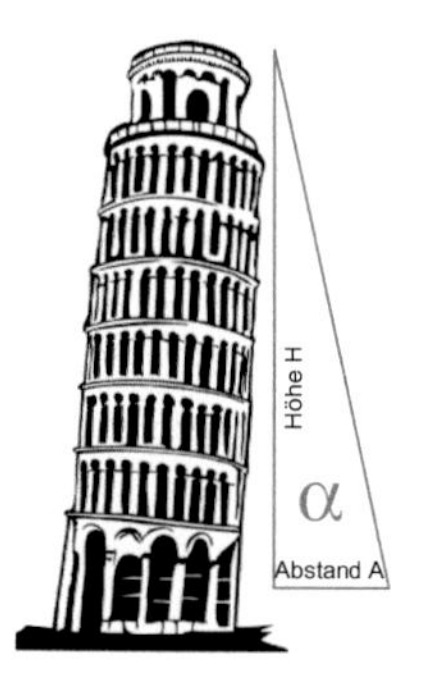

Abb. 1-78 Zur Bestimmung der Turmhöhe H benötigt man den Winkel α, gemessen in einem Abstand A (=Basis).

Abb. 1-79 ist die Struktur zu Abb. 1-78. Sie zeigt den Algorithmus zur Berechnung der Höhe H:

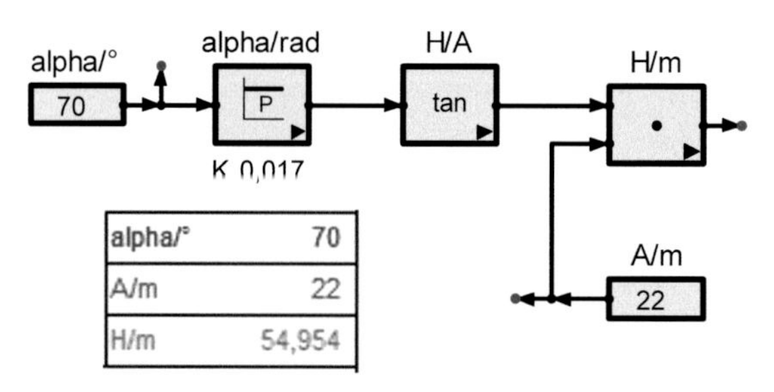

Abb. 1-79 Berechnung der Turmhöhe H für einen im Abstand A gemessenen Winkel α

Zur praktischen Kontrolle müsste man den Turm besteigen und ein Lot herunter lassen. Bei der Entfernung zu einem anderen Flussufer macht man das Gleiche in der Ebene. Bei erdnahen Sternen verwendet man die Parallaxenmethode mit dem Durchmesser der Erdumlaufbahn als Basis.

1.2.3 Implizite Funktionen

Bei einer impliziten Funktion erscheint die Ausgangsvariable y auf beiden Seiten einer Gleichung, z.B. y=(a+b·y)·x (Abb. 1-80). Zu zeigen ist zweierlei:

1. wie eine implizite Funktion durch Simulation berechnet wird und
2. was die Bedingung dafür ist, dass sie berechnet werden kann.

zu 1: die Simulation der impliziten Funktion y=(a+b·y)·x:

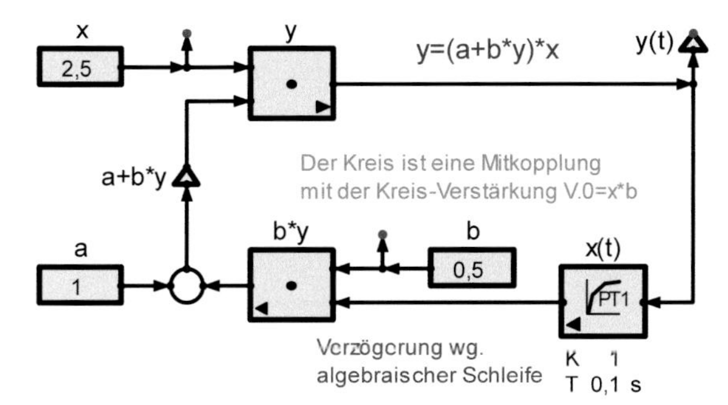

Abb. 1-80 Die Struktur der impliziten Funktion y=(a+b·y)·x: Der Kreis ist eine algebraische Schleife. Durch die Verzögerung x(t) wird sie berechenbar.

Simulation der impliziten Funktion für zwei Fälle:

1. Abb. 1-81: Konvergenz

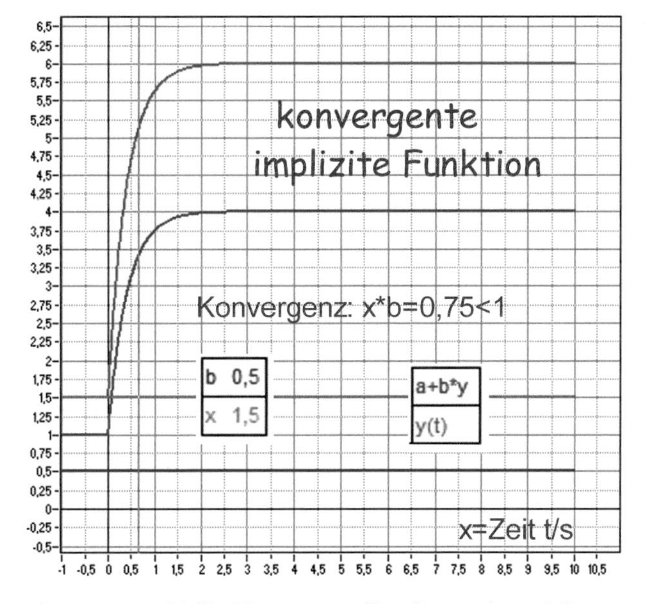

Abb. 1-81 Berechnung von y(x) für Konvergenz: Das System ist stabil.

2. Abb. 1-82: Divergenz

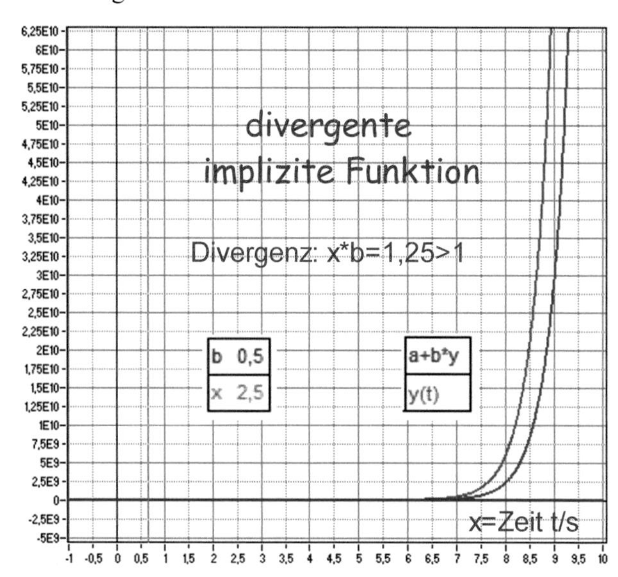

Abb. 1-82 Berechnung von y(x) für Divergenz: Das System ist instabil.

Das Konvergenzkriterium

Abb. 1-80 zeigte die Kreisstruktur der impliziten Funktion y(x). Sie ist eine Mitkopplung, denn mit der Ausgangsgröße y steigt auch der Faktor a+b·y.

Die interne Verstärkung eines Kreises heißt **Kreisverstärkung V.0**. Sie ist das Produkt aller Faktoren des Kreises. Hier ist **V.0=b·x**. Der Summand a spielt bei V.0 keine Rolle. Mitgekoppelte Kreise konvergieren nur dann, wenn V.0<1 ist. Das bedeutet hier: x<1/b=2.
Die Konvergenzbedingung ist im linken Teil von Abb. 1-80 erfüllt (x=1,5). Im rechten Teil ist sie nicht erfüllt (x=2,5).

Die **Kreisverstärkung V.0** spielt bei der Beurteilung der Stabilität von Regelkreisen eine **entscheidende Rolle**. Ein Beispiel folgt unter 1.6.7 ‚Simulation einer Drehzahlregelung'.

1.2.4 Zinseszins (Potenzfunktion)

Die Zinseszinsformel dient zur Berechnung eines Kapitals K(t) als Funktion der Zeit t. Sie lautet:

Gl. 1-3 Zinseszins $$\boldsymbol{K(t) = K.0 * [(1 + (Z/100)^{t/Jahre}]}$$

In Gl. 1-3 ist **K.0 das Anfangskapital** und **Z der Zinsfuß in %/Jahr**.
Die Zeit **t/Jahre** ist hier die unabhängige Variable, bzw. ein freier Parameter.
Abb. 1-83 zeigt die Struktur der Zinseszinsfunktion nach Gl. 1-3.

Einen eigenen Block zur Berechnung von Potenzfunktionen mit extern **einstellbarem** Exponenten A hat SimApp leider noch nicht. Wir können die Potenzfunktion aber durch den **Logarithmus ln** und die **Exponentialfunktion exp** (die Umkehrfunktion zum Logarithmus) nachbilden, denn es gilt $\ln(x^n) = n \cdot \ln(x)$. Das führt zur Berechnung des Zinseszins**Fehler! Textmarke nicht definiert.**.

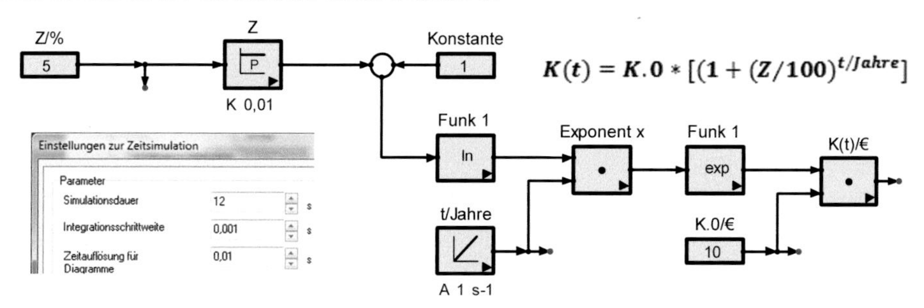

Abb. 1-83 Zur Berechnung einer Potenzfunktion mit dem Exponenten n muss die Originalfunktion zuerst logarithmiert werden, dann mit n multipliziert und zum Schluss wieder entlogarithmiert werden.

Nach jeder Verdoppelungszeit (14 Jahre bei einem Zinssatz von 5%/Jahr) multipliziert sich das Anfangskapital mit dem Faktor 2. Abb. 1-84 zeigt die Kapitalbildung mit Zinseszins:

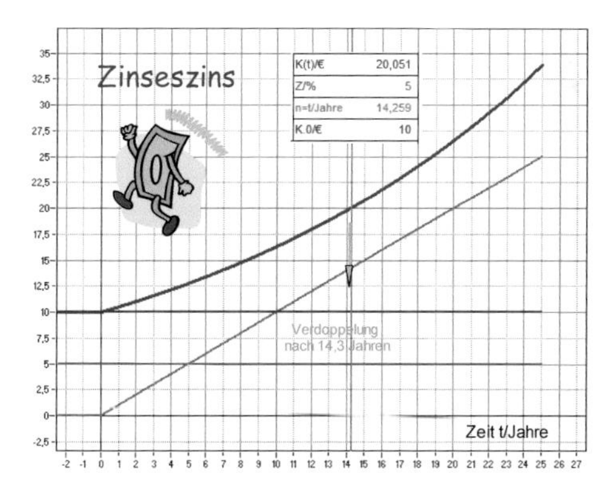

Abb. 1-84 Zinseszinsberechnung: Durch Verschieben des Cursors erhält man das Kapital zu jedem Zeitpunkt innerhalb des Simulationsintervalls. Es steigt exponentiell mit der Zeit t (in der es arbeitet) an.

Die Potenzfunktion als Anwenderblock

Funktionen, die häufiger benötigt werden und deren Details dann nicht mehr interessieren, können nach Abschnitt 1.1.7 in SimApp zu einem Anwenderblock zusammengefasst werden. Dazu kopiert man die getestete Funktion in eine ‚Neue Blockmappe', Seite ‚Struktur' und versieht die gewünschten Ein- und Ausgänge mit ‚Knoten' (Verbindungsstellen). Für die Potenzfunktion K(t,Z) sieht dies aus wie in Abb. 1-85 gezeigt:

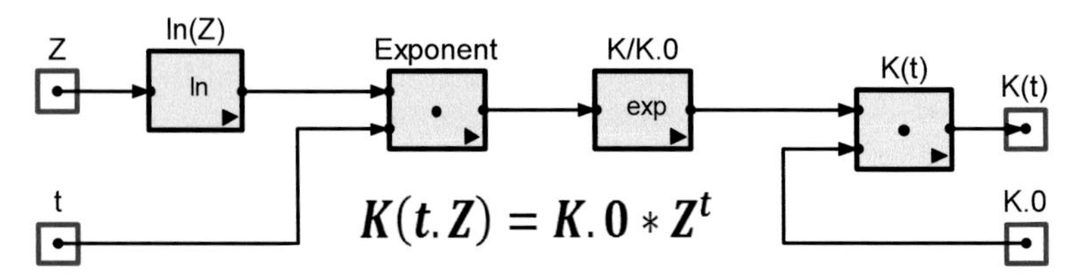

Abb. 1-85 Anwenderblock einer Exponentialfunktion: Der Exponent t wird nach der Logarithmierung der Basis Z mit t multipliziert. Durch Entlogarithmierung erhält man die Kapitalfunktion K(t,Z).

Danach gestaltet man in der Seite ‚Symbol' das Anwendersymbol, speichert den Block unter einem passenden Namen ab und exportiert ihn in eine SimApp-Zeichnung. Zuletzt wird der Anwenderblock getestet (Abb. 1-86).

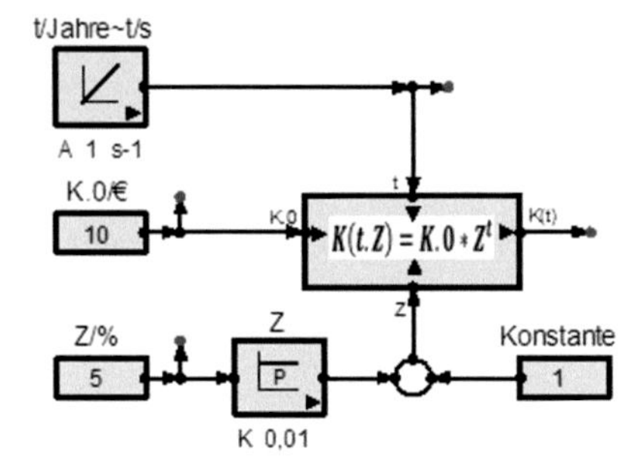

Abb. 1-86 Symbolische Berechnung der Kapitalfunktion mit einem Anwenderblock K(Zeit t, Zinssatz Z)

Test des Anwenderblocks

Durch ‚Einfügen' holt man den Anwenderblock in die neue SimApp-Zeichnung. Zum Test versieht man sie mit den erforderlichen Eingangssignalen. Um eine Zeitfunktion zu erhalten, bekommt der t-Eingang eine Rampe (Abb. 1-87):

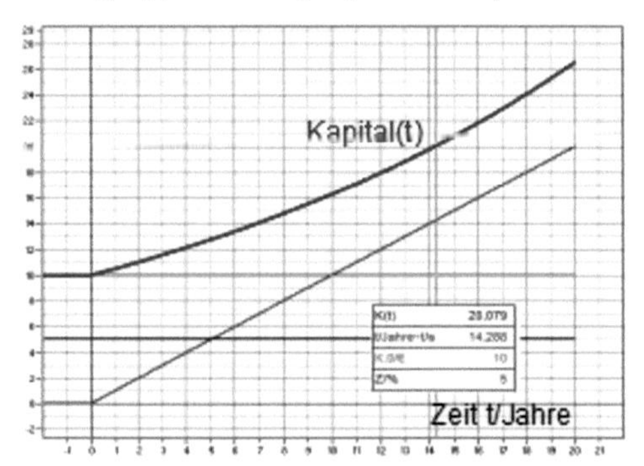

Abb. 1-87 Berechnung der Zinseszinsen mit dem Anwenderblock K(t,Z): Da die Zeit t in Jahren angegeben werden soll, muss der Zinsfuß Z in %/Jahr eingestellt werden. Dazu kommt die Konstante 1 als Bezug.

1.3 Simulation von Zeitfunktionen

In Natur und Technik sind die meisten Vorgänge Funktionen der Zeit t. Um sie gestalten zu können, müssen sie berechnet werden. Früher geschah das durch die Lösung von Differenzialgleichungen per Hand (Infinitesimalrechnung). Das war schwierig und überhaupt nur bei einfachen linearen Systeme möglich.

Heute werden die Zeitfunktionen komplexer linearer und nichtlinearer Systeme durch Strukturbildung und Simulation gelöst. Deshalb wird zur Simulation keine Infinitesimalrechnung gebraucht. Zur Strukturbildung müssen aber die Rechenoperationen **‚Integration I'** und **‚Differenzierung D'** bekannt sein. Deshalb werden nun die Operationen I und D anschaulich mit Hilfe der Simulation erklärt.

Beispiel: Tankfüllung ohne Gegendruck
Zur Erklärung der Integration betrachten wir einen Tank, der durch einen obenliegenden Zufluss rückwirkungsfrei befüllt wird (Abb. 1-88).

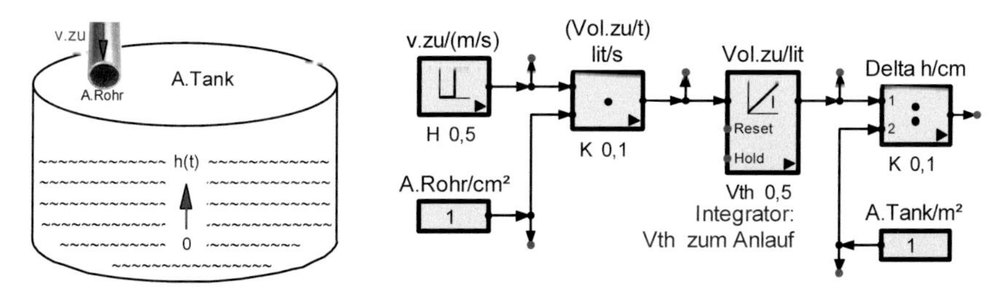

Abb. 1-88 Befüllung eines Tanks ohne Gegendruck (Zufluss oben): Die Berechnung der Pegelerhöhung Δh aus der Zuflussgeschwindigkeit v.zu ist eine Integration. Der zu deren Berechnung verwendete Integrator wird im Text erklärt.

Simuliert wird die Befüllung und Entleerung eines Tanks in Abschnitt 1.3.9.

1.3.1 Integration und Verzögerung

Integratoren beschreiben Speicher (hier einen Wassertank). Um sie simulieren zu können, muss ihr zeitliches Verhalten geklärt werden (Abb. 1-89).

v.zu = Zuflussgeschwindigkeit (eingestellt oder gemessen)

Volumenzufluss
Vol.zu/t=A.Rohr·v.zu

Erhöhung des Tankinhalts
Vol.zu=∫(Vol.zu/t)·dt

Anstieg der Füllhöhe
Δh=Vol.zu/A.Tank

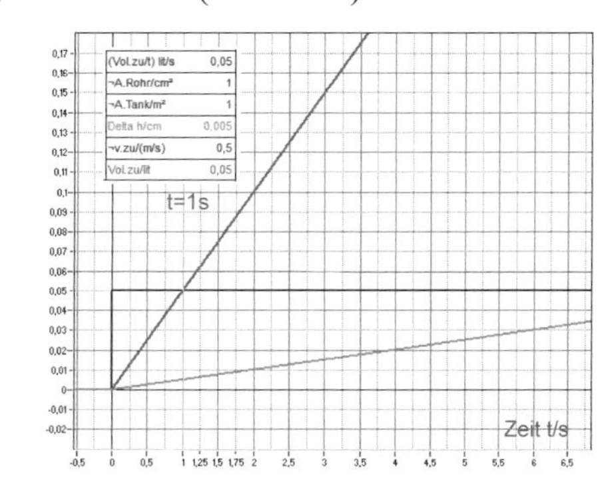

Abb. 1-89 Anstieg der Füllhöhe im Tank ist die Integration eines Zuflusses.

Die Anschlüsse des SimApp-Integrators

Der SimApp-Integrator (Abb. 1-90) hat außer dem Eingang und Ausgang noch zwei Steueranschlüsse:

1. Mit Reset = 0 wird der Ausgang auf null gesetzt. Dies entspricht der plötzlichen vollständigen Entladung des Tanks.
2. Mit Hold = 1 wird der Eingang auf null gesetzt. Die entspricht beim Tank der Unterbrechung des Zuflusses.

Im Abschnitt 1.3.9 folgt ein Beispiel dazu. Hier soll zunächst die Integration selbst erklärt werden. Dazu können Sie den Reset- und Holdeingang offen bleiben.

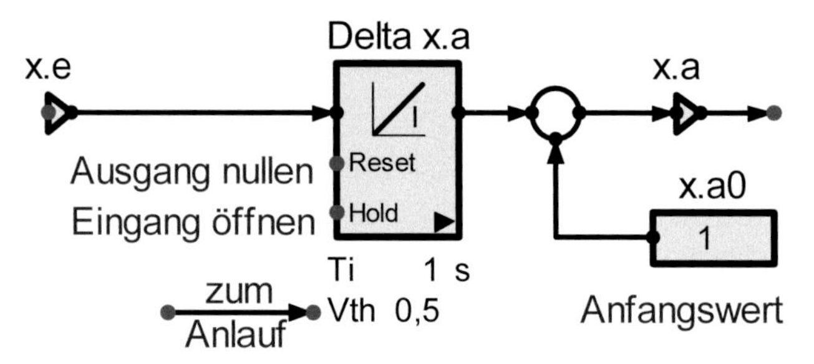

Abb. 1-90 Die Anschlüsse des SimApp-Integrators

Zur Integration

Bei Integratoren ist die Änderung des Ausgangssignals Δx.a proportional zur Zeitfläche ∫x.e·dt. Durch die Integrationskonstante T.i wird daraus eine Gleichung:

$$\Delta x.a * T.i = \int x.e\,dt$$

Das Ausgangssignal eines Integrators hat einen Anfangswert x.a0, der von seiner ‚Vorgeschichte' abhängt und eine Änderung, die von x.e und der Zeit t abhängt:

Zum Anfangswert einer Integration

Integratorausgänge können einen Anfangswert x.a0 haben. Beim Wassertank ist dies der Füllstand beim Beginn der Füllung (t=0). Damit wird das Ausgangssignal eines Integrators

$$x.a = x.a0 + \int x.e * dt/T.i$$

zur Integrationskonstante (T.I, T.i oder Ti)

Bei Integratoren steuert das Eingangssignal x. e die Änderungsgeschwindigkeit v.a des Ausgangssignals:

$$v.a = dx.a/dt = x.e/T.i$$

- Wenn x.a und x.e die gleiche Einheit haben, ist T.i eine Zeitkonstante, z.B. mit der Einheit Sekunde (s) zur Bewertung des Integrationsdifferenzials dt.
- Ist x.a die Geschwindigkeit von x.e, so wird T.i = 1 (ohne Einheit).
- Im Allgemeinen sind x.e und x.a Messgrößen mit eigenen Einheiten. Dann wird aus T.i die Integrationskonstante k.i mit einer speziellen Einheit.

Simulation eines Integrators

Integratoren reagieren auf Amplituden an ihrem Eingang mit proportionalen **Geschwindigkeiten am Ausgang**. Das wird durch ihr **Symbol, die Rampe** (Abb. 1-91), veranschaulicht:

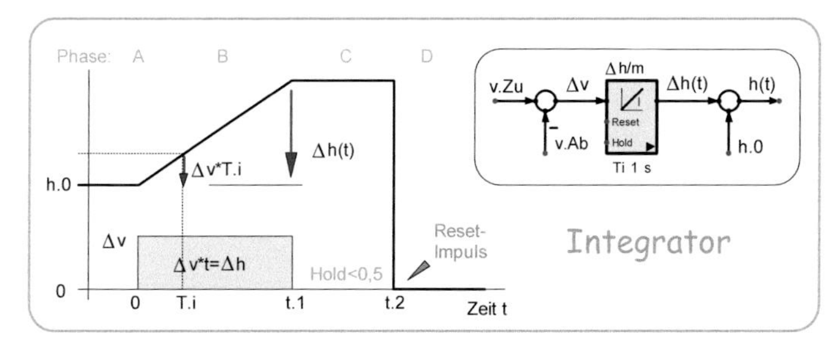

Abb. 1-91: Der Integrator berechnet aus der Differenz der Eingangsgeschwindigkeiten die zeitliche Änderung der Füllhöhe Δh(t).

Zum Test und zur Erläuterung des Integrators betrachten wir vier Phasen A bis D.

Phase A - vor t = 0:

- Zu- und Abfluss sind gleich groß (z.B. null), ihre Differenz ist null.

Der Pegel h im Tank ist konstant (Anfangswert h.0).

- Durch einen Resetimpuls kann **h.0=0** gesetzt werden. Dies entspricht der Verschiebung der h-Messlatte so, dass null beim Anfangspegel liegt. Danach ist h(t)~Δv.

Phase B – ab t = 0:

- Die Differenz **Δv = v.Zu - v.Ab** ist konstant.

Dann steigt der Flüssigkeitspegel linear mit der Zeit t an (die Geschwindigkeit Δh/Δt ist konstant).

- Die Integrationszeitkonstante T.i bestimmt die Geschwindigkeit, mit der der Pegel Δh/Δ im Tank ansteigt. Hier besteht die Möglichkeit der **Kalibrierung**. Für den konkreten Fall wird T.i so eingestellt, dass die Simulation mit der Realität übereinstimmt (Beispiel folgt).

Zur Kalibrierung benötigt man zwei Punkte,
z.B. bei t=0 ist h=0 und bei t=T.i ist Δh=Δv·T.i.

Phase C: hold

- Solange der Holdeingang auf null gesetzt ist, ist der Integratoreingang null.

Dann bleibt der Ausgang konstant.

Hier wird bei hold=0 die Geschwindigkeitsdifferenz Δv=0. Dies entspricht der Unterbrechung von Zu- und Abfluss. Dann bleibt der Wasserstand im Tank konstant.

Phase D: nach einem Resetimpuls

- Durch Reset wird der Speicher schlagartig geleert.

Der Pegel h wird null.

Der beschriebene Integrator heißt auch **‚offener Integrator‘** oder ‚Integrator ohne Ausgleich‘. Er ist vom gegengekoppelten Integrator zu unterscheiden, den wir im nächsten Punkt besprechen werden. Hier folgt zunächst ein Beispiel zum offenen Integrator **(**Abb. 1-92**).**

Die Eigenschaften des offenen Integrators

- Die Eingangsamplitude x.e steuert die Ausgangsgeschwindigkeit dxa/dt=x.e/T.i
- Bei x.e = 0 ist x.a konstant.
- Bei x.e = Konst ist x.a~t. Bei t->∞ würde x.a->∞ gehen, wenn es keine natürliche Begrenzung gäbe (z.B. einen Überlauf).

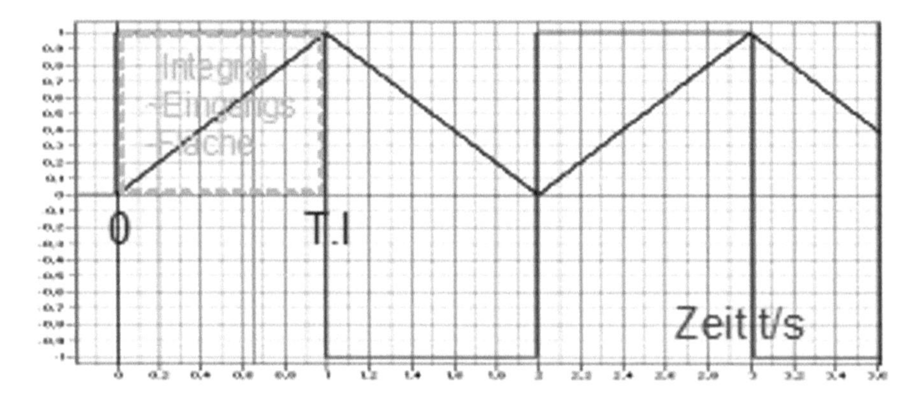

Abb. 1-92 Integration eines Rechtecks: Das Integral ist die Zeitfläche unter dem Eingangssignal. Seine Amplitude steuert die Ausgangsgeschwindigkeit.

Alle Integratoren verhalten sich so wie dieser Wassertank. Wir werden dies in allen Bänden der Reihe ‚Strukturbildung und Simulation …' an vielen Beispielen mit Energiespeichern zeigen:

- Fahrzeuge integrieren die Geschwindigkeit v zum Weg s
- Wärmespeicher integrieren die Heizleistung P zur Erwärmung ΔT
- Kondensatoren C integrieren den elektrischen Strom i zur Ladung q
- Induktivitäten L integrieren die induzierte Spannung u zum magn. Fluss ϕ

Je größer das Eingangssignal x.e eines Integrators, desto schneller ändert sich der Ausgang x.a:

$$v.a = \Delta x.a/\Delta t = x.e/T.i$$

Da x.e nicht unendlich groß werden kann, kann ein Integratorausgang nicht springen. Integrieren heißt ‚glätten'.

Ideale Integrationen nennt man **'ohne Ausgleich'** (ohne Rückwirkung und Verluste). Integratoren **mit Ausgleich** entstehen durch proportionale Gegenkopplung eines Integrators (Abb. 1-93). Hier heißen sie **‚Verzögerung'**. Ein Beispiel dazu ist die Entleerung eines Tanks. Wir simulieren sie unter 1.3.9 am Schluss dieses Abschnitts.

Abb. 1-93 zeigt das Verhalten des Integrators bei direkter Gegenkopplung

- Der Integrator macht sein Eingangssignal x.d=x.e-x.a mit der Zeit zu null.
- Deshalb ist der Endwert x.a(t->∞) = x.e
- Der Endwert stellt sich mit der Verzögerung des Integrators ein: T.V=T.i

Variation der Gegenkopplung k.P
Nun soll untersucht werden, wie sich der gegengekoppelte Integrator verhält, wenn die Rückkopplung ungleich 1 ist. Gesucht werden

- die statische Verstärkung des Systems und
- seine Zeitkonstante T.V.

In der Realität entspricht dies einer Messung des Ausgangssignals x.a mit der Messwandlerkonstante k.P. Der Integrator vergleicht das Eingangssignal x.e mit dem rückgekoppelten Signal x.r = k.P·x.a (Abb. 1-93).

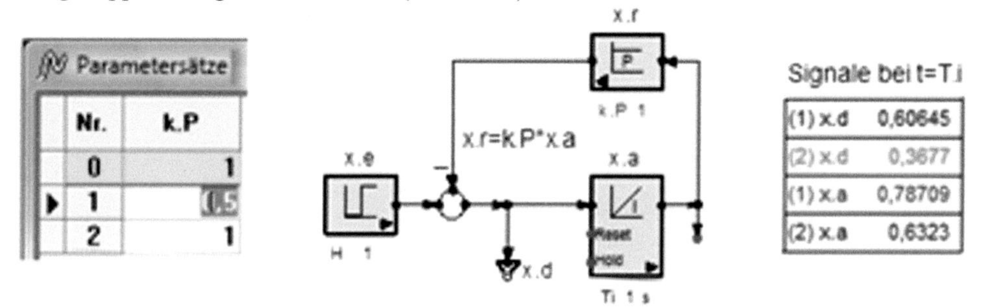

Abb. 1-93 Untersuchung des Integrators bei Teilung der Gegenkopplung: Je stärker die Teilung, desto größer sind der Endwert und die Verzögerung.

Abb. 1-94 zeigt das Simulationsergebnis mit Parametervariation:

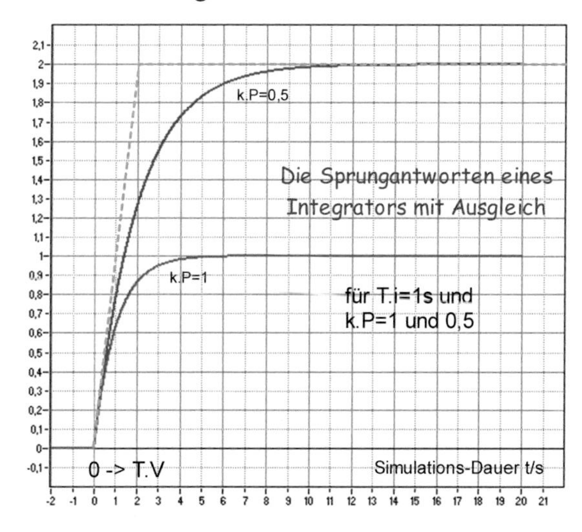

Abb. 1-94 Bei Teilung der Gegenkopplung (k.P<1) wird das Ausgangssignal größer und langsamer. Umgekehrt würde das Ausgangssignal bei Verstärkung der Rückkopplung (k.P>1) kleiner und schneller.

Die Eigenschaften des Integrators mit Ausgleich

- Bei proportionaler Gegenkopplung macht der Integrator ein Eingangssignal x.d=x.e-x.a mit der Zeit zu null.
- Im Endzustand ist x.r=k.P·x.a=x.e. Daraus folgt **x.a(t->∞)=x.e/k.P.**

Der Endwert wird umso größer, je kleiner k.P ist. Das zeigt die obige Sprungantwort bei großen Zeiten.

- Die Verzögerungszeitkonstante T.V wird umso größer, je höher der Endwert von x.a ist – d.h., je kleiner k.P ist. Das liegt daran, dass die Anfangsgeschwindigkeit d.xa/dt=x.e/T.i unabhängig von x.a ist.

Aus
$$\frac{dx.a}{dt}=\frac{x.a}{T.V}=\frac{k.p*x.e}{T.V}=\frac{x.e}{T.i}$$

folgt **T.V=T.i/k.P.**

Die Verzögerung T.V, mit der der Endwert erreicht wird, ist umso größer, je kleiner k.P ist. Das zeigt die obige Sprungantwort Abb. 1-94 bei kleinen Zeiten.

1.3.2 Differenzierung und Vorhalt

Je schneller sich das Eingangssignal x.e eines Differenzierers ändert, desto größer wird das Ausgangssignal x.a:
$$v.e=\Delta x.e/\Delta t=x.a/T.D$$

Da v.e nicht unendlich groß werden kann, kann ein Differenzierer-Eingang nicht springen. Differenzieren heißt ‚aufrauen'.

Differenzierung und Integration als Umkehroperationen

Das Zeitverhalten von Energiespeichern kann mit Hilfe zweier Operationen berechnet werden:

- Durch **Differenzierung nach der Zeit t** bestimmt man die Geschwindigkeit v=dx/dt (lies dx nach dt) eines Signals x.
- Durch **Integration über die Zeit t** bestimmt man die Fläche unter dem Signal v. Wenn v eine Geschwindigkeit ist, so ist ihr zeitliches Integral die Wegänderung Δx.a= $\int v\,dt$.

Integration und Differenzierung sind Umkehroperationen wie + und – oder · und /. Sie werden in Bd. 2/7 ausführlich behandelt. Hier bringen wir dazu nur das Wichtigste in Kürze, soweit es zum Verständnis der folgenden Simulationen erforderlich ist (Abb. 1-95).

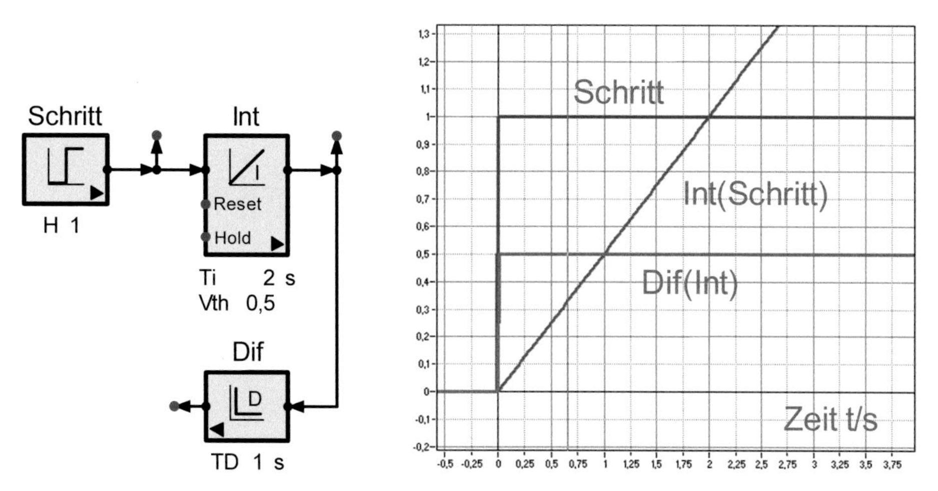

Abb. 1-95 Integration eines Schritts und anschließende Differenzierung

Der Vorhalt

Bei idealer Differenzierung kann das Eingangssignal nicht springen, denn dann ginge das Ausgangssignal gegen unendlich und das ist unmöglich. Um dem abzuhelfen, gibt man dem Differenzierer mit der Zeitkonstante T.D eine kleine Verzögerung T.1>>T.D und nennt das System **'Vorhalt'**. Mit Abb. 1-96 soll die Wirkung von T.1 erklärt werden.

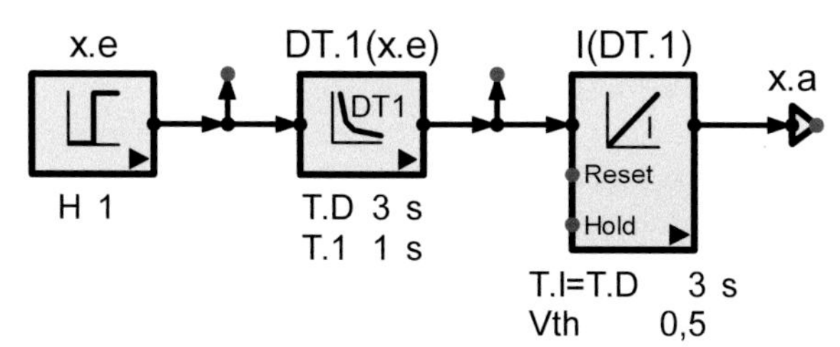

Abb. 1-96 Zum Test eines Vorhalts wird ein Integrator nachgeschaltet: Er zeigt die Gleichheit der Eingangszeitfläche x.e·T.1 und der Ausgangszeitfläche ∫x.a·dt.

Zur Berechnung eines Vorhalts werden zwei Zeitkonstanten benötigt:

1. die Differenzierzeitkonstante T.D und
2. die Verzögerungszeitkonstante T.1

In Bd. 2/7 'Dynamik' werden wir T.D und T.1 zu Spulen und Kondensatoren, Massen und Federn bestimmen. Hier soll es zunächst darum gehen, die Bedeutung dieser Zeitkonstanten zu klären.

Abb. 1-97 zeigt die Reaktion eines Vorhalts auf einen Eingangssprung x.e:

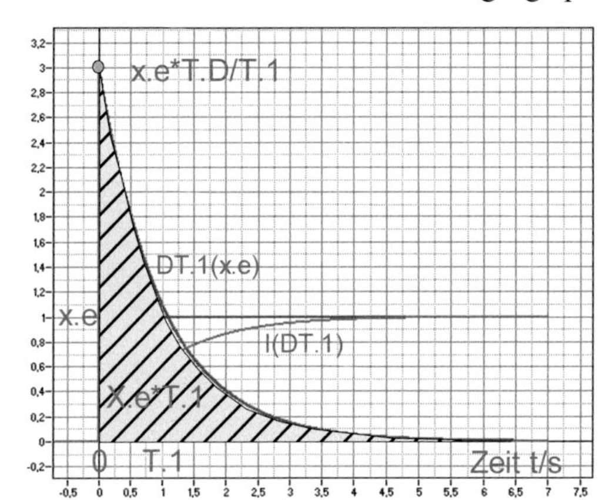

Abb. 1-97 Sprungantwort eines Vorhalts: Der Ausgang des nachgeschalteten Integrators läuft auf x.e hoch.

Berechnung eines Vorhalts für einen Eingangssprung x.e:

$x.a = x.a0 * e^{-t/T.1}$ ...mit der Euler'schen Zahl e=2,718...

... und dem Anfangswert (t=0)

$$x.a0 = x.e * T.D/T.1$$

Die Verzögerung T.1 hat nach Abb. 1-97 folgende Wirkungen:

1. Durch T.1 springt der Ausgang des Vorhalts bei t=0 nicht mehr nach ∞, sondern nur noch auf den Wert x.a0=x.e·T.D/T.1.
2. Die Eingangszeitfläche x.e·T.1 verteilt sich auf den Ausgang des Vorhalts über die gesamte Messzeit. Damit die Zeitfläche unter x.a den Wert x.e·T.1 ergibt, muss sie nach einer Exponentialfunktion $e^{-t/T.r}$ vom Anfangswert x.a0 gegen 0 abklingen.

Um zu zeigen, dass die Ausgangszeitfläche ∫x.a·dt gleich der Eingangsfläche x.e·T.1 ist, hat der Autor dem Vorhalt einen Integrator mit der Zeitkonstante T.I=T.D nachgeschaltet. Abb. 1-99 zeigt, dass der Integratorausgang mit der Zeitkonstante T.1 gegen den x.e-Sprung läuft.

Verzögerung und Vorhalt als Umkehroperationen

Bei Hintereinanderausführung ergänzen sich Vorhalt und Verzögerung zum Eingangssignal x.e. Das soll die Simulation mit der Struktur von Abb. 1-98 zeigen:

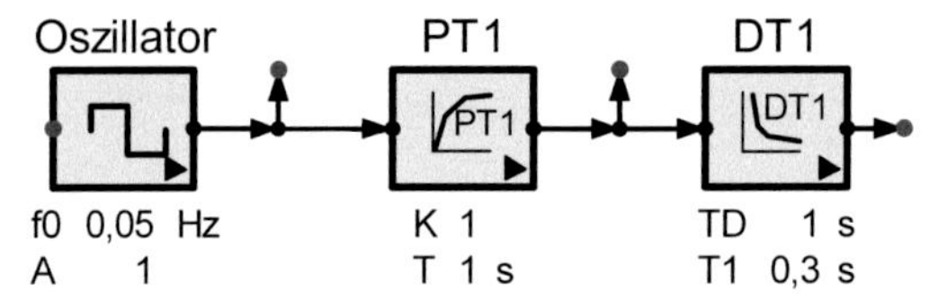

Abb. 1-98 Bei Hintereinanderausführung kompensiert der Vorhalt die vorangegangene Verzögerung. Dies zeigt Abb. 1-99.

Abb. 1-99 zeigt die Sprungantworten einer Hintereinanderschaltung von Verzögerung und Vorhalt:

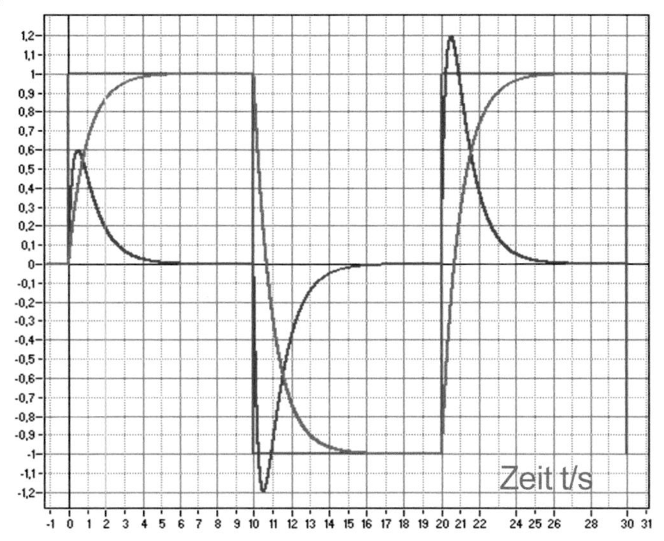

Abb. 1-99 Vorhalt kompensiert Verzögerung: Das kann in Abschnitt 1.6 zur Stabilisierung von Regelkreisen genutzt werden.

Integration und Verzögerung

Gegengekoppelte Integratoren heißen ‚Integrator mit Ausgleich'. Die folgende Simulation (Abb. 1-100) zeigt, dass *der Integrator durch eine Gegenkopplung zu einem Proportionalglied mit Verzögerung* wird.

Die Verzögerung

Wir betrachten zuerst den einfachsten Fall: die direkte Gegenkopplung.

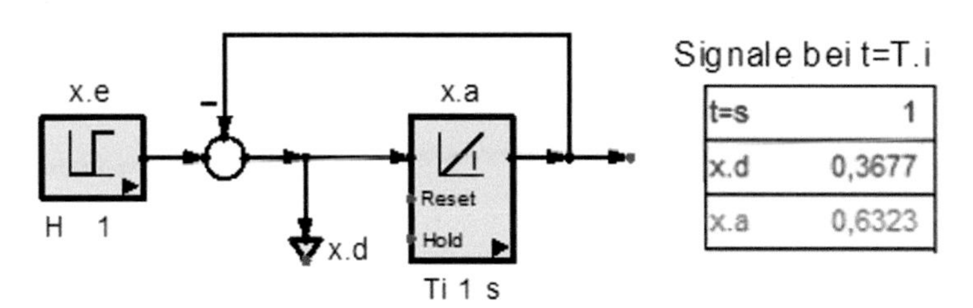

Abb. 1-100 Der einfachste Fall einer Verzögerung ist der direkt gegengekoppelte Integrator: Wenn er genug Zeit hat (statisch), geht das Differenzeingangssignal gegen null. Daraus folgt: x.a geht gegen x.e. Technisch ist dies eine Nachlaufregelung.

Die **Verzögerungszeitkonstante T.i** beschreibt die **Langsamkeit** eines Integrators. Entsprechend ist das Ausgangssignal (die Sprungantwort) eine aufklingende e-Funktion. Bei direkter Gegenkopplung ist **T.V=T.i**. Gleiches gilt für die Verzögerung (Abb. 1-101).

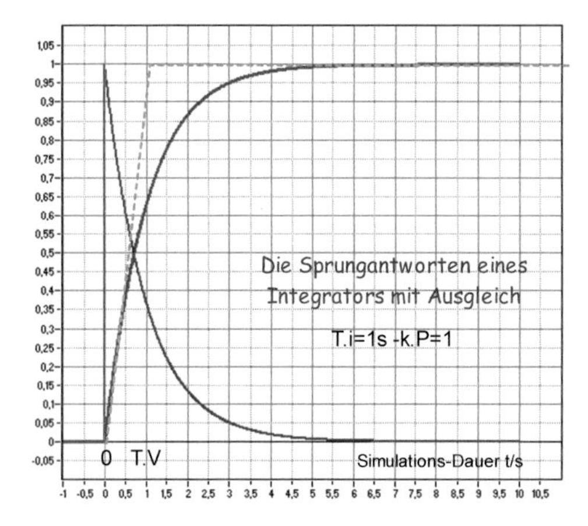

Abb. 1-101 Die Sprungantwort des direkt gegengekoppelten Integrators ist eine aufklingende Exponential (e)-Funktion.

Aufklingende e-Funkionen sind die Sprungantworten von **Verzögerungen** mit einem Speicher (Systeme 1.Ordnung).
Die Ergänzung der Verzögerung zum Eingangssprung heißt **Vorhalt**. Er ist eine abklingende e-Funktion.

Bei konstantem Eingangssignal x.e läuft das Differenzsignal x.d des Integrators nach einer abklingenden Exponential(e)-Funktion nach null. Dadurch läuft der Integratorausgang x.a nach einer aufklingenden e-Funktion gegen den Endwert (hier x.a=x.e).
Wichtiger Hinweis:

Falls Sie einmal eine Struktur ohne oder mit einer **geraden Anzahl von Minuszeichen** im Kreis untersuchen, so ist dies eine Mitkopplung. Mitkopplungen konvertieren nur in Sonderfällen, die in Abschnitt ‚implizite Funktionen' und in Abschn. 1.4.2 beim Thema ‚Mit- und Gegenkopplungen' untersucht werden.

Natürliche Systeme sind Gegenkopplungen (Systeme mit Ausgleich). Wenn Sie darin eine **mitgekoppelte Struktur** erkennen, ist diese **wahrscheinlich falsch**.

So unterstützt Sie die Struktur bei der Fehlererkennung!

1.3.3 Mittelwerte

In der Technik werden häufig die Mittelwerte von Zeitfunktionen benötigt (die **Zeit t** ist die unabhängige Variable), z.B. zur Glättung verrauschter Signale. Durch Mittelung einer Funktion x(t) (Abb. 1-102) wird ihre Fläche (das Integral) gleichmäßig über eine gewählte Zeitbasis, **die Mittelungszeit T.Mit**, verteilt.

Gl. 1-4 Mittelwertbildung

$$\bar{x} = \int x.e * dt/T.Mit$$

Abb. 1-102 Mittelwertbildung mit einem Verzögerungsglied: Die Mittelungszeitkonstante T.Mit muss groß gegen die zu mittelnde Periodendauer t.0=1/f.0 sein. Abb. 1-104 zeigt das Ergebnis.

Flächenberechnung durch Mittelung am Beispiel einer Dreiecksfunktion: Abb. 1-103 zeigt das Verfahren:

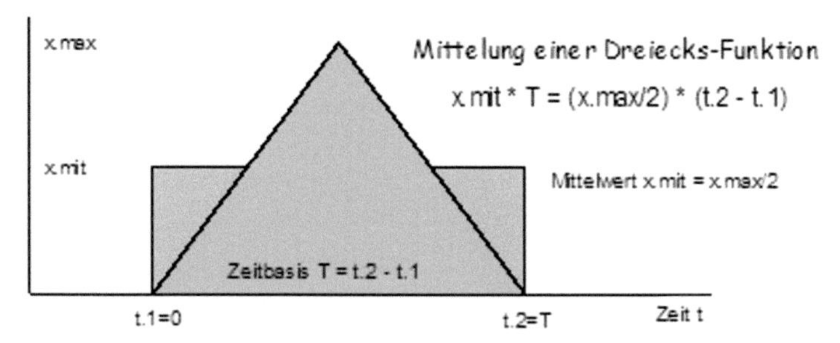

Abb. 1-103 Mittelung einer Dreiecksfunktion: Hier ist der Mittelwert gleich dem halben Maximalwert.

- Der Mittelwert jeder nullsymmetrischen Funktion ist null.
- Der Mittelwert einer zeitlich konstanten Funktion ist der Momentanwert selbst.
- Der Mittelwert einer Dreiecksfunktion von 0 bis zur halben Periode ist der halbe Spitzenwert x.max/2 (Abb. 1-103).

Die Mittelwertbildung soll am Beispiel einer Geschwindigkeit v(t) erläutert werden. Gesucht wird zunächst die sich aus einer Geschwindigkeit v(t) ergebende **Wegänderung Δx.**

Bei konstanter Geschwindigkeit v wäre die Berechnung einfach: **Δx = v·Δt.** Ist v jedoch nicht konstant, kann die Berechnung schwierig werden (Integration, siehe Kap. 3 Dynamik). Kennt man jedoch den **Mittelwert (v.mit)**, so wird die Wegberechnung wieder einfach. Mit der Intervallzeit T der Mittelung wird der zurückgelegte Weg

$$\Delta x = v.mit \cdot T$$

Der Mittelwert v.mit verteilt die Fläche unter der Zeitfunktion v(t) gleichmäßig über die gewählte Zeitbasis T = t.2 – t.1. Daher ist der Mittelwert von v die Fläche unter der Funktion v(t), geteilt durch die Zeitbasis T: **v.mit = Δx/T.**

Zahlenwerte:
Die Geschwindigkeit einer Achterbahn steigt in 10s von 0 auf 72km/h und fällt in der gleichen Zeit wieder auf null. Gesucht wird der zurückgelegte Weg Δx und die mittlere Geschwindigkeit. Wegen des dreieckigen Verlaufs von v(t) wird

v.mit = v.max/2 => 36km/h = 10m/s.

Die Zeitbasis T ist hier 2 · 10s = 20s. Daraus ergibt sich eine Strecke **Δx = 200m.**

Simulation der Mittelwertbildung
Damit die Mittelung eines Signals mit der Frequenz f funktioniert, muss die **Mittelungsbasis T.Mit groß gegen die längste Signalperiode T.max=1/f.min** eingestellt werden (Abb. 1-104).

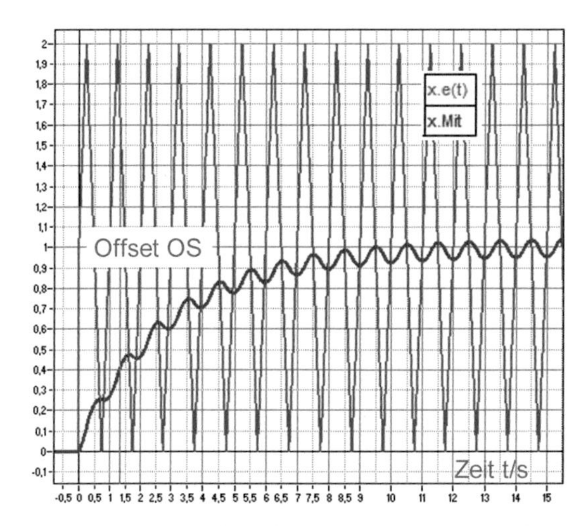

Abb. 1-104 Durch Mittelung wird ein Mischsignal x(t) gleichmäßig über die Mittelungsperiode T.Mit verteilt. Wenn x(t) ein Wechselsignal mit Offset ist, ‚überlebt' nur der Offset die Mittelung.

Die Struktur zur Mittelwertbildung erzeugt zuerst ein Mischsignal x.Osz mit Offset (Abb. 1-105). Die Überlagerung wird anschließend durch ein Verzögerungsglied gemittelt.

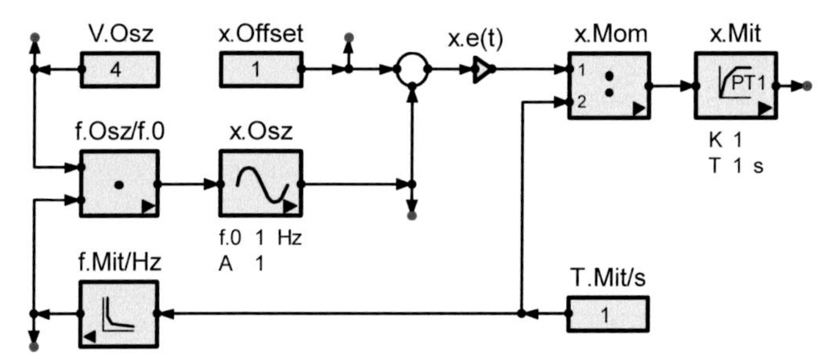

Abb. 1-105 Erzeugung eines Mischsignals x(t) und dessen Mittelung nach

Gl. 1-4

Die Frequenz f.Osz=V.Osz·f.Mit der Überlagerung ist hier das Vierfache der reziproken Mittelungszeit T.Mit. Mit dem Multiplikator V.Mit kann die Signalfrequenz f.Osz als Vielfaches der Grenzfrequenz f.Mit=1/T.Mit eingestellt werden.

Das bedeutet:

- Die Mittelung ist ein Tiefpassfilter für den Eingangsoffset. Gemittelt werden nur schnellere Signale als f.Mit=1/T.Mit.
- Das gemittelte Signal x.Mit ist gleich dem Eingangsoffset x.Offset plus überlagerter Restwelligkeit.
- Die Restwelligkeit wird umso kleiner, je größer die Mittelungszeitkonstante T.Mit gegen die Signalperiode 1/f ist.

1.3.4 Der Goldene Schnitt

Nun soll gezeigt werden, dass mit einem Integrator Gleichungen nach dem **Gleichsetzungsverfahren** gelöst werden können. Als erstes Beispiel dient der Goldene Schnitt (Abb. 1-106).

Der Goldene Schnitt ist seit der griechischen Antike der Inbegriff der Harmonie. Man findet man ihn z.B. in der Baukunst.

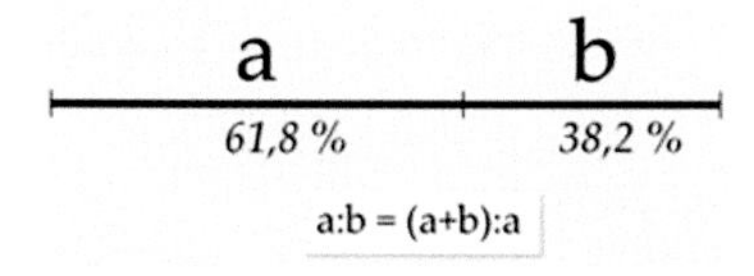

Abb. 1-106 Teilung einer Strecke nach dem Goldenen Schnitt: Berechnet werden soll das Teilungsverhältnis a/b.

Berechnung des Goldenen Schnitts nach dem Gleichsetzungsverfahren (Abb. 1-107**)**
Eine Strecke c=a+b ist nach dem ‚Goldenen Schnitt' geteilt, wenn sich die **größere Stecke a** zur **kleineren Strecke b** genauso verhält wie die ganze Strecke **c=a+b** zum größeren Abschnitt a.

Hier sollen die Anteile a und b für den Goldenen Schnitt nach dem **Gleichsetzungsverfahren** berechnet werden. Dazu muss der Goldene Schnitt als **Nullsumme** geschrieben werden. Aus **a/b = (a+b)/a** wird

Gl. 1-5 $(a+b) - a^2/b = 0.$

Die null in Gl. 1-5 erzeugt ein entsprechend dieser Gleichung gegengekoppelter Integrator mit dem **Eingang Dif = (a+b) – a²/b**. Das zeigt die folgende Struktur:

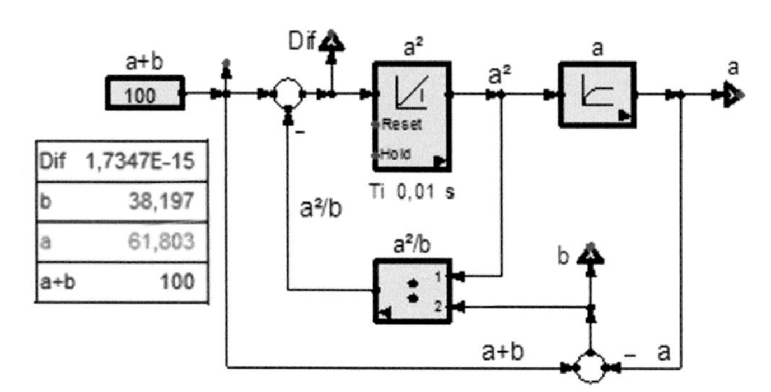

Abb. 1-107 Beim Goldenen Schnitt ist a+b=a²/b. Der Integrator macht die Differenz Dif=(a+b)-a²/b zu null. Das liefert die beiden Anteile a und b. Hier ist a+b=100 angenommen worden. Damit erhält man die Abschnitte a und b als Anteil von c=a+b in %.

1.3.5 Gleichung mit zwei Unbekannten

Gegeben ist das nebenstehende Gleichungssystem für zwei Unbekannte x und y (Abb. 1-108:). Zwei Gleichungen mit zwei Unbekannten sind lösbar. Wie, zeigt die Struktur Abb. 1-109:

$$\left| \begin{array}{l} 2x - 3y = 5 \\ 3x + 3y = 15 \end{array} \right|$$

Gl. 1 - mit K1=5
Gl. 2 - mit K2=15

Abb. 1-108 zwei gekoppelte Funktionen mit zwei Unbekannten: Gesucht werden die Lösungen für x und y.

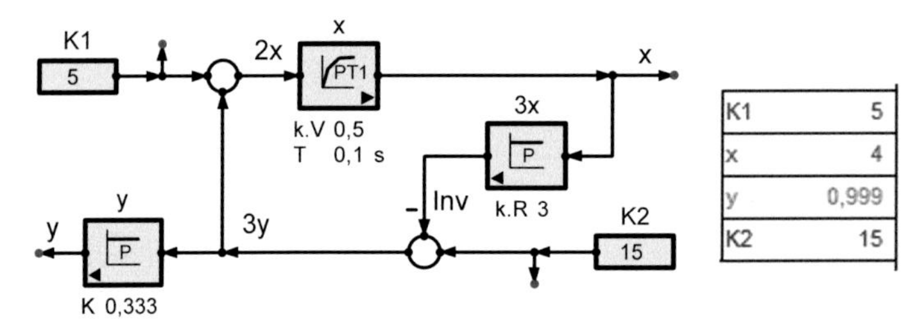

Abb. 1-109 Struktur zur Lösung eines Gleichungssystems mit zwei Unbekannten

Das Einsetzungsverfahren
Gegeben sind die Konstanten und Faktoren zu x und y. Wir berechnen x und y nach dem Einsetzungsverfahren:

- Aus Gl. 1 erhalten wir **2x=5+3y -> x**. Das zeigt der obere Zweig der Struktur.
- Die hier noch Unbekannte 3y wird aus der zweiten Gleichung gewonnen.
  Aus Gl.2 erhalten wir **3y=15-3x -> y**. Das zeigt der untere Zweig der Struktur.
  3y wird im oberen Zweig an der linken Summierstelle benötigt.
  Dadurch schließt sich der Kreis. Er ist eine Gegenkopplung.

Die Lösungen sind x=4 und y=1. Zur Kontrolle setzt man sie sie in die Ausgangsgleichungen ein. Man sieht: x und y stimmen.

Zur Verzögerung im Kreis:
Der Kreis in Abb. 1-109 hat eine Invertierung ‚Inv'. Dadurch **konvertiert** die Berechnung mit der Zeit. Der Endwert für x und y wird umso genauer, je länger die eingestellte Rechenzeit ist (Abb. 1 110).

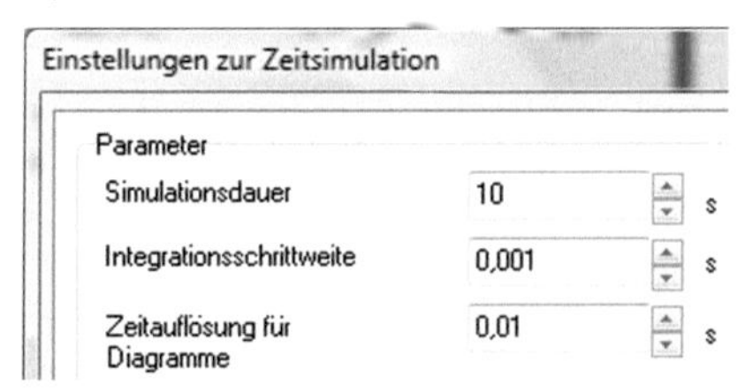

Abb. 1-110 Einstellung der Rechenzeit durch die Simulationsdauer in SimApp

Damit der Kreis durch **Iteration** berechenbar wird, benötigen alle Signale einen definierten Anfangswert. Durch die Verzögerung im Vorwärtszweig wird x(t=0)=0.

1.3.6 Quadratische Gleichung

Mit Hilfe des Integrators lassen sich Gleichungen nach dem Gleichsetzungsverfahren lösen. Als erstes Beispiel dazu nehmen wir eine quadratische Gleichung.

Normalform: $x^2 + a1 \cdot x + a0 = 0$

Sie hat eine große Lösung x.1 und kleine Lösung x.2:

$$x.1 = -a1/2 + \sqrt{(a1/2)^2 - a0} \quad \text{und} \quad x.2 = -a1/2 - \sqrt{(a1/2)^2 - a0}$$

Welche der beiden Lösungen praktisch relevant sind, zeigen immer nur konkrete Beispiele.

Zahlenwerte: a0 = -8; a1=-2 -> x.1= +2; x.2=-4

Das Gleichsetzungsverfahren
Um die quadratische Gleichung zu lösen, muss der x-abhängige Teil der quadratischen Gleichung an den x-unabhängigen Teil angepasst werden.

$$0 = x^2 + 2x - 8 = 0 \;\rightarrow\; x^2 + 2x = 8 \text{ (quadratische Gleichung)}$$

Zeittransformation
Bei der Simulation wird die unabhängige Variable x durch die relative **Zeit t/T.i** vertreten (x wird in t transformiert). Da die Zeit t nur positiv sein kann, berechnet die Transformation auch nur die positive Lösung von x.

Struktur zur Simulation einer quadratischen Gleichung
Mit Hilfe eines Integrators, der x~t so lange vergrößert, bis die linke Seite der quadratischen Gleichung gleich der rechten geworden ist, wird diese Gleichung gelöst (**Gleichsetzungsverfahren,** Abb. 1-111).

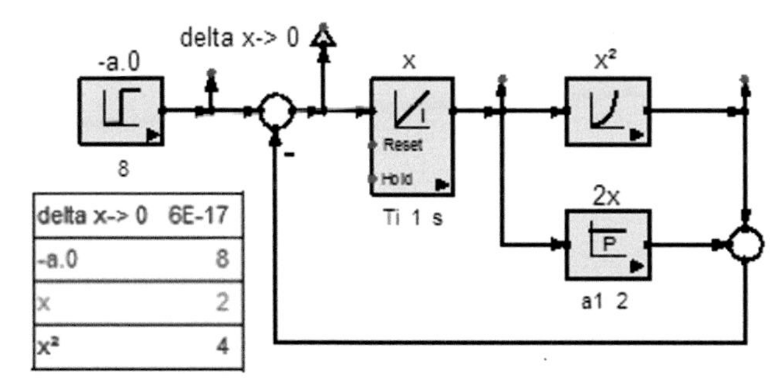

Abb. 1-111 Berechnung einer quadratischen Gleichung durch Integration: Im Endzustand macht der Integrator sein Eingangssignal Δx zu null. Dargestellt ist nur die positive Lösung, weil x² nur positiv sein kann.

1.3.7 Die Sinusfunktion

In der gesamten Natur und Technik spielen periodische Vorgänge eine wichtige Rolle. Besonders häufig sind harmonische, d.h. sinusförmige Schwingungen (Abb. 1-112). Z.B. verläuft der Pegelstand von Ebbe und Flut relativ zum Mittelwert sinusförmig. Sich drehende Generatoren erzeugen sinusförmige Spannungen. Daher – und weil sie in komplexer Form ohne höhere Mathematik besonders leicht zu berechnen sind - werden Sinusschwingungen auch in dieser Strukturbildung eine wichtige Rolle spielen.

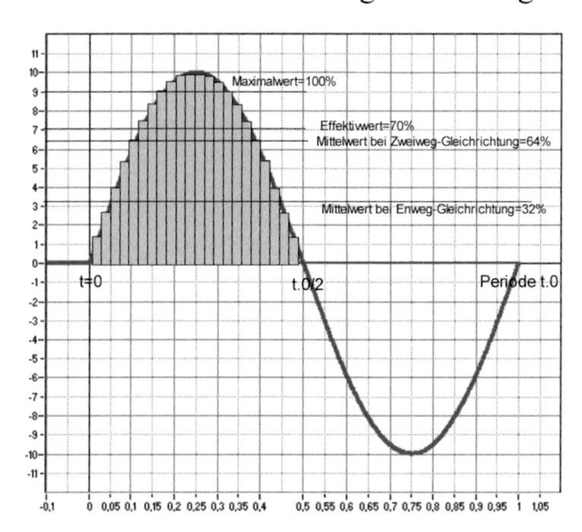

Abb. 1-112 Zeitlicher Mittelwert einer Sinusfunktion: Die Zeitfläche wird durch die Summe schmaler Rechtecke unter der Kurve errechnet.

Zur Charakterisierung müssen Sie die Merkmale einer zeitlichen Schwingung kennen. Sie heißt hier **z.B. x(t):**

1. ihre **Form**, z.B. Dreieck, Sinus, Rechteck für die **Momentanwerte x(t)**
2. die **Amplitude x.max** als Maß für die Stärke der Schwingung
3. die **Periodendauer t.0** als Maß für die Langsamkeit oder umgekehrt

   die **Frequenz f = 1/t.0** als Maß für die Schnelligkeit der Schwingung.

$$\bar{x} = x.mit = x.max/\pi - x.eff * \sqrt{2}/\pi$$ - mit $\sqrt{2}/\pi = 0{,}45$

Beispielsweise verläuft die Spannung unserer elektrischen Stromversorgung (Netzspannung) sinusförmig mit einer Frequenz von **50Hz**, entsprechend einer Periodendauer von **20ms**. Ihre Höhe (der Betrag) wird als **Effektivwert** angegeben: hier **230V**.

Netzspannung: u.eff=230V (effektiv) -> u.max=324V (Spitze)
Einweggleichgerichtet: u.mit=103V; Zweiweggleichgerichtet: u.mit=206V

Effektivwerte sind das **Leistungsäquivalent** einer oszillierenden physikalischen Größe. Einzelheiten zu Effektivwerten erfahren Sie im nächsten Abschn. 1.3.8 dieses Kapitels.

Beispiel: Netztrafo

Elektronische Schaltungen der Analog- und Digitaltechnik werden mit Gleichspannungen betrieben. In der Steuerungstechnik sind 24V üblich. In der Mess- und Regelungstechnik, wo positive und negative Signale zwischen +10V und -10V verarbeitet werden müssen, versorgt man Schaltungen meist mit **+12V** und **-12V gegen ein Bezugspotenzial, genannt 0V oder Masse**. In der **Digitaltechnik** wird meist mit **einfacher Versorgung von 5V** gearbeitet.

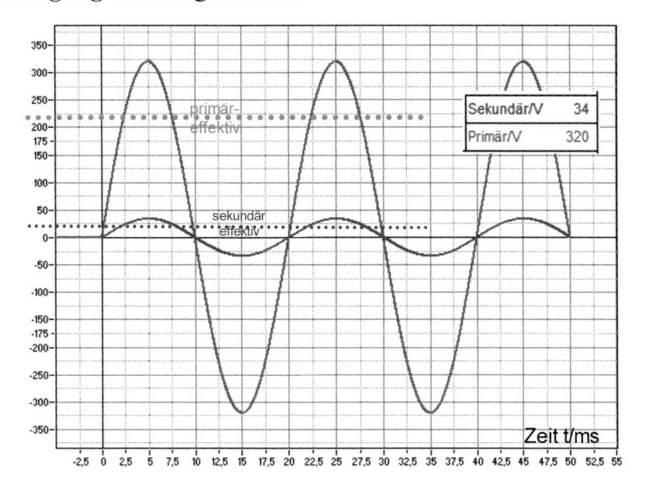

Abb. 1-113 Trafos dienen zur Umspannung und galvanischen Trennung von Wechselspannungen. Ihre Amplituden werden als Effektivwerte angegeben.

Wann immer es möglich ist, möchte man diese Spannungen aus dem meist verfügbaren 230V-Wechselstromnetz gewinnen (Abb. 1-113). Dazu sind Umspanner erforderlich (Transformatoren, kurz Trafos).

Für Netzgeräte stellen sie Kleinspannungen bis zu einigen 10V(effektiv) zur Verfügung. Das ist ungefährlich, passt zu den Erfordernissen der Elektronik und kann bei geeigneter Gleichrichtung und Stabilisierung Batterien ersetzen (Abb. 1-114).

Einzelheiten zu diesem Thema finden Sie in

Bd. 5/7, Kap. 8 Elektronik \Schaltungstechnik.

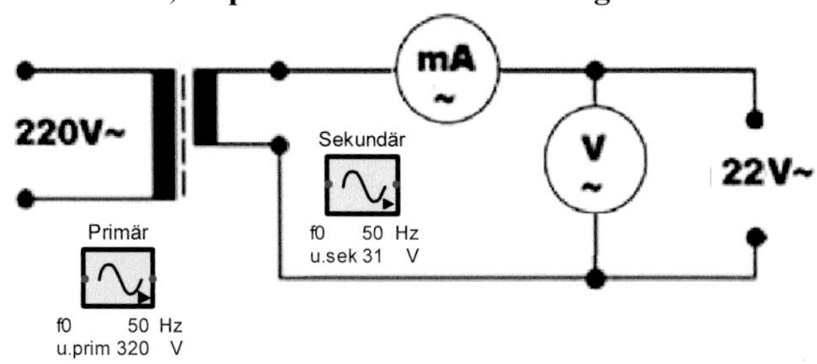

Abb. 1-114 Transformatoren sind Umformer für Wechselspannungen, die als Effektivwert angegeben werden. Der Begriff wird im nächsten Abschnitt 1.3.8 erklärt.

Die Kennwerte einer Sinusschwingung
In der Elektronik ist die Kenntnis von Momentan- und Maximalwerten erforderlich. In der Energietechnik, wo allein das Leistungsvermögen interessiert, rechnet man mit Effektivwerten. Der Trafo ist die Schnittstelle. Für die Berechnung und Simulation von Transformatoren müssen die Zusammenhänge zwischen Effektivwerten (große Buchstaben) und Momentanwerten (kleine Buchstaben) bekannt sein.

Zur Berechnung der geglätteten Gleichrichterspannung (Abb. 1-115) benötigen wir den Mittelwert einer Sinusfunktion, genannt Gleichrichtwert. Er berechnet sich bei Sinusschwingungen aus ihrem **Maximalwert x.max**, geteilt durch die **Kreiskonstante** $\pi \approx 3{,}14$. Damit erhalten wir die **x·t-Fläche (=Integral)** unter einer Sinushalbwelle aus dem **Maximalwert x.max** und der halben Periodendauer t.0/2:

$$\mathbf{x.mit = (2/\pi)\cdot x.max = 64\%\cdot x.max}$$

Bei Einweggleichrichtung wäre der Mittelwert die Hälfte:

$$\mathbf{x.mit = x.max/\pi \approx 32\%\cdot x.max.}$$

Struktur zur momentanen und effektiven Leistung

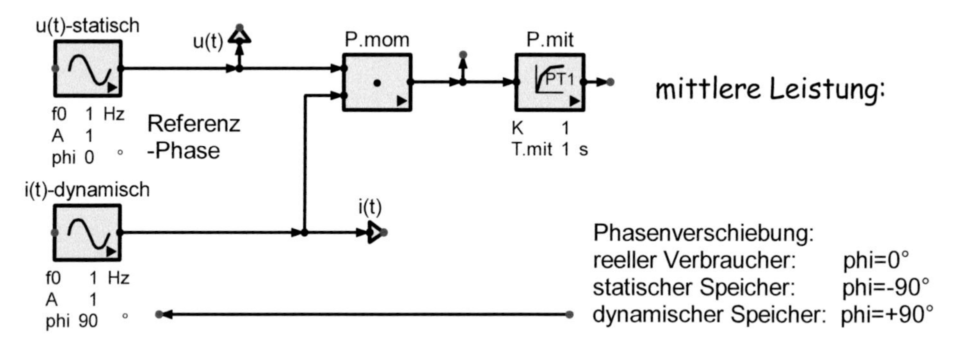

Abb. 1-115 Die momentane Leistung schwingt mit doppelter Frequenz. Ihr Effektivwert ist der Mittelwert des Produkts aus Spannung und Strom.

Zur Mittelung:
Zur Bildung des Effektivwerts muss die momentane Leistung gemittelt werden. Das erledigt hier das Verzögerungsglied. Seine **Zeitkonstante T.Mit** muss groß gegen die (längste) Periode t.0 des Leistungsflusses sein. Weil sowohl die positiven als auch die negativen Halbperioden positive Leistungen erzeugen, ist t.0 die Hälfte der Sinusperiode. Die Frequenz des Leistungsflusses ist das Doppelte (bei Spannungen mit 50Hz pulsiert die Leistung mit 100Hz).

Je größer man die Mittelungszeitkonstante T.Mit gegen die **Signalperiode t.0** macht, desto besser wird die Mittelung, desto länger muss man aber auch auf das Ergebnis warten. Ein oft akzeptierter Kompromiss ist **T.Mit = 3·t.0**.

Abb. 1-116 zeigt die zeitlichen Verläufe zur momentanen und mittleren Leistung bei Wirkleistung

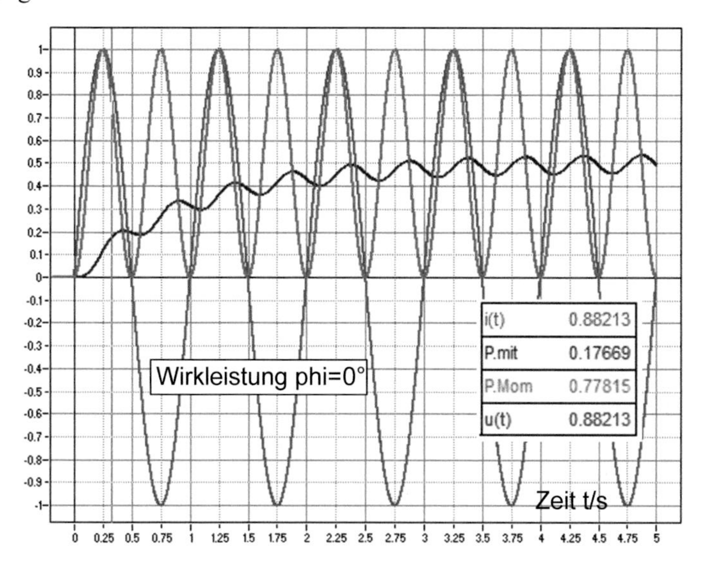

Abb. 1-116 Die reelle Leistung eines Verbrauchers: Der dynamische und der statische Anteil sind phasengleich. Die gemittelte Leistung ist größer als null.

Abb. 1-117 zeigt die zeitlichen Verläufe zur momentanen und mittleren Leistung bei kapazitiver Blindleistung

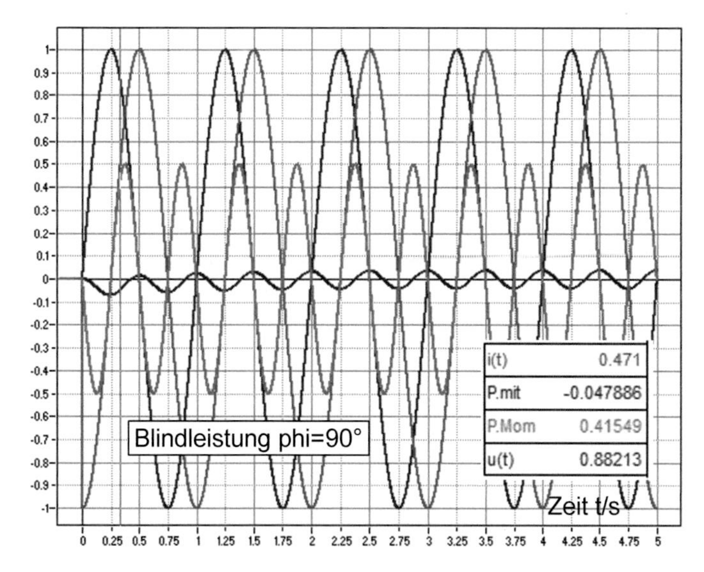

Abb. 1-117 Die Blindleistung eines Speichers: Der dynamische Anteil ist gegenüber dem statischen um 90° verschoben. Die mittlere Leistung ist null.

1.3.8 Effektivwerte

Bei Simulationen werden Messgrößen als Funktion der Zeit berechnet. Wenn ihr Leistungsvermögen interessiert, werden ihre ‚Gleichstromäquivalente' benötigt, genannt Effektivwerte (RMS=root mean square=quadratischer Mittelwert, Abb. 1-118). Was Effektivwerte sind und wie sie für die wichtigsten periodischen Zeitfunktionen berechnet werden, ist das Thema dieses Abschnitts.

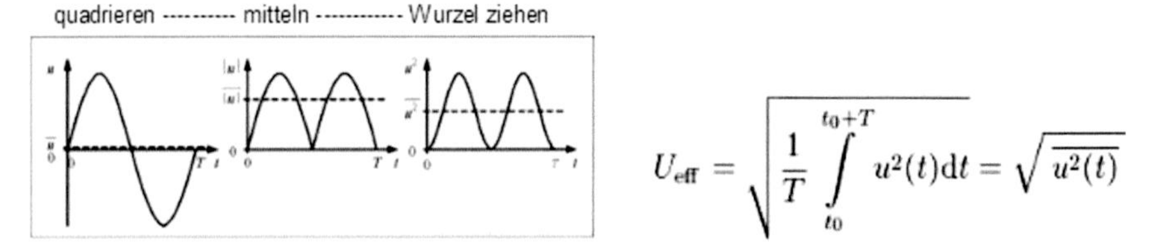

$$U_{eff} = \sqrt{\frac{1}{T}\int_{t_0}^{t_0+T} u^2(t)\mathrm{d}t} = \sqrt{\overline{u^2(t)}}$$

Abb. 1-118 Schema zur Berechnung von Effektiv-Werten: Quadrieren-Mitteln-Wurzel ziehen

Bei Maschinen aller Art interessiert ihre Leistung. Die momentane **Leistung P.mom(t)** ist immer das Produkt eines statischen und eines dynamischen Anteils:

- In der Elektrotechnik ist die Spannung u der statische und der Strom i der dynamische Teil: **P.el = u·i** – behandelt in Kap. **2** unter **Elektrizität**.
- In der Mechanik ist die Kraft F der statische und die Geschwindigkeit v der dynamische Teil: **P.me = F·v** - siehe Kap. **4 Mechanik**.
- In der Wärme- und Kältetechnik ist der statische Teil ein thermischer Widerstand R.th und der dynamische Teil der Temperaturabfall ΔT darüber: **P.th= R.th·ΔT,**

behandelt in Kap. **13 Wärmetechnik**.

- In der **Pneumatik/Hydraulik** ist der Druckabfall Δp der statische und der Volumenstrom Vol/t der dynamische Teil:

  P.pneu = Δp·(Vol/t) – siehe Bd. 7/7, Kap. 12.

Echte Effektivwerte (true RMS) beliebiger Signale werden **gemessen**, indem diese eine Heizung steuern. So wird die Effektivwertmessung auf eine Temperaturmessung zurückgeführt. Die Erwärmung als gemittelte Heizleistung ist ein Maß für den Effektivwert. Dieser Aufwand wird, wenn möglich, vermieden. Bei bekannter Signalform lassen sich Effektivwerte auch berechnen. Wie, wird nun gezeigt und durch Simulation veranschaulicht.

Berechnung von Effektivwerten

Der Effektivwert wechselnder Signale (nicht nur für Strom oder Spannung) besitzt das gleiche Leistungsvermögen wie ein Permanentsignal gleicher Größe. In der Elektrotechnik arbeitet man gern mit Effektivwerten von **sinusförmigen Spannungen und Strömen** (oft kenntlich gemacht durch große Buchstaben U, I**)**. Mit ihnen kann genauso einfach gerechnet werden wie mit Gleichspannungen und -strömen: **U = R · I.**
Die **Leistung P = U· I** an Widerständen R steigt mit dem Quadrat von Strom und Spannung: **P = I²·R = U²/R.**

Daraus ergibt sich die **Vorschrift zur Bildung von Effektivwerten**, hier z.B. einer Spannung u(t):

$$U = u.eff = \sqrt{\overline{u(t)^2\ (gemittelt)}}$$

oder eines Stromes i(t):

$$I = i.eff = \sqrt{\overline{i(t)^2\ (gemittelt)}}$$

Effektivwertsimulation

Zur Messung sinusförmiger Wechselspannungen werden Multimeter in Effektivwerten kalibriert. In der Elektronik interessieren meist Maximalwerte. Deshalb ist zu zeigen, wie sie aus Effektivwerten berechnet werden können.

Der Effektivwert eines Signals (Spannung u, Strom i) beschreibt das Leistungsvermögen. Daher ist er immer positiv (Abb. 1-119).

Gl. 1-6 Effektivwert einer Wechselspannung

$$U_{\text{eff}} = \sqrt{\frac{1}{T}\int_{t_0}^{t_0+T} u^2(t)\mathrm{d}t} = \sqrt{\overline{u^2(t)}}$$

Die Berechnung erfolgt nach Gl. 1-6 **von innen nach außen:**

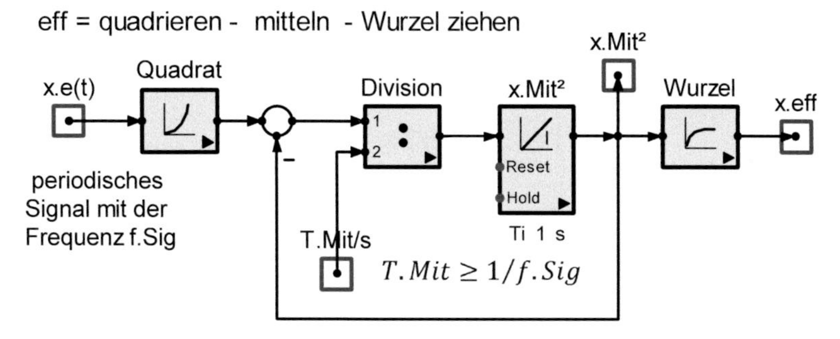

Abb. 1-119 Berechnung von Effektivwerten mit einstellbarer Mittelungszeit: Abb. 1-120 zeigt seine Verwendung.

Gl. 1-7 Die Mittelungszeit einer Effektivwertberechnung $\boldsymbol{T.Mit \geq 1/f.Sig}$

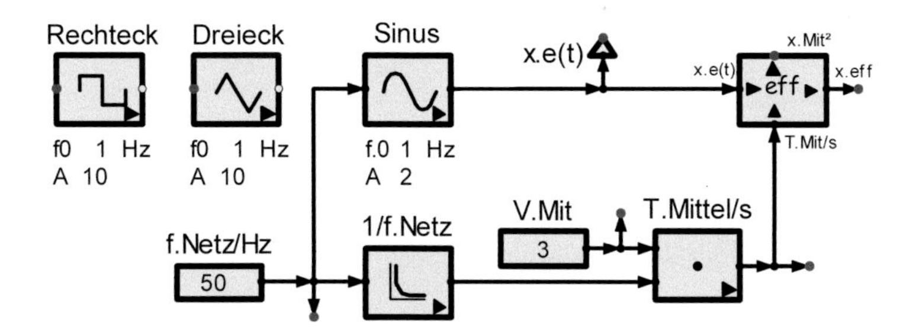

Abb. 1-120 Berechnung des Effektivwerts eines Signals mit einem Anwenderblock

Abb. 1-121 zeigt die Simulation der Effektivwerte der drei wichtigsten Testfunktionen:

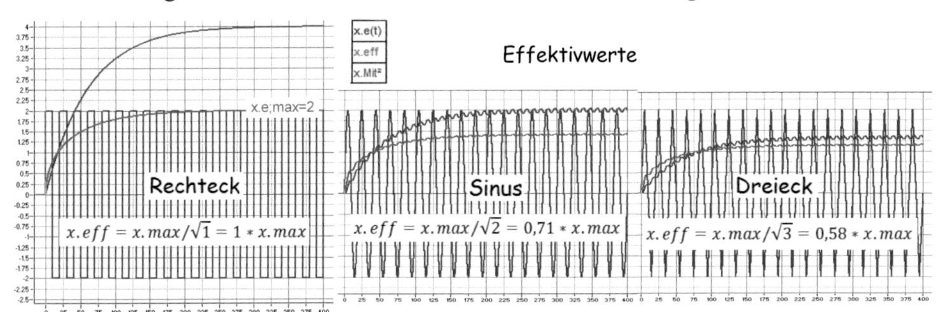

Abb. 1-121 Effektivwerte von Rechteck-, Sinus- und Dreieck-Schwingung für x.e;max=2

Der Effektivwert einer Rechteckschwingung:

$$x.eff = x.max/\sqrt{1} = 1 * x.max$$

In Kap. **2 Elektrizität** werden wir Beispiele zur Leistung elektrischer Verbraucher (Widerstände) und Speicher (Kondensatoren und Spulen) bringen.

Der Effektivwert sinusförmiger Spannungen oder Ströme:

$$x.eff = x.max/\sqrt{2} = 0{,}71 * x.max$$

Der Effektivwert von Drehstömen und -spannungen:

$$x.eff = x.max/\sqrt{3} = 0{,}58 * x.max$$

In Bd. 2/7, Kap. 4 finden Sie die analogen mechanischen Beispiele, in Bd. 7/7, Kap. 12 die entsprechenden pneumatischen Beispiele.

1.3.9 Tankbefüllung und –entleerung

Zum Abschluss dieses Abschnitts soll der Befüllungs- und Entleerungsvorgang eines Tanks simuliert werden, denn Flüssigkeitstanks sind Musterbeispiele für Integratoren (Sammler) und die durch sie entstehenden Verzögerungen.

Drei Fälle sollen untersucht werden:

1. Tankfüllung ohne Gegendruck (Abb. 1-122, den Zufluss oben)
2. Tankfüllung mit Gegendruck (Abb. 1-125, den Zufluss unten)
3. Tankentleerung (Abb. 1-129)

Dazu gesucht werden die zeitlichen Verläufe beim Befüllen und Entleeren, z.B. eines Öltanks. Berechnet werden soll, wie die zughörigen Zeitkonstanten von der Größe (Länge, Durchmesser) der Rohrleitungen abhängen.

Dieses Beispiel ist für den Anfang nicht ganz einfach. Sie können es beim ersten Durchlesen auch überfliegen.

Zu 1: Zufluss oben

Abb. 1-122 zeigt die Tankbefüllung ohne Gegendruck. Gesucht wird ihr zeitlicher Verlauf.

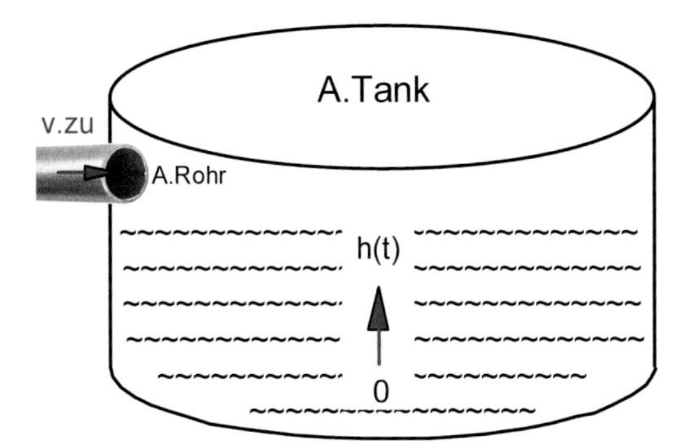

Abb. 1-122 Zufluss oben: Der Druck im Tank hat keine Rückwirkung auf die Zuflussgeschwindigkeit, denn er ist konstant.

Simulation für den ‚Zufluss oben' -> Integrator ohne Ausgleich

Der Integrator in SimApp (Abb. 1-123) hat außer dem Signaleingang noch zwei Steuereingänge:

1. **Hold:** Durch eine 1 wird der Signaleingang auf null gesetzt. Dann bleibt der Integratorausgang konstant. Das entspricht beim Wassertank der Unterbrechung des Zuflusses.
2. **Reset:** Durch eine 1 wird der Ausgang auf null gesetzt. Dies entspricht beim Wassertank einer plötzlichen vollständigen Entleerung.

Abb. 1-123 zeigt die Verwendung der Steuereingänge Reset und Hold:

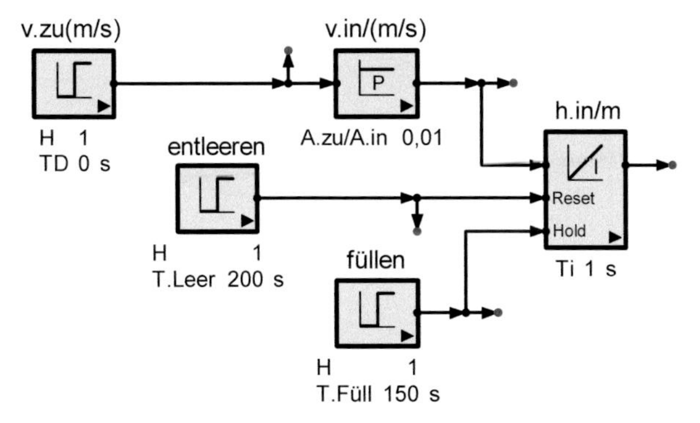

Abb. 1-123 Steuerung eines Integrators durch eine Sprungfunktion: Die Sprunghöhe bestimmt die Ausgangsgeschwindigkeit, Hold=1 schaltet den Zufluss ab, Reset=1 entleert den Tank schlagartig. Das zeigt Abb. 1-124.

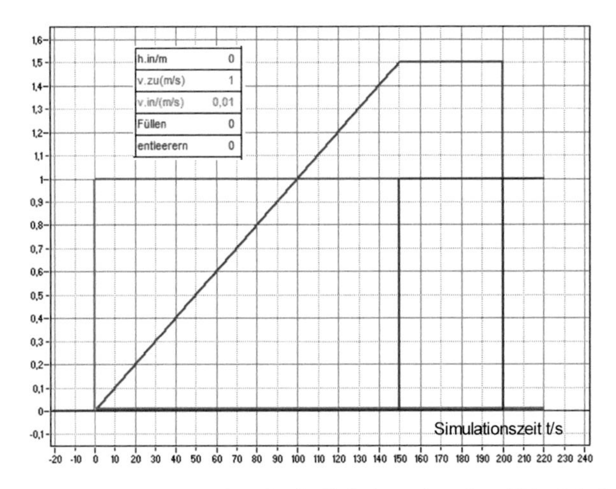

Abb. 1-124 Bei konstanter Zulaufgeschwindigkeit steigt der Flüssigkeitspegel im Tank linear mit der Zeit an. Der Tank integriert (speichert) den Zulauf.

Zur Integration beim Wassertank:

- Bis T.Füll=150s sind Hold und Reset gleich null. Dann läuft der Integrator hoch. Das bedeutet: Der Pegel steigt.
- Ab T.Füll ist Hold=0. Das setzt den Eingang auf null, was die Füllung beendet. Dann bleibt der Ausgang (die Füllhöhe) konstant.
- Bei T.Leer=200s wird der Reset=1. Das setzt den Integratorausgang auf null, was einer schlagartigen Entleerung des Tanks entspricht.

Zu 2: Zufluss unten

Abb. 1-125 zeigt die Tankbefüllung mit Gegendruck. Gesucht wird wieder ihr zeitlicher Verlauf.

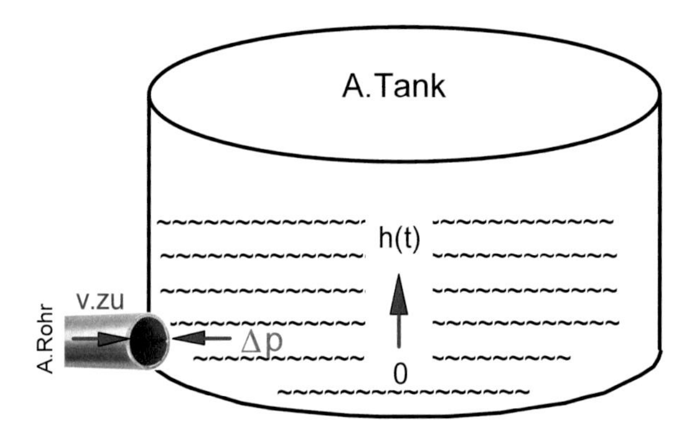

Abb. 1-125 Wenn der Zufluss unten liegt, steigt der Gegendruck im Rohr mit der Füllhöhe an. Das kann bei Wassertürmen zur völligen Drosselung des Zuflusses führen.

Zur Simulation wird hier angenommen: **R.Ltg=0,1(m/s)/bar** -> 1/R.Ltg=10(m/s)/bar.

- Die Geschwindigkeit **v.in, mit der der Pegel im Tank** ansteigt, ist proportional zur Strömungsgeschwindigkeit **v.Ltg in der Zuleitung**.
- Bei konstanter Dichte ρ ist v·A=konstant **(Kontinuitätsgesetz)**. Daraus folgt, dass sich die Geschwindigkeiten reziprok zu den Querschnitten A verhalten: **v.in/v.Ltg=A.Ltg/A.in**

In unserem Beispiel wurde **A.Ltg/A.in=1%** angenommen.

- Der Innendruck **p.in=G/A.in=ρ·g·h** ist proportional zur Füllhöhe h.

Der Proportionalitätsfaktor **ρ·g** ist das Produkt aus der **Flüssigkeitsdichte ρ** und der **Erdbeschleunigung g**. Der Einfachheit halber rechnen wir hier mit **g=10m/s²**.

Für Wasser ist **ρ=1kg/lit**. Damit wird **ρ·g=0,1bar/m**. Das bedeutet, dass der Wasserdruck **pro 10m um 1bar** steigt.

Die Struktur zur Tankfüllung mit Gegendruck

In der Struktur der Abb. 1-126 zeigt sich die Rückwirkung durch die Gegenkopplung des Eingangsdrucks:

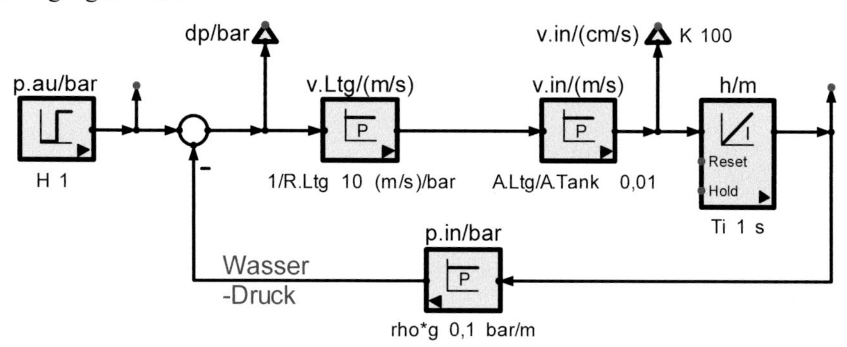

Abb. 1-126 Struktur zur Tankbefüllung mit steigendem Gegendruck

Erläuterungen zur Tankbefüllung mit Gegendruck

- Zu berechnen ist der Zusammenhang zwischen Drücken und Strömungsgeschwindigkeiten. Drücke p=G/A sind der Quotient aus dem **Gewicht G=m·g** (m=Masse, g=Erdbeschleunigung) und der Auflagefläche A. Die physikalische **Einheit von p** ist das **Pascal Pa=N/m²**. Wenn das für technische Zwecke zu klein ist, wird mit der Druckeinheit **bar=10N/cm²** gearbeitet. **1bar=10kPa** oder 1Pa=0,1mbar.
- Für das Befüllen und Entleeren des Tanks sind nur die Druckunterschiede zur Umgebung wichtig. Daher kann der Umgebungsdruck p.Umg=0 gesetzt werden.
- Die Geschwindigkeit v.Ltg in der Zuflussleitung hängt vom Unterschied Δp=p.au-p.in zwischen dem **Außendruck p.au** und dem **Innendruck p.in** und dem **Widerstand R.Ltg** der Zuleitung ab: **v.Ltg=Δp/R.Ltg.**

Das Simulationsergebnis zur Tankfüllung mit Gegendruck
Mit diesen Werten wird der anfangs leere Tank nach einer Exponentialfunktion gefüllt. Er ist ein **Integrator mit Ausgleich** (Abb. 1-127).

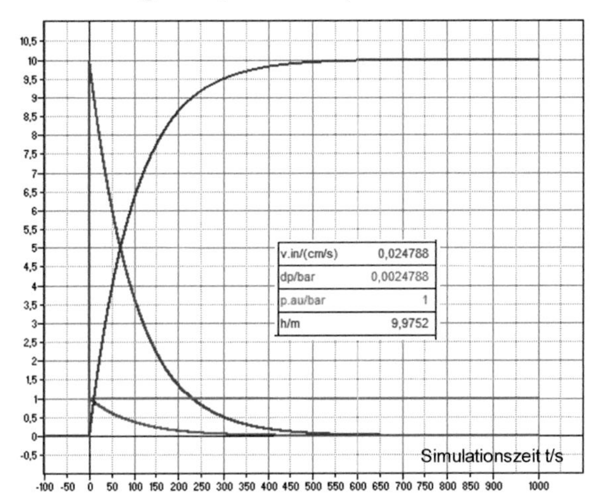

Abb. 1-127 Das Simulationsergebnis einer Tankfüllung mit Zufluss unten: Die Geschwindigkeit sinkt, bis der Tankdruck gleich dem Rohrdruck ist.

Menge und Volumen im Tank
Wenn man an der im Tank enthaltenen Flüssigkeitsmenge **m=ρ·Vol** interessiert ist, muss das Volumen **Vol=A.Tank·h** berechnet werden. Dazu wird der innere Querschnitt A.Tank des Tanks benötigt. Die Berechnungen dazu sehen Sie in Abb. 1-134.

Zu 3: Tankentleerung
Nun soll der umgekehrte Vorgang simuliert werden (Abb. 1-128):
Anfangs ist der Tank bis zu einer Höhe h.0 gefüllt. Dann wird das Auslassventil geöffnet und der Tankinhalt fließt über eine Leitung ab. Gesucht wird der zeitliche Verlauf der Entleerung und wie er von Durchmesser und der Länge des Abflussrohrs abhängt.

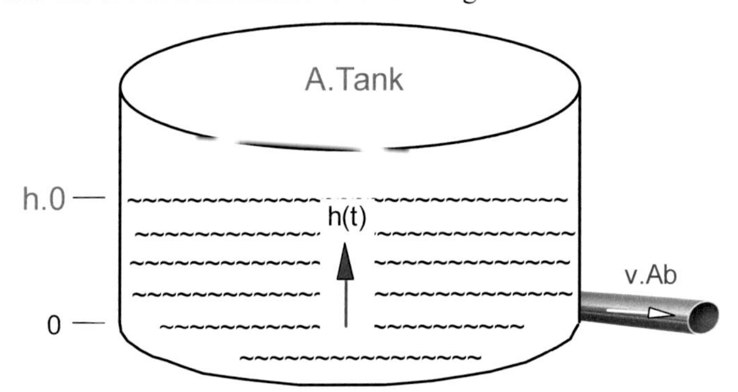

Abb. 1-128 Der Wassertank verringert mit der Füllhöhe h den Druck auf den Abfluss und damit auch die Abflussgeschwindigkeit. Was dies für die Entleerungszeit bedeutet, soll berechnet werden.

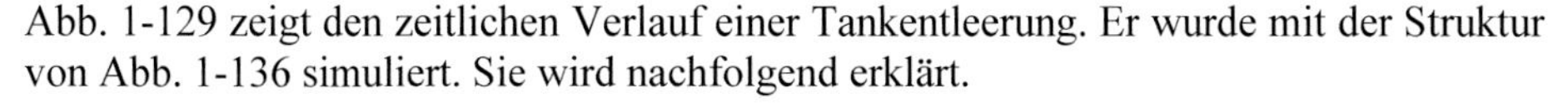

Abb. 1-129 zeigt den zeitlichen Verlauf einer Tankentleerung. Er wurde mit der Struktur von Abb. 1-136 simuliert. Sie wird nachfolgend erklärt.

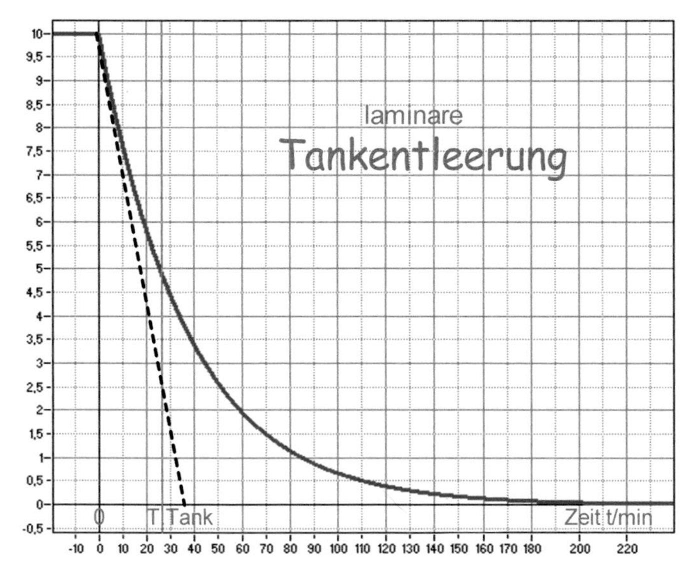

(m/t)/(kg/s)	46,945
A.Rohr cm²	78,5
A.Tank/m²	1
d.Rohr/cm	10
Delta h(t)/m	8,0733
Delta p/kPa	17,011
Delta p/rho (m/s)²	18,901
eta/mPa*s	80
g*rho/(N/lit)	8,829
h(t)/m	1,9267
h.0/m	10
l.Rohr/m	10
r.Rohr cm	5
R.Rohr*(s*m)	362,35
rho/(kg)lit)	0,9
T.Tank/s	36,937
Vol.ab/m³	8,0733
Vol.ab/t lit/s	52,161
Zähler/m	80

Abb. 1-129 Entleerung eines Tanks über eine Abflussleitung: Die Entleerungszeitkonstante T.Tank≈1,7min≈100s kennzeichnet die Langsamkeit, mit der der Pegel h(t) sinkt.

Da der Innendruck mit fortschreitender Entleerung des Tanks immer kleiner wird, verläuft die Entleerung nach abklingenden e-Funktionen. Sie entsteht, weil der Druck auf den Abfluss mit sinkendem Pegelstand immer kleiner wird.

Die hydraulische Zeitkonstante

Berechnet werden soll, wie die Entleerungszeitkonstante T.Tank von der Größe des Tanks und den Abmessungen des Abflussrohres abhängt.
Statische Zeitkonstanten T sind das Produkt einer Speicherkapazität (hier C.Tank) und eines Widerstands, über den er ge- oder entladen wird (hier R.Rohr):

Gl. 1-8 hydraulische Zeitkonstante

$$T.Tank = \frac{m}{\Delta p} * \frac{\Delta p}{\dot{m}} = C.Tank * R.Rohr$$

Zur Berechnung hydraulischer Zeitkonstanten müssen C.Tank und R.Rohr aus deren Abmessungen für die gespeicherte und strömende Flüssigkeit berechnet werden.
Das soll für Öl als Beispiel gezeigt werden.

Druckerhöhung durch eine ruhende Flüssigkeit

Gl. 1-9 berechnet die Druckerhöhung im Tank aus der **Gewichtskraft F.G=m·g** (Erdbeschleunigung g=9,81m/s²) aus der gebunkerten **Masse m=ρ.me·Vol.**
Mit dem **Vol=A.Tank·h** (h=Füllhöhe=Pegel) wird

Gl. 1-9 statischer Druckanstieg durch das Gewicht F.G=m·g

$$\Delta p = \frac{F.G}{A.Tank} = \rho.me * g * h$$

Abb. 1-131 zeigt, wie die Dichte von Öl von der Temperatut T abhängt. Bei Umgebungstemperatur ist ρ.Öl≈0,9kg/lit.

Zahlenwerte für Öl bei etwa 20°C:
ρ.Öl≈0,9kg/lit, $g=9{,}81m/s^2$; h=10m -> Δp=8,8kPa=88mbar

Gl. 1-9 besagt, dass der Druckanstieg von der Massenbeschleunigung $g=9{,}81m/s^2$ abhängt. Auf dem Mond wäre g nur etwa 1/6 der Erdbeschleunigung. Entsprechend kleiner wären dort die Druckerhöhung Δp und die Fließgeschwindigkeit bei gleichem Füllstand. Dadurch würde die Entleerung 6 mal länger dauern.

Mit steigendem Pegelstand im Tank erhöht sich der Druck auf den Abfluss – und umgekehrt. Drücke p sind Kräfte F pro Fläche A.

Die Druckeinheiten bar und Pascal
Die Druckeinheit ist das Pa(scal): $1Pa=1N/m^2$. Mit dieser Einheit werden Drücke und Druckänderungen Δp berechnet. Luftdruckschwankungen betragen einige Pa. Technische Drücke liegen im Bereich kPa bis MPa. Üblicherweise werden sie in **bar=10N/cm²=100kPa** gemessen. Deshalb muss die Umrechnung bekannt sein:

1mbar=0,1kPa oder **1kPa=10mbar.**

Definition und Berechnung der Tankkapazität
Die Kapazität (Speicherfähigkeit) eines Tanks ist umso größer, je mehr Masse m er pro Druckeinheit speichert.

Gl. 1-10 hydraulische Kapazität

$$C.Tank = \frac{m}{\Delta p} = \frac{A.Tank}{g}$$

Gl. 1-10 zeigt, dass die Tankkapazität dem Querschnitt A.Tank proportional ist. Proportionalitätskonstante ist die reziproke **Erdbeschleunigung g.**

Zahlenwerte: $A.Tank=1m^2$, Erdbeschleunigung $g=9.81m/s^2$ -> $C.Tank=0{,}1s^2\cdot m=$ kg/Pa

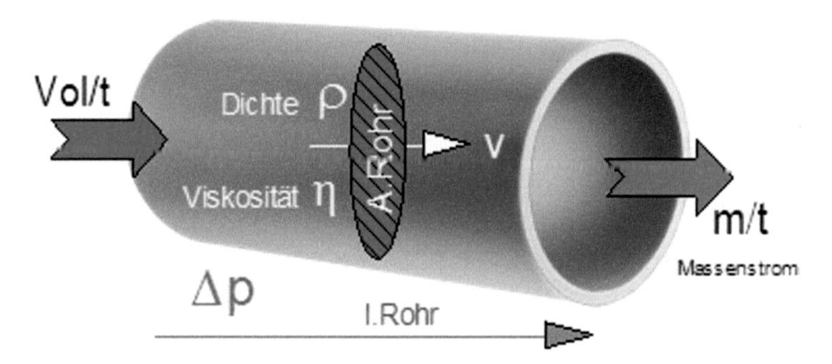

Abb. 1-130 Das Rohr als hydraulischer Widerstand: Messgrößen und Parameter

Definition und Berechnung laminarer hydraulischer Rohrwiderstände
In durchströmten Rohren entsteht ein Druckabfall Δp. Er ist bei niedrigen Strömungsgeschwindigkeiten **proportional zum Massenstrom $\dot{m} = dm/dt$.**

Deshalb definieren wir den laminaren **hydraulischen Widerstand** R.hyd nach Abb. 1-130 als Verhältnis von Druckdifferenz und Massenstrom:

Gl. 1-11 Definition des laminaren Widerstands

$$R.lam = \Delta p/\dot{m}$$

Berechnet werden soll, wie R.lam eines Rohres von der Länge l.Rohr, seinem Querschnitt A.Rohr und der Viskosität Vis (Zähigkeit) des strömenden Mediums abhängt. Abb. 1-131 zeigt die η und ρ von Öl als Funktion der Temperatur T.

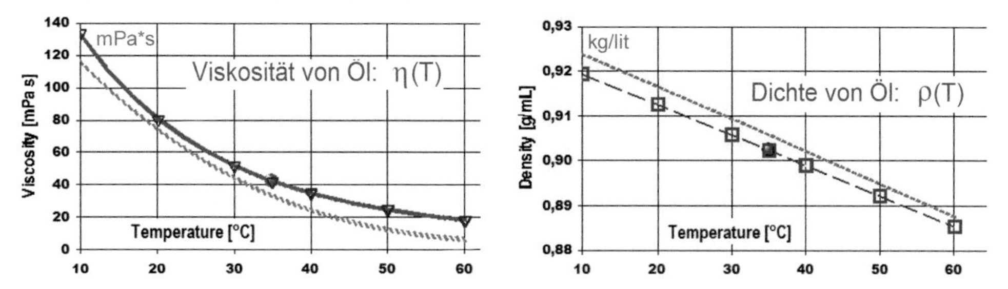

Abb. 1-131 Viskosität η und Dichte ρ von Öl als Funktion der Temperatur T

Das Gesetz von Hagen-Poiseuille
Um 1850 haben die Physiker Hagen und Poiseuille die Strömung von Flüssigkeiten in Rohrleitungen untersucht. Sie formulierten als Erste das Gesetz zur Beschreibung des Zusammenhangs zwischen Volumenstrom und Druckabfall:

Gl. 1-12 Gesetz von Hagen-Poiseuille

$$\dot{Vol} = \frac{dVol}{dt} = \frac{\pi * r^4 * \Delta p}{8 * \eta * l} = \frac{A.Rohr * r^2}{8 * l.Rohr} * \frac{\Delta p}{\eta}$$

Nach Gl. 1-12 sind Volumenströme proportional zum Druckabfall Δp und sinken mit der Viskosität η. Volumenströme in Leitungen steigen bei konstantem Druckabfall mit der *vierten Potenz* (!) des Rohrradius r.Rohr. Beispielsweise verdoppelt sich die Strömung bei ca. 20% Vergrößerung des Innendurchmessers (aus $2^x=2$ folgt x≈1.2).

Mit der *Strömungsgeschwindigkeit* $v = dl/dt$ und der Volumenänderung
$dVol = A.Rohr * dl$
können wir den Volumenstrom aus den Messgrößen v und A.Rohr berechnen:

Gl. 1-13 Volumenstrom und Geschwindigkeit

$$\dot{Vol} = d.Vol/dt = A * v$$

Die hydraulische (Verlust-)Leistung
Volumenströme und der Druckabfall bestimmen die

Gl. 1-14 hydropneumatische Leistung $$P.hyd = \Delta p * \dot{Vol}$$

Zahlenwerte: Δp=1bar=100kPa, Vol/t=100lit/s -> P.hyd=10kW

Diese Verlustleistung P.hyd erwärmt die Rohrleitung kaum, denn sie wird durch die fließende Flüssigkeit sofort abtransportiert.

Das ohmsche Gesetz der Hydropneumatik
Zur Berechnung des Druckabfalls nach Abb. 1-134 benötigt man den Massenstrom $\dot{m} = \rho * \dot{Vol}$ - mit der mechanischen Dichte und dem hydraulischen Widerstand R.hyd zur Berechnung von Druckabfällen über Leitungen:

Gl. 1-15 Druckabfall am Rohr

$$\Delta p = R.hyd * \dot{m}$$

Der laminare Rohrwiderstand
Zur Berechnung des hydraulischen Widerstands R.hyd bei laminarer Strömung multiplizieren wir die Gl. 1-12 von Hagen-Poiseuille mit der Dichte ρ und erhalten daraus

Gl. 1-16 hydropneumatischer Widerstand der laminaren Strömung

$$R.lam = \frac{\Delta p}{\dot{m}} = \frac{8 * l.Rohr}{A.Rohr * r.Rohr^2} * \frac{\eta}{\rho}$$

In Gl. 1-12 ist $A.Rohr = \pi \cdot r.Rohr^2$ der lichte Rohrquerschnitt. Das heißt, dass hydraulische Widerstände mit der 4. Potenz des Rohrradius kleiner werden – und umgekehrt!

Die Einheit laminarer Widerstände ist Pa/(m/s) = 1/(s·m). Die Struktur der Abb. 1-132 berechnet Zahlenwerte zu R.lam. Zu dessen Berechnung werden die Viskosität η und die Dichte ρ der strömenden Flüssigkeit gebraucht. Abb. 1-131 zeigt ihre Temperaturabhängigkeit bei Heizöl.

Das Verhältnis von Viskosität η und Massendichte ρ beschreibt die Eigenschaften der gespeicherten Flüssigkeit bezüglich Zähigkeit und Gewicht. Beide werden nach Abb. 1-131 mit steigender Temperatur kleiner.

Die elektro-hydraulische Analogie
Gl. 1-16 ist das **ohmsche Gesetz der Hydraulik/Pneumatik.** Es entspricht der

Gl. 2-11 Berechnung elektrischer Widerstände $$R = \frac{u.R}{i.R} = \rho.el * \frac{l}{A}$$

- Der Druckabfall Δp entspricht dem elektrischen Spannungsabfall u.R.
- Die mechanische Strömung $\dot{m}$ entspricht dem elektrischen Strom i.r.

Die Viskosität η entspricht dem spezifischen elektrischen Widerstand ρ.el. Gl. 1-16 gilt nur bei laminarer (wirbelfreier) Strömung. Leitungswiderstände sind nur bei Laminarität minimal. Bei turbulenter (wirbelnder) Strömung würde der pneumatische Widerstand mit dem Quadrat der Strömungsgeschwindigkeit ansteigen (Bd. 7/7, Kap. 12.4).

In elektrischen und hydraulischen Kreisen ist die **Dichte des Mediums** (Moleküle, Elektronen) konstant (Inkompressibilität). Bei laminarer (wirbelfreier) Strömung ist der laminare Widerstand R.hyd minimal und von der Strömungsgeschwindigkeit v unabhängig (Linearität). Bei Turbulenz würde R.Hyd mit v^2 ansteigen (Nichlinearität). Hier soll – der Einfachheit halber – von laminarer Strömung ausgegangen werden.

Hydraulische Kreise werden ab einer Grenzgeschwindigkeit nichtlinear. Sie sind bei vertretbarem Aufwand nur noch durch Simulation berechenbar.
Einzelheiten und Anwendungen zu diesem Thema finden Sie in Bd. 7/7, Kap. 12.4, ‚Pneumatik/Hydraulik'.

Dort wird auch gezeigt, wie die Grenzgeschwindigkeit für Laminarität mittels Reynoldszahl ermittelt wird.

Abb. 1-132 berechnet Zahlenwerte zum laminaren Widerstand R.Rohr eines Rohres der Länge l.Rohr mit dem Innendurchmesser d.Rohr:

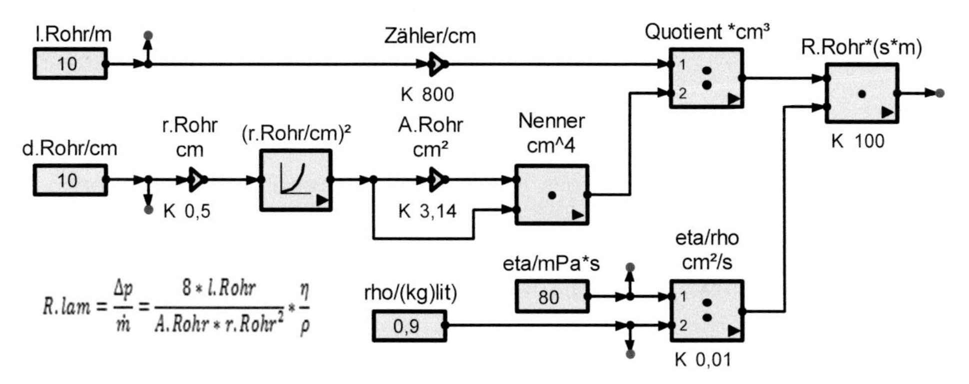

Abb. 1-132 Berechnung laminarer Rohrwiderstände: Der obere Teil berechnet den Zähler von Gl. 1-16, der mittlere Teil berechnet den Nenner, der untere Teil berechnet das Material η/ρ.

Abb. 1-133 zeigt Zahlenwerte zu Abb. 1-132:

A.Rohr cm²	78,5	l.Rohr/m	10	rho/(kg)lit)	0,9
d.Rohr/cm	10	r.Rohr cm	5	Zähler/m	80
eta/mPa*s	80	R.Rohr*(s*m)	362,35		

Abb. 1-133 Ergebnisse zur Berechnung eines Rohrwiderstands: Bei einer Länge von 10m und einem Innendurchmesser von 10cm beträgt er 362/(s·m)=362Pa/(m/s).

Simulation einer Tankentleerung

Abb. 1-134 zeigt die Berechnung des Pegelstands h(t) bei der Entleerung eines Tanks durch ein Rohr mit bekanntem Rohrwiderstand R.Rohr:

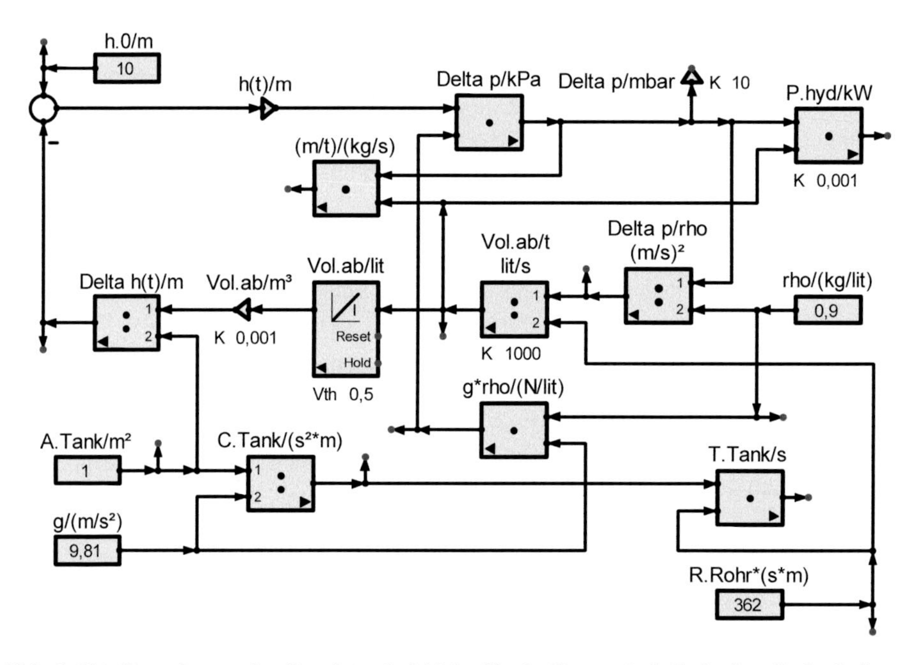

Abb. 1-134 Berechnung des Pegelstands h(t) im Tank: Dazu wird die hydraulische Leistung P.hyd und die Entleerungszeitkonstante T.Tank des Tanks angegeben. Die Sprungantwort der Abb. 1-129 zeigt den Verlauf der Entleerung über der Zeit.

Erläuterungen zur Struktur der Tankentleerung nach Abb. 1-134

1. Der obere Teil errechnet die Druckerhöhung im Tank und daraus den Massenstrom m/t im Abflussrohr und damit die hydraulisch abgeführte Leistung.
2. Der mittlere Teil errechnet den Volumenstrom Vol/t und integriert ihn zum abgeflossenen Flüssigkeitsvolumen. Damit wird die Änderung des Füllstands $\Delta h(t)$ und der Verlauf des Füllstands selbst errechnet: $h(t)=h.0- \Delta h(t)$.
3. Der untere Teil errechnet die Kapazität des Tanks C.Tank und die Entleerungszeitkonstante **T.Tank=C.Tank·R.Rohr.** Dazu benötigt er den nach Abb. 1-132 errechneten Rohrwiderstand R.Rohr.

Abb. 1-135 zeigt die mit der Struktur von Abb. 1-134 errechneten Messwerte:

(m/t)/(kg/s)	186	Delta p/rho (m/s)^2	74,813	R.Rohr*(s*m)	362
A.Tank/m^2	1	g*rho/(N/lit)	8,829	rho/(kg/lit)	0,9
C.Tank/(s^2*m)	0,10194	h(t)/m	7,6262	T.Tank/s	36,901
Delta h(t)/m	2,3738	h.0/m	10	Vol.ab/m^3	2,3738
Delta p/mbar	673,32	P.hyd/kW	13,915	Vol.ab/t lit/s	206,67

Abb. 1-135 Die Messwerte und Parameter zu Berechnung des Pegelstands h(t) bei t=10s

Die komplette Struktur zur Tankentleerung

Abschließend fassen wir die Strukturen Abb. 1-132 zur Berechnung des Füllstands h(t) und Abb. 1-134 zur Berechnung des Rohrwiderstands R.Rohr zusammen und erhalten mit Abb. 1-136 die Struktur zur Simulation der Tankentleerung:

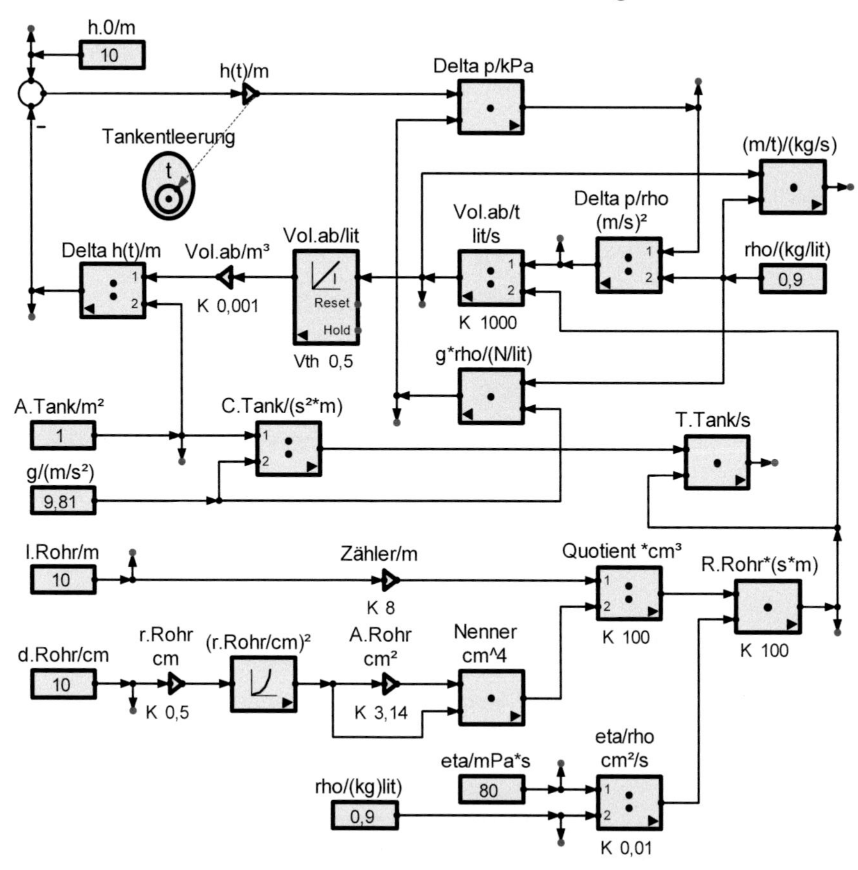

Abb. 1-136 Berechnung des Entleerungsvorgangs h(t) eines Öltanks: Der Rohrwiderstand R.Rohr sinkt mit der 4. Potenz (!) des Rohrdurchmessers. Entsprechend verkürzt sich der Entladevorgang mit seiner Zeitkonstante T.Tank=C.Tank·R.Rohr bei Vergrößerung des Abflussrohres – und umgekehrt.

In Abb. 1-129 haben wir vorher die mit der Struktur von Abb. 1-136 errechnete Entleerungskurve gezeigt.

1.4 Symbolische Berechnungen

Bauelemente können hintereinander (in Serie, in Reihe), parallel oder gemischt zu Systemen angeordnet werden. Daher zeigen wir nun, wie dies in der Simulation aussieht und wie sie **symbolisch, d.h. ohne konventionelle Mathematik, berechnet** werden können. Dabei wird sich zeigen, dass die geometrische Anordnung noch keine Aussage darüber macht, ob die Signalverarbeitung seriell oder parallel ist. Das hängt allein von der Fragestellung ab.

Zweipole können in Serie (hintereinander = in Reihe oder seriell) oder parallel (=gleichzeitig mit identischem Signal) angesteuert werden. Zur Strukturbildung muss man wissen, was die Unterscheidungskriterien im Mechanischen und im Elektrischen sind. Um die Ähnlichkeit zwischen beiden Systemen erkennen zu können, definieren wir

- Mechanische Kräfte F entsprechen elektrischen Spannungen u.
- Mechanische Geschwindigkeiten v entsprechen elektrischen Strömen i.

Selbstverständlich könnte die elektrische Reihenschaltung auch durch eine Spannung u.e angesteuert und die mechanische Reihenschaltung mit einer Kraft F.e betrieben werden. Dann entstehen Gegenkopplungen, die schwerer zu berechnen sind. Wir werden diese Fälle in den Kapiteln 3 (elektrisch) und 4 (mechanisch) behandeln.

Zweipole haben nur einen Eingang und einen Ausgang (Abb. 1-137). Dies ist der einfachste mögliche Fall (das Atom der Signalverarbeitung):

EVA:	**Eingabe -> Verarbeitung -> Ausgabe**
UVW:	**Ursache -> Verknüpfung -> Wirkung**

Zweipole besitzen einen Eingang und einen Ausgang. Sie werden durch eine **Funktion** beschrieben y=f(x). Sie ist im einfachsten Fall eine Konstante: y.a = K · x.e.

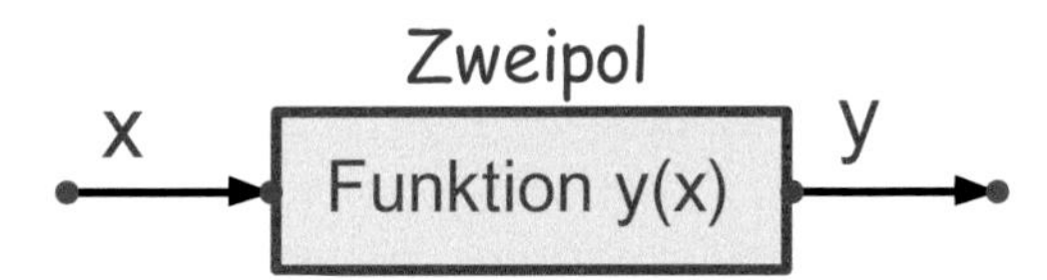

Abb. 1-137 Zweipol: Eine Ursache hat eine Wirkung. Das ist der einfachste Fall der Signalverarbeitung.

Messwandler: Sie sollen die Messgröße proportional wandeln, d.h. linear, schnell und unabhängig von Störgrößen (Abb. 1-138). Beispiel: Tachogenerator für Drehzahlen (Kap. 1.6.8).

Im Allgemeinen besitzen lineare Systeme Energiespeicher und damit Zeitverhalten, z.B. Verzögerungen. Sofern dies nicht interessiert oder vernachlässigbar ist, kann ein linearer Zweipol als Proportionalität behandelt werden.

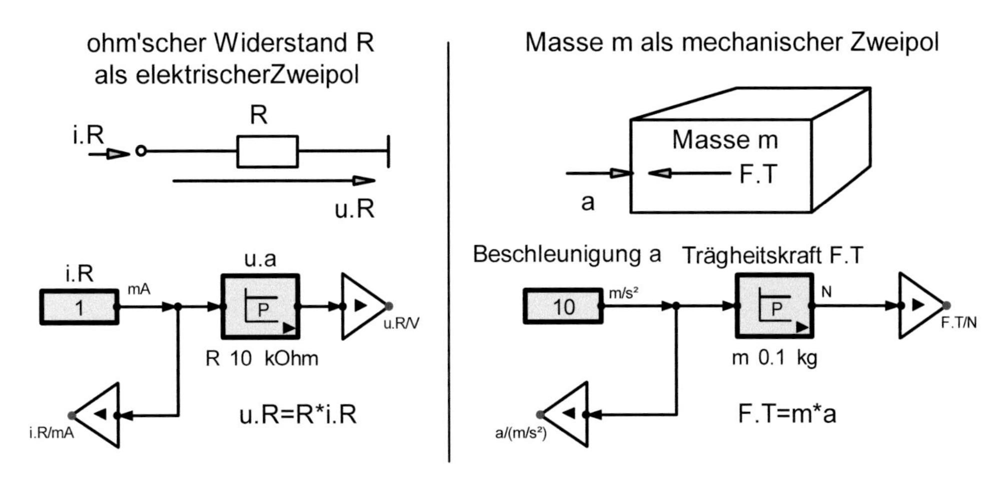

Abb. 1-138 Links: Elektrischer Widerstand als Wandler von Strom in Spannung (->Strom-Messer) - Rechts: Masse als Wandler für Beschleunigung in Kraft

Lineare und nichtlineare Systeme

In linearen Systemen sind die Signalverhältnisse Aussteuer- und Arbeitspunkt-unabhängig. Wenn der Eingang mit einem beliebigen Faktor multipliziert wird, werden alle internen Signale und die Ausgänge mit demselben Faktor multipliziert.
Daraus folgt: Testamplituden sind frei wählbar.

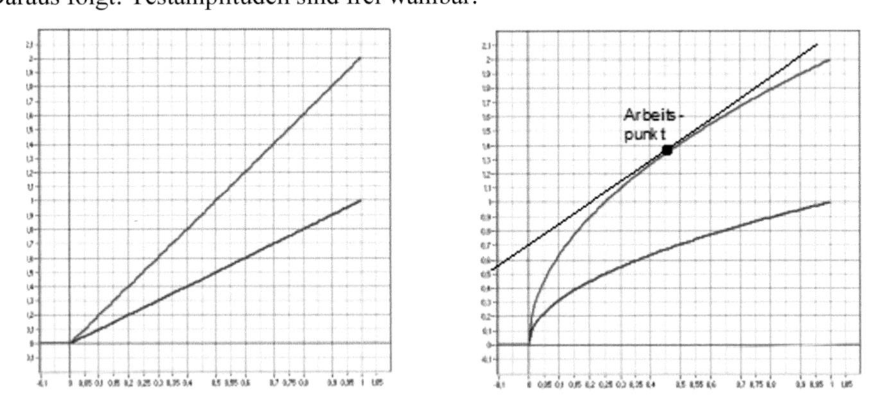

Abb. 1-139 lineare Funktionen: Bei Verdoppelung des Eingangs verdoppelt sich auch der Ausgang - Rechts: die Quadratwurzel als Beispiel für ein nichtlineares System: Bei Viertelung des Eingangs halbiert sich der Ausgang – und umgekehrt.

In nichtlinearen Systemen sind die Signale von der Aussteuerung (Amplitude) abhängig (Abb. 1-139). Zu deren Simulation werden die Kennlinien oder Funktionen der Nicht-linearitäten benutzt. Mathematisch ist das meist nicht zu behandeln. Bei Simulationen sind Nichtlinearitäten kein Problem (Abb. 1-140). Das werden wir bei der Simulation des Motors mit Haftreibung zeigen (Abschnitt 1.6.8).

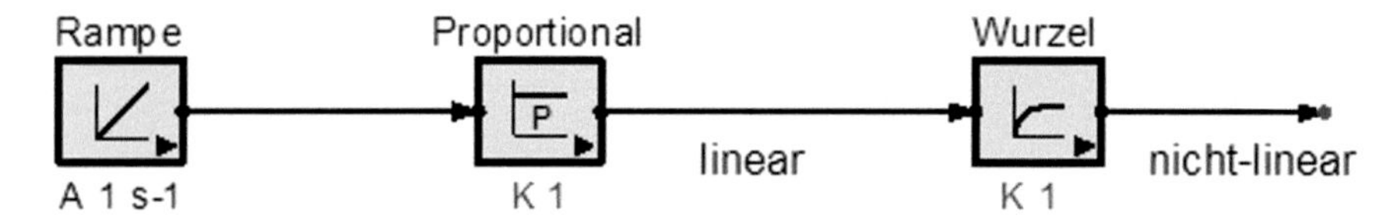

Abb. 1-140 Struktur eines linearen und eines nichtlinearen Systems

Beispiele für nichtlineare Komponenten:

- Ventile und Drosseln (Kap. 12 Pneumatik/Hydraulik)
- Diode, Transistor (Kap. 8 Elektronik)

Als Beispiel für die linearisierte Behandlung einer Diodenschaltung folgt am Schluss dieses Abschnitts die symbolische Berechnung des Innenwiderstands einer Potentialschwelle. Dazu muss die Diodenkennlinie bekannt sein (Abb. 1-141):

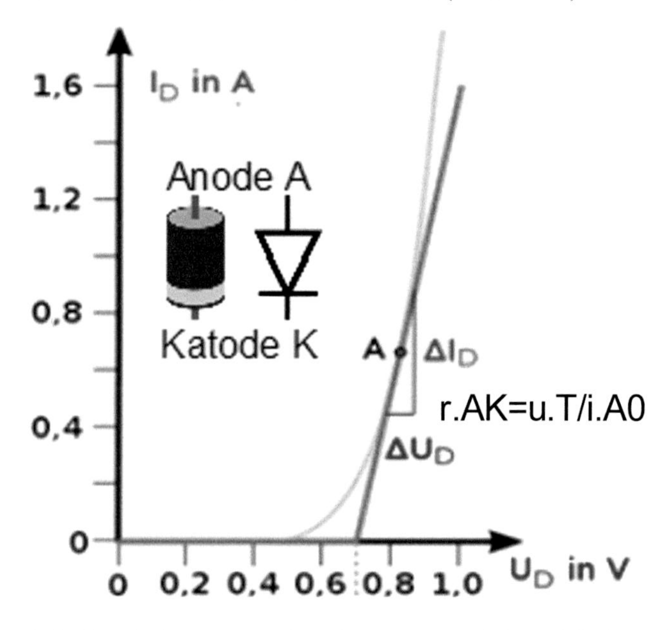

Abb. 1-141 Diodenkennlinie: Durch den Arbeitspunkt i.A0 wird ihr differenzieller Innenwiderstand r.AK=u.T/i.A0 durch den Anodenstrom i.A0 eingestellt. Für Siliziumdioden ist die Temperaturspannung u.T≈40mV.

Um nichtlineare Systeme linear behandeln zu können, muss ein Arbeitspunkt (A) eingestellt werden. In seiner Umgebung verhält sich ein stetiges System dann linear **(lokale Linearisierung)**. Für kleine Aussteuerungen um einen Mittelwert, den **Arbeitspunkt A**, lassen sich nichtlineare Systeme linearisiert berechnen. Daraus folgt die grundsätzliche Bedeutung der linearen Theorie.

1.4.1 Serien (Reihen)- und Parallelschaltungen

Signale können nacheinander oder nebeneinander verarbeitet werden. Wenn die Details dabei nicht interessieren, lassen sich solche Systeme zusammenfassen.

1. **Serienschaltungen** sind die **Hintereinanderausführung** mehrerer Signalübertrager. Ihre Strukturen werden zeigen, dass der äußere Schein mit der Struktur nicht übereinstimmen muss. Hier ist zu zeigen, dass Serienschaltungen durch **Multiplikation ihrer Konstanten** zusammengefasst werden können.

Beispiel für eine elektromechanische Serienschaltung (Abb. 1-142**):**

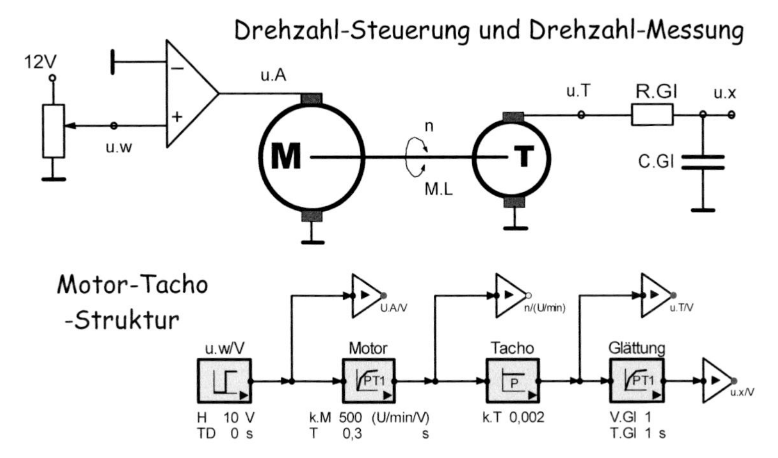

Abb. 1-142 Drehzahlsteuerung: Motor mit angeflanschtem Tachogenerator als Beispiel für eine mechanische Serienschaltung: Hier stimmen der mechanische Aufbau und die Struktur überein. Das ist der einfache Fall. Die Simulation dieses Systems finden Sie in Kap. 6 Elektrische Maschinen.

Mechanische und elektrische Serienschaltungen

Kriterien für elektrische und mechanische **Serien (=Reihen)-Schaltungen (**Abb. 1-143)

- Elektrisch seriell: Bei gleichem Strom i.e addieren sich die Teilspannungen.
- Mechanisch seriell: Bei gleichen Geschwindigkeiten v.e addieren sich die Einzelkräfte.

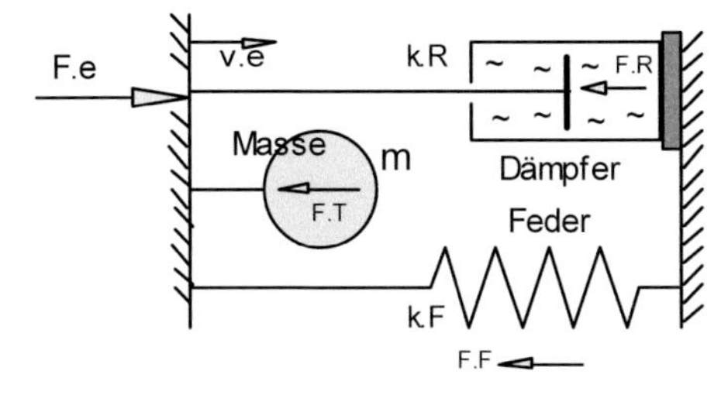

Abb. 1-143 Mechanische Reihenschaltung: Sie ist absichtlich so gezeichnet, dass sie wie eine Parallelschaltung aussieht. Bei elektrischen Schaltungen ist die Erkennung viel einfacher (Abb. 1-144).

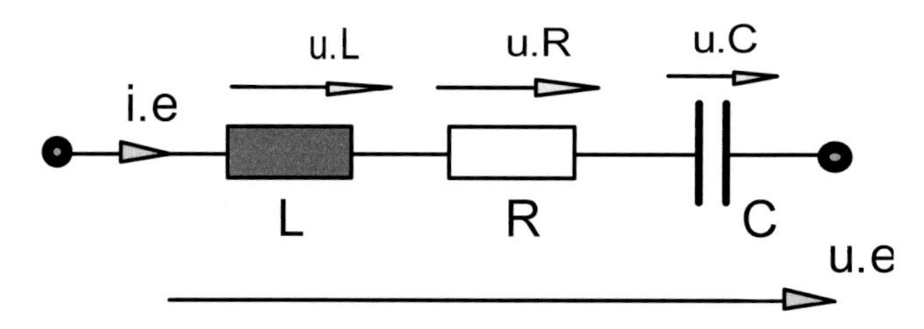

Abb. 1-144 Elektrische Reihenschaltung aus Spule, Widerstand und Kondensator

Die elektrische Reihenschaltung ist leicht als solche zu erkennen. Bei drei Bauelementen L, R und C ist die Gesamtspannung

u.e = u.L+u.R+u.C.

Mechanische Bauelemente, hier eine Masse m, ein Dämpfer k.R und eine Feder k.F können auf unterschiedliche Weise angeordnet sein. Wenn alle Bauelemente starr verbunden sind, führen sie dieselben Bewegungen aus. Dann addieren sich die Teilkräfte zur Gesamtkraft F.e: hier die Trägheitskraft F.T, die Reibungskraft F.R und die Federkraft F.F:

F.e = F.T + F.R + F.F

Die Strukturen elektrischer und mechanischer Reihenschaltungen
Bei Stromsteuerung der elektrischen Reihenschaltung und Geschwindigkeitseinprägung der mechanischen Parallelschaltung zeigt sich deren Ähnlichkeit durch die Strukturen (Abb. 1-145 und Abb. 1-145).

Zur Differenzierung:
Zur Berechnung der **Trägheitskraft F.T=m·dv/dt** muss die **Beschleunigung a=dv/dt** gebildet werden. Zur Berechnung der **induzierten Spannung u.L·di/dt** muss die **Ladungsbeschleunigung b=di/dt** gebildet werden. Die Berechnung von **zeitlichen Änderungen dx/dt**, auch Ableitung oder Differenzierung genannt, werden Sie in Bd. **2/7 Dynamik** kennenlernen. Dadurch werden Serienschaltungen dynamisch berechenbar.

Zur Integration:
Zur Berechnung der **Federkraft F.F=k.F·∫vdt** muss der **Weg x=∫vdt** gebildet werden. Zur Berechnung der **Kondensatorspannung u.C =L·di/dt** muss die **Ladung q=∫**idt gebildet werden. Die Bildung der **Zeitflächen**, die ein Signal v erzeugt, wird **Integral x=∫v·dt** genannt.

Wir werden die Simulation von Integration und Differenzierung in **Bd. 2/7 Dynamik** ausführlich erläutern. Höhere Mathematik wird dazu nicht benötigt, denn das Simulationsprogramm übernimmt die Berechnung von Differenzialgleichungen.

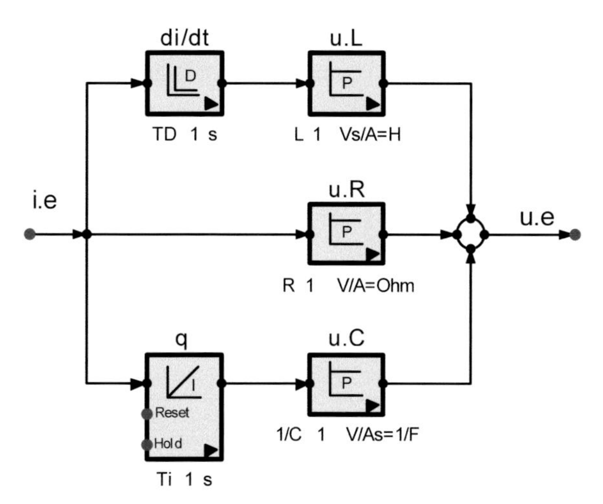

Abb. 1-145 Die Gesamtspannung einer elektrischen Reihenschaltung – Kriterien: Das Eingangssignal x.e ist der gemeinsame Eingangsstrom i.e.

Abb. 1-146 zeigt die analoge Struktur einer mechanischen Reihenschaltung. Sie ist es, auch wenn der Aufbau (Abb. 1-143) auf den ersten Blick nicht danach aussieht.

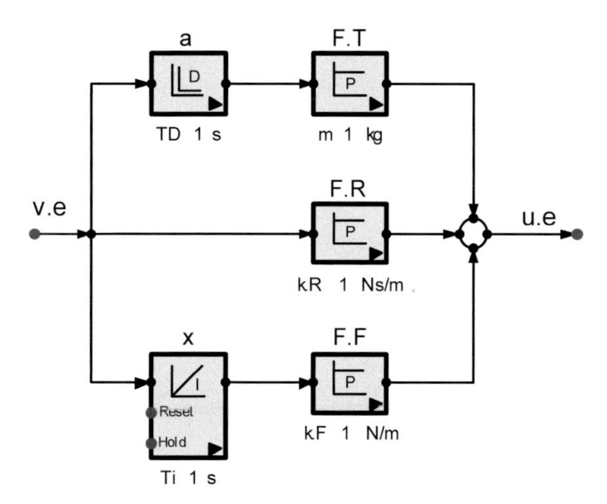

Abb. 1-146 Mechanische Serienschaltung: Das Eingangssignal x.e ist die gemeinsame Geschwindigkeit v.e. Der Weg x.e ergibt sich durch Integration der Geschwindigkeit, die Beschleunigung a.e durch deren Differenzierung.

Zusammenfassung von Serienschaltungen
Zur Vereinfachung der Darstellung können hintereinander geschaltete Blöcke durch Multiplikation ihrer Konstanten zusammengefasst werden (Abb. 1-147):

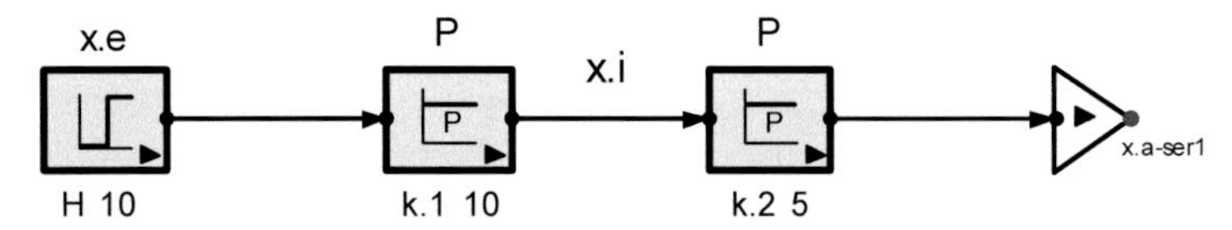

Zusammenfassung einer Serien-(=Reihen-) Schaltung

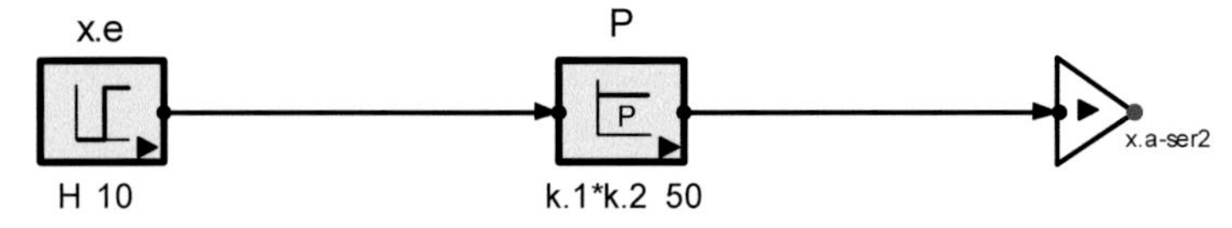

Abb. 1-147 Zusammenfassung einer Hintereinanderausführung (=Serienschaltung): Die Konstanten werden multipliziert.

Gl. 1-17 Zusammenfassung einer Serienschaltung:

$$\mathbf{G.Ser = x.a/x.e = k.1 \cdot k.2}$$

Parallelschaltungen sind **nebeneinander Ausführungen** bei der Signalverarbeitung. Zur Vereinfachung der Darstellung können parallel geschaltete Blöcke durch **Addition ihrer Konstanten** zusammengefasst werden.

Kriterien für elektrische und mechanische Parallelschaltungen

- Abb. 1-148: Elektrisch parallel - Bei gleicher Spannung addieren sich die Teilströme.
- Abb. 1-148: Mechanisch parallel - Bei gleicher Kraft addieren sich die Einzelgeschwindigkeiten.

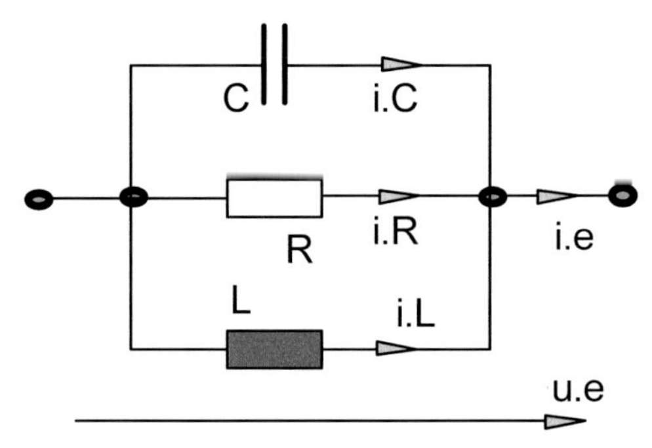

Abb. 1-148 Eine elektrische Parallelschaltung erkennt man auf den ersten Blick als solche.

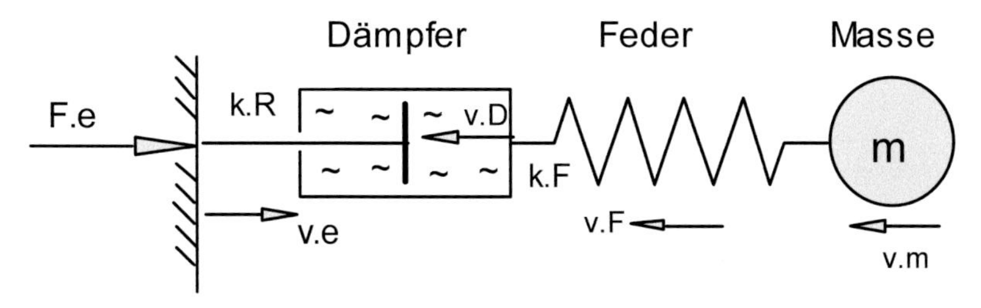

Abb. 1-149 Die mechanische Parallelschaltung ist absichtlich so gezeichnet, dass sie wie eine Reihen (=Serien)-Schaltung aussieht. Jedoch stützen sich hier die Feder auf dem Dämpfer und der Dämpfer auf der Masse ab. Die Masse erzeugt eine Trägheitskraft F.T, die sich nirgends abzustützen braucht. F.T pflanzt sich über alle Bauelemente bis zur Eingangskraft fort. Dabei addieren sich die Geschwindigkeiten aller Bauteile zur Eingangsgeschwindigkeit.

Die elektrische Parallelschaltung ist wieder leicht zu erkennen, die mechanische dagegen nicht. Da sich hier ein Bauelement auf dem nächsten abstützt, sind alle Teilkräfte und die Eingangskraft F.e gleich der Trägheitskraft der Masse m. Ihre Einzelgeschwindigkeiten v.m der Masse m, v.F der Feder k.F und v.R des Dämpfers k.R addieren sich zur gesamten Eingangsgeschwindigkeit

$$\mathbf{v.e = v.m + v.D + v.F}.$$

Dies entspricht der Addition der Teilströme in der elektrischen Parallelschaltung:

$$\mathbf{i.e = i.L + i.R + i.C}$$

Die Strukturen zur elektrischen und mechanischen Parallelschaltung (Abb. 1-149)**:**

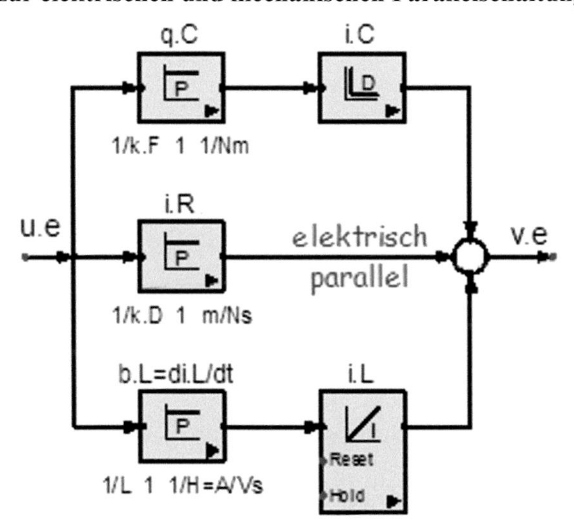

Abb. 1-150 Struktur einer elektrischen Parallelschaltung: Die Teilströme addieren sich zum Gesamtstrom. Abb. 1-151 zeigt die mechanische Analogie.

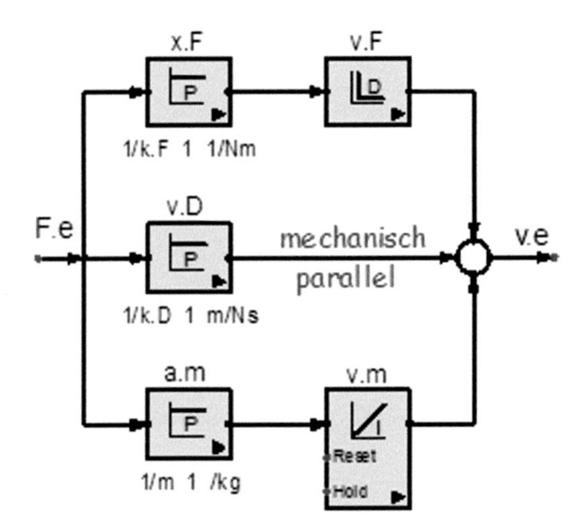

Abb. 1-151 Struktur einer mechanischen Parallelschaltung: Die Einzelgeschwindigkeiten addieren sich zur Gesamtgeschwindigkeit.

Zusammenfassung von Parallelschaltungen

Zur Vereinfachung der Darstellung können parallel geschaltete Blöcke durch Addition ihrer Konstanten zusammengefasst werden (Abb. 1-152):

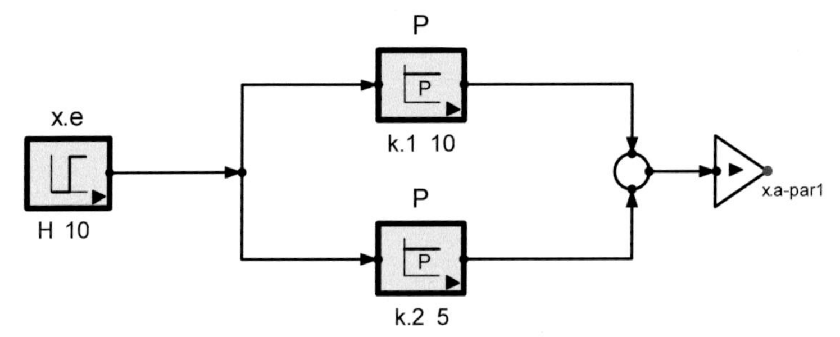

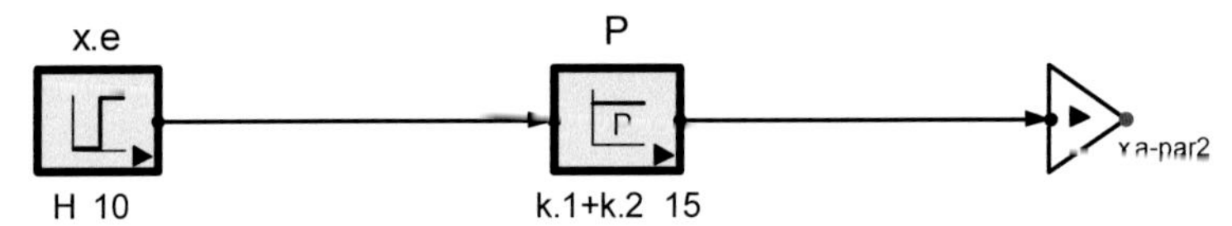

Abb. 1-152 Zusammenfassung einer Parallelschaltung: Die Konstanten werden addiert.

Gl. 1-18 Zusammenfassung einer Parallelschaltung:

$$\mathbf{G.Par = x.a/x.e = k.1 + k.2}$$

Die Anwendung der Gesetze der mechanischen Serien- und Parallelschaltung folgt in Bd. 2/7, Kap. 4 Mechanik.

Berechnung des Stromverbrauchs

Berechnet werden sollen die Stromkosten mehrerer elektrischer Verbraucher (Abb. 1-153). Vorgegeben werden die Anschlussleistungen und die Einschaltzeiten.

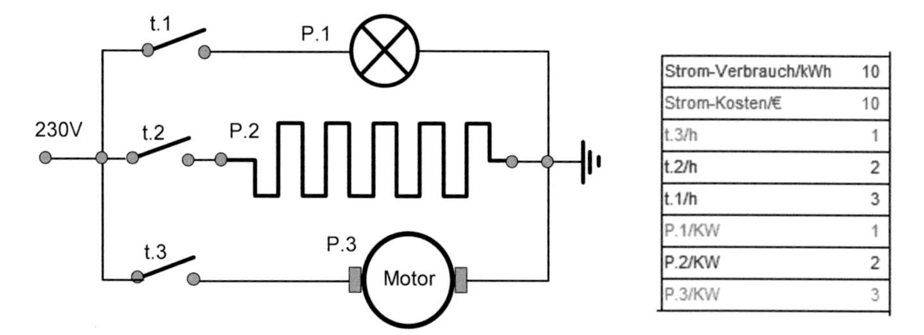

Abb. 1-153 Von diesen drei Verbrauchern sollen die Stromkosten berechnet werden.

Die Struktur zur Stromverbrauchsberechnung (Abb. 1-154) zeigt, dass es sich hier um eine gemischte Anordnung aus einer Serien- und einer Parallelschaltung handelt.

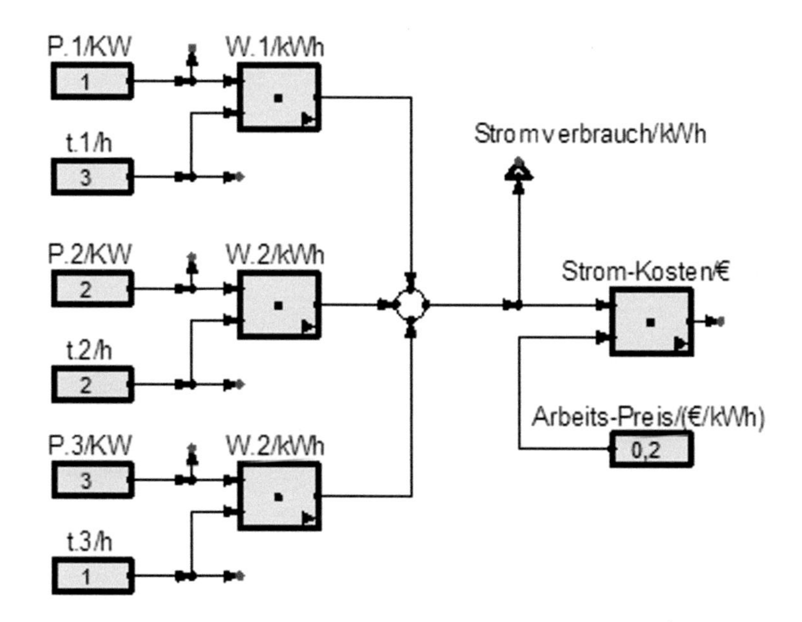

Abb. 1-154 Struktur zur Verbrauchsberechnung nach Abb. 1-153

1.4.2 Mit- und Gegenkopplung

Nun befassen wir uns mit dem Fall, dass das Ausgangssignal - oder ein Teil davon - zum Eingang zurückgekoppelt wird (Abb. 1-155). Zwei Fälle sind möglich:

- Bei Mitkopplung wird das Ausgangsignal eingangsseitig addiert.
- Bei Gegenkopplung wird das Ausgangsignal eingangsseitig subtrahiert.

Wie noch an vielen Beispielen gezeigt werden wird, beschreibt die Gegenkopplung natürliche Ausgleichsvorgänge, wie sie in Natur und Technik ständig ablaufen.

Mitkopplung kann dagegen nur durch Verstärkung im Kreis entstehen. Ein Beispiel dafür ist der Treibhauseffekt, den Sie in Kap. 13 Wärme kennen lernen können.
Dies ist die Struktur einer Rückkopplung:

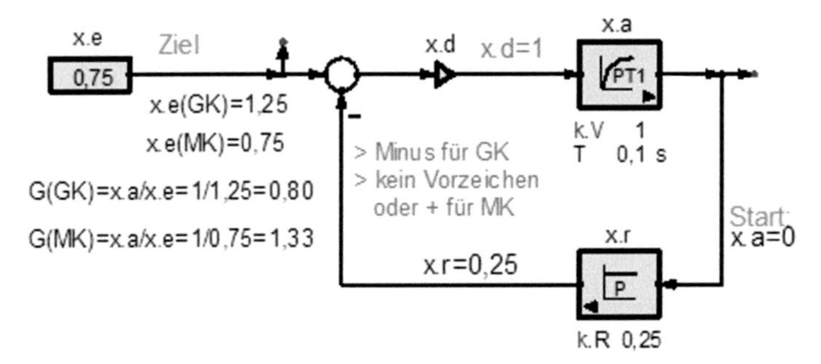

Abb. 1-155 Rückkopplung: Zu unterscheiden sind Mit- und Gegenkopplung

Zur Veranschaulichung ihrer Funktion zeigt Abb. 1-156 die Sprungantwort einer Mitkopplung und Abb. 1-157 die einer Gegenkopplung.

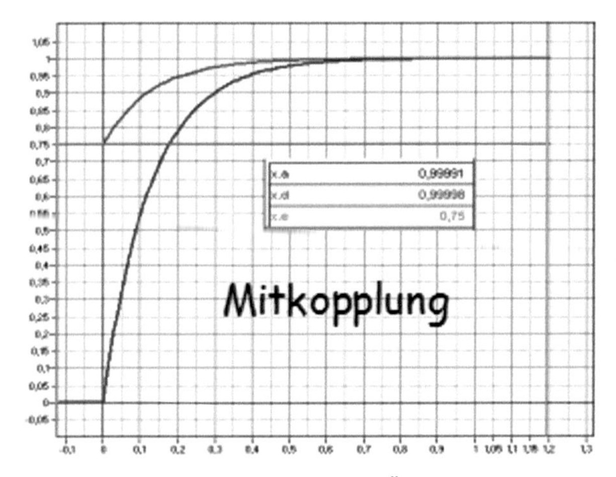

Abb. 1-156 Mitkopplung vergrößert den Übertragungsfaktor gegenüber der Vorwärtskonstante k.V.

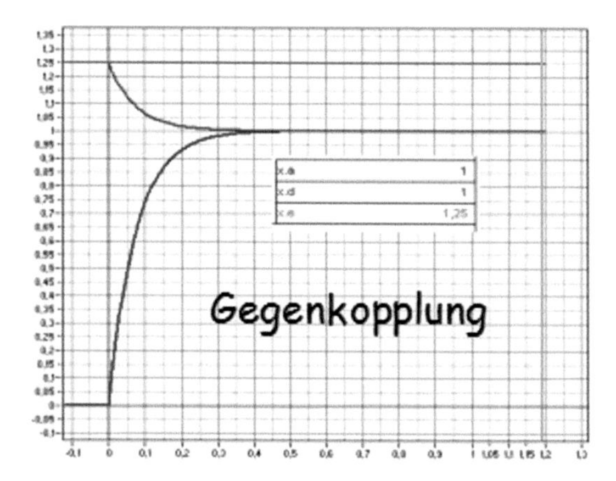

Abb. 1-157 Eine Gegenkopplung verkleinert den Übertragungsfaktor gegenüber der Vorwärtskonstante k.V.

Berechnung rückgekoppelter Signale

Rückkopplungen sind wegen der Summierstelle am Eingang nicht direkt vom Eingang zum Ausgang berechenbar, wohl aber **rückwärts vom Ausgang zum Eingang**. Durch Annahme irgendeines Ausgangswertes lässt sich das zugehörige Eingangssignal und das Signalverhältnis, der Übertragungsfaktor G, angeben (Abb. 1-158).

Um beurteilen zu können, ob eine Simulation Ihren Vorstellungen entspricht, sollten Sie mindestens eine Rechnung mit typischen und möglichst einfachen Zahlenwerten per Hand ausführen. Das ist auch bei Gegenkopplungen möglich, wenn man am Ausgang beginnt:

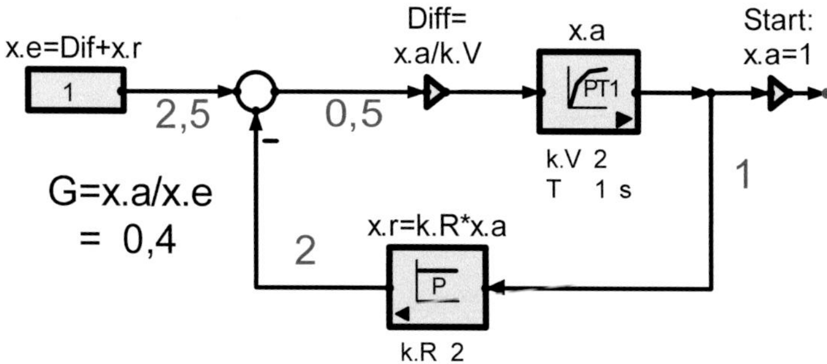

Abb. 1-158 Berechnung der statischen Signale einer Gegenkopplung: Sie beginnt am Ausgang mit einer angenommenen 1. Für die hier vorliegenden Konstanten muss der Eingang gleich 2,5 sein. Wenn Sie entgegen der Signalrichtung rechnen, müssen Sie durch die Konstanten teilen.

Aufgaben:

1. Berechnen Sie die zu erwartenden Signale für einen typischen Fall.
2. Kontrollieren Sie die berechneten Signale. Dazu kann man die Zeitsonde, einen proportionalen Block oder einen Testausgang verwenden.

Beispiel: **Gegenkopplung**
k.V sei 2, k.R sei 2. x.a nehmen wir als 1 an -> die Kreisverstärkung V.0=k.V·k.R=4.
Dann ist x.d = x.a/k.V = 0,5 und x.r = x.a·k.R = 2.
Wegen der Gegenkopplung (GK) ist x.e = x.d + x.r = 2,5.
Der Übertragungsfaktor des Systems wird G(GK) = x.a/x.e = 0,4.

Die Gegenkopplung verkleinert den Übertragungsfaktor G des Systems gegenüber der Vorwärtskonstante k.V. G wird durch die **Rückwärtskonstante k.R** bestimmt.

Beispiel: **Mitkopplung (**Abb. 1-159**)**
Bei Mitkopplung (MK) wäre x.e = x.r - x.d = -1,5 und G(MK) = x.a/x.e würde -1,5.

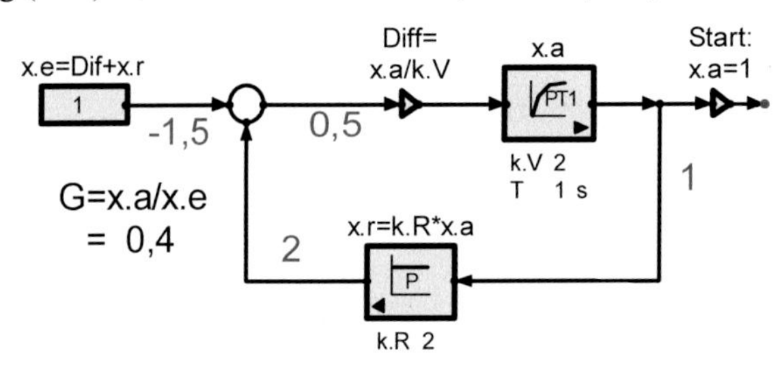

Abb. 1-159 Signale einer stabilen Mitkopplung

Mitkopplungen vergrößern den Übertragungsfaktor G des Systems gegenüber der Vorwärtskonstante k.V. G wird durch die **Vorwärtskonstante k.V** bestimmt.

Dynamische Mittkopplung
Abb. 1-160 zeigt die Struktur eines gegengekoppelten Kreises mit Verstärkung V.0 und dreifacher Verzögerung. Gezeigt werden soll, dass er nach einmaligem Anstoß sinusförmige (harmonische) Schwingungen ausführt.

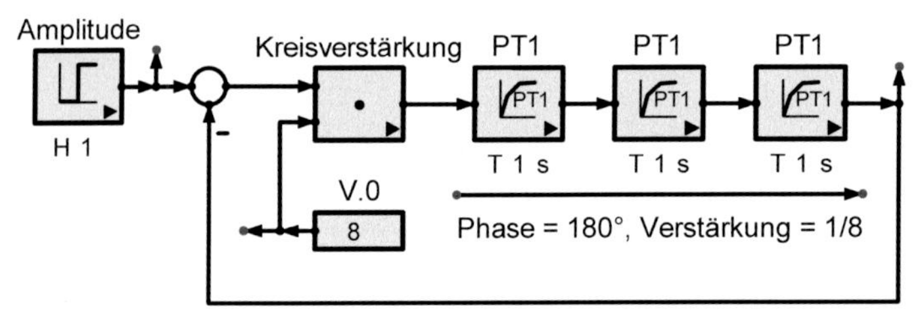

Abb. 1-160 : Die Gegenkopplung wird durch mehrfache Verzögerung im Kreis zur Mitkopplung.

Abb. 1-161 zeigt: Bei V.0=8 wird der Kreis nach Abb. 1-160 zum Oszillator.
Die Verzögerungen T im Kreis bestimmen die **Eigenperiode t.0**. Ihr Kehrwert heißt **Eigenfrequenz f.0=1/t.0.**

Durch dynamische Analyse (Bd. 2/7) ist zu klären, wie t.0 von den Zeitkonstanten eines Systems abhängt.

Zahlenwerte zu Abb. 1-160:
Bei drei gleichen Verzögerungen mit T=1s ist t.0=4s: **t.0≈1,3·T.**

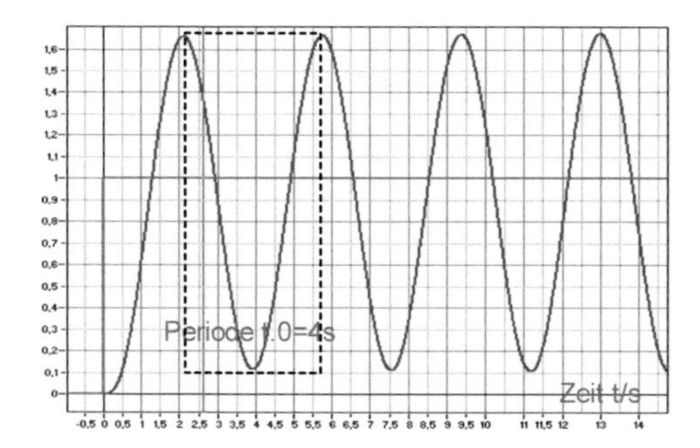

Abb. 1-161 Oszillation durch Verzögerungen, durch die eine Gegenkopplung zur dynamischen Mitkopplung wird: Die Zeitkonstanten bestimmen die Frequenz, der Anfangsanstoß oder Signalbegrenzungen bestimmen die Amplitude der Oszillation.

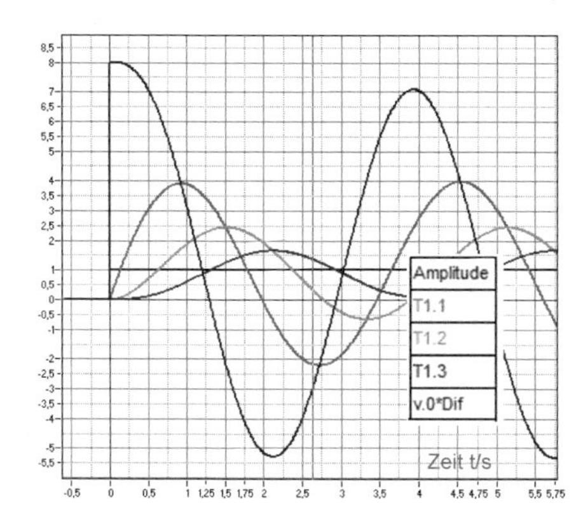

Abb. 1-162 Signale eines mit seiner Eigenfrequenz schwingenden Kreises mit drei Verzögerungen

Funktionsbeschreibung eines harmonischen Oszillators nach Abb. 1-160**:**

- Durch jede Stufe halbiert sich die Amplitude. Alle drei Stufen erzeugen eine Abschwächung von $1/2^3=1/8$.
- Damit der Kreis mit konstanter Amplitude schwingt, muss die Abschwächung durch die Verstärkung V.0=8 kompensiert werden.
- Jede der drei Verzögerungen verschiebt die Phase um 180°/3=60°. So wird die Gegenkopplung im Kreis zur Mitkopplung.

Daraus folgt das ***Instabilitätskriterium:***

In einem oszillierenden Kreis ist

- *die Summe aller Phasenverschiebungen gleich null und*
- *das Produkt aller Verstärkungen gleich eins.*

Dieses Wissen wird im Bd. 5/7, Kap. 9.4 zur Optimierung von PID-Reglern verwendet.

Instabilität ist z.B. bei Quarzuhren gefordert (Bd. 3/7, Kap. 5.4.8). Bei Regelkreisen ist sie durch Optimierung des Reglers unbedingt zu vermeiden (Kap.1.5.3).

Die Rückkopplungsgleichung
Berechnet man ein rückgekoppeltes System in allgemeiner Form, erhält man

$$x.e(x.a) = x.d \pm x.r = x.a/k.V \pm x.r \cdot k.R.$$

Nach x.a aufgelöst, ergibt dies die allgemeine **Rückkopplungsgleichung (RK-Gl.)**. Sie wird im Folgenden immer wieder angewendet:

Gl. 1-19
Übertragungsfaktor

$$G = \frac{x.a}{x.e} = \frac{1}{1/k.V + k.R} = \frac{k.V}{1 + k.V * k.R}$$

Gl. 1-19 ist die **wichtigste Gleichung der gesamten Regelungstechnik**, denn es treten in Strukturen ständig Rückkopplungen auf, die berechnet werden müssen. Wir nennen sie bei einer geraden Anzahl von Invertierungen im Kreis **Mitkopplungsgleichung** und bei einer **ungeraden Anzahl Gegenkopplungsgleichung.**

Bei **Mitkopplung (MK)** gilt das **Minuszeichen** im Nenner der RK-Gleichung, bei **Gegenkopplung (GK)** das **Pluszeichen.** Welche der beiden angegebenen Schreibweisen wir benutzen, wird davon abhängen, wobei die wenigsten Doppelbrüche auftreten. Beispiele folgen in vielen Kapiteln.

Ist der Übertragungsfaktor G eines Systems bekannt, lässt sich das Ausgangssignal x.a zu jedem Eingangssignal x.e berechnen: **x.a = G · x.e.** Damit kennt man dann auch alle internen Signale des Systems: **x.r = x.a · k.R** und **x.d = x.a / k.V**. So ist das gesamte System berechenbar. Als erstes Beispiel zur Berechnung einer Gegenkopplung dient der elektrische Spannungsteiler in Abschnitt 2.3.

Die Kreisverstärkung V.0
Das Produkt k.V·k.R heißt

Gl. 1-20 Kreisverstärkung **V.0 = x.r/x.d = k.V·k.R**

Ist V.0<<1, kann die Rückkopplung in erster Näherung vernachlässigt werden. Das System verhält sich dann wie eine Steuerung mit der Vorwärtskonstante k.V.

- Das Pluszeichen im Nenner von Gl. 1-20 bedeutet **Mitkopplung MK**. Durch MK vergrößert sich der Übertragungsfaktor gegenüber der Vorwärtskonstante k.V.
- Das Minuszeichen im Nenner bedeutet **Gegenkopplung GK**. Durch GK verkleinert sich der Übertragungsfaktor gegenüber der Vorwärtskonstante k.V.

Für stetigen Betrieb muss V.0 immer kleiner als 1 sein, denn bei V.0 = 1 würde der Nenner null und der Übertragungsfaktor G unendlich. Unendlichkeiten führen in der Realität durch Verzögerungen im Kreis zu Oszillationen (Abb. 1-161). Bei Simulationen führt Mitkopplung zum Abbruch der Rechnung.

Bei **Gegenkopplung GK und G0>>1** ist die 1 im Nenner der Rückkopplungsgleichung vernachlässigbar. Dann kürzt sich die Vorwärtskonstante k.V heraus und das System bekommt den Übertragungsfaktor **G≈1/k.R**. Die Rückwärtskonstante k.R ist oft ein linearer und schneller Messwandler. Durch V.0>>1 erhält das ganze System die **Eigenschaften der invertierten Rückwärtskonstante.** In **Regelkreisen** macht ein Regler im Vorwärtszweig die Kreisverstärkung V.0>>1. Dadurch geht das Differenzsignal x.d gegen null.

Die Rückkopplungsgleichung Gl. 1-19 ermöglicht

- die Berechnung mit- und gegengekoppelter Systeme ohne formale Mathematik. Anwendungen dazu folgen in allen Kapiteln. In Bd. **2/7 Dynamik** folgt die Verallgemeinerung der Rückkopplungsgleichung bei der Berechnung von Frequenzgängen.
- die schnelle Beurteilung der Stabilität eines Kreises.
  In Kap.1.5.3 dient die Stabilitätsbedingung zur Optimierung von Regelkreisen.

Technisch sind Mitkopplungen mit Kreisverstärkungen $V.0 > 1$ sehr wohl möglich, denn diese besitzen durch die Energieversorgung die Möglichkeit der Signalverstärkung und eine natürliche Ausgangssignalbegrenzung. Beispiel: der Schmitt-Trigger (Abschn. 2.2.2).

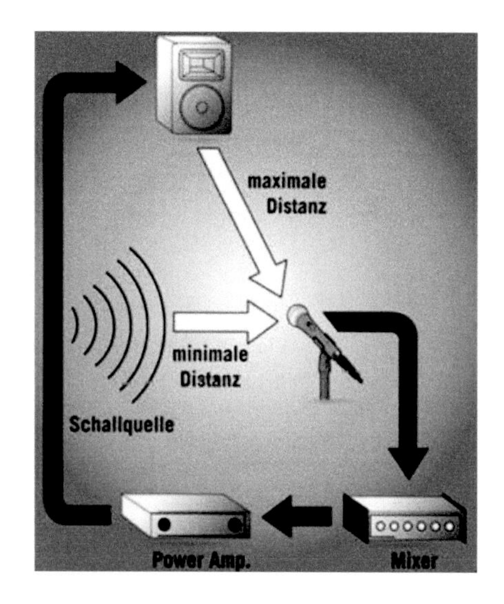

Abb. 1-163 akustische Mitkopplung

Quelle: http://www.shure.de/supportdownload/tipps_grundlagen/audio-technik/rueckkopplungen

1.4.3 Entflechtung

In Strukturen können Signalverläufe auch verschachtelt auftreten, d.h.,

- dass Verzweigungsstellen über Summierstellen und
- dass Summierstellen über Verzweigungsstellen hinaus reichen (Abb. 1-167).

Verflochtene Strukturen sind durch die Rückkopplungsgleichung Gl. 1-19 nicht direkt berechenbar. Damit sie damit berechnet werden können, müssen sie zuvor **entflochten,** d.h. in einfach rückgekoppelte Systeme umgewandelt werden. Dazu ist es nötig,

Summier- und Verzweigungsstellen vor und zurück zu verlegen.

Wie das gemacht wird, soll nun gezeigt werden. Vor und nach einer Verlegung müssen die Übertragungsfaktoren G für alle Signalpfade in der entflochtenen Struktur die gleichen wie in der Originalstruktur sein (Überlagerungsprinzip, Abschn. 2.1.8).

In den folgenden Erläuterungen wird unter **Vorverlegung ‚zum Eingang hin'** und unter **Rückverlegung ‚zum Ausgang hin'** verstanden. Dadurch lassen sich auch verschachtelte Systeme symbolisch, also übersichtlich und ohne formale Mathematik, berechnen.

Die Gesetze zur Verlegung von Verzweigungs- und Summierstellen
Zuerst zeigen wir Ihnen die Verlegung einer Verzweigungsstelle (Abb. 1-164):

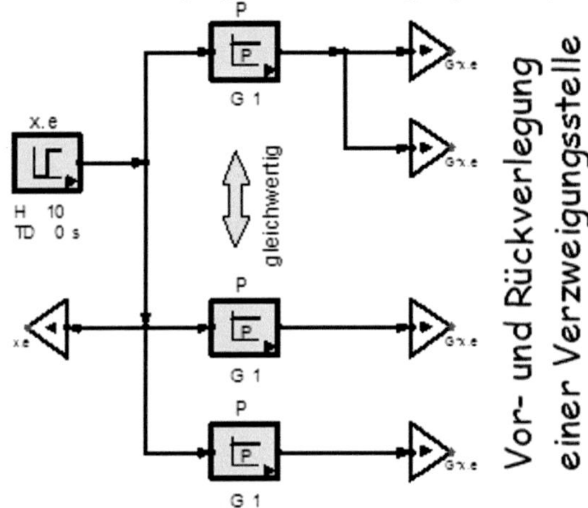

Abb. 1-164 Vor- und Rückverlegung einer Verzweigungsstelle: Unten wird der Übertragungsfaktor G zweimal verwendet. Dann kann die Verzweigungsstelle rückverlegt werden. Bei der Rückverlegung der Verzweigungsstelle von unten nach oben wird das Ausgangssignal nur einmal berechnet, bevor es verzweigt wird. Bei der Vorverlegung der Verzweigungsstelle von oben nach unten wird der Block G zweimal verwendet.

Nun folgt die Verlegung einer Summierstelle (Abb. 1-165):

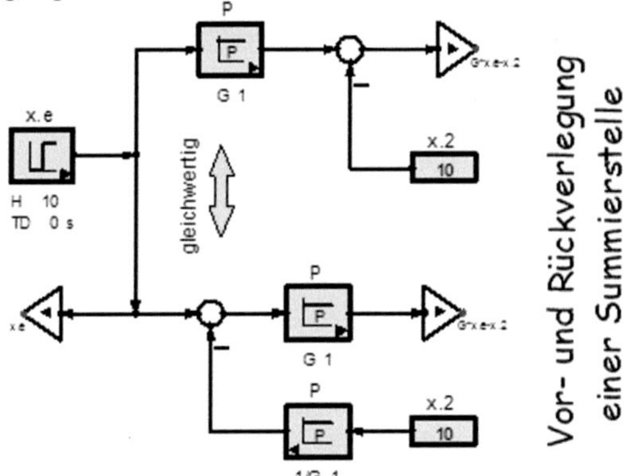

Abb. 1-165 Vor- und Rückverlegung einer Summierstelle: Bei der Rückverlegung einer Summierstelle (von oben nach unten) über einen Faktor G muss das Signal x.2 mit dem Faktor 1/G multipliziert werden, damit der Signalweg den Übertragungsfaktor 1 behält. Umgekehrt muss bei der Vorverlegung einer Summierstelle (von unten nach oben) das Signal x.2 mit G.1·G.2 des unteren Signalpfads multipliziert werden.

Bei Verlegungen ist Folgendes zu beachten:
Verzweigungsstellen dürfen nicht über Summierstellen und Summierstellen dürfen nicht über Verzweigungsstellen hinaus verlegt werden, da das keinen mathematischen Sinn ergibt. Verlegungen müssen selbstverständlich ***vorzeichenrichtig*** *sein.*

Beispiel: **einstellbare Potentialschwelle**
Das folgende Beispiel zur Zusammenfassung einer Struktur ist nicht ganz einfach. Das muss auch so sein, denn nur komplizierte Zusammenhänge haben verschlungene Strukturen. Das Beispiel kann aber beim ersten Durcharbeiten dieser Strukturbildung übersprungen werden. Wenn dann in den Anwendungsbeispielen diese Technik erforderlich ist, sollten Sie es sich genauer ansehen.

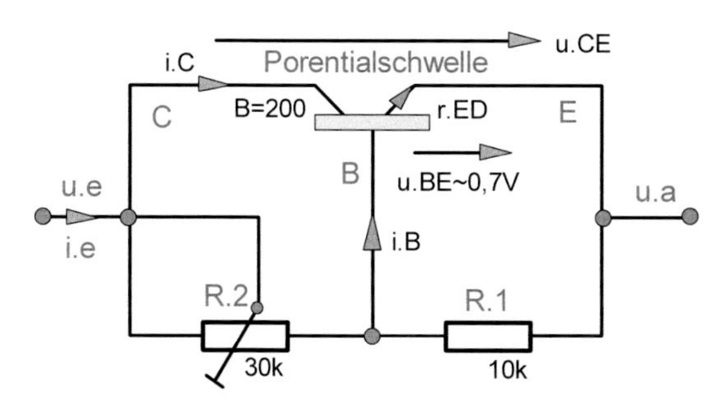

Abb. 1-166 Einstellbare Potentialschwelle: Ihre Kennlinie hat die gleiche Form wie die einer Diode (Abb. 2-22), nur dass die Spannungen vergrößert sind.

Gegeben sei die Struktur einer elektronischen Potentialschwelle mit einem Transistor (Abb. 1-166: einstellbare Z-Diode). Sie soll die Ausgangsspannung u.a gegenüber der Eingangsspannung u.e um einen möglichst konstanten Wert absenken. Als stabilisierendes Element verwendet sie die leitende **Emitterdiode ED** (Abb. 2-22) eines Transistors. Die Funktion der Schaltung selbst wird in **Kap. 8 Elektronik** als Schaltbeispiel zum bipolaren Transistor erklärt. Hier soll nur ihre symbolische Berechnung interessieren. Das Ergebnis erhielte man näherungsweise auch durch Anwendung des Spannungsteilers R.2/R.1 (Gl. 2-6):

$$u.CE \approx u.BE \cdot (1+R.2/R.1) \quad \ldots \text{ mit } u.BE \approx 0{,}7V$$

Man sieht, dass die Spannung u.CE z.B. durch R.2 einstellbar ist. Sie hat bei Stromänderungen ähnliche Spannungsstabilität wie die Emitterdiode (Abb. 1-141).

Die u.CE-Gleichung würde stimmen, wenn der Basisstrom i.B des Transistors vernachlässigbar wäre (B->∞). Da das nicht der Fall ist, soll der Innenwiderstand r.i der Potentialschwelle symbolisch berechnet werden. Die linearisierte Berechnung setzt voraus, dass ein Arbeitspunkt durch einen mittleren Eingangsstrom i.e0 eingestellt ist. Dadurch liegt der differenzielle Innenwiderstand **r.ED≈40mV/i.e0** der Emitterdiode fest.

Zahlenwerte: i.e0=5mA -> r.ED≈8Ω

Zur Berechnung der Stabilisierungseigenschaften dieser Schaltung wird ihr dynamischer, auch differenzieller **Innenwiderstand r.i = du.a/di.e** benötigt. Dynamisch bedeutet hier: für Aussteuerungen um einen vorher eingestellten Arbeitspunkt, gekennzeichnet durch einen Ruhestrom i.0, z.B.2mA. Das ist wegen der Nichtlinearität der Emitterdiode des Transistors erforderlich.

Bekannt sind alle Parameter der Schaltung (hier die Beschaltungswiderstände R1, R2, der differenzielle Emitterdiodenwiderstand r.ED(i.A) und die Stromverstärkung B>>1 des Transistors – z.B. R1 = 10kΩ->R14, R2 = 30kΩ->R15, r.ED = 20Ω und B = 200.

Der d-Vorsatz zu allen Signalen (=Aussteuerung) wird, weil selbstverständlich, im Weiteren weggelassen. Ist r.i bekannt, kann u.a für beliebige i.e direkt berechnet werden: **u.a = r.i · i.e.** Ist u.a zu i.e bekannt, lassen sich auch alle internen Signale der Struktur berechnen.

Abb. 1-167 zeigt die Originalstruktur der Potentialschwelle:

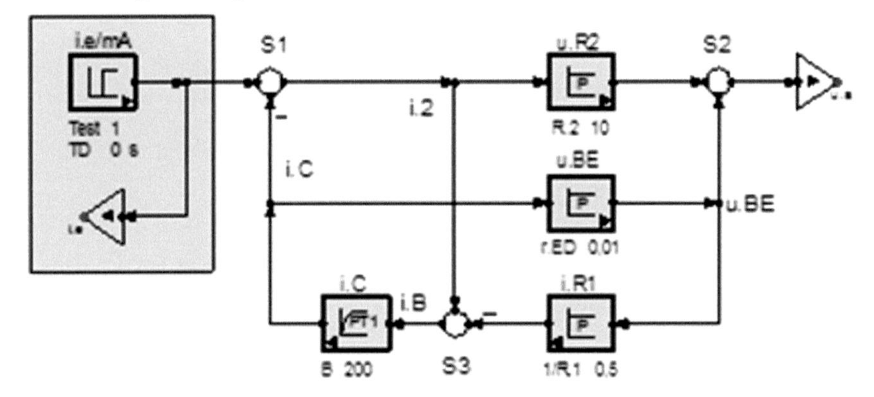

Abb. 1-167 Verschachtelte Struktur: Originalstruktur zur Berechnung des Innenwiderstandes einer Transistorstabilisierung

Nun soll der **Ersatzinnenwiderstand r.i = u.e/i.e der Schaltung symbolisch** berechnet werden (Abb. 1-168). Die Struktur zur Berechnung des Innenwiderstandes r.i ergibt sich aus dem Signalpfad von i.e nach u.a. Wegen der internen Signalverschachtelung lässt sie sich nicht direkt zusammenfassen. Erst die Verlegung von Summierstellen ermöglicht die Anwendung der Gegenkopplungsgleichung:

Gl. 1-19 Übertragungsfaktor

$$G = \frac{x.a}{x.e} = \frac{1}{1/k.V + k.R} = \frac{k.V}{1 + k.V * k.R}$$

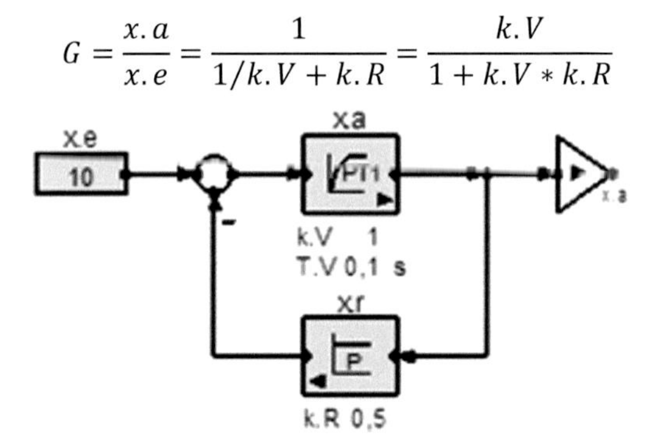

Abb. 1-168: Der Übertragungsfaktor einer Gegenkopplung wird nachfolgend immer wieder gebraucht. Deshalb ist sie hier nochmals angegeben.

Symbolische Berechnung des Innenwiderstandes in drei Schritten

Die Originalstruktur (Abb. 1-167) besitzt drei Summierstellen: eine am Eingang, eine am Ausgang und eine in der Rückführung. Daher ist es nicht möglich, die Ausgangsspannung zu gegebenen Eingangsströmen direkt zu berechnen. Erst die Verlegung von Summierstellen macht dieses möglich.

Zunächst stört der Block u.1, denn über ihn laufen eine Parallelschaltung zum Ausgang (S2) und die Rückkopplung zum Eingang (S1). Im ersten Entwicklungsschritt separieren wir beide Pfade, indem wir u.1 gesondert für die Parallelschaltung S2 und die Rückkopplung S3 verwenden (Abb. 1-169).

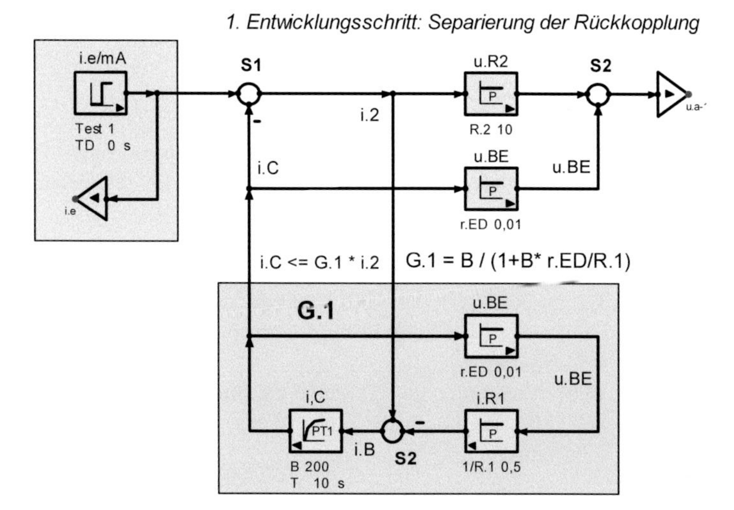

Abb. 1-169 verschachtelte Struktur Nr. 1: G.1 berechnet i.C/i.2. Dadurch verschwindet S3.

Im zweiten Entwicklungsschritt kann dann die Rückkopplung von A nach B zu G.1 zusammengefasst werden (Abb. 1-170). Dadurch verschwindet die Summierstelle S3.

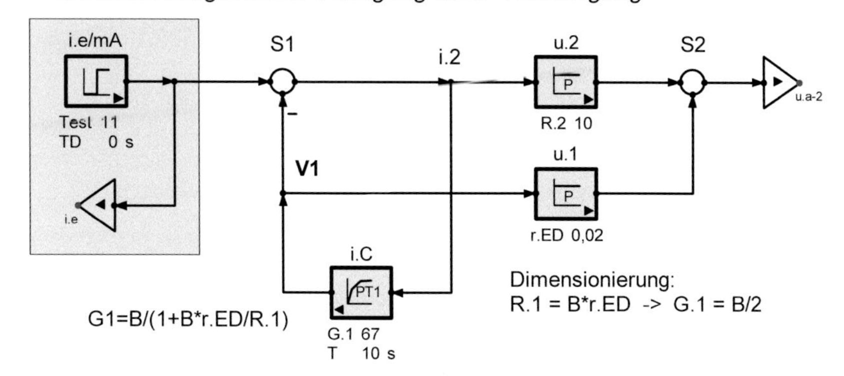

Abb. 1-170: verschachtelte Struktur Nr. 2: Durch die Verlegung von V1 wird die Gegenkopplung berechenbar.

So zeigt sich, dass die Struktur der Abb. 1-171 die Reihenschaltung einer Gegenkopplung G.1 am Eingang und einer Parallelschaltung am Ausgang ist. Diese Teilstrukturen lassen sich nach den dafür bekannten Regeln zusammenfassen.

3. Entwicklungsschritt: Zusammenfassung der Gegenkopplung

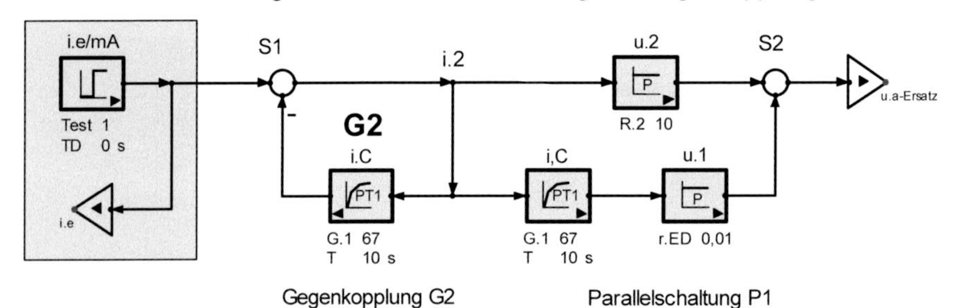

Abb. 1-171 Verschachtelte Struktur einer Potentialschwelle mit Transistor: Ihre Funktion wird in Kap. 8 Elektronik behandelt. Hier dient sie als Beispiel für die Zusammenfassung einer verschachtelten Struktur.

Weil die Stromverstärkung B eines Transistors groß gegen 1 ist, wird G.1 näherungsweise R.2/r.ED (1/r.ED ist Leitwert der Emitterdiode des Transistors, auch Steilheit genannt). Damit wird G.1 - und die Schaltungseigenschaft r.i – unabhängig von der Stromverstärkung B.
Um eine einfacher zu überblickende Schreibweise zu finden, werden zum Schluss die Doppelbrüche beseitigt. Für B>>1 erhält man eine einfache Näherung für den Innenwiderstand der Schaltung:

Gl. 1-21 Innenwiderstand einer Transistor-Potentialschwelle

$$\mathbf{r.i = u.a/i.e = r.ED + R.2/(B/2)}$$

Die Gl. 1-21 berechnet r.i in analytischer Form. Diese lässt erkennen, wie die Systemeigenschaft r.i von den Komponenten des Systems (r.ED, R.1 und R.2) abhängt. Wenn B>>1 ist, wird r.i davon R2 unabhängig: r.i -> r.ED

Zahlenwerte:
R.1 = 10kΩ, R.2 = 30kΩ, r.ED = 20Ω und B = 200 -> r.i = 20Ω + 300Ω = 320Ω.

Man erkennt, dass R.2 den wesentlichen Beitrag zum Innenwiderstand bringt.
Zum **Test der Berechnung** starten Sie die Zeitsimulation. Durch den Vergleich von Original und Ersatz überprüfen Sie die Richtigkeit aller Entwicklungsschritte. Wenn sich Original und Ersatz gleich verhalten, waren alle Strukturumwandlungen richtig.

Berechnungen wie obige ermöglichen die **Diskussion des Systemverhaltens** bei Variation seiner Parameter (Bauelemente). Simulationen bieten dazu die **Parametervariation.** Daher benötigen wir mathematische Analysen und Simulationen.

Ausblick:
Auch Systeme mit Energiespeichern (dynamische Systeme mit Integratoren und Differenzierern) können symbolisch berechnet werden. Das soll in Bd. 2/7 Dynamik gezeigt werden.

1.5 Einführung in die Regelungstechnik

Zur Strukturbildung und Simulation gehören immer auch Grundkenntnisse der Regelungstechnik. Daher geben wir hier eine Einführung mit dem Schwerpunkt auf dem **statischen Verhalten** von Regelkreisen (der eingeschwungene Zustand).

Auf das Zeitverhalten des Regelkreises, das zum Ziel hat, den Regler zu optimieren, gehen wir nur kurz ein. Einzelheiten dazu folgen in Kap. **9 PID-Regelungen.** In der Schrift **‚Simulierte Regelungstechnik'** wird das Thema Regelungstechnik umfassend behandelt. Dazu sind Dynamikkenntnisse erforderlich, die in Bd. 2/7 vermittelt werden.

1.5.1 Das Prinzip ‚Regelung'

Regelungen werden aufgebaut, um steuerbare Systeme von Störgrößeneinflüssen, die anders nicht zu beseitigen sind, zu befreien. Ein bekanntes Beispiel ist die Drehzahlregelung. Die **Regelstrecke ist der Motor**, das **Lastmoment ist eine Störgröße** für die Drehzahl. Wenn es fehlt, leistet der Motor nichts. Eine Drehzahlregelung simulieren wir in Abschnitt 1.6.

Das Prinzip ‚Regelung' ist in der gesamten Natur, Medizin, Technik, Wirtschaft und Politik erfolgreich, denn ein Regler fragt nicht, **warum** ein Fehler entstanden ist, sondern nur **ob**. Dadurch sind die Anzahl der Störgrößen und ihr Angriffspunkt egal.
In nichttechnischen Disziplinen heißt Regelung **Kybernetik.**

Alle **Lebewesen sind geregelte Systeme**: Die Gliedmaßen (Arme, Beine usw.) sind die Stellglieder, Augen, Ohren (Sensoren) sind die Messwandler und das Gehirn (Gefühl und Verstand) ist Sollwertgeber und Regler. Damit können sie sich den Wechselfällen des Lebens anpassen. Das wichtigste Ziel ist der Schutz und die Verbreitung der Gene.

Wirtschaftliche und politische Systeme sind entweder Steuerungen oder Regelungen:
- Steuerungen = Diktatur und Planwirtschaft
- Regelungen = Demokratie und Marktwirtschaft

Solche Systeme müssen durch den Menschen installiert werden. Reine Steuerungen erfordern als Sollwertgeber den allwissenden Dämon (den guten König, einen unfehlbaren Führer oder das Politbüro), um für einige Zeit scheinbar zu funktionieren. Dafür kommen sie mit unmündigen Bürgern aus, die nur gut manipulierbar sein müssen.

Politische und wirtschaftliche Steuerungen sollten daher nur die Ausnahme in Notfällen sein, bei denen es auf **schnelle Entscheidungen** ankommt (z.B. Flutkatastrophen). Sie müssen in Demokratien nachträglich legitimiert werden.

Regelkreise sollen Fehlentwicklungen ohne die ständige Einwirkung von außen möglichst schnell und bei guter Stabilität selbsttätig korrigieren. Das erfordert eine genaue Sensorik (siehe **Kap. 10 Sensorik**) und sensible Regler.

In Wirtschaft und Politik scheint die Installation von Regelungen etwas schwieriger zu sein als in der Technik, und oft genug misslingt sie ja auch. Wir beschränken uns daher in dieser Strukturbildung allein auf technische Systeme.

Das regelungstechnische Prinzip heißt: ***messen – vergleichen – stellen***

Dazu bestehen Regelkreise aus **Sollwertgeber, Regler** und **Messwandler.**

Regelungen haben immer zwei Aufgaben:

Sollwerte w einregeln und Störgrößen z ausregeln

Um das zu realisieren, werden Regelkreise aufgebaut (Abb. 1-172). Sie haben immer folgende Struktur:

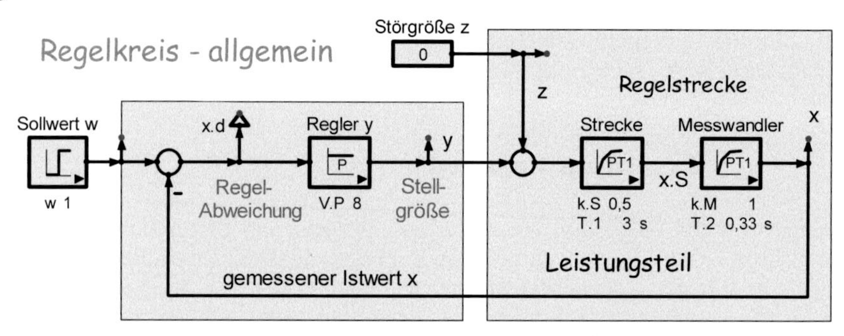

Abb. 1-172 Proportional(P)-Regelung: Der Regelkreis soll Sollwerte w einregeln und Störgrößen z ausregeln. Dazu verwendet er das aus der Regelabweichung x.d erzeugte Stellsignal y. Bei einer guten Regelung ist x.d<<w. Dann bestimmt der lineare Messwandler das Verhalten des Kreises.

Die Messgrößen einer Regelung

Die **Regelstrecke** ist für den **Leistungsumsatz** einer Anlage zuständig. Die Größe am Ausgang der Regelstrecke heißt **Regelgröße x.S.** In der Technik sind dies z.B. Drücke p, Temperaturen T oder Drehzahlen n. x.S lässt sich durch die **Stellgröße y** des Reglers steuern und wird von **Störgrößen z** beeinflusst: x.S=V.S·(y+z). Das ist das Problem. Zu seiner Lösung wird ein Regelkreis aufgebaut (Abb. 1-172).

Seine Funktion erklären wir wie folgt:
Vorgegeben wird der gewünschte **Sollwert w,** z.B. mittels Potentiometer als einstellbare Spannung. Aus w und x bildet der **Regler** die **Regelabweichung x.d=w-x**. Wegen dieser Differenzbildung ist der **Regelkreis** immer eine Gegenkopplung. Im Idealfall wird der statische Einstellfehler x.d=0.

Damit die Regelgröße x.S elektrisch geregelt werden kann, muss sie

1. gemessen werden. Der gemessene **Istwert heißt x=k.M·x.S.**
2. elektrisch steuerbar sein. Die Stellgröße **y=V.P·x.d** erzeugt der Regler aus der Regelabweichung **x.d=w-x.**
3. Damit x.d möglichst klein wird, muss x.d zur Stellgröße y verstärkt werden: **y=V.P·x.d.** Darin ist die **Reglerverstärkung V.P** ein freier Parameter.
   Wir werden zeigen, dass die optimale Verstärkung V.P;opt durch die Forderungen nach Stabilität, Genauigkeit und Schnelligkeit festgelegt ist.

Zu zeigen ist, wie sich der **Regler** beim Einregeln von Sollwerten w (Führung) und beim Ausregeln von Störungen z verhält.

Zur Funktion eines Regelkreises
Bei Regelung ist die Regelabweichung x.d anfangs (x=0) gleich dem Sollwert w. Durch die **Verstärkung V.P** übersteuert der Regler die Strecke kurzzeitig und die Regelgröße x läuft in die Richtung des Sollwerts w. Mit der Annäherung des Istwerts an den Sollwert nimmt der Regler die Übersteuerung zurück. Zum Schluss befindet sich der Istwert in der Nähe des Sollwerts und die Regelabweichung ist minimal.

Wenn Sie über SimApp verfügen, können Sie das Regelverhalten bei größerer und kleinerer Verstärkung (V.P) des Reglers untersuchen. Dadurch erkennen Sie, dass mit steigender Verstärkung V.P alle Eigenschaften des Kreises - bis auf die Stabilität - verbessert werden:

- Die Einregelung des Sollwerts wird genauer
- Die Resteinflüsse der Störgrößen werden kleiner und
- Der Regelkreis arbeitet schneller.

Da es elektronisch leicht möglich ist, Regler mit vieltausendfacher Verstärkung zu bauen, fragt es sich, warum man diese nicht standardmäßig einbaut. Dann wären alle Nachteile der Regelstrecke mit einem Schlag beseitigt. Die Antwort auf diese Frage ist folgende:
Bei zu hoher Reglerverstärkung kann der Regelkreis instabil werden. Dann schwingt er nach eimaliger Störung ungedämpft mit der Amplitude des Anstoßes. Das haben wir bereits in Abschnitt 1.4.2 gezeigt.

Zum Messwandler
Voraussetzung für eine gute Regelung ist immer die möglichst genaue Messung der Regelgröße. Trivialität: Größen, die nicht gemessen werden können, können auch nicht geregelt werden. Messwandler sollen linear, frei von Störeinflüssen und möglichst schnell (ohne Verzögerung) arbeiten. Das zu realisieren ist möglich, weil ihr Leistungsumsatz gering ist.

- Störungen, die auf den Messwandler wirken, werden als Istwert betrachtet und können nicht ausgeregelt werden.
- Messwandler sollen die Messgröße (die nun zur Regelgröße wird) in einen proportionalen Strom oder Spannung umwandeln. Dann kann mit einem elektronischen Regler (genau, zuverlässig und preiswert) gearbeitet werden.

Zu den Stellgliedern
Das Stellglied steuert die **Leistung der Regelstrecke**, z.B.

- Ventile für die Strömung vom Flüssigkeiten und Gasen
- Radiatoren für die Umwälzung von Luft
- Triacs und elektronische Lastrelais für die Steuerung elektrischer Ströme.

Damit ein Stellglied über einen Stellverstärker (Treiber) angesteuert werden kann, muss es elektrisch steuerbar sein. Davon wird hier ausgegangen.

Zu den Verstärkern

Regler und Messwandler arbeiten oft elektronisch, denn Elektronik ist genau, schnell und relativ billig. Die Realisierung erfolgt durch Operationsverstärker. Seine Grundschaltungen werden wir in Abschnitt 2.2.4 besprechen. Ihre ausführliche Simulation finden Sie in Bd. 5, Kap. 8 ‚Elektronik'.

Test einer Regelung

Zur Beurteilung von Steuerungen und Regelungen muss dreierlei bekannt sein:

1. Wie genau lässt sich das System steuern? (Abb. 1-173)
2. Wie verhält es sich bei Störeinflüssen? (Abb. 1-174)
3. Wie schnell reagiert es bei Störungen und Sollwertänderungen?

Die Systemverzögerung entnimmt man einer Sprungantwort, z.B. auch Abb. 1-174.

Wenn man diese Fragen für das gesteuerte und das geregelte System beantwortet erkennt man, was die Regelung an Verbesserungen gebracht hat. Ein Beispiel dazu bringen wir in Abschnitt 1.6 Drehzahlregelung.

Zum Test **der Schnelligkeit** schaltet man das System ein. Das erzeugt einen **Sollwertsprung.** Der Hochlauf der gemessenen Regelgröße (die Sprungantwort) zeigt die **Eigenperiode** und **Dämpfung** des Regelkreises und seine statische Genauigkeit, genannt **bleibende Regelabweichung x.B.** Durch die beiden Tests **(Rampe und Sprung)** werden Steuerungen und Regelungen statisch und dynamisch verglichen.

Das Führverhalten eines Regelkreises

Zum Test der **Steuerbarkeit und statischen Genauigkeit** einer Regelung wird der Sollwert w langsam erhöht (Rampe, Abb. 1-173), während man den gemessenen Istwert x betrachtet. Bei Regelung soll der Istwert dem Sollwert mit möglichst kleinem Fehler nachlaufen.

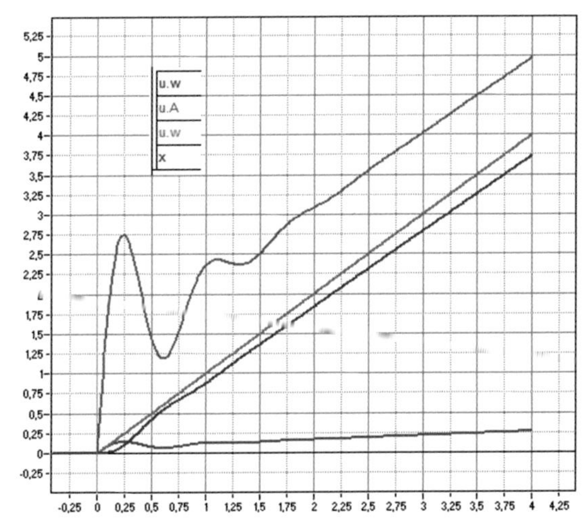

Abb. 1-173 Die Anstiegsantwort eines Regelkreises zeigt dessen Steuerbarkeit und Linearität, nachdem der Einschwingvorgang beendet ist.

Systemberechnungen können **statisch** (bei Motoren stationär) und **dynamisch** erfolgen:

- Als statisch wird der eingeschwungene Zustand bezeichnet. Alle Signale sind konstant.
- Die Dynamik berechnet den zeitlichen Übergang zwischen zwei statischen Zuständen. Bei Regelkreisen soll bei Sprunganregung der Einlauf in den Endwert möglichst schnell, aber gut gedämpft verlaufen.

Simulationen sind immer dynamisch. Sie schließen den statischen Fall mit ein (t->∞).

Der Regelkreis bei Störung

Abb. 1-174 zeigt die Verzögerung und Stabilität eines Regelkreises bei Ausregelung einer sprunghaften Störung. Die Einschwingperiode t.0 ist das Maß für die Verzögerung (Langsamkeit) des Kreises.

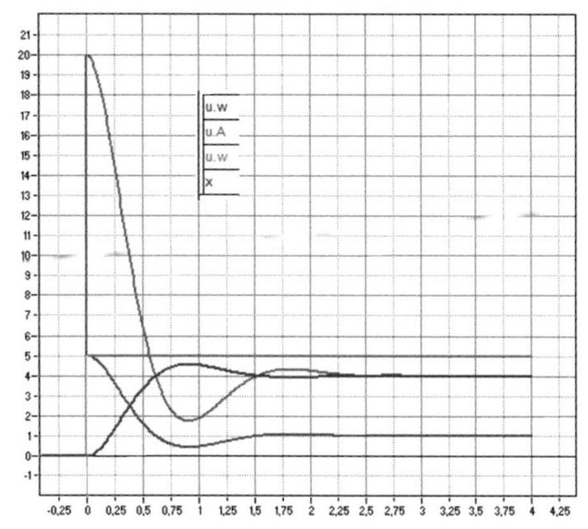

Abb. 1-174 Die Sprungantwort zeigt die Verzögerung und Stabilität eines Kreises. Gut zu erkennen ist die halbe Einschwingzeit t.0/2≈0,9s.

Die Merkmale einer Regelung:

- Eine Regelung bringt die relative **Verbesserung aller Eigenschaften** einer Anlage
  (Bezug sind die Eigenschaften der Regelstrecke).
- Die Anzahl der Störgrößen und ihre Ursache sind einer Regelung egal.
- Gute Regelungen haben eine **hohe Kreisverstärkung V.0**. Dadurch geht die Regelabweichung x.d gegen null. Dann ist der gemessene Istwert x dem Sollwert w annähend gleich.
- V.0 >> 1 wird durch die hohe **Reglerverstärkung** erreicht. Wie hoch sie eingestellt werden kann, hängt von Verzögerungen im Regelkreis ab, durch die er instabil werden kann.
- Bei guten Regelungen bestimmt der **Messwandler** in der Rückführung den Zusammenhang zwischen Regelgröße und Sollwert.

So verbindet der Regelkreis die Leistungsfähigkeit der Regelstrecke mit der Präzision des Messwandlers.

1.5.2 Die statischen (stationären) Regelkreissignale

Das Ziel dieses Abschnitts ist die statische (bzw. bei Strömungen stationäre) Berechnung dynamischer Systeme. Wenn es gelingt, seine internen Signale zu berechnen, können die Parameter (=Konstanten) so eingestellt (=optimiert) werden, dass ein System gewünschte Eigenschaften (z.B. Genauigkeit, Schnelligkeit) erhält. Durch die statischen Signalberechnungen wird auch die prinzipielle Funktion von Regelkreisen verstanden. Die folgenden Rechnungen beziehen sich auf Abb. 1-175.

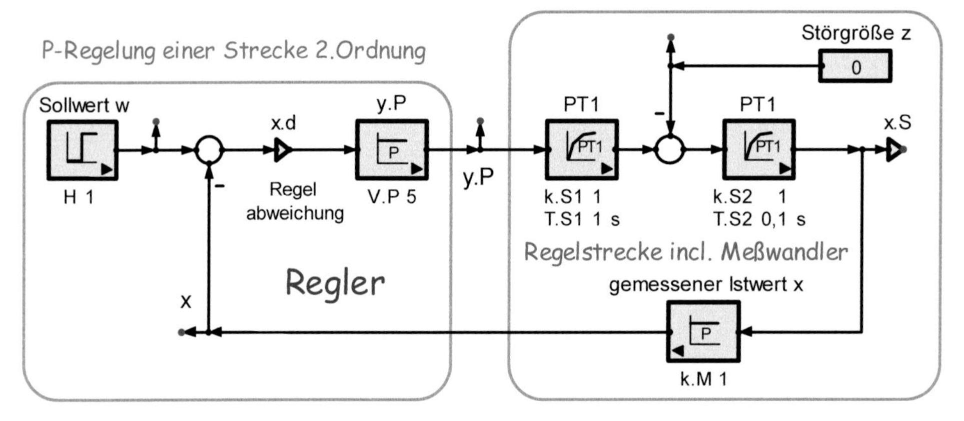

Abb. 1-175 Bei Regelkreisen interessiert die Einregelung von Sollwerten w und die Ausregelung von Störgrößen z. Dazu muss bekannt sein, wie man Gegenkopplungen berechnet.

Berechnung der Regelkreissignale in erster Näherung

Steuerungen lassen sich direkt vom Eingang zum Ausgang berechnen, wenn alle Konstanten des Signalpfads (hier V.P und V.S=k.S1·k.S2) bekannt sind.

Bei Regelungen geht das so wegen der Gegenkopplung nicht. Wir zeigen nun, wie die Signale eines Kreises dennoch in erster und höheren Näherungen durch **Gegenkreisrechnung** ermittelt werden können.

Dazu wird ein Ausgangssignal x.a angenommen, z.B. x.a=1,5 (Abb. 1-176). Dazu berechnet werden alle internen Signale des Kreises (hier x.d und x.r) und sein Eingangssignal x.e.

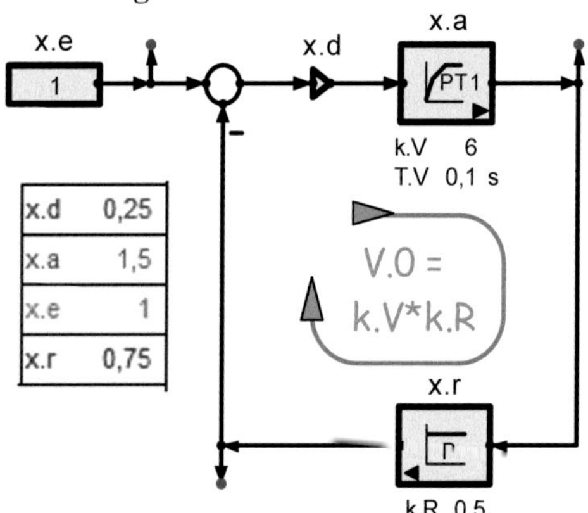

Abb. 1-176 Berechnung der Signale einer Gegenkopplung in Gegenkreisrichtung

Berechnung von Regelkreissignalen bei Störung:
Vorgegeben wird ein Sollwert w und eine Störung z. Dazu gesucht werden alle Signale des Regelkreises. Wir zeigen nun, wie sie in erster und höherer Näherung berechnet werden.

Durch die Verstärkung V.P des Reglers wird die Regelabweichung x.d zum kleinsten Signal im Regelkreis. Angestrebt wird x.d=0.

1. Für diesen Idealfall ist x=w. Dann bestimmt der **Messwandler k.M** allein den Zusammenhang zwischen dem Sollwert w und der Regelgröße x.S. Weil der gemessene Istwert x=k.M·x.S ist, errechnet sich die Regelgröße **x.S ≈ w/k.M**.

Abb. 1-177 zeigt die Berechnung des Ausgangssignals einer Gegenkopplung in erster Näherung:

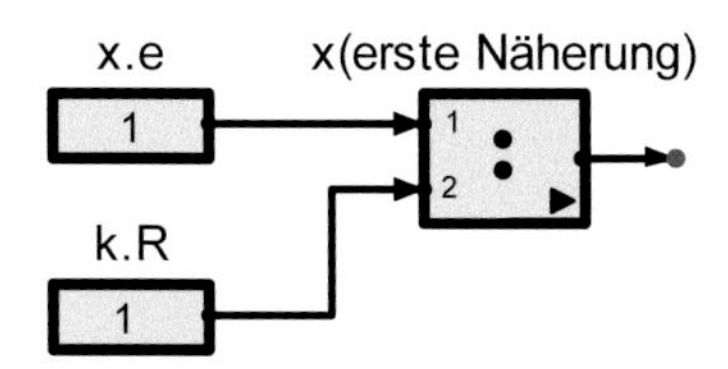

Abb. 1-177 Wenn die Kreisverstärkung G.0=k.V·k.R durch den Regler groß gegen 1 gemacht wird, bestimmt die inverse Gegenkopplung 1/k.R den Übertragungsfaktor eines Regelkreises.

2. Damit kann das Stellsignal y.P des Reglers angegeben werden.
   Aus x.S=(k.S1·y.P - z)·k.s2 folgt: $y.P \approx x.s/(k.S1 * k.S2) + z/k.S1$
   So passt der Regler sein Stellsignal den jeweiligen Störgrößen z an.
3. Mit y.P erhalten wir die Regelabweichung x.d für die zweite Näherung: x.d=y.P/V.P
   Je größer V.P, desto besser stimmt die für die erste Näherung gemachte Annahme **x.d=0.**
4. Durch weitere Berechnungen in Gegenkreisrichtung mit x.r=w+x.d können die Regelkreissignale mit immer höherer Genauigkeit bestimmt werden.

Die Zusammenfassung der internen Kreisgleichungen 1, 2 und 3 ergibt die

Gl. 1-22 Gegenkopplungsgleichung $$G = \frac{x.a}{x.e} = \frac{k.V}{1 + k.V * k.R}$$

- Die Konstante k.V im Zähler von Gl. 1-22 beschreibt den direkten Signalpfad vom Eingang zum Ausgang. Bei Regelungen steht k.V für die Regelstrecke. k.V ist oft die erste Näherung zur Beschreibung eines nichtlinearen, von Störeinflüssen abhängigen Systems.
- Im Nenner von Gl. 1-22 steht die Kreisverstärkung V.0=x.r/x.d=k.V·k.R.
  V.0 bewirkt, dass der Übertragungsfaktor G < k.V wird.
- Bei guten Regelkreisen ist V.0 >>1. Dadurch wird G≈1/k.R. D.h. die Rückführung k.R bestimmt den Übertragungsfaktor. k.R ist ein linearer, von Störgrößen freier Messwandler.

Mit dem Übertragungsfaktor G=x.a/x.e lassen sich rückgekoppelte Systeme so einfach wie Steuerungen berechnen:

Gl. 1-23 Proportionalität $$x.a = G \cdot x.e$$

Zur Fehlersuche bei Regelkreisen

Wenn ein Regelkreis nicht wie gewünscht arbeitet, muss der Fehler gefunden werden. Das ist hier nicht ganz einfach, weil sich ein falsches Signal im Kreis fortpflanzt. Dann ist es notwendig, die richtigen Signale zu kennen. Wir zeigen nun, wie wichtige Signale im Regelkreis mit Hilfe der Gegenkopplungsgleichung Gl. 1-19 berechnet werden können. Dabei beziehen wir uns auf Abb. 1-175.

1. Die **bleibende Regelabweichung x.B**

x.B=x.d(z=0)/w ist der relative Fehler eines Regelkreises bei fehlenden Störungen. x.B ist das Maß für die statische Genauigkeit einer Regelung. Für das Differenzsignal x.d bezüglich des Sollwerts w ist die Vorwärtskonstante k.V=1. Damit erhalten wir aus Gl. 1-19 die

Gl. 1-24 bleibende Regelabweichung

$$x.B = \frac{x.d}{w} = \frac{1}{1 + V.0}$$

Die **Kreisverstärkung V.0 V.P·V.**S mit der Streckenverstärkung V.S=k.S1·k.S2 ist bei den Berechnungen der Regelkreissignale immer gleich.

Zahlenwerte:
k.S1=k.S2=1-> V.S=1; V.P=5 -> V.0=V.P·V.S=5 -> x.B=1/6=17%. 17% des Sollwerts werden hier zur Erzeugung des Stellsignals y.P benötigt. Das ist unakzeptabel.

Um x.B zu verringern, muss die Reglerverstärkung erhöht werden. Ob das mit der Forderung nach Stabilität zu vereinbaren ist, muss geprüft werden.

2. Das Stellsignal y.P des P-Reglers
   Nun soll das Stellsignal y.P berechnet werden, das sich ergibt, wenn ein Sollwert w vorgegeben wird. Angenommen wird z=0.

$$G.y = \frac{y.P}{w} = \frac{V.P}{1 + V.0}$$

   Mit den Zahlenwerten von Punkt 1 wird G.y=5/6=83%. Angreifende Störungen würden bis auf 17% ausgeregelt.

3. Der Störungsdurchgriff G.z=y/z auf die Signale im Regelkreis wird nach dem gleichen Verfahren berechnet. Dafür muss der Sollwert w=0 gesetzt werden.

1.5.3 Regler-Optimierung

Regler haben die Aufgabe, die Regelabweichung so klein wie möglich zu machen. Dazu muss ihre Verstärkung (hier V.P) so groß wie nach dem Stabilitätsgebot erlaubt eingestellt werden. Hier soll gezeigt werden, welche Reglertypen zur Auswahl stehen und wie sie optimiert werden.

Die genausten, schnellsten und preiswertesten Regler arbeiten elektronisch. Davon soll im Folgenden ausgegangen werden. Wie man sie baut, erfahren Sie in Bd. 5/7, **Kap. 8 Elektronik**. Wie man sie dimensioniert und optimiert, finden Sie auch in Bd. 5/7, Kap. **9 PID-Regelungen**.

Hier genügt es zunächst, den Regler als einen belastbaren Differenzverstärker mit einstellbarer **Proportionalverstärkung V.P** aufzufassen (Abb. 1-178).

Der Proportional(P)-Regler
Im einfachsten Fall multipliziert ein Regler die Regelabweichung x.d mit seiner Proportionalverstärkung V.P zum Stellsignal y=V.P·x.d.

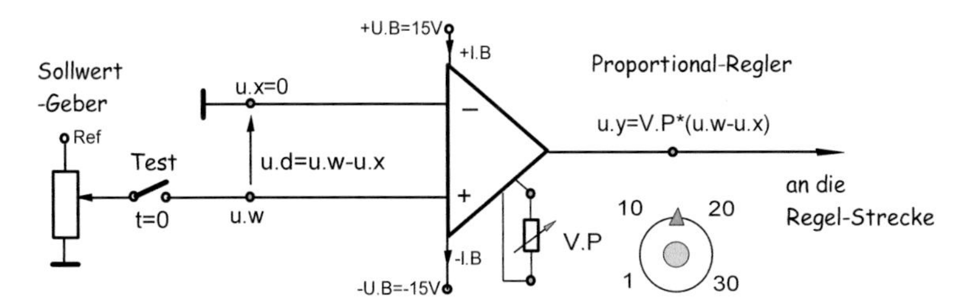

Abb. 1-178 Elektronischer P-Regler mit Sollwertgeber und einstellbarer Verstärkung u.R=V.P·u.d

Deshalb hat ein Regler

- einen nichtinvertierenden Eingang für Sollwerte w,
- einen invertierenden Eingang für gemessene Istwerte x,
- einen Ausgang für das Stellsignal y.
  Ihm wird je nach Anwendung ein individueller Leistungstreiber nachgeschaltet.

Zu zeigen ist,

- dass der Regelkreis umso genauer arbeitet, je größer seine Proportionalverstärkung V.P eingestellt wird,
- dass der Kreis bei zu hoher V.P instabil werden kann und
- dass Regelkreise durch die richtige Einstellung von V.P dynamisch optimiert werden können.

Optimale Dynamik
Ein Regelkreis mit optimaler Dynamik verbindet drei Forderungen:

Genauigkeit, Schnelligkeit und Stabilität

Optimale Dynamik zeigt sich am schnellsten durch eine **Sprungantwort** (Einschaltvorgang). Bei optimaler Dynamik schwingt der Ausgang einmalig um 15% über seinen Endwert hinaus (Abb. 1-179). Das bedeutet maximal zulässige Schnelligkeit bei guter Stabilität.

Nun soll die Frage nach der besten (optimalen) Reglereinstellung beantwortet werden. Dadurch wird es möglich, den Regler sowohl praktisch zu optimieren (Abb. 1-179), als auch ihn zu berechnen. Das soll in diesem Abschnitt für einen einfachen P-Regler und im nächsten Abschnitt für einen PID-Regler gezeigt werden.

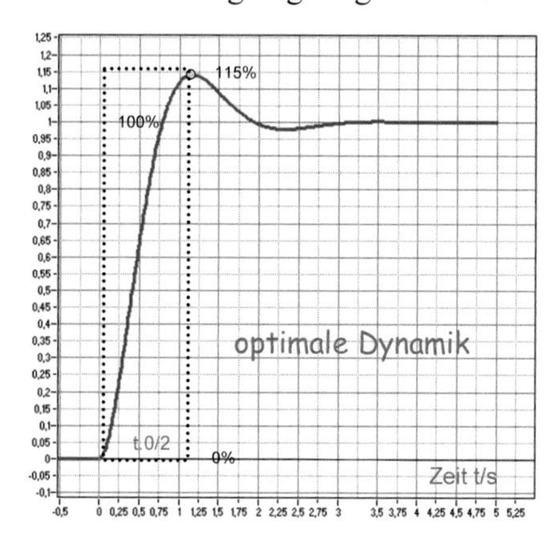

Abb. 1-179 Einschaltvorgang für dynamische Optimierung: Das maximale Überschwingen beträgt ca. 15% des Endwerts. Die Eigenperiode t.0 ist das Maß für die Verzögerung des Regelkreises.

Optimale Dynamik verbindet die Forderungen nach Schnelligkeit und ausreichender Stabilität. In Bd. 2/7, **Kap. 3 Dynamik** werden wir sehen, dass dieser Fall auch besonders einfach zu berechnen ist (siehe Gl. 1-31). Die Ergebnisse dieser Rechnung benutzen wir zur Berechnung der optimalen Verstärkung V.P;opt des P-Reglers.

Die optimale Reglerverstärkung V.P;opt:
Das Stabilitätsproblem wird in Bd. 5/7, **Kap. 9 Regelungstechnik** ausführlich untersucht. Dazu wird dann die Vorschrift zur Optimierung des Reglers abgeleitet.

Gl. 1-25 optimale Kreisverstärkung $$V.0;opt = T.1/T.2 = V.P;opt * V.S$$

Darin ist

- V.S die statische Verstärkung der Regelstrecke (inklusive Stellverstärker und Messwandler)
- T.1 ist die dominierende Verzögerungszeitkonstante der Strecke und
- T.2 ist eine Restzeitkonstante, die alle kleinen Verzögerungen zusammenfasst.

Gl. 1-25 zeigt, dass die optimale Kreisverstärkung umso größer wird, je kleiner T.2 gegen T.1 ist. T.1 ist meist durch die Baugröße der Strecke (Nennleistung) festgelegt. Das Ziel der Regelkreisgestaltung ist, T.2<<T.1 zu machen.

Um Ihnen einen Eindruck von der Trägheit solch einer Strecke zu geben, simulieren wir ihre Sprungantwort mit den Daten V.S=0,9, T.1=2s und T.2=1s.

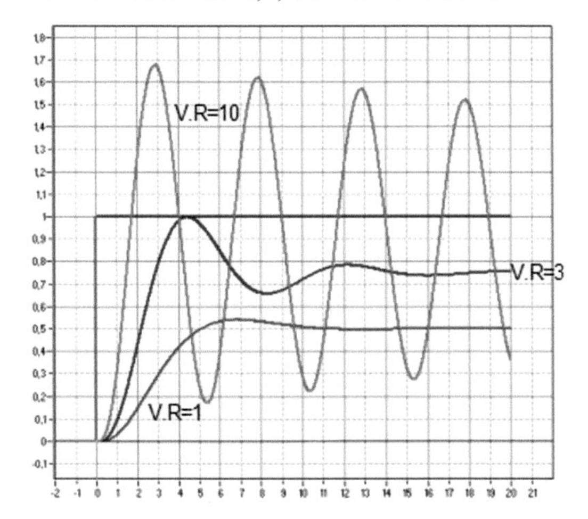

Abb. 1-180 Das Einschwingverhalten eines Regelkreises bei kleiner, mittlerer und großer Reglerverstärkung für drei unterschiedliche Dämpfungen: Der rote Verlauf ist das Optimum zwischen Schnelligkeit und Stabilität.

Man erkennt aus Abb. 1-180, dass der Regelkreis bei zu geringer Reglerverstärkung zu langsam und zu ungenau und in Abb. 1-184 bei zu hoher Reglerverstärkung zu instabil ist. Deshalb behandelt der folgende Abschnitt die optimale Reglereinstellung.

Im Folgenden zeigen wir, dass das Ziel x.d=0 umso besser erreicht wird, je höher man die Reglerverstärkung V.P macht. Da mit elektronischen Reglern nahezu beliebig hohe Verstärkungen leicht zu realisieren sind, fragt es sich, wodurch V.P begrenzt wird.
Die Antwort darauf ergibt sich aus der unbedingten **Forderung nach Stabilität** im Regelkreis, denn diese werden bei zu hoher Verstärkung instabil. Ursache dafür sind **Verzögerungen im Regelkreis**, durch die die **statische Gegenkopplung dynamisch zur Mitkopplung** wird. Das wird anschließend näher untersucht. Daraus wird sich dann die Vorschrift für die **optimale Reglerverstärkung** ergeben:

maximales Überschwingen ÜS≈15%.

Um Stabilitätsprobleme zu vermeiden, muss die Reglerverstärkung (hier die **Proportionalverstärkung V.P)** individuell an jede Regelstrecke **angepasst** werden. Dieser Vorgang heißt ‚Optimierung'. Sie wird in Abschnitt 1.6 am Beispiel einer Drehzahlregelung erläutert und simuliert.

Der bisher angenommene Fall mit nur einer Verzögerung im Kreis ist unrealistisch. In der Realität hat ein Kreis immer mehrere Verzögerungen. Durch mehrfache Verzögerungen und bei zu großer Proportionalverstärkung V.P können Regelkreise instabil werden. Damit das nicht passiert, muss V.P einstellbar sein.

Um den Regler optimal einstellen zu können, benötigen wir ein **Optimierungskriterium**. Wir erläutern es nun durch Stabilitätstests.

Das Stabilitätsproblem

Auf ein Problem, das bei Regelkreisen mit mehreren Verzögerungen hintereinander auftreten kann, sei hier schon hingewiesen: Sie neigen bei zu hoher Reglerverstärkung zur **Instabilität (**Abb. 1-184**).** Dann oszillieren der Ausgang und alle Signale im Kreis nach einmaligem Anstoß durch den Sollwert oder eine Störung. Das ist unbedingt zu vermeiden. Zu zeigen ist, wie **Stabilität und Schnelligkeit** durch geeignete Reglerauslegung (Optimierung, am Schluss dieses Abschnitts) erreicht wird.

Instabilität ist ein Nachteil von Regelungen, den Steuerungen nicht kennen. Aus der Forderung nach **Schnelligkeit und Stabilität** werden wir ein **Kriterium zur Optimierung des Reglers** ableiten.

Variation der Proportionalverstärkung V.P

Um zu zeigen, was passiert, wenn die Reglerverstärkung nicht optimal eingestellt ist, variieren wir V.P im Regelkreis von Abb. 1-175 und erhalten die Sprungantworten der Abb. 1-180. Wie es zu Oszillationen kommt, zeigen wir nun.

Um Ihnen einen ersten Eindruck vom Verhalten gegengekoppelter Systeme zu verschaffen, betrachten wir Variationen mit 1, 2 und 3 Verzögerungen im Kreis (Abb. 1-181, Abb. 1-182 und Abb. 1-184). Als Test dient wieder ein Signalsprung (Einschaltvorgang).

1. Nur eine Verzögerung im Kreis

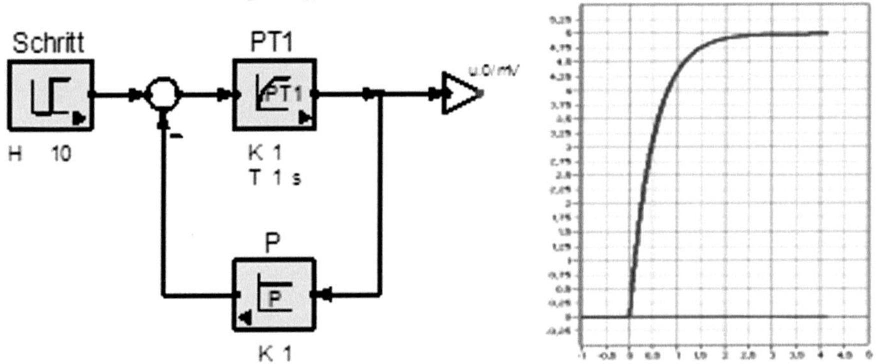

Abb. 1-181 Das Stabilitätsproblem tritt bei Gegenkopplung einer einfachen Verzögerung noch nicht auf. Die Sprungantwort zeigt ein stabiles System mit gegenüber der Vorwärtsverzögerung T1 verkürzter Einstellzeit.

In passiven Systemen (d.h. ohne Verstärker) sind Rückkopplungen immer Gegenkopplungen und stabil. Mitkopplungen (mit Verstärkern) sind meist instabil.

2. Zwei Verzögerungen im Kreis

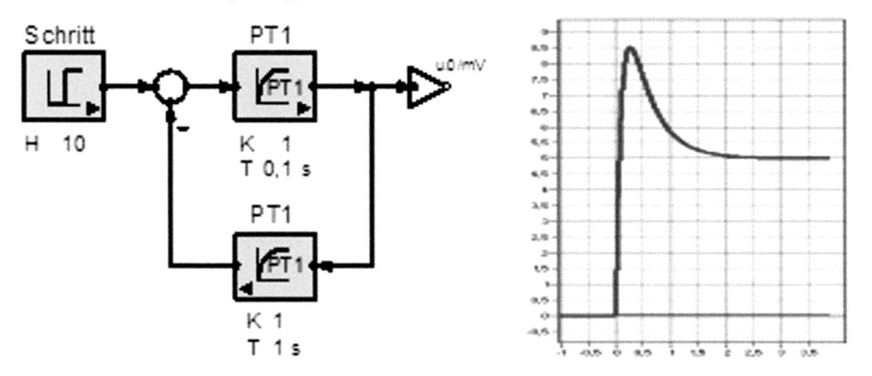

Abb. 1-182 Nun befindet sich auch in der Rückführung eine Verzögerung. Das gegengekoppelte System reagiert durch Überschwingen, da die Gegenkopplung anfangs unwirksam ist und der Vorwärtsteil den Ausgang kurzzeitig übersteuert.

Bei mehreren Verzögerungen im Kreis soll eine groß gegen die anderen sein. Sonst gibt es bei Verstärkung im Kreis ein Stabilitätsproblem.

3. Drei Verzögerungen im Kreis

Abb. 1-183 zeigt die Struktur eines Kreises, der wegen drei interner Verzögerungen instabil werden kann:

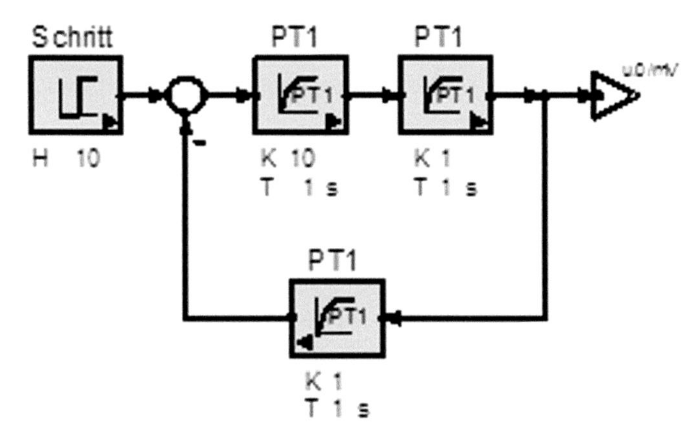

Abb. 1-183 Kreis mit dreifacher Verzögerung: Bei zu hoher Kreisverstärkung wird er instabil. Das zeigt Abb. 1-184.

Bei mehr als zwei Verzögerungen im Kreis und Verstärkung droht Instabilität. Das ist bei Regelungen durch **Regleroptimierung** unbedingt zu verhindern.

Am Schluss dieses Abschnitts zeigen wir, wie das für einen P-Regler gemacht wird. Im folgenden Abschnitt 1.5.4erfahren Sie, wie PID-Regler optimiert werden.

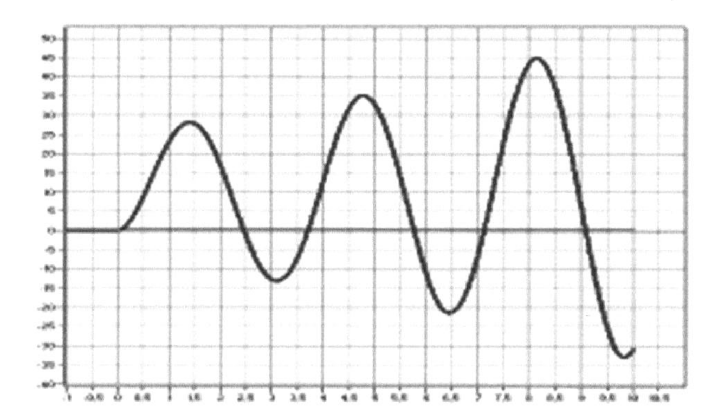

Abb. 1-184 Das Stabilitätsproblem 3/3 - Bei drei Verzögerungen im Kreis wird das System instabil (Oszillator).

Die Stabilität des Kreises hängt von der statischen Verstärkung K und den Verzögerungszeiten T im Kreis ab.

Fazit:
Regelkreise werden bei zu großer Verstärkung instabil. Dann oszilliert der ganze Kreis nach einmaligem Anstoß. Das setzt der Reglerverstärkung V.P eine Grenze und erfordert die Optimierung. Einzelheiten dazu erfahren Sie in Bd. 5/7, Kap. **9 Regelungstechnik.**

Bei mehr als zwei Verzögerungen im Regelkreis ist ein P-Regler ungeeignet. Das macht einen dynamischen Regler (PID-Regler) erforderlich, dessen Parameter an die der Regelstrecke anzupassen sind. Welchen Zweck die einzelnen Anteile erfüllen, zeigen wir in 1.5.4.

Zur Regleroptimierung
Zur Verbesserung der statischen Genauigkeit der Regelung müsste die Reglerverstärkung V.P weiter, als V.P;opt nach Gl. 1-31 erlaubt, erhöht werden. Wie weit das zulässig ist, hängt von der geforderten Stabilität des Regelkreises ab. Wäre beispielsweise größere Trägheit verlangt, müsste V.P<V.P;opt eingestellt werden. Das würde aber die statische Genauigkeit verschlechtern (größere bleibende Regelabweichung x.d).

Die Reglerverstärkung wird so hoch eingestellt, dass der Istwert x beim Einschalten des Sollwerts w maximal um 15% über den Endwert hinaus schwingt. Diese Regleroptimierung soll nun simuliert werden.

Systematische Optimierung eines P-Reglers
Je höher man die Verstärkung V.P eines P-Reglers einstellt, desto schneller und genauer arbeitet der Regelkreis. Das zeigte Abb. 1-180. Zu hohe Verstärkung V.P kann zur Instabilität des Regelkreises führen.

Deshalb verfährt man bei der **Regleroptimierung** folgendermaßen:

1. Die Regerverstärkung V.P wird auf 1 eingestellt.
2. Vorgegeben werden Sollwertsprünge passender Größe, z.B. so, dass die Regelstrecke zu ca. 10% ausgesteuert wird. Dadurch kann sie der Regler zur Verkürzung der Einstellzeit kurzzeitig übersteuern.
3. Betrachtet wird der Einlauf des Istwerts gegen seinen Endwert.
4. Dann wird V.P in Stufen vergrößert. Der Regler ist optimal eingestellt, wenn der Istwert x maximal um **15% über seinen Endwert überschwingt.** Dann arbeitet wer Kreis so schnell und genau wie möglich. Dieser Fall wird hier **optimale Dynamik** genannt.

Abb. 1-185 zeigt drei mögliche Sprungantworten.

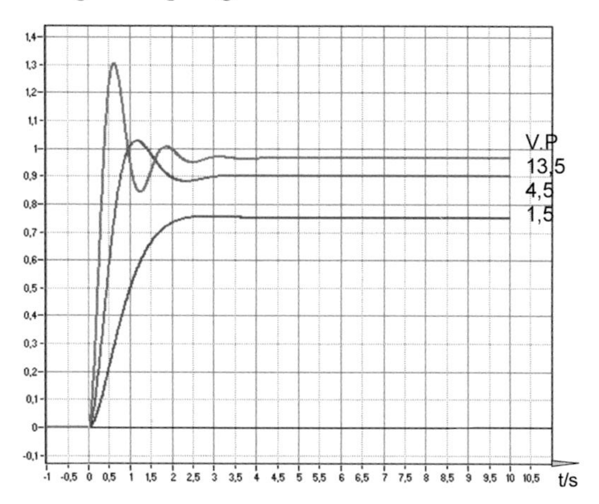

Abb. 1-185 blau: Reglerverstärkung V.P zu klein, grün V.P zu groß, rot: V.P optimal

1.5.4 PID-Regler

Die mit einem P-Regler erzielten Resultate sind insbesondere bezüglich der Genauigkeit angesichts des getriebenen Aufwands noch unbefriedigend. Insbesondere die statische Ungenauigkeit, dargestellt durch die bleibende Regelabweichung x.B, ist zu hoch. Jedoch lassen sich die Eigenschaften (Genauigkeit, Schnelligkeit) bei optimaler Dynamik durch einen dynamischen Regler noch deutlich verbessern.

Der PID-Regler verstärkt die Regelabweichung x.d nicht nur proportional (P), sondern auch differenzierend (D) und integrierend (I). Alle drei Anteile werden addiert. Dadurch überlagern sich ihre Einflüsse dynamisch (zeitabhängig). Das zeigt Abb. 1-186.

$$V.P = \frac{T.1/T.2}{V.S}$$

$$T.I = T.2 * V.S$$

$$T.D = T.1/V.S$$

Abb. 1-186 optimale Parameter eines PID-Reglers

Was PID-Verhalten bedeutet, soll durch die Regler-Optimierung geklärt werden.

Abb. 1-187 zeigt die Berechnung der Daten von PID-Reglern. Wir entnehmen sie Bd. 5/7, Kap. 9.4. Dort werden sie abgeleitet und erklärt. Zunächst ist nur wichtig, dass als Eingaben nur die Verstärkung V.S und zwei Verzögerungszeiten T.1 und T.2 der Regelstrecke benötigen.

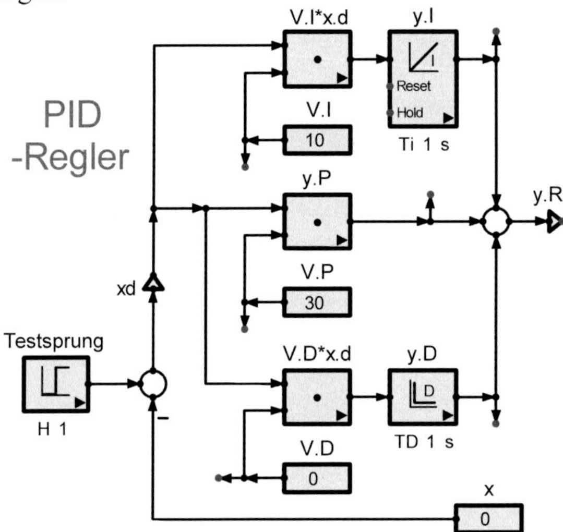

Abb. 1-187 Struktur eines PID-Reglers: Die drei Anteile y.P, y.I und y.D werden zum gesamten Stellsignal überlagert. Bei der Inbetriebnahme einer PID-Regelung müssen sie dosiert werden. Dazu dienen die Verstärkungen V.P, V.I und V.D. Das Ziel ist, den Einstellfehler x.d bei optimaler Dynamik so schnell wie möglich zu beseitigen.

Integration (I) ist eine fortlaufende Summation, Differenzierung (D) ist eine Geschwindigkeitsbildung. Das wurde in Abschnitt 1.3 erklärt. Hier soll gezeigt werden, was die Eigenschaften P, I und D im Regelkreis bewirken. Mit diesem Wissen ist es möglich, einen PID-Regler systematisch zu optimieren. Auch das soll gezeigt werden.

Die Funktionen eines PID-Reglers:

- Der Differenzial (D)-Regler ist bestrebt, den Geschwindigkeitsfehler dx/dt klein zu halten. Das **bedämpft den Regelkreis**. Deshalb ist ein D-Regler **nur bei schwingenden Regelstrecken** (dem selteneren Fall) erforderlich. Bei trägen Regelstrecken (dem häufigsten Fall) nützt er nichts. Statisch hat ein D-Regler keine Wirkung.
- Der Integral **(I)-Regler** verändert sein Stellsignal, solange noch eine Regelabweichung x.d vorhanden ist. Dadurch **beseitigt er die Regelabweichung x.d**, wenn er genug Zeit dazu hat, also statisch. Der I-Anteil wirkt nur nachhaltig.
- Der **P-Regler** wirkt, nachdem der D-Anteil abgeklungen ist und bevor der I-Anteil seine Wirkung entfaltet. Deshalb bestimmt er die **Dynamik** des Regelkreises.

Wie man **elektronische PID-Regler** baut und dimensioniert, steht in Bd. 5/7, Kap. **9 PID-Regelungen.**

Wenn der Integrator durch zu kleine T.i zu schnell eingestellt ist, kann der Regelkreis instabil werden. Wenn er optimal eingestellt ist, beseitigt er die Regelabweichung des P-Reglers vollständig. Bei einer PI-Kombination sind der P-Regler für Schnelligkeit und der I-Regler für Genauigkeit zuständig.

In Abschnitt 1.5.6 bringen wir ein Beispiel zur PI-Regelung einer Temperatur. Abb. 1-188 zeigt einen industriellen PID-Regler. Abb. 1-189 zeigt seinen Aufbau, Abb. 1-215 zeigt den Einschaltvorgang bei einfacher P-Regelung und Abb. 1-216 bei PI-Regelung.

4-stelliger PID-Regler

- Programmierbarer Universaleingang (TC, RTD, mV, V, mA)
- Programmierbare ON-OFF, P, PI, PD, PID Steuerarten
- Programmierbar auf Heiz-, Kühl- oder Alarmfunktion für Ausgänge
- 3 programmierbare Grenzwerte für Ausgänge
- Langsam-Anlauf Funktion
- Rampenfunktion
- RS-232 Schnittstelle
- 0/4 - 20 mA Ausgang

Quelle: Z-TRAUQ INC.

http://www.z-trauq.com/manuals/ESM9950%20_Instr%20mini%20V10%20Rev7.pdf

Abb. 1-188 Programmierbarer PID-Regler mit Selbstoptimierungsfunktion

Zur Reglerauswahl:
Zur Lösung einer Regelaufgabe ist der Regler der beste, der die gestellten Anforderungen mit geringstem Aufwand erfüllt. Deshalb ist jedes Mal zu prüfen, welche Anteile des PID-Reglers benötigt werden, denn: Jeder Anteil muss dimensioniert und optimiert werden. Einzelheiten dazu erfahren Sie in Bd. 5/7 in Kap. 9. Meistens sind Regelstrecken träge. Zur dynamischen Optimierung sollen sie entdämpft werden. Dann ist ein PI-Regler die beste Wahl.

Simulation eines PID-Reglers

Abb. 1-189 zeigt, dass zur Optimierung eines PID-Reglers vier Parameter an die Regelstrecke anzupassen sind:

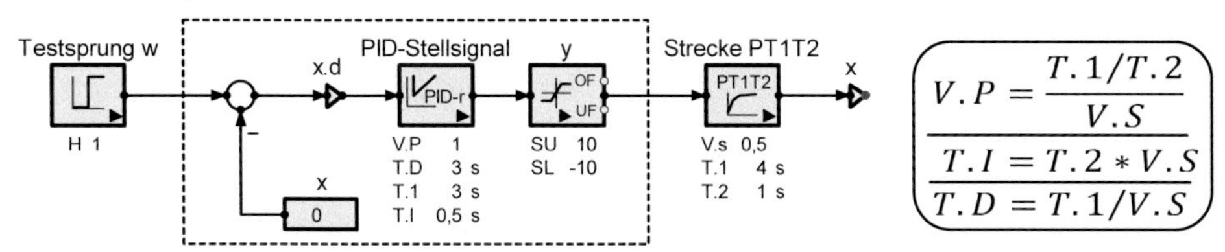

Abb. 1-189 Simulation eines PID-Reglers: Einzustellen sind seine Proportionalverstärkung V.P und die Zeitkonstante des Integrators und des Differenzierers. Die nachgeschaltete Signalbegrenzung simuliert das Maximum und Minimum des Reglerausgangs. Sie sind bei elektronischen Reglern durch die positive und negative Versorgungsspannung festgelegt.

Abb. 1-190 zeigt die Sprungantwort eines PID-Reglers nach Abb. 1-189. Die Funktionen der drei Anteile P, I und D werden anschließend bei der systematischen Optimierung erklärt.

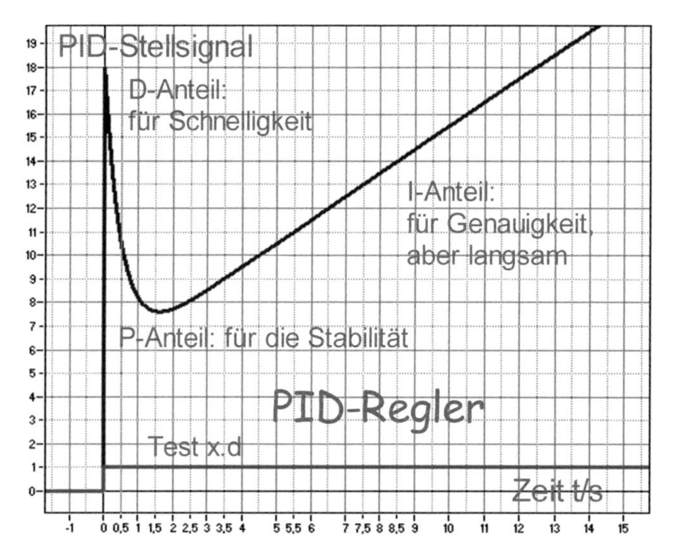

Abb. 1-190 PID-Regler: Durch sein adaptiertes Zeit-Verhalten kann eine Regelung genauer und schneller werden, als dies mit einem einfachen P-Regler möglich ist.

Die Optimierung eines PID-Reglers

Kommerzielle PID-Regler haben eine Selbstoptimierungsfunktion. Dazu geben sie kleine Sollwertsprünge vor und prüfen dazu die Schnelligkeit der Sprungantwort und die Dämpfung.

- Zuerst werden der P-Anteil V.P (für die Genauigkeit) und der D-Anteil TR1 (für die Dämpfung) gemeinsam erhöht, so dass die Regelabweichung immer kleiner wird und die Dynamik des Kreises optimal bleibt (TR1=T.D). Wenn sich der Einstellvorgang nicht weiter verkürzen lässt, weil die Stellgröße y zu lange an ihren Anschlag stößt, sind Optima für V.P und T.D erreicht.
- Durch die Verzögerungszeitkonstante TR2 kann das Verharren der Stellgröße y am Anschlag verkürzt werden. Je größer der Sollwertsprung w eingestellt ist, desto größer muss auch TR2 gemacht werden.
- Zuletzt wird der I-Regler durch Verkleinerung von T.I schneller gemacht. Dadurch verschwindet die bleibende Regelabweichung. Die Grenze ist erreicht, wenn sich die Stabilität des Kreises wegen des zu schnellen Integrators zu verschlechtern beginnt.

Zur manuellen Optimierung eines PID-Reglers geht man entsprechend vor.

noch: Optimierung eines PID-Reglers

In Abb. 1-186 wurden die Formeln zur Berechnung der dynamisch optimalen Parameter eines PID-Reglers angegeben (entnommen aus Bd. 5/7, Kap. 9.4). Als Eingaben benötigen Sie die Daten der Regelstrecke (Abb. 1-191): V.S, T.1 ind T.2. Zu zeigen ist, wie sie aus einer Sprungantwort x.S(y.R) ermittelt werden können.

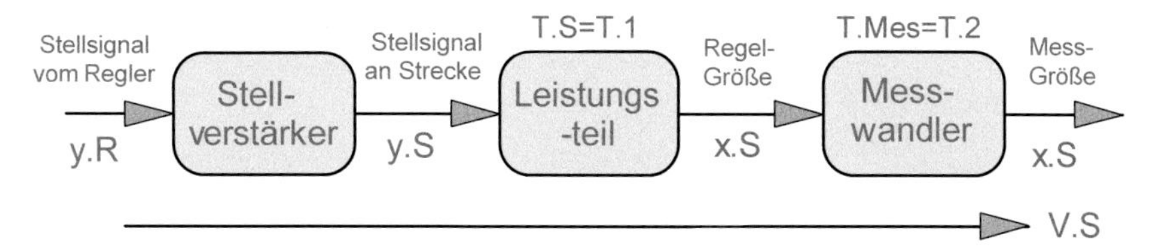

Abb. 1-191 Aufbau einer Regelstrecke mit zwei Verzögerungen T.1 und T.2: Die statische Streckenverstärkung heißt V.S. Abb. 1-193 zeigt ihre Sprungantwort.

- Die Streckenverstärkung V.S=x.S/y.S fasst den Stellverstärker, den Leistungsteil und den Messwandler zusammen.
- Die dominierende Zeitkonstante T.1 beschreibt die Trägheit des Leistungsteils.
- Die Restzeitkonstante T.2<T.1 fasst alle kleinen Verzögerungen der Regelstrecke zusammen.

Damit können die Parameter des PID-Reglers nach Abb. 1-186 berechnet werden:

1. Die Differenzierzeitkonstante T.D=T.1/V.S kompensiert die dominierende Streckenverzögerung T.1. Sie muss umso größer gemacht werden, je größer T.1 und je kleiner V.S ist. Die Differenzierverstärkung V.D in Abb. 1-214 macht den Differenzierer stärker, was T.D vergrößert.
2. Die Integrationszeitkonstante T.I=T.2·V.S bestimmt die Langsamkeit des Integrators. Sie bestimmt die Dynamik (Stabilität) des Regelkreises. Sie muss umso größer gemacht werden, je größer T.2 und V.S sind. Die Integrationsverstärkung V.I in Abb. 1-213 macht den Integrator schneller, was einer Verkleinerung von T.I entspricht.
3. Die optimale Proportionalverstärkung V.P=(T.1/T.2)/V.S wird umso größer, je kleiner T.2 gegen T.1 ist und je kleiner die Streckenverstärkung V.S ist. Dadurch wird die optimale Kreisverstärkung V.0=V.P·V.S=T.1/T.2.

Wenn die Parameter des PID-Reglers eingestellt sind, interessieren die Daten des Regelkreises. Dazu betrachten wir z.B. Abb. 1-216:

1. Die bleibende Regelabweichung wird durch den I-Regler zu null.
2. Die Eigenperiode t.0=2π·T.2 wird durch die Restzeitkonstante T.2 bestimmt.

Die dominierende Zeitkonstante T.1 spielt keine Rolle mehr. Sie ist ausgeregelt. Das Verhältnis T.1/t.0 beschreibt den Geschwindigkeitsgewinn durch die Regelung.

T.1/t.0 ist ein theoretischer Wert, der nur dann erreicht wird, wenn die Stellgröße y.R des Reglers nicht an seine Anschläge stößt. Praktisch ist das jedoch der Fall. Dadurch wird die Regelung langsamer, aber auch stabiler.

Der nächste Abschnitt 1.5.5 zeigt, wie die Streckenparameter V.S, T.1 und T.2 aus einer Sprungantwort ermittelt werden.

1.5.5 Das Wendetangentenverfahren

Das Wendetangentenverfahren ist eine einfache, aber nicht besonders genaue Methode zur Bestimmung der **optimalen Kreisverstärkung V.0;opt =V.P;opt·V.S** eines Regelkreises. Durch sie werden die Reglerparameter (Abb. 1-186) bestimmt, die zur Realisierung benötigt werden. Die Feinabstimmung des Reglers erfolgt dann bei der Inbetriebnahme der Regelung. Wie sie systematisch durchgeführt wird, haben wir bereits in Abschnitt 1.5.4 angegeben.

Im nächsten Abschnitt 1.5.6 werden wir das hier vorgestellte Wendetangentenverfahren auf eine Temperaturregelung anwenden. In Abschnitt 1.6 wird es auf eine Drehzahlregelung angewendet. Gemeinsam ist beiden Beispielen die Trägheit der Regelstrecke. Träge Regelstrecken sind wegen des Leistungsumsatzes der häufigste Fall. Nur auf träge Systeme ist das Wendetangentenverfahren anwendbar.

Ermittlung der Streckenverstärkung V.S
Um einen Regler dimensionieren zu können, muss die

$$\text{Streckenverstärkung} \quad V.S = x.S/y.s$$

bekannt sein. Wenn y.s die Eingangsspannung eines Stellverstärkers und x.S die Ausgangsspannung eines Messverstärkers ist, ist V.S dimensionslos. Davon wird hier ausgegangen. Im nächsten Abschnitt soll gezeigt werden, wie V.S für eine thermische Regelstrecke aus den Konstanten ihrer Komponenten berechnet wird.

Zur Bestimmung von V.S muss ein **Einschaltvorgang** gemessen werden. Abb. 1-193 zeigt ein Beispiel. Dem Ausgangshub der Sprungantwort ordnen wir den Bezug=100% zu. Dann hat der Eingangssprung die Höhe 1/V.S. Daraus folgt V.S.

Zahlenwerte:
Zu x.S=100% ist der Eingangssprung y.S=110%=1,1. Dann ist V.S=1/1,1≈0,9.

Normierte Sprungantworten von Steuerung und Regelung
Um den Geschwindigkeitsgewinn durch Regelung beurteilen zu können, sollen die Hochlaufkurven von Steuerung und dynamisch optimierter Regelung verglichen werden. Das ermöglicht die Struktur der Abb. 1-192:

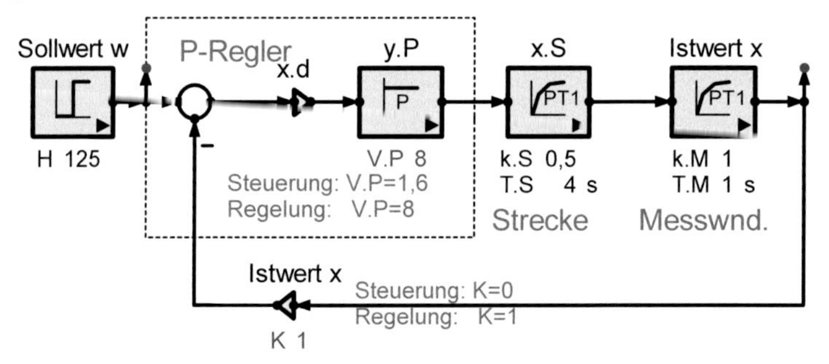

Abb. 1-192 Struktur zum Vergleich der Hochlaufkurven des Istwerts x von 0 auf 100% bei Steuerung und Regelung mit optimaler Dynamik

Mit der Struktur von Abb. 1-192 sollen die auf 100% normalisierten Sprungantworten der Steuerung und der Regelung gemessen werden. Zur Parametervariation wird die Rückkopplungskonstante K auf 0 (Steuerung) und 1 (Regelung) eingestellt.
Damit der Istwert x für beide Fälle gegen 1 läuft, ist Folgendes einzustellen:

Gewählt werden die beiden Streckenzeitkonstanten T.1 (hier 4s) und T.2 (hier 1s).

1. Mit T.1/T.2 liegt nach Gl. 1-25 die optimale Kreisverstärkung fest: **V.0=T.1/T.2=4.**
2. Aus V.0 folgt die bleibende Regelabweichung x.B=1/(1+V.0)=20%.
3. Gewählt werden auch die Streckenkonstante k.S=0,5 und die Konstante des Messwandlers k.M=1. Damit ist die Streckenverstärkung **V.S=k.S·K.M=0,5** bekannt.
4. Die optimale Reglerverstärkung ist nach Gl. 1-31 **V.P=(T.1/T.2)/V.S=8**
5. Die Fälle Steuerung und Regelung sollen durch Parametervariation simuliert werden. Für Steuerung wird in der Rückführung K=0 eingestellt. Für Regelung ist K=1.
6. Damit der Istwert x=w·[V.0/(1+V.0)] bei Regelung nach 100% läuft, wird der Sollwert auf w=100%·(1+1/V.0)=125% eingestellt.
7. Damit auch der gesteuerte Istwert 100% erreicht, muss V.P=x/(w·V.s)=1,6 eingestellt werden.

Mit diesen Werten zeigt Abb. 1-193 die Einschaltvorgänge für Steuerung und Regelung:

Die Wendetangente

Zur Auswertung der Sprungantwort legen wir in Abb. 1-193an den gesteuerten Hochlauf die Wendetangente an. Das Ziel besteht darin zu zeigen, wie damit die (hier bekannten) Streckenzeitkonstanten T.1 und T.2 ermittelt werden können, denn das Verhältnis T.1/T.2 bestimmt nach Gl. 1-25 die optimale Kreisverstärkung **V.0=T.1/T.2=V.P·V.S.** Zu zeigen ist, wie aus den Messzeiten t.1 und t.W die Systemzeitkonstanten T.1 und T.2 ermittelt werden können.

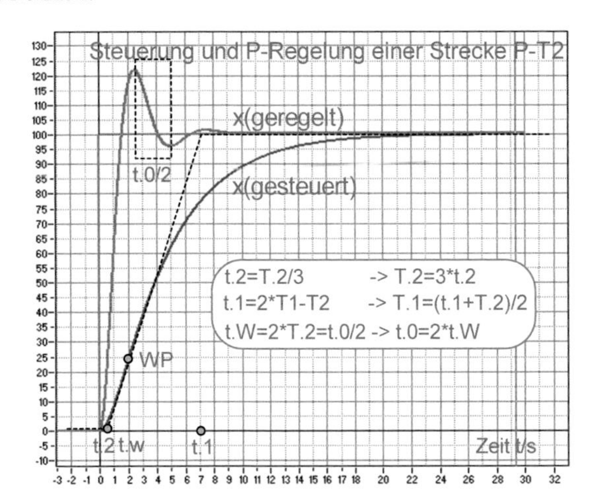

Abb. 1-193 Kriechende Sprungantwort der Regelstrecke von Abb. 1-192– Kennzeichen: waagerechte Anfangstangente und Wendepunkt. Die Wendetangente schneidet die Zeiten t.1 und t.2 ab, mit denen die Systemzeitkonstanten T.1 und T.2 bestimmt werden sollen.

Auswertung einer Wendetangente
Gezeigt werden soll, wie mittels Wendetangente die optimale Kreisverstärkung V.0=T.1/T.2 einer P-Regelung bestimmt wird. Dazu müssen die Streckenzeit-konstanten T.1 und T.2 aus der Anstiegszeit t.1 und der Wendezeit t.2 bestimmt werden.

Zum Zeichnen der Wendetangente wird außerdem die unmessbar kleine Verzugszeit t.2 benötigt. Gezeigt werden soll, wie T.2 und t.2 von der noch gut messbaren Wendezeit t.W abhängen. Betrachten Sie dazu bitte die Abb. 1-194. Sie zeigt die Anfangsverläufe des gesteuerten und geregelten Istwerts x. S. Sie steigen mit t^2 an.

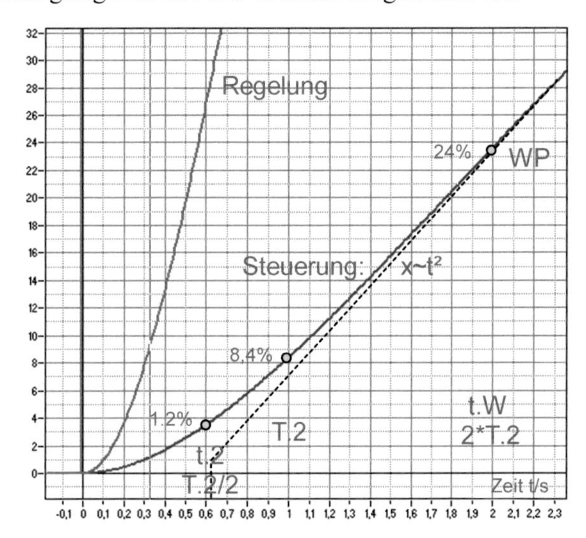

Abb. 1-194 Im Anfangsbereich der gesteuerten und der geregelten Drehzahl steigen beide mit t^2 an. Im Wendepunkt t.W=2·T.2 ist der gesteuerte Istwert auf 24% des Gesamthubs angestiegen. Die Verzugszeit ist t.2=T.2/2.

Die Wendetangente schneidet den gesteuerten Hochlauf beim **Wendepunkt WP=24%** des Gesamthubs (hier 100%). Gut erkennbar sind die **Anstiegszeit t.1** (hier 7s) und die **Wendezeit t.W** (hier 2s). Wegen ihrer Kleinheit ist die **Verzugszeit t.2** nur schwer und mit großer Unsicherheit zu erkennen. Deswegen zeigen wir nun, wie die Systemzeitkonstanten aus den relativ genau erkennbaren Messzeiten **t.1 (Anstiegszeit)** und **t.W (Wendezeit)** bestimmt werden können.

Zur Auswertung der Wendetangente betrachten wir die gesteuerte Sprungantwort (Abb. 1-193) und ihren hochaufgelösten Anfangsverlauf (Abb. 1-194) und erkennen die folgenden Punkte 1, 2 und 3.

1. Zu T.2: Die Wendetangente schneidet den Anfangswert (0%) bei der nur sehr vage zu bestimmenden **Verzugszeit t.2**. In Abb. 1-194 erkennen wir jedoch, dass **t.W/2=T.2** ist.

Gl. 1-26 $T.2 \approx t.W/2 \leftrightarrow t.W \approx 2 \cdot T.2$

2. Zu t.2: Nach Gl. 1-27 liegt die Verzugszeit t.2 bei der Hälfte von T.2. Deshalb rechnet der Autor mit

Gl. 1-27 $t.2 \approx t.W/4$

3. Zu T.1: Die Wendetangente schneidet den Endwert (hier 100%) bei etwa dem Doppelten der Streckenzeiten T.1 (hier 4s). Noch genauer ist t.1=2·T.1-T.2 (hier ist t.1=7s, T.1=4s und T.2=1s). Deswegen rechnet der Autor mit

Gl. 1-28 $\boldsymbol{T.1 \approx (t.1 + T.2)/2 \leftrightarrow t.1 \approx 2 * T.1 - T.2}$

Mit Gl. 1-27 und Gl. 1-28 können wir

- entweder die Streckenzeitkonstanten T.1 und T.2 berechnen, wenn die Anstiegszeit t.1 und die Wendezeit aus einer Sprungantwort entnommen worden sind
- oder wir können die Parameter t.1, t.W und t.2 einer Sprungantwort angeben, wenn die Streckenzeitkonstanten T.1 und T.2 bekannt sind.

Berechnung der optimalen Regelkreisparameter

Bei jeder Regelung interessieren zwei Parameter:

1. Aus Gl. 1-27 und Gl. 1-28 kann die Kreisverstärkung V.0=T.1/T.2 (Gl. 1-25) aus den Messzeiten t.1 und t.W einer Sprungantwort berechnet werden:

Gl. 1-29 $\boldsymbol{V.0; opt = t.1/t.w + 0,5}$

Zahlenwerte:
t.1=7s; t.W=2s –>T.2≈ t.W/2≈1s - T.1≈(t.1+T.2)/2≈4s -> V.0=T.1/T.2≈4-> x.B≈20%

2. Die Eigenperiode t.0 als Maß für die Verzögerung des Kreises: Im ungedämpften Fall wäre t.0=2π·T.2. Bei Dämpfung ist t.0 etwas größer. Der Autor rechnet mit

Gl. 1-30 t.0=6,4·T.2

Die bleibende Regelabweichung einer optimierten P-Regelung

Die Verzugszeit t.2 ist regelmäßig klein gegen die Anstiegszeit t.1. Ihr Verhältnis bestimmt die optimale Kreisverstärkung und damit die bleibende Regelabweichung bei P-Regelung. Aus Gl. 1-28 und Gl. 1-26 folgt

$$x.B \approx \frac{1}{1{,}5 + t.1/t.W}$$

Die folgende Struktur Abb. 1-195 fasst die Berechnung der Parameter einer dynamisch optimierten P-Regelung zusammen.

Die Daten einer P-Regelung mit den Messzeiten t.1 und t.W einer Sprungantwort:

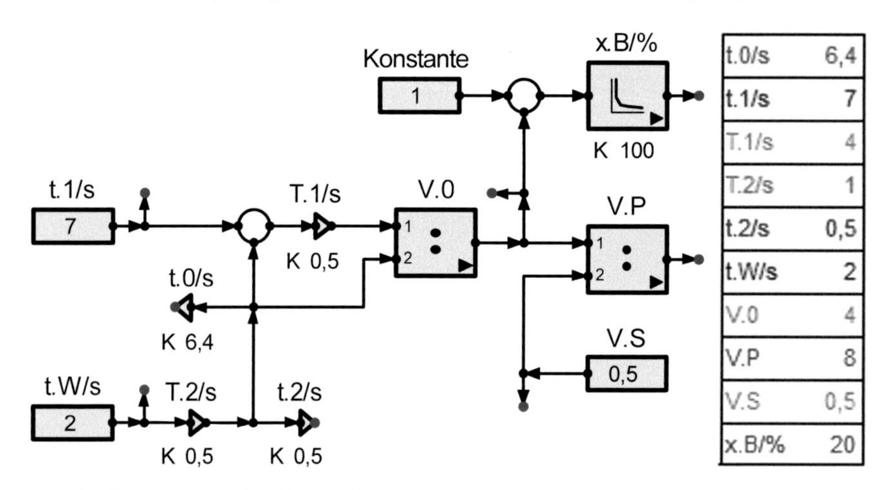

Abb. 1-195 Berechnung der Verstärkung V.P eines P-Reglers und der Daten x.B und t.0 einer damit aufgebauten P-Regelung: Die Messgrößen t.1 und t.W werden einer Sprungantwort der Regelstrecke entnommen.

Test einer nach Abb. 1-195 optimierten P-Regelung

Die in Abb. 1-195 gezeigte Dimensionierungsvorschrift Gl. 1-22 für optimale Dynamik soll nun mit Hilfe der Simulation überprüft werden. Dazu verwenden wir den in Abb. 1-196 gezeigten Testregelkreis.

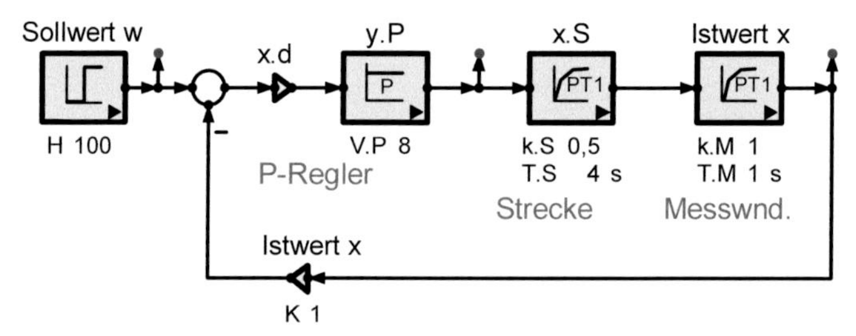

Abb. 1-196 Testregelkreis zur Überprüfung der Dimensionierungsvorschrift Gl. 1-31 für optimale Dynamik

Wenn Sie über SimApp oder ein ähnliches Simulationsprogramm verfügen, können Sie die Berechnungen der Eigenperiode **t.0/2 =6,4·T.2** und **der bleibenden Regelabweichung x.B** durch Simulation einer Sprungantwort kontrollieren.

Eingestellt werden gewünschte Streckenparameter V.S, T.1, T.2 und dazu nach Gl. 1-31Gl. 1-31 die optimale Reglerverstärkung V.P;opt=8 .

Zur Struktur von Abb. 1-196 wird die Sprungantwort Abb. 1-197 simuliert.

Zahlenwerte zu Gl. 1-29:
Messwerte: t.1=7s; t.W=2s -> Näherung V.0;opt ≈ 4
Systemkonstante T.1=4s; T.2=1s -> genauer Wert V.0;opt = 4

Der Vergleich der errechneten T.1 und T.2 mit denen in der Teststruktur Abb. 1-196 bestätigt die Näherungen von Gl. 1-28 und Gl. 1-26.

Zu V.0 gehört eine bleibende Regelabweichung x.B=1/(1+V.0)=33%, d.h. 1/3 des Sollwerts wird bei fehlenden Störungen zur Erzeugung des Stellsignals benötigt. Das ist – angesichts des getriebenen Aufwands – viel zu viel.

Zur Verbesserung der Regelung gibt es nur zwei Möglichkeiten, denn die dominierende Zeitkonstante T.1 ist durch die Baugröße, bzw. die Nennleistung der Regelstrecke, festgelegt:

1. Die Restverzögerungen im Kreis müssen verkleinert werden. Ob das gelungen ist, zeigt sich durch die Verkleinerung von T.2.
2. Wenn T.2 nicht verkleinert werden kann, muss ein **PID-Regler** (dynamischer Regler mit den Anteilen proportional, integral und differenzial) eingesetzt werden.

Wie der PID-Regler funktioniert, haben wir im vorherigen Abschnitt 1.5.4 besprochen.

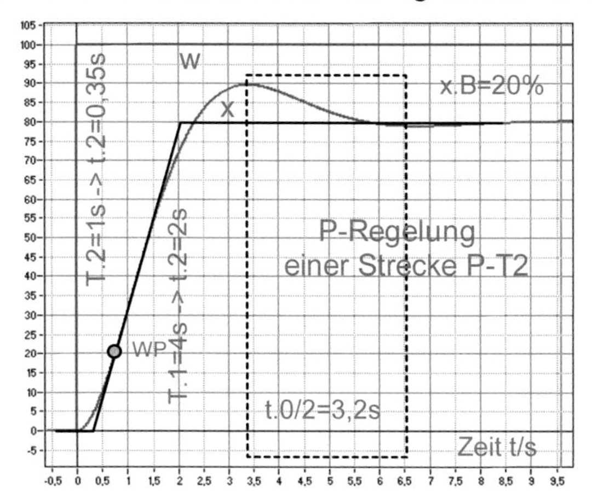

Abb. 1-197 Sprungantwort zum Einregeln eines Sollwerts bei dynamischer Optimierung

Die optimale Proportional(P)-Verstärkung

Wenn V.S, T.1 und T.2 bekannt sind, kann aus Gl. 1-25 die dynamisch optimale Proportionalverstärkung V.P;opt errechnet werden. Mit Gl. 1-28 und Gl. 1-26 erhalten wir auch die Berechnung von V.P;opt aus den Messgrößen t.1 und t.W einer Sprungantwort :

Gl. 1-31 optimale Verstärkung eines P-Reglers $$V.P;opt = \frac{T.1/T.2}{V.S} \approx \frac{t.1/t.W + 0{,}5}{V.S}$$

Zahlenwerte:
Die Daten eines P-Reglers und des damit betriebenen Regelkreises sind V.0=4; V.S=0,5 -> der Regler mit V.P=8 und der Regelkreis mit x.B=20%. Die Eigenzeit t.0 folgt aus der Wendezeit einer Sprungantwort der Temperatursteuerung: t.W=2s ->T.2=1s -> t.0=6,4s.

Die Signale in einem dynamisch optimierten Regelkreis

Abb. 1-198 zeigt den Einlaufvorgang einer Drehzahlsteuerung und den Einschwingvorgang einer damit aufgebauten Drehzahlregelung mit optimiertem P-Regler.

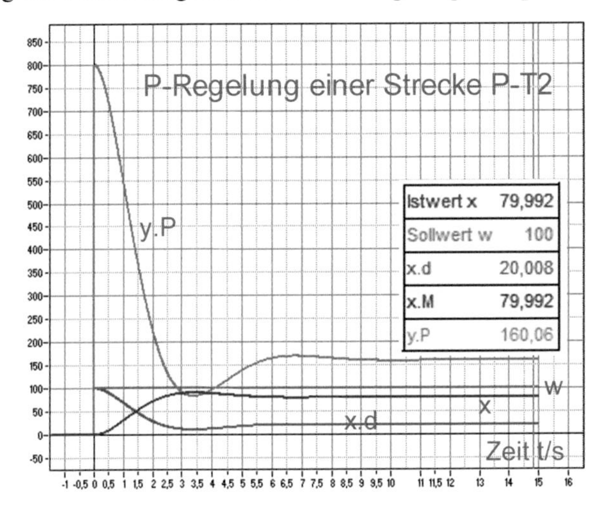

Abb. 1-198 Regelkreissignale beim Einregeln eines Sollwerts

Abb. 1-199 fasst die Berechnung der Daten einer Proportional(P)-Regelung zusammen:

aus Sprungantwort:	optimale Reglerverstärkung V.P=(T.1/T.2)/V.S	Regelkreis:
die Daten der Regelstrecke	Kreisverstärkung V.0=V.P*V.S	Verzögerung T.Kreis=T.1/(1+V.0)
V.S, T.1 und T.2	bleibende Regelabweichung x.B/100%/(1+V.0)	Eigenperiode t.0=2Pi*T.Kreis

Abb. 1-199 Berechnung der Regelkreisdaten für optimale Dynamik: Benötigt werden die Streckenparameter V.S, T.1 und T.2. In Abschnitt 1.5.1 wurde gezeigt, wie sie aus einer Sprungantwort bestimmt werden können.

In Bd. 5/7, Kap. 9, PID-Regelungen, werden Sie das Bode-Diagramm kennenlernen. Dieses ist ein wesentlich genaueres, aber auch aufwändigeres Verfahren zur Regleroptimierung im Frequenzbereich.

Das Wendetangentenverfahren zur Berechnung proportionaler Regelkreise soll nun zuerst auf eine Temperaturregelung und danach auf eine Drehzahlregelung angewendet werden.

1.5.6 Temperaturregelung

Die Stabilisierung von Temperaturen gegen wechselnde Umgebungseinflüsse sind die häufigsten Regelungen überhaupt. Dazu werden Temperaturregler in großer Zahl angeboten (Abb. 1-200). Hier soll es darum gehen, eine Temperaturregelung mit Hilfe des Wendetangentenverfahrens zu dimensionieren und zu optimieren.

Die Wirkungsweise einer Temperaturregelung ist schnell erklärt:

Solange die Isttemperatur noch kleiner als der Sollwert ist, heizt der Regler. Überschreitet sie diese, so schaltet er die Heizung aus. Dafür bietet sich eine Zweipunktregelung (ZPR) an, die wir in Abschnitt 1.7.1 simulieren werden. Beim ZPR's wird die Leistung fast verlustfrei ein- und ausgeschaltet.

Die Simulation der ZPR wird zeigen, dass sie wegen der groben Dosierung der Heizung (ein/aus) nicht besonders genau ist. Höhere Genauigkeit erreicht man dagegen durch quasikontinuierliche Steuerung der Heizung mittels Vollwellensteuerung. Das Verfahren soll hier erklärt und simuliert werden. Dadurch werden die beiden Standardfragen zu jeder Regelung beantwortet. Sie betrifft:

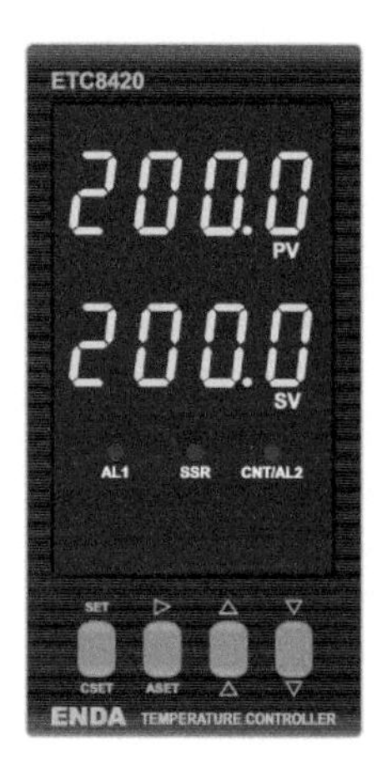

Genauigkeit und Schnelligkeit.

Quelle: http://www.enda.com.tr/Termostat.html

Abb. 1-200 Ein kommerzieller PID-Regler mit Selbstoptimierungsfunktion: PV (Process Value) zeigt den Istwert an, SV (Preset Value) ist der Sollwert.

Konstantenbestimmung

Eine wichtige, immer wiederkehrende Aufgabe bei Simulationen ist die Bestimmung sämtlicher Parameter (statische Konstante k und dynamische Zeitkonstante T). Wie so etwas gemacht wird, soll nun am Beispiel Komponenten der Temperaturregelung eines Thermoschranks (Abb. 1-201) gezeigt werden.

Kurzbeschreibung:

- digital regelbar von 30-70°C
- mit Umluftheizung
- E-Anschluss: 230 V/ 1,0 kW
- Außenmaße: BxTxH 810 x 730 x 505

Abb. 1-201 Thermoschrank: Er ist gut isoliert und enthält eine Temperaturregelung.

Quelle: http://www.melag.de/fileadmin/prospekte/Prospekt%20Incubat.pdf

Aufbau und Funktion der Temperatursteuerung

Ein Wärmeschrank, der u.a. zum Ausbrüten von Eiern genutzt werden soll, soll temperaturgeregelt werden. Abb. 1-202 zeigt seinen Aufbau:

Im wärmeisolierten Schrank befindet sich eine **elektrische Heizung** und ein **Temperaturmesser,** der **Temperaturregler** ist außen angebracht.

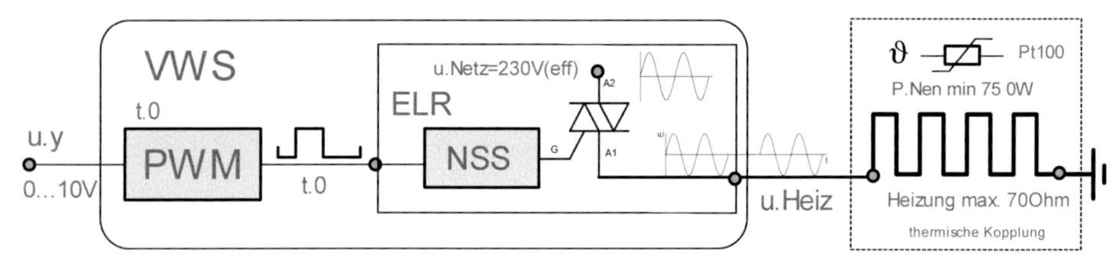

Abb. 1-202 Schema einer Vollwellensteuerung VWS (Pulspaketsteuerung) mit elektronischem Lastrelais ELR zur verlustarmen Einstellung der Heizleistung

Zur Heizung

Durch Erwärmungstest des Temperaturschranks wurde dessen thermischer Widerstand **R.th=Δϑ/ P.el** zur Umgebung ermittelt. Wir rechnen hier mit **R.th=0,1K/W**.

Damit kann die Leistung **P.el=R.th·Δϑ** für ein gefordertes Δϑ angegeben werden:

Für die Erwärmung von 25°C auf 100°C ist dies **P.el=Δϑ/R.th=750W**.

Zur Beschaffung des ELR wird der Nennstrom i.Nen=P.Netz/u.Netz benötigt.

Für u.Netz=230V erhalten wir **i.Nen=3.3A.**

Damit kann auch der Heizwiderstand R.Heiz für die Netzwechselspannung angegeben werden: **R.Heiz=u.Netz²/P.el=70Ω.**

Die Vollwellen (Pulspaket)-Steuerung VWS

Die Leistung des Heizers – und damit die Temperaturerhöhung im Thermoschrank – wird durch eine VWS der Netzspannung durch eine Gleichspannung u.y gesteuert.

Die Leistungssteuerung erfolgt durch das Tastverhältnis TV=t.ein/t.0, mit dem die Netzwechselspannung (230V) durch einen Triac ein- und ausgeschaltet wird.

Die Dosierung der Heizung erfolgt durch Pulspaketsteuerung der Netzwechselspannung (230V effektiv). Da dabei keine Ströme geschaltet werden, ist dies verlustarm und erzeugt kaum Funkstörungen.

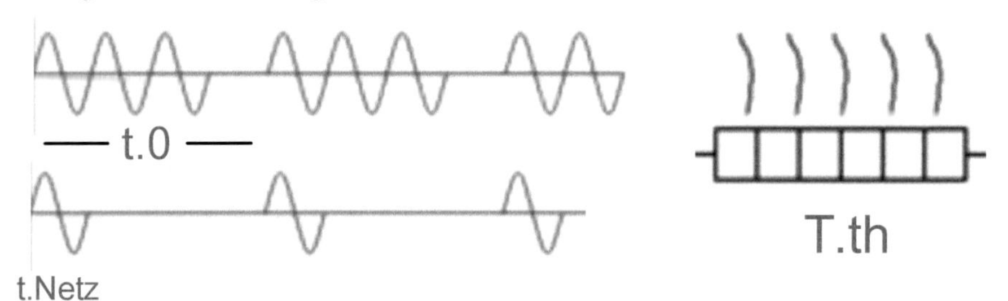

Abb. 1-203 Vollwellen- oder Pulspaketsteuerung einer Wechselspannung zur verlustfreien Steuerung träger Regelstrecken, z.B. einer elektrischen Heizung

Das Tastverhältnis wiederum wird durch die Steuerspannung (u.y =0…10V) eines **Pulsbreitenmodulators (PWM)** variiert (Abb. 1-209).

Zu den Schaltzeiten (Zeitmanagement)

Vollwellensteuerungen VWS können nur bei trägen Systemen, die die elektrische Leistung mitteln, eingesetzt werden. Die langsamste Komponente ist hier der Temperaturschrank. Seine thermischen Daten werden durch einen Heizungstest (Einschaltvorgang) ermittelt.

- Für einen Thermoschrank nach Abb. 1-201 rechnen wir mit der thermischen Zeitkonstante **T.th=10s.**
- Damit der Schank die elektrische Leistung mittelt, muss die Periode T.0 des PWM klein gegen T.th sein. Wir wählen **t.0=T.th/10=1s**.
- Die Netzfrequenz ist **f.Netz=50Hz**, entsprechend einer Netzperiode **t.Netz=50ms**. Damit kann die Heizung während der **PWM-Periode t.0=1s** 20-mal ein- und ausgeschaltet werden. Das bedeutet, dass die Leistung in **Schritten 1/20=5%** variiert werden kann. Das nennt man ‚quasikontinuierlich'.

Zwei Sonderfälle sind denkbar:

1. Die zu erwartenden **Messgrößen (Signale)** im Regelkreis sollen berechnet werden, z.B. bei der Fehlersuche.
2. **Komponenten** des Regelkreises müssen beschafft werden. Dazu müssen deren Parameter bestimmt werden.

Meist liegt jedoch eine Kombination der beiden Fälle 1 und 2 vor:

1. Ein Teil der Parameter ist bekannt, z.B. die Daten der Regelstrecke, die eine geforderte Nennleistung zu erbringen hat.
2. Die übrigen Parameter sind noch unbekannt und müssen bestimmt werden, z.B. erforderliche Verstärkung zum Messwandler und zum Regler.

Einzelheiten der elektronischen Steuerungen finden Sie in Bd. 5/7, Kap. 8 der ‚Strukturbildung und Simulation technischer Systeme'. Hier soll gezeigt werden, wie die Parameter zur Simulation der Temperaturregelung aus den Daten der Regelstrecke bestimmt werden.

Die Daten einer Temperatursteuerung

Um eine Temperatur regeln zu können, muss eine Wärmequelle vorhanden sein (Ofen, Heizung). Der zu beheizende Raum ist die Regelstrecke. Um dafür eine Temperaturregelung simulieren zu können, müssen für die Regelstrecke eine statische Konstante, der thermische Widerstand R.th zur Umgebung und eine Zeitkonstante T.th=R.th·C.th bestimmt werden (Abb. 1-204).

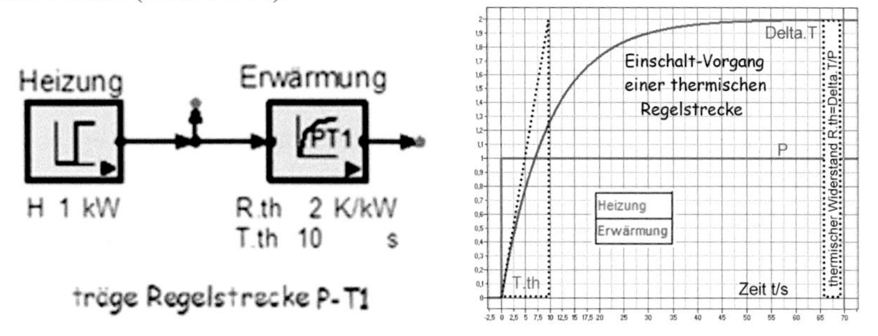

Abb. 1-204 Der thermische Widerstand R.th und die thermische Zeitkonstante T.th lassen sich aus einer Sprungantwort (Einschaltvorgang) ermitteln.

noch: Konstantenbestimmung

Aufgabe beim Entwurf von Steuerungen und Regelungen ist die **Konstantenbestimmung.** Alle müssen zur Beschaffung der Komponenten, bei der Simulation mit einer Struktur und bei der Berechnung der Messgrößen des Regelkreises bekannt sein.

- Die Signale in Steuerungen (ohne Rückwirkung) können beliebig vorwärts vom Eingang zum Ausgang oder rückwärts vom Ausgang zum Eingang berechnet werden. Das haben wir bei der Berechnung von Reihen- und Parallelschaltungen gezeigt (1.4.1).
- Die Signale in Regelkreisen müssen wegen der Gegenkopplung immer vom Eingang zum Ausgang berechnet werden. Das haben wir in Abschnitt 1.4.2 beim Thema Mit- und Gegenkopplung gezeigt.

Die thermischen Konstanten der Regelstrecke

Um eine Temperaturregelung simulieren zu können, müssen die Erwärmbarkeit und thermische Trägheit des Heizobjekts (der Regelstrecke) bekannt sein. Um sie zu ermitteln, wird die Heizung eingeschaltet und der Temperaturverlauf gemessen (Abb. 1-204). Dadurch werden zwei Konstanten ermittelt, die zur Simulation der Temperaturregelung benötigt werden:

der thermische Widerstand der Strecke: **Definition** ***R.th=ΔT/P.Hzg***

R.th dient zur Berechnung der statischen Erwärmung infolge der eingeschalteten Heizleistung P.th. Je größer ein Heizobjekt, desto kleiner ist sein thermischer Widerstand zur Umgebung. Je besser die Isolation, desto größer wird R.th.

thermische Zeitkonstante **Gl. 1-32** ***T.th=R.th·C.th***

Zur Berechnung thermischer Zeitkonstanten wird außer R.th noch die **thermische Kapazität C.th** des Heizobjekts benötigt. C.th ist proportional zur beheizten Masse. Deshalb erwärmen sich leere Räume schneller und volle Räume langsamer. Entsprechend schnell bzw. langsam kühlen sie sich wieder ab, wenn die Heizung ausfällt.

Einzelheiten zur Berechnung von thermischen Widerständen und Kapazitäten finden Sie in Bd. 7/7, Kap. 13 Wärmetechnik. Hier soll nur gezeigt werden, wie sie durch Messung des Temperaturverlaufs nach dem Einschalten einer Heizung ermittelt werden.

Zahlenwerte:

1. Durch eine Zusatzheizleistung von 1kW erwärmt sich ein Raum um 100K. Der thermische Widerstand zur Umgebung ist **R.th = 0,1K/W.**
2. Gemessen wird eine Erwärmungszeitkonstante **T.th=30s**. Daraus ergibt sich die thermische Kapazität dieses Raumes: **C.th=T.th/R.th=300Ws/K.**

Temperaturmessung

Damit die Temperatur geregelt werden kann, muss sie in eine proportionale elektrische Größe umgewandelt werden. Das soll hier eine Gleichspannung u.x sein. Dann kann auch die Solltemperatur u.w elektrisch vorgegeben werden. Das ist eine Voraussetzung zur Prozessautomatisierung. Hier verwenden wir zur Sollwerteinstellung ein Potentiometer, das durch eine stabile Referenzspannung u.Ref=5V versorgt wird.

Die meisten Digitalthermometer besitzen keinen elektrischen Ausgang (Abb. 1-205, analog oder digital). Dann sind sie zum Aufbau von Temperaturregelungen ungeeignet. Deshalb soll nun gezeigt werden, wie ein analoger Temperaturmesser aufgebaut ist.

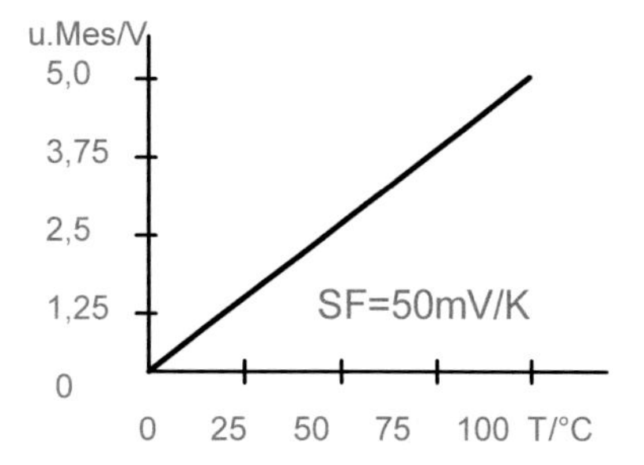

Abb. 1-205 Kennlinie eines Temperaturmessers: Ihre Steigung ist der Skalenfaktor SF=Δu.Mes/ΔT.

Temperaturmesser mit dem Sensor Pt100

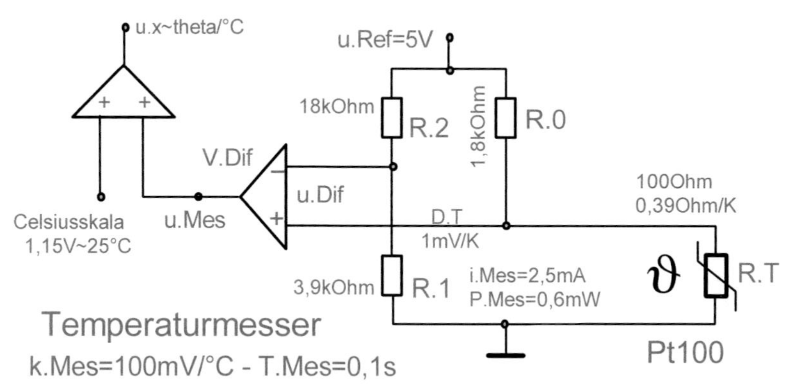

Abb. 1-206 Schema eines Temperaturmessers mit dem Sensor Pt100

Der Temperaturmesser in Abb. 1-206 besteht aus einer Widerstandmessbrücke, bei der ein Zweig den **Temperatursensor R.T**, einen Platinwiderstand Pt100 enthält. Die Messbrücke erzeugt aus der Temperaturgesteuerten Widerstandsänderung des Pt100 eine Differenzspannung u.Dif, die der Messverstärker mit seiner **Differenzverstärkung V.Dif** zur **Messspannung u.Mes verstärkt** – und zwar so, dass der Temperaturmesser den geforderten Skalenfaktor Temperaturgradient **k.T=50mV/K** erhält.

Die Messspannung u.x =u.0+u.Mes soll die absolute Temperatur T als Celsiusskala mit dem Temperaturgradienten k.T darstellen. Dazu muss zu ihr eine Ruhespannung u.0 addiert werden.

Beispiel: Abgleich bei Umgebungstemperatur
Bei T.Umg=25°C wird die Brücke durch den Teiler R.2/R.1 auf u.Mes=0 abgeglichen. Bei dem geforderten Skalenfaktor k.T=50mV/K wird u.x=1,25V gefordert. Deshalb muss u.0=1,25V eingestellt werden.
Abb. 1-207 zeigt die Struktur zum Temperaturmesser mit einem Pt100:

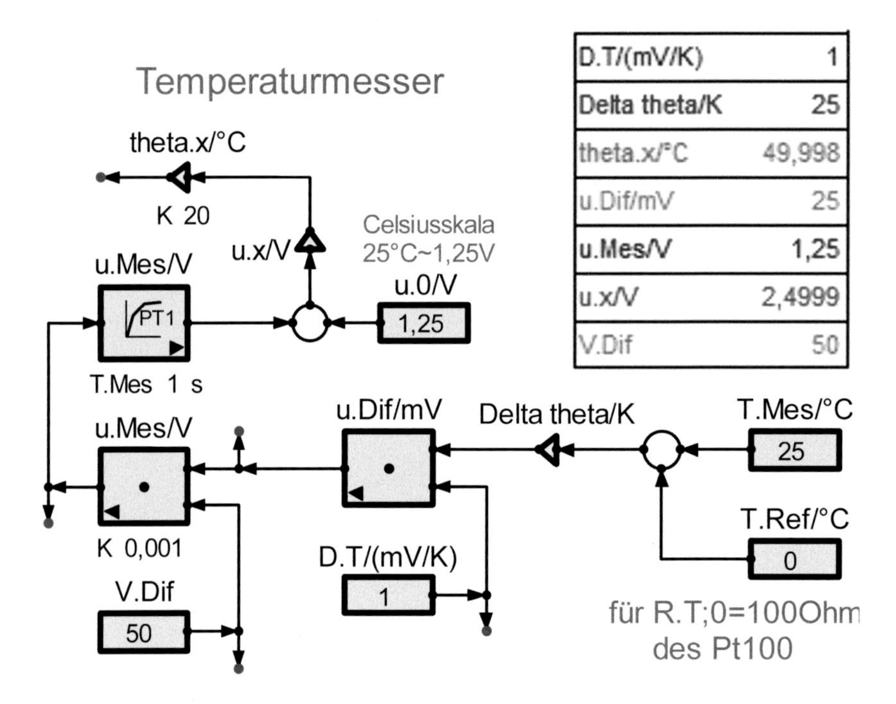

Abb. 1-207 Struktur zum Temperaturmesser in Abb. 1-206 mit Messbrücke und Differenzverstärker: Der Skalenfaktor SF=k.Mes·V.Dif (hier 50mV/K) kann durch die Verstärkung V.Dif eingestellt werden.

Zum Temperatursensor

Zur Temperaturmessung wird ein Platinwiderstand Pt100 gewählt (Abb. 1-208), denn der ist sehr genau, wird in unterschiedlichsten Bauformen angeboten und ist einfach in der Anwendung. Sein Kaltwiderstand bei 0°C ist **R.T0=100Ω**.

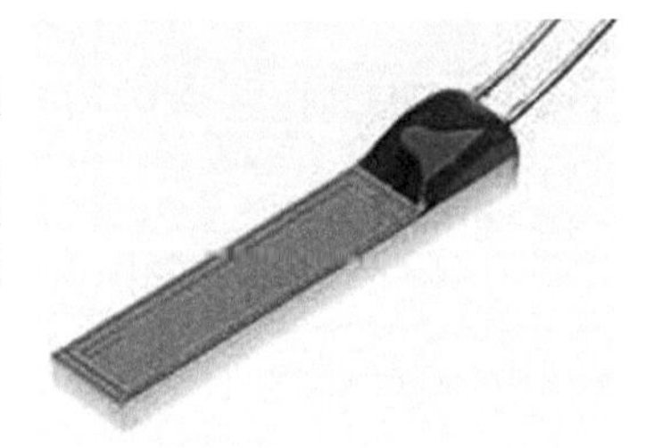

Abb. 1-208 der Temperatursensor Pt100

Zur ohmschen Temperaturmessung benötigt man den Temperaturgradienten des Sensorwiderstands: **ΔR.T/ΔT=0,39Ω/K**. Da der nachgeschaltete Differenzverstärker Eingangsspannungen benötigt, wird der R.T ein aus einer **Referenzspannung u.Ref=5V** gewonnener Strom i.0 eingeprägt. Gefordert wird z.B. der

Temperaturgradient der Differenzspannung **D.T= Δu.Dif/Δϑ=1mV/K.**

Da u.Dif=i.0·ΔR.T/Δϑ ist, muss i.0= u.Dif/(ΔR.T/Δϑ) gemacht werden.
Mit u.Dif=1mV/K und ΔR.T/Δϑ=0,39Ω/K wird **i.0=2,56mA**.

Damit kann auch der Gesamtwiderstand des Temperaturzweigs angegeben werden: R.ges=R.0+R.T=u.Ref/i.0=5V/0,256mA=19,3kΩ. Bekannt ist R.T≈100Ω. Damit wird **R.0=19,2kΩ**. Der nächstgelegener Normwert ist 20kΩ. Damit soll hier gerechnet werden.

Gefordert wird der Skalenfaktor des Temperaturmessers: **SF=50mV/K**.
Damit liegt die benötigte Differenzverstärkung fest: **V.Dif=SF/D.T=50.**

Der **Kompensationszweig** der Messbrücke soll bei 0°C die gleiche Teilung wie der Messzweig haben. Deshalb könnte er die gleichen Widerstände haben. Zur Entlastung der Referenzspannung sind sie hier um den Faktor 10 größer gewählt worden.

Zum **Abgleich** des Temperaturmessers muss die Kompensationsteilung einstellbar sein: Z.B. wird T=20°C gemessen. Dann muss u.Mess=SF·T/°C=1V eingestellt werden.

Die thermische Regelstrecke

Die Regelstrecke ist der Teil eines Regelkreises, der die Einstellung der Regelgröße ermöglicht. Bei Temperaturregelungen ist dies ein gegenüber der Umgebung möglichst gut isolierter Raum.

Abb. 1-209 zeigt das Schema der verlustarmen Steuerung der Heizleistung:
Die Heizung ermöglicht die Erhöhung der Innentemperatur. Damit sie geregelt werden kann, soll sie hier elektrisch arbeiten. Die Kopplung mit der Umgebung, z.B. durch die Einstellung oder Entnahme von Massen, stört die Innentemperatur. Wenn eine einstellbare und stabilisierte Temperatur gefordert sind, muss sie geregelt werden. Das soll hier simuliert werden. Dadurch lässt sich angeben, wie genau die Temperatur bei Störungen gehalten wird und wie schnell sie geändert werden kann. Das sind Fragen, die zu jeder Regelung beantwortet werden müssen.

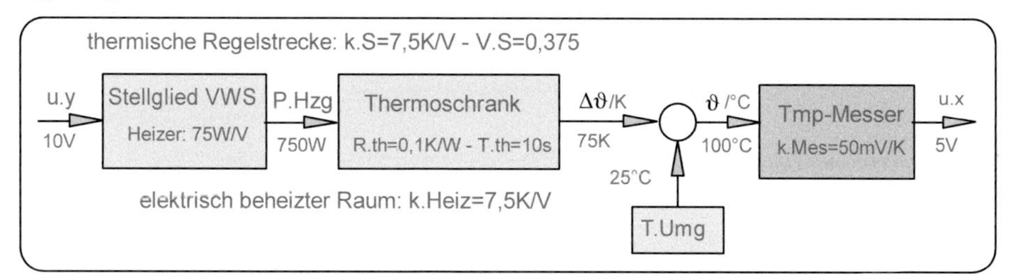

Abb. 1-209 Aufbau eines verlustarmen Temperaturstellers mit Vollwellensteuerung VWS

Bestimmung der Streckenkonstante

Um eine Regelstrecke statisch berechnen zu können, muss ihre Streckenverstärkung **V.S=Δu.x/Δu.y** bekannt sein. Zur dynamischen Berechnung (hier durch Simulation) benötigt man die Streckenzeitkonstanten (hier **T.Hzg und T.M**es). Zu deren Bestimmung simulieren wir eine Sprungantwort (Einschaltvorgang).

Zur Messung der Steuerkennlinie der Messgröße (hier die Temperatur ϑ) muss die Stellgröße (hier die Steuerspannung u.y) so langsam verändert werden, dass die Verzögerungen der Regelstrecke keine Rolle spielen. Mit anderen Worten: Nach jeder Änderung von u.y muss so lange gewartet werden, bis die Temperatur wieder stabil ist.

Abb. 1-210 zeigt die simulierte Steuerkennlinie zu Abb. 1-209:

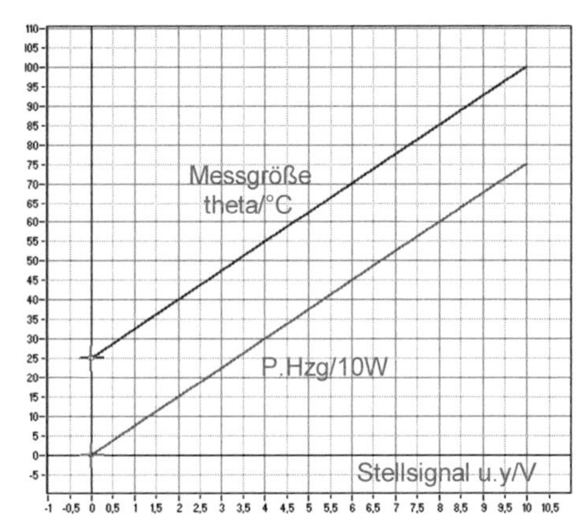

Abb. 1-210 Simulierte Steuerkennlinien der Regelstrecke von Abb. 1-209

Zum Entwurf des Reglers werden die Verzögerungszeitkonstanten der Regelstrecke benötigt. Dazu wird ein Einschaltvorgang gemessen (Abb. 1-211):

Abb. 1-211 zeigt eine Aufheizkurve der thermischen Regelstrecke:

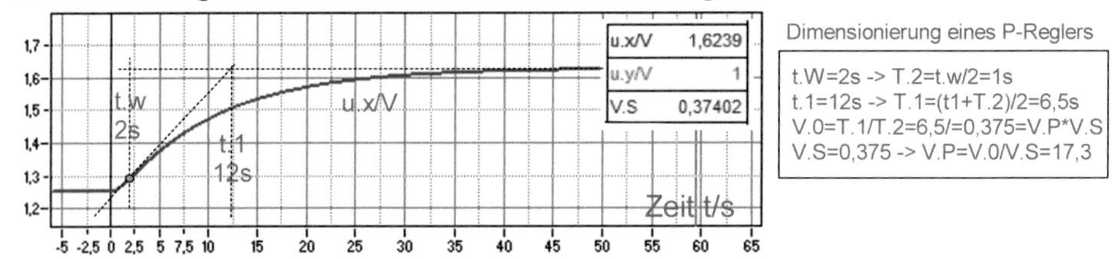

Abb. 1-211 Bestimmung der Reglerdaten aus einer simulierten Erwärmung der Strecke

Berechnung der Streckenverstärkung

Wenn die Konstanten aller Komponenten der Regelstrecke – hier vom Steuereingang u.y bis zum gemessenen Istwert u.x – bekannt sind, kann die Verstärkung V.S der Regelstrecke angegeben werden. Nach Gl. 1-17 ist V.S das Produkt aller Komponenten der Temperatursteuerung:

Gl. 1-33 Verstärkung einer thermischen Regelstrecke

$$V.S = \frac{u.x}{u.y} = \frac{P.Hzg}{u.y} * \frac{\Delta\vartheta}{P.Hzg} * \frac{u.x}{\Delta\vartheta} = k.Hzg * R.th * k.Mes$$

Zahlenwerte:
k.Hzg=75W/V; R.th=0,1K/W; k.Mes=0,05V/K -> V.S=0,375

V.S<1 bedeutet Signalabschwächung durch die Regelstrecke. Sie muss durch entsprechend höhere Reglerverstärkung V.P, die die Kreisverstärkung V.0=V.P·V.S groß gegen 1 machen soll, ausgeglichen werden. Abb. 1-212 zeigt die Struktur zur Simulation einer Temperatursteuerung (thermische Regelstrecke):

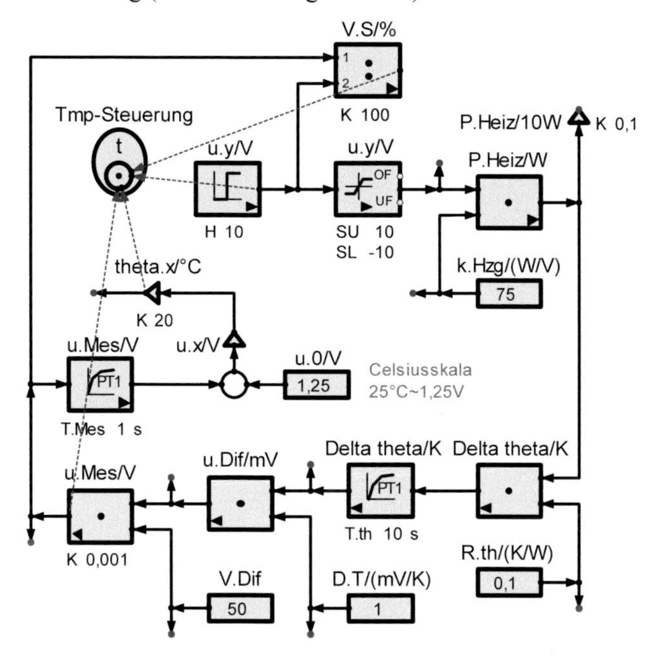

Abb. 1-212 Struktur einer thermischen Regelstrecke – oben: die Steuerung der Heizleistung durch die Spannung u.y, unten: Erwärmung im Innern des Thermoschranks und Messung der Temperatur. Ganz oben: Berechnung der Streckenverstärkung V.S=u.Mes/u.y

Erläuterungen zur Struktur der thermischen Regelstrecke (Abb. 1-212):

Oben: Eingestellt wird die Heizung durch die Steuerspannung u.y. Das kann per Hand mittels Potentiometer oder automatisch durch einen Temperaturregler geschehen. Die Stellspannung u.y steuert die Heizleistung kontinuierlich über einen Stellverstärker, hier eine Vollwellensteuerung (VWS). Begrenzt wird u.y durch die Versorgungsspannungen des Reglers, hier auf ±10V.

Die **Heizungskonstante k.Hzg=P.Hzg/u.y** beschreibt die installierte Heizleistung.
Um den Innenraum um 100K zu erwärmen, muss sie bei dem in Abb. 1-201 gezeigten Wärmeschrank 750W betragen. Daraus folgt **k.Hzg=750W/10V=75W/V**.

Unten: Der **thermische Widerstand R.th=Δϑ/P.Hzg** beschreibt die Isolation des Wärmeschranks. Er soll hier durch P.Hzg=100W um 10K erwärmt werden (Messung). Daraus folgt **R.th=10K/100W=0,1K/W.**

Der Temperaturmesser misst absolute Temperaturen in °C in der Intervalleinheit K (Kelvin). Sein Skalenfaktor ist **SF=50mV/K.** Damit erzeugt er bei 0°C die Spannung 0V und bei 100°C die Spannung u.Ref=5V.

Aufbau und Funktion der Temperaturregelung
Abb. 1-213 zeigt den Aufbau einer Temperaturregelung für einen Wärmeschrank:

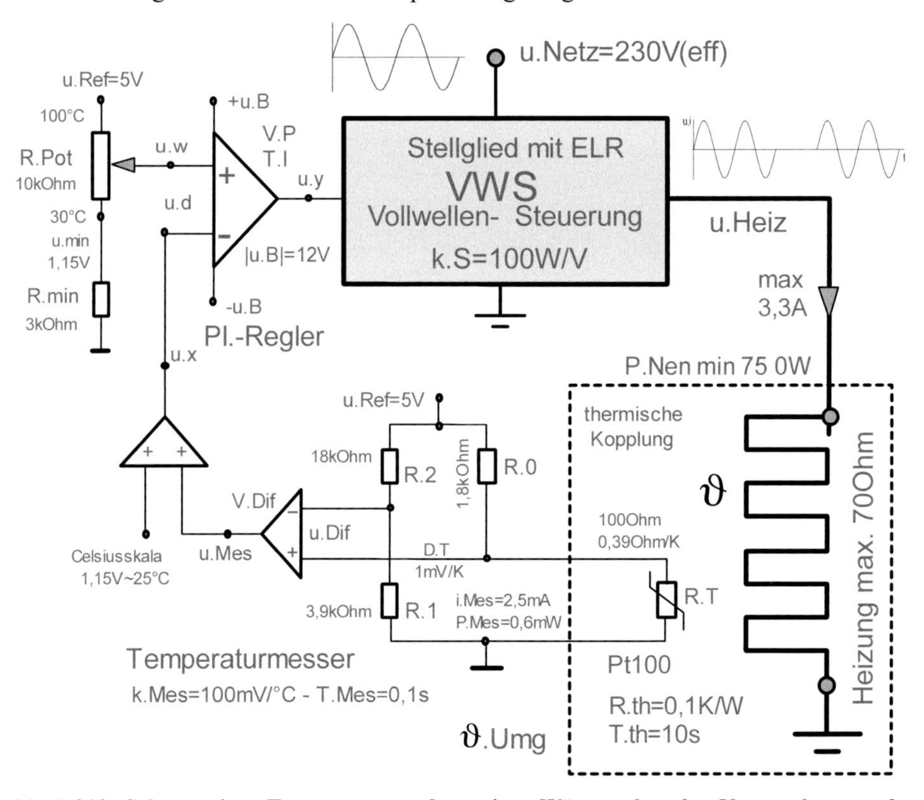

Abb. 1-213 Schema einer Temperaturregelung eines Wärmeschranks: Vorgegeben werden können nur Sollwerte, die größer als 25°C sind.

Erläuterungen zum Aufbau der Temperaturregelung:
Der Temperaturregler vergleicht kontinuierlich den gemessenen Istwert u.x mit dem vorgegebenen Sollwert u.w und bildet aus der Differenz u.d (die Regelabweichung) die Stellspannung u.y, die wiederum die Heizung steuert.
Bei hoher Reglerverstärkung (proportional mit V.P und integral mit T.I), geht u.d gegen null. Die Simulation soll klären, wie genau und schnell die einfache P-Regelung und die PI-Regelung sind.

Zum Sollwertgeber
Temperatursollwerte bis zu ϑ.max=100°C sollen durch eine aus einer Referenzspannung u.Ref=5V geteilten Spannung u.w eingestellt werden. Dazu gehört der Skalenfaktor für das Sollwert-Potentiometer **k.T=Δu.w/Δϑ=50mV/K.**

Der Temperaturmesser muss so dimensioniert werden, dass er den gleichen Skalenfaktor erhält. Durch einen Offset wird daraus die Celsiusskala für u.x, nach der auch der Sollwert u.w vorgegeben wird.

Temperaturregelung mit PI-Regler

Nun soll die bleibende Regelabweichung durch einen I-Anteil zum P-Anteil beseitigt werden. Das zeigt die Struktur der Abb. 1-214:

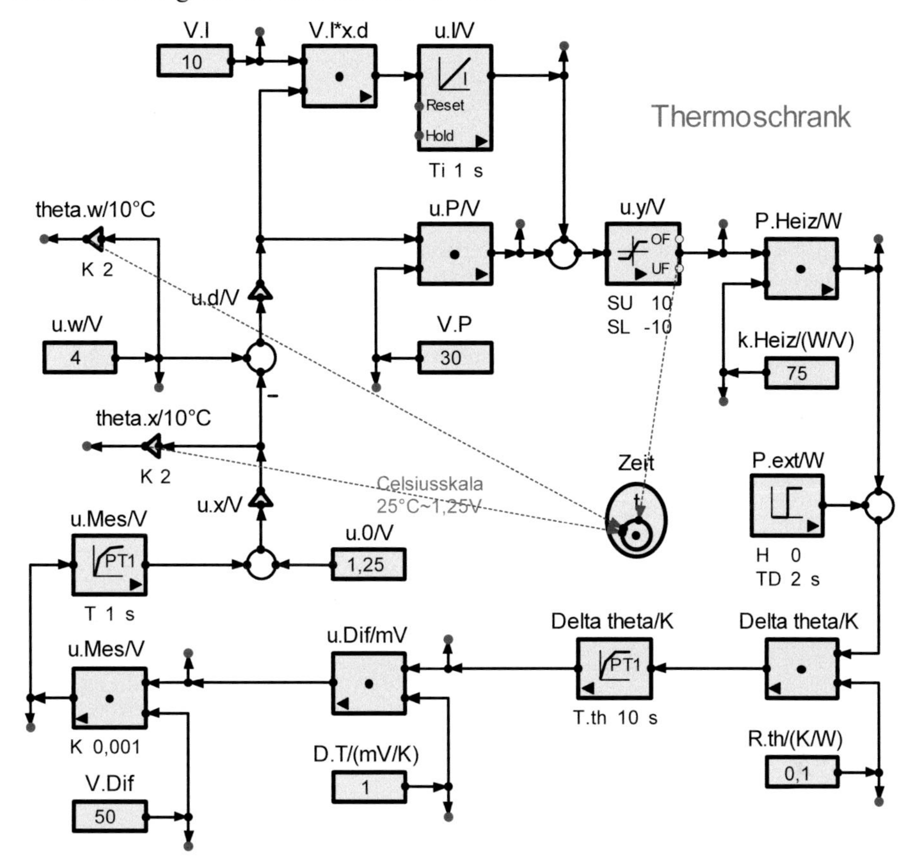

Abb. 1-214 Struktur zur Temperaturregelung nach Abb. 1-213

Optimierung eines PI-Reglers

1. Der P-Regler bestimmt, wie in Abschnitt 1.5.3beschrieben, die Schnelligkeit einer Regelung. Entsprechend wird die **Proportionalverstärkung V.P** für optimale Dynamik eingestellt.
2. Die **Integrationsverstärkung V.I** bestimmt die Schnelligkeit, mit der der Integrator sein Stellsignal u.I erzeugt. Damit die Ausregelung schnell erfolgt, soll die Integrationsverstärkung V.I so groß wie möglich eingestellt werden. Ist V.I zu groß, verschlechtert sich die Stabilität des Kreises. Das begrenzt V.I.

Dimensionierung des Temperaturreglers

Gesucht wird die dynamisch optimale Proportionalverstärkung V.P=(T.1/T.2)/V.S.
Nach Gl. 1-31 muss dazu

1. das Verhältnis zweier Systemzeitkonstanten T.1 und T.2 gebildet und
2. die Streckenverstärkung V.S ermittelt werden.

In erster Näherung können V.S, T.1 und T.2 nach dem Wendetangentenverfahren bestimmt werden. Dazu wird die Regelstrecke (hier der geschlossene Thermoschrank) konstant beheizt. Aufgezeichnet wird der zeitliche Verlauf der Innentemperatur.
Abb. 1-211 entnehmen wir mittels Wendetangente bei 24% des Hubs die Anstiegszeit **t.1=12s** und die Wendezeit **t.W=2s**.

1. Nach Gl. 1-26 ist **T.2=T.Mes=t.W/2=1s**.

2. Hier ist T.1 die thermische Zeitkonstante **T.1=T.th.**
   Nach Gl. 1-28 ist **T.1=(t.1+T.2)/2=6,5s**.

Der richtige Wert wäre nach der Struktur von Abb. 1-196 T.1=10s. Man sieht, dass das Wendetangentenverfahren nur bei einem Zeitkonstantenverhältnis T.1/T.2>10 ***beliebig ungenau*** *wird, denn dann ist* ***kein Wendepunkt mehr erkennbar****.*

3. Durch T.1/T.2=V.0 liegen nach Gl. 1-25 die optimale Keisverstärkung V.0=6,5 und nach Gl. 1-24 auch die bleibende Regelabweichung x.B=1/(1+V.0)=13% fest.

Test der P-Regelung
Zum Test der P-Regelung wird der Sollwert auf einen hohen Wert eingestellt, z.B. 4V, entsprechend 80°C. Beobachtet wird der Hochlauf der Innentemperatur (Abb. 1-215).

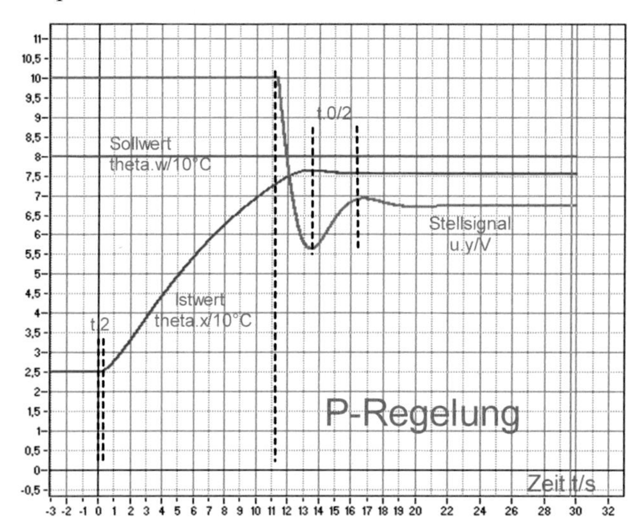

D.T/(mV/K)	1
Delta theta/K	50,51
k.Heiz/(W/V)	75
P.Heiz/W	505,11
R.th/(K/W)	0,1
theta.w/°C	80
theta.x/°C	75,51
u.d/V	0,22449
u.Dif/mV	50,51
u.Mes/V	2,5255
u.w/V	4
u.x/V	3,7755
u.y/V	6,7348
V.Dif	50
V.P	30
V.S	0,37499

Abb. 1-215 Hochlauf der Temperatur bei einfacher Proportionalregelung: Es verbleibt eine statische Regelabweichung von 4,5K.

Anschläge bedeuten Verlangsamung der Signale im Kreis. Das wirkt stabilisierend, da sie die Geschwindigkeiten gegenüber fehlenden Anschlägen vermindern.
-> Höhere V.P ist zulässig. Schwingungen stellen sich erst ein, wenn der Anschlag verlassen wird – also wenn sich der Istwert in der Nähe des Sollwerts befindet.

Test der PI-Regelung
Abb. 1-216 zeigt den Einlauf der Temperatur in den Sollwert. Die Dynamik des Kreises (Stabilität) ist durch den I-Regler nur geringfügig verschlechtert.

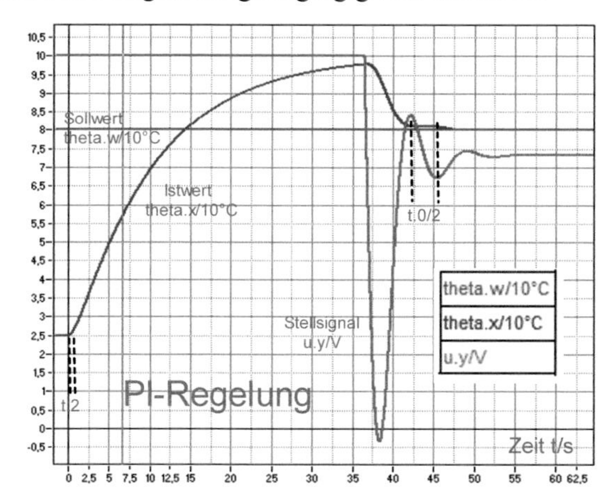

Abb. 1-216 Hochlauf der Temperatur bei PI-Regelung: Die Regelabweichung verschwindet nach ca. 42s.

Am Beispiel einer Temperaturregelung wurde das Wendepunktverfahren zur Berechnung eines P- und eines PI-Reglers verwendet. Durch Simulation wurden die damit erzielten Eigenschaften des Regelkreises erläutert. Es soll nun auf eine Drehzahl-regeung angewendet werden.

1.6 Drehzahlregelung

Durch Motoren können Drehzahlen elektrisch eingestellt werden. Ihr Drehmoment und die Drehzahl lassen sich leicht an jede Anwendung anpassen. Das sind seine Vorteile.

Für Präzisionsanwendungen haben Motoren aber drei Nachteile:
1. Die eingestellte Drehzahl ist belastungsabhängig.
2. Kleine Drehzahlen sind wegen Haftreibung nicht einstellbar.
3. Drehzahländerungen können nur mit Verzögerung eingestellt werden.

Eine Drehzahlregelung soll alle Nachteile des gesteuerten Motors so weit wie möglich beseitigen. Um zu sehen, was sie gebracht hat, müssen Steuerung und Regelung verglichen werden. Die Eigenschaften von Motoren werden von Herstellern in Datenblättern angegeben. Damit sollen die zum Vergleich benötigten Motorkennlinien simuliert werden. Diese betreffen:

1. die Einstellbarkeit der Drehzahl, insbesondere im Bereich der Ansprechschwelle
2. die Lastabhängigkeit der Drehzahl n(M.Last)
3. die Schnelligkeit, mit der der Endwert der Drehzahl n(t) nach Änderungen des Sollwerts oder einer Störung erreicht wird.

Das sind die zu klärenden Fragen. Wie bei jeder Regelaufgabe beginnen wir mit der **Analyse der Regelstrecke**, hier des gesteuerten Gleichstrommotors.

1.6.1 Der Gleichstrom (DC)-Motor

Zur Simulation eines Systems muss es ***analysiert*** *werden. Die dazu verwendeten Verfahren heißen ‚****Vierpoltheorie****' (für das äußere Verhalten) und ‚****Strukturbildung****' (für das interne Verhalten). Was darunter zu verstehen ist und wie diese Verfahren angewendet werden, soll hier am Beispiel des Gleichstrommotors gezeigt werden. Die Vierpolmethode wird in den folgenden Kapiteln auf beliebige technische Systeme zur Definition der Aufgabenstellung angewendet.*

Zur Funktion elektrischer Gleichstrommaschinen
Elektrische Maschinen wandeln mit Hilfe magnetischer Felder elektrische Leistung in mechanische um - und umgekehrt. Sie bestehen im einfachsten Fall aus einem feststehenden Dauermagneten (Stator), in dessen Feld eine Spule drehbar gelagert ist (Rotor=Anker). Solch eine Maschine kann sowohl als Generator als auch als Motor verwendet werden (Abb. 1-217).

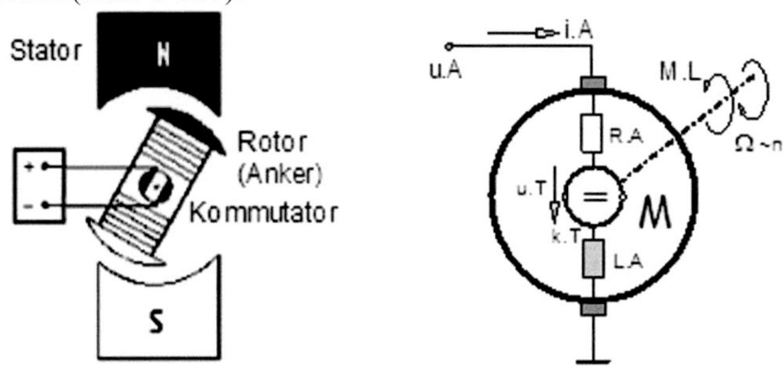

Abb. 1-217 Aufbau eines Elektro-Motors oder -Generators: Eine Spule ist im Feld eines Dauermagneten drehbar gelagert. Generator: Wird die Spule gedreht, so wird eine Wechselspannung u.T induziert, die der Drehzahl n und der Stärke des Magneten proportional ist. Der Kommutator ist ein Gleichrichter für die drehzahlproportionale Tachospannung u.T.

Im **Generatorbetrieb** (Abb. 1-218) wird die Welle gedreht. Das induziert in der Spule eine Wechselspannung, die von einem **Stromwender (Kommutator)** gleichgerichtet wird. Bei realen Maschinen werden mehrere Spulen auf dem Umfang verteilt. Dadurch wird die kommutierte Wechselspannung zu einer ungeglätteten Gleichspannung.

Zur statischen Simulation des elektromechanischen Wandlers wird eine **Tachokonstante k.T** und eine **Motorkonstante k.M** benötigt. Wie diese aus den von Motorherstellern angegebenen Daten bestimmt werden, wird zuerst gezeigt.

Wir beginnen mit der Beschreibung des stationären Verhaltens des Motors (Abb. 1-219): Drehzahl und Belastung sind konstant. D.h., dass alle Steuerungen so langsam erfolgen, dass Zeitverhalten (der Anlaufvorgang) noch keine Rolle spielt. Unberücksichtigt bleiben hier auch die Nichtlinearitäten des Motors (wichtig bei kleinen Dreh-zahlen):

- die **Ansprechschwelle** durch Haftreibung und
- die **Kommutierungsspannungen** durch die Stromwenderbürsten

Ausführlich behandelt und simuliert werden die Nichtlinearitäten und die Motordynamik in Kap. **6 ‚Elektrische Maschinen'.**

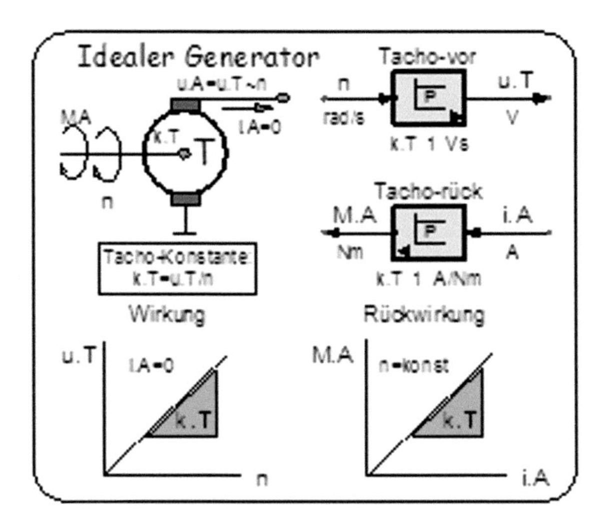

Abb. 1-218 Generator: Spannungssteuerung durch die Drehzahl und Drehmoment durch den Ankerstrom (ohne eigene Verluste)

Die **Drehzahl n** wird üblicherweise in Umdrehungen pro Minute angegeben Umd/min=Upm. Das ist für Berechnungen unpraktisch, denn durch die willkürlichen Einheiten U(mdrehung) und min entsteht ein Umrechnungsfaktor, der die Berechnungen unübersichtlich macht. Hinter der Umd/min verbirgt sich, dass die Drehzahl n eine **Winkelgeschwindigkeit Ω=φ/t** in **rad/s** ist. Deshalb rechnen wir anstelle von **n in Umd/min** immer mit **Ω in rad/s**.

Weil 1Umdrehung den Winkel 2πrad hat und 1 Minute 60 Sekunden, erhalten wir als Umrechnungsfaktor **Umd/min** = 2πrad/60s ≈ **0,1rad/s** oder **1rad/s ≈ 10 Umd/min**.

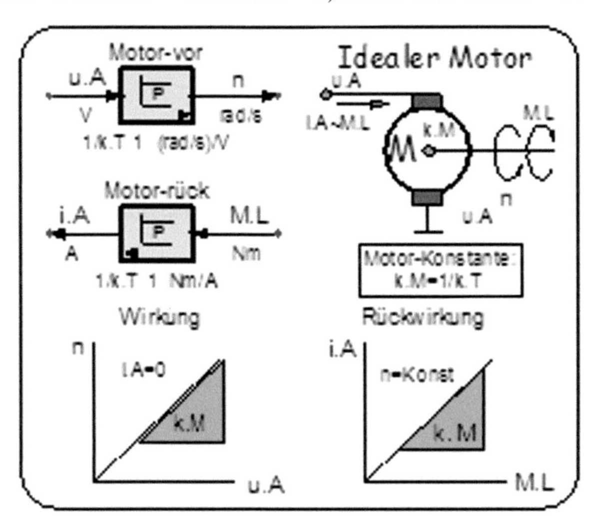

Abb. 1-219 Motor: Drehzahlsteuerung durch die Ankerspannung und Stromrückwirkung durch das Lastmoment

Wirkung und Rückwirkung beim idealen Generator und Motor
Zur Berechnung des Generators ist eine Tachokonstante k.T zu bestimmen. Die zur Berechnung des Motors benötigte Motorkonstante k.M ist der Kehrwert von k.T. Zur Berechnung wird daher nur ein Parameter, die Tachokonstante k.T, benötigt. Sie wird je nach Bedarf einmal in Vs und ein andermal in A/Nm angegeben.

Im **Motorbetrieb** wird eine Gleichspannung u.A an die Ankerspule gelegt. Dadurch entsteht ein magnetisches Ankerfeld, das zusammen mit dem Statorfeld ein Drehmoment erzeugt. Dadurch dreht sich die Welle mit einer **Drehzahl n,** die so groß ist, dass die im Anker induzierte und gleichgerichtete **Tachospannung u.T** annähernd so groß wie die äußere Ankerspannung u.A wird. Der Unterschied zwischen u.A und u.T treibt einen Ankerleerlaufstrom i.0 ~ n, der die mechanischen Verluste des Motors deckt.

Bei **Belastung der Welle** sinkt die Drehzahl n – und damit auch die Tachospannung u.T, sodass der Ankerstrom ansteigt. Dadurch steigt auch die zugeführte elektrische Leistung an, bis sie die an der Welle abgegebene mechanische Leistung deckt.

Drehmoment, Drehzahl und Leistung
Motoren wandeln Spannungen in Drehzahlen um, Generatoren wandeln Drehzahlen in Spannungen um. Die ideale Maschine hätte dabei keinerlei Verluste. Dann wäre die **mechanische Leistung P.me** an der Welle genauso groß wie die **elektrische Leistung P.el** der Ankerspule.

Die **elektrische Leistung P.el** ist das Produkt aus der Ankerspannung u.A und dem Ankerstrom i.A:

Gl. 1-34 $$P.el = u.A \cdot i.A \quad - \text{ in } V \cdot A = W$$

Die mechanische Leistung P.me ist das Produkt aus dem **Drehmoment M** und der **Winkelgeschwindigkeit Ω~n:**

Gl. 1-35 $$P.me = M \cdot \Omega \quad - \text{ in Nm/s} = W$$

Beim Generator ist M das **Antriebsmoment M.A**, beim Motor ist M das **Lastmoment M.L.**

1.6.2 Die technischen Daten eines DC-Motors

Hersteller geben zu ihren Motoren technische Daten an (Abb. 1-220). Sie zu verstehen, ist ohne die Vierpoltheorie erfahrungsabhängig. Durch die Vierpoltheorie wird der Motor durch einen minimalen Satz von Parametern beschrieben (Abb. 1-243).

Das soll am Beispiel eines Kleinmotors der Fa. Faulhaber gezeigt werden, weil deren Dokumentation ausführlich, aber nicht perfekt ist (Begründung folgt).

DC-Kleinstmotoren 4,7 mNm **FAULHABER**
Edelmetallkommutierung 7,5 W

Serie 2230 ... S				P.Nen=7,5W	
Werte bei 22°C und Nennspannung			2230 T	006 S	
1	Nennspannung	u.Nen	U_N	6	V
2	Anschlusswiderstand	R.A	R	3	Ω
3	Abgabeleistung	P.Nen	$P_{2nom.}$	2,94	W
4	Wirkungsgrad, max.	k.M*k.T	η_{max}	82	%
5	Leerlaufdrehzahl	Ω.0=977rad/s	n_0	9 300	min^{-1}
6	Leerlaufstrom, typ.		I_0	0,019	A
7	Anhaltemoment		M_H	12,1	mNm
8	Reibungsdrehmoment	bei n.0	M_R	0,12	mNm
9	Drehzahlkonstante		k_n 1/k.T	1 560	min^{-1}/V
10	Generator-Spannungskonstante		k_E k.T	0,639	mV/min^{-1}
11	Drehmomentkonstante		k_M k.T	6,1mVs	mNm/A
12	Stromkonstante		k_I 1/k.T	0,164	A/mNm
13	Steigung der n-M-Kennlinie	R.A/k.T²	$\Delta n/\Delta M$ k.L	769	min^{-1}/mNm
14	Anschlussinduktivität		L L.A	150	µH
15	Mechanische Anlaufzeitkonstante		τ_m T.me	20	ms
16	Rotorträgheitsmoment		J	2,5	gcm^2
17	Winkelbeschleunigung		α_{max}	49	$\cdot 10^3 rad/s^2$
18	Wärmewiderstände	Geh/Umg	R_{th1} / R_{th2}	4 / 28	K/W
19	Thermische Zeitkonstante	T.th=R.th*C.th	τ_{w1} / τ_{w2}	4,5 / 602	s
20	Motorkonstante		k.M=eta/k.T	1280	Upm/V
21	Ruhestromkonstante		k.I	0,032	A/V
22	interne Reibungskonstante		c.R;int	0,14	µNms
23	Nenndrehzahl		n.Nen	7700	Upm
24	Nennmoment		M.Nen	9,3	mNm

Quelle: © Dr. Fritz Faulhaber GmbH & Co. KG

Abb. 1-220 Die technischen Daten von Faulhaber-Kleinmotoren mit Ergänzungen des Autors und den hier verwendeten Formelzeichen: Zur stationären Berechnung eines Motors werden nach Abb. 1-244 nur drei Vierpolkonstanten benötigt (hier k.M, K.I und k.L).

Die einzelnen Punkte in Abb. 1-220 werden nun erklärt. Dabei wird sich zeigen, dass die hier gemachen Angaben z.T. redundant sind.

Zu 1: Ankernennspannung **U.AN=6V**
U.AN ist zusammen mit der geforderten Nennleistung die Grundlage zur Dimensionierung und Simulation der elektrischen Komponenten eines Motors.

Zu 2: Ankerwiderstand **R.A =3Ω.** Er heißt bei Fa. Faulhaber Anschlusswiderstand R.

Zu 3: Angegeben wird die kurzzeitig abgebbare Leistung des Motors **P.max = 7,5W**. Das ist nur bei entsprechender Kühlung eine Dauerleistung. Für unsere Berechnungen benötigen wir die mechanisch abgebbare Nennleistung für Dauerbetrieb. Da dazu die Angabe fehlt, nehmen wir Folgendes an:

Ω.Nen=900rad/s≈9000U/min.

Mit **M.Nen=4,7mNm** wird **P.me = 4,2W < P.max**. Dazu gehört ein Ankernennstrom **I.AN**=P.Nen/U.AN = **0,7A.**

Die Struktur der Abb. 1-221 zeigt die Berechnung der Motorparameter nach den Herstellerangaben von Abb. 1-220.

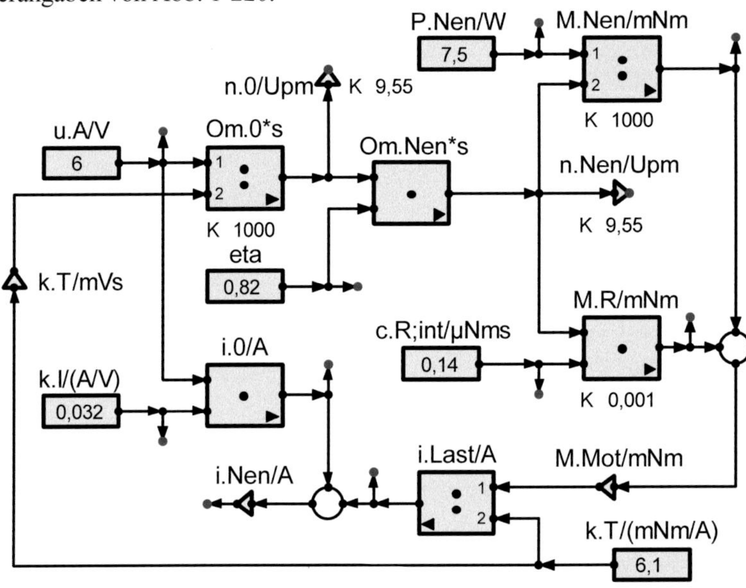

Abb. 1-221 Berechnung der Nenndaten eines Faulhaber Kleinmotors nach den Daten von Abb. 1-220: Die Struktur zeigt, welche Konstanten zur Berechnung der Nenndaten benötigt werden und wie sie zu verwenden sind. Abb. 1-222 zeigt die Zahlenwerte dazu.

Faulhabermotoren Serie 2230 S

						P.Nen/W	7,5
c.R;int/µNms	0,14	i.0/A	0,192	k.T/(mNm/A)	6,1	M.R/mNm	0,11292
Delta T.Geh/K	34,853	i.Last/A	1,5429	k.T/mVs	6,1	n.0/Upm	9393,4
Delta T.Umg/K	5,3814	i.Nen/A	1,7349	M.Mot/mNm	9,4117	n.Nen/Upm	7702,6
eta	0,82	k.I/(A/V)	0,032	M.Nen/mNm	9,2988	u.A/V	6

Abb. 1-222 Die nach Abb. 1-221 errechneten Daten eines Faulhaber Kleinmotors

Zu 4: Der **Wirkungsgrad** η wird mit 82% angegeben. Er wird bei Nenndrehzahl n.Nen gemessen. Um η berechnen zu können, müssen wir es zuerst definieren:

Gl. 1-36 Wirkungsgrad eines Motors

$$\eta.Mot = \frac{P.me}{P.el} \approx \frac{n.Nen}{n.0}$$

P.mech ist die Nennleistung des Motors, hier 4,2W. Zur Berechnung des Wirkungsgrades η müssten die mechanischen **Reibungsverluste P.Rbg(n)** und die **elektrischen Verluste P.RA=R.A·I.A²** im **Ankerwiderstand R.A** berechnet werden.

Näherungsweise kann der Wirkungsgrad auch aus dem Verhältnis von Nenndrehzahl n.0 und Leerlaufdrehzahl n.0 gebildet werden.

Zahlenwerte aus Abb. 1-220: n.Nen=7700Upm; n.0=9300Upm -> $\eta \approx 83\%$.

Zu 5: Die Leerlaufdrehzahl wird mit n.0=9300U/min angegeben. Für die Berechnungen benötigen wir sie in rad/s. Der Umrechnungsfaktor ergibt sich aus
Umdrehung U =2π rad und min = 60s: Ω.0 = 977 rad/s.

Zu 6: Hier wird der Leerlaufstrom **I.A0=19mA** angegeben. Das ermöglicht die Berechnung des Spannungsverlustes am Ankerwiderstand **U.RA(LL)=R.A·I.A0 ≈ 57mV**. Das ist klein gegen die Nennspannung U.AN=6V. Deshalb können wir aus U.A0 und n.0 die Tachokonstante des Motors berechnen:

k.T ≈ U.A0/Ω.0 =6V/(977rad/s)= **6,1mVs**.

Aus dem Leerlaufstrom I.A0 und R.A erhalten wir die elektrischen Verluste des Motors im Leerlauf:

P.RA = U.RA·I.A0 = R.A·I.A0² ≈ **1mW**.

I.A0 dient zur Deckung der Reibungsverluste. Sie werden unter Punkt 8 berechnet.

Zu 7: Hier wird das Lastmoment an der Welle angegeben, das sie auf null abbremst (12mNm). Es ist etwa das 1,5-fache des Nennmoments.

Zu 8. Hier wird das Reibmoment M.Rbg = k.T·I.A0 = c.R·Ω.0 im Leerlauf genannt: M.Rbg(n.0) = 120μNm. Mit Ω.0=977rad/s können wir den Reibungswiderstand des Motors bestimmen: **c.R = M.Rbg/Ω.0 = 0,12μNms**.

Aus M.Rbg und Ω.0 errechnen wir die mechanische Verlustleistung des Motors im Leerlauf: **P.Rbg** = M.Rbg·Ω.0 = **0,12W**. Damit kann der Wirkungsgrad η des Motors (Abb. 1-129) berechnet werden.

Im **Leerlauf** sind die elektrischen Verluste (1mW) klein gegen die mechanischen (120mW). Dann wird P.ges ≈ P.mech+P.Rbg und **η ≈ P.me/P.ges = 97%.**
Bei **Nennlast (4,7mNm entsprechen 0,3A)** sind die elektrischen Verluste **P.RA=R.A·I.Nen²** = 3Ω·0,3A²=**270mW** groß gegen die mechanischen Verluste.

Dann wird P.ges ≈ P.me+P.RA=2W+0,26W=2,26W und **η ≈ P.me/P.ges =88%.**
Das ist in etwa die Herstellerangabe (82%).

Zu 9 und 12: Die unter 9 angegebene ‚Drehzahlkonstante k.n = 1340(U/min)/V = 140/Vs' ist identisch mit der unter 12 angegebenen ‚Stromkonstante k.I' und beide sind nichts anderes als der Kehrwert der unter 6 berechneten Tachokonstante k.T. Sie werden nur in unterschiedlichen Einheiten angegeben (1/(V·min) und A/mNm).

Zu 10 und 11: Die unter Punkt 10 angegebene ‚Generator-Spannungskonstante k.E' ist identisch mit der unter 11 angegebenen ‚Stromkonstante k.I' und beide sind die Tachokonstante k.T mit unterschiedlichen Einheiten (mV/min und mNm/A).

Hätten die Erzeuger der Motordaten mit Strukturen gearbeitet, wären ihnen die Identitäten wahrscheinlich aufgefallen.

Zu 13: Die Steigung bzw. das Gefälle k.L der Belastungskennlinie ist das Maß für die Lastabhängigkeit der Drehzahl. Die Belastungskonstante **k.L=Δn/ΔM.L** ist hier mit 769(U/min)/mNm = 80(rad/s)/mNm angegeben.
Bei der Erklärung des Motors wurde gezeigt, dass die **mechanische** Lastabhängigkeit der Drehzahl durch den **elektrischen Ankerwiderstand R.A** entsteht. Zur Berechnung von **k.L = R.A/k.T²** wird das Quadrat der Tachokonstante k.T benötigt.

Zu 14: Die Ankerinduktivität L.A heißt hier einfach Anschlussinduktivität L. Sie erzeugt den zur Drehmomentbildung nötigen magnetischen Ankerfluss ψ.A=N·ϕ.A=L·i.A.

Durch L.A entsteht die elektrische Verzögerung T.el=L.A/R.A des Ankerstroms gegen die Ankerspannung. Mit L.A=130μH und R.A=3Ω ist T.el=43μs. Das ist klein gegen die mechanische Zeitkonstante T.me, die im nächsten Punkt angegeben wird.

Zu 15, 16 und 17: Mit der mechanischen Zeitkonstante T.me kann die Winkelbeschleunigung
α=dΩ/dt = M.A/J der Motorwelle aus dem Antriebsmoment M.A=k.T·I.A oder aus dem Ankerstrom I.A berechnet werden.

Die zugehörige Konstante heißt **Rotorträgheitsmoment J=M.Nen/α.max.** Es dient zur Berechnung von Winkelbeschleunigungen α.max=M.max/J nach dem Einschalten der Ankerspannung. Das **Massenträgheitsmoment J~m.Rot/r.Rot²** ist analog zur **trägen Masse m** bei Linearbeschleunigungen.

In Bd. 2/7, Kap. 4.4.5, ‚Mechanische Dynamik' wird gezeigt, wie Massenträgheitsmomente J aus der Rotormasse m.Rot und seinem Radiusquadrat r.Rot² berechnet werden.

Die in Punkt 17 angegebene maximale Beschleunigung α.max der Motorwelle wird durch Einschalten der Nennspannung U.AN, hier 6V, gemessen. Dann entwickelt der Motor sein Nennmoment M.Nen.

Unter Punkt 16 wird das Trägheitsmoment des Rotors im Leerlauf (keine externe Last) angegeben. In Kap. **4 Mechanik** erfahren Sie, dass die mechanische Zeitkonstante **T.me = J/c.R** (hier 20ms), durch J und den mechanischen Reibungswiderstand c.R bestimmt wird.

T.me = J/c.R zeigt die elektrische Analogie: **T.el=L/R.** Das Massenträgheitsmoment J entspricht der Induktivität L und der Reibungswiderstand c.R entspricht bei niederohmiger Ansteuerung dem Spulenwiderstand R.

Sprungantwort
Mit T.me und T.el lässt sich der kriechende Eischaltvorgang des gesteuerten Motors angeben. Abb. 1-193 zeigt seinen Verlauf. Darin ist T.el die mechanische Zeitkonstante T.me des Motors, T.2 ist die elektrische Zeitkonstante T.el=L.A/R.A.

Abb. 1-223: Zu 18 und 19: Motoren erzeugen im Betrieb Verluste, die sie und ihre Umgebung erwärmen. Ab etwa 70°C werden sie thermisch beschädigt. Um zu zeigen, wie schnell das gehen kann, soll der Temperaturverlauf am Gehäuse des Motors und in seiner näheren Umgebung simuliert werden. Dazu gibt Fa. Faulhaber in Abb. 1-220 zwei Zeitkonstanten (τ genannt) und zwei thermische Widerstände an:

- für das Motorgehäuse R.th1=28K/W und τ.w1 = 4,5s
- für die Umgebung R.th2=4K/W und τ.w2 = 602s

Abb. 1-223 zeigt die Struktur zur Simulation dieser Temperaturen:

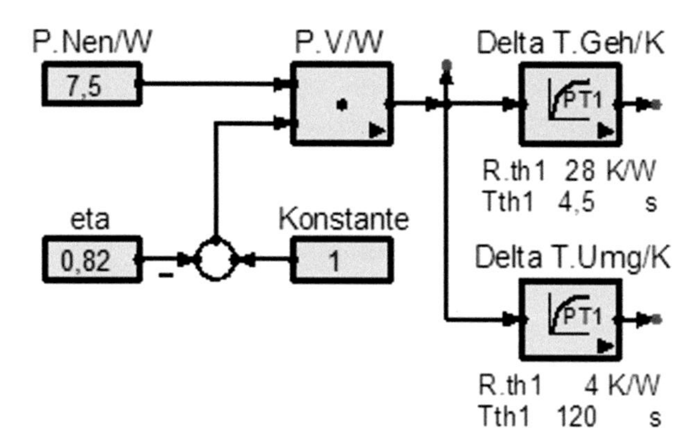

Abb. 1-223 Berechnung der Erwärmung des Motors und seiner näheren Umgebung

Abb. 1-224 zeigt die Temperaturen eines Motors am Gehäuse und in seiner näheren Umgebung. Was genau damit gemeint ist, ist unklar.

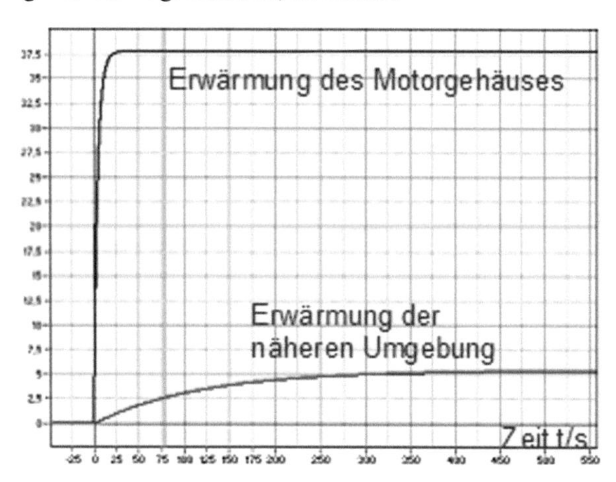

Abb. 1-224 interne und äußere Erwärmung eines Motors im Betrieb

1.6.3 Tachogeneratoren

Bei Motoren ist die Stabilisierung ihrer **Drehzahlen n** bei wechselnden **Belastungen M.L** eine immer wiederkehrende Aufgabe. Sie wird durch den Aufbau von Drehzahlregelungen gelöst. Voraussetzung zur Drehzahlregelung ist die **Messung der Drehzahlen** mit Tachometern.

Abb. 1-225: Zur Automatisierung müssen sie einen Drehzahl-proportionalen elektrischen Ausgang haben. Dann heißen sie Tachogenerator. Zur Realisierung des Tachogenerators stehen zwei Möglichkeiten zur Auswahl:

- der mechanische Tacho – ein elektromagnetischer Wandler
- der elektronische Tacho – gebildet aus einer Widerstandsmessbrücke.

Beide Möglichkeiten werden nun vorgestellt. Welche Variante gewählt wird, hängt von der geforderten Genauigkeit und dem akzeptierten Aufwand ab.

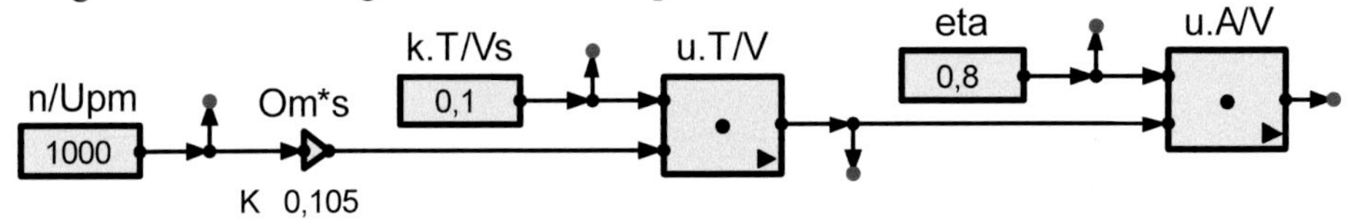

Abb. 1-225 Die interne Tachospannung und die äußere Ankerspannung eines Motors, der als Generator betrieben wird. Abb. 1-226 zeigt Zahlenwerte dazu.

Die Tachokonstante k.T

Beim idealen Motor und Generator ist die äußere Ankerspannung u.A gleich der inneren (drehzahlinduzierten) Tachospannung u.T. Genaueres zur magnetischen Ursache der Tachokonstante k.T erfahren Sie in Bd. 4/7 beim Thema ‚Elektrische Maschinen'.

Die elektrische Leistung **P.el=u.T·i.A** in der Ankerspule ist - abgesehen von den inneren Verlusten des Motors - gleich der an der Welle abgegebenen mechanischen Leistung **P.me=M·Ω**. Aus **u.T·i.A=M·Ω** erhalten wir die **Tachokonstante k.T** der Maschine:

Gl. 1-37 $k.T = u.T/\Omega = i.A/M$ – in Vs = A/Nm

Die Motorkonstante k.M

Bei verlustarmen Motoren ist die Tachospannung u.T nur wenig kleiner als die Ankerspannung u.A. Dann ist die **Motorkonstante k.M =Ω/u.A** fast so groß wie der Kehrwert von k.T: **k.M·k.T≈1**. Im Abschnitt 1.6.4 wird bei der Berechnung des Wirkungsgrades **η=P.me/P.el** gezeigt, dass das Produkt k.M·k.T nicht 1, sondern der **Wirkungsgrad η** des Motors ist.

Gl. 1-38 $k.M = \Omega/u.M \approx \eta/k.T$ – in 1/Vs=A/Nm

Der elektromagnetische Tachogenerator

Als Messwandler für die Drehzahl n kann ein kleiner Motor, der an die Welle geflanscht ist, dienen (Abb. 1-226). Der Tacho ist ein im **Leerlauf** betriebener Gleichstrommotor. Da ein Tacho keine Leistung abgibt, kann er viel kleiner als der Motor sein, dessen Drehzahl er misst. Er muss verkantungsfrei an die Motorwelle angeflanscht werden – ein oft nicht unbeträchtlicher mechanischer Aufwand.

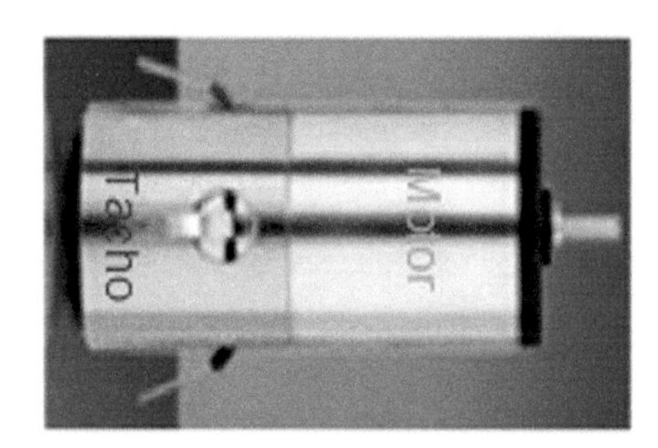

eta	0,8
k.T/Vs	0,1
n/Upm	1000
Om*s	105
u.A/V	8,4
u.T/V	10,5

Quelle: © Dr. Fritz Faulhaber GmbH & Co. KG

Abb. 1-226 Gleichstrommotor mit integriertem Tachogenerator: Abb. 1-227 zeigt seine technischen Daten. Rechts: Die Zahlenwerte zur Struktur von Abb. 1-225.

Tab. 1-3 Daten zur Motor-Tacho-Kombination von Faulhaber

DC-Motor - Nenn-Daten		**Motor-Tacho Parameter**	
Ankerspannung	U.AN = 5V	Motor-Monstante	k.M = I.A/M.A = 1A/Ncm
Drehzahl	n = 500rad/s ~ 5000 Umdr/min	Anker-Widerstand	R.A = 3Ohm
Beschleunigung	dn/dt = 10 000 rad/s²	Anker-Induktivität	L.A = 3mH
Ankerstrom	I.AN = 0,3A		
Drehmoment	M.A = 3mNm = 0,3 Ncm	Massenträgheitsmoment	J.ges=0,15 µ(kg*m²)
Leistung	P.N = U.A*I.A = M.A*n = 1,5W	Zeitkonstante	T.MT = 60ms

Die **Ankerspannung** eines Tachos heißt **Tachospannung u.T**. Sie ist der Drehzahl Ω proportional: u.T=k.T·Ω. Das zeigt Abb. 1-227.

Glättung der Tachospannung

Die Drehzahl n ist der gleichgerichteten und gemittelten induzierten Tachospannung u.T proportional (Abb. 1-227). Bei der Kommutierung der im Tachogenerator induzierten Wechselspannung zur Gleichspannung u.T treten ständig Umschaltspitzen auf. Deshalb benötigen mechanische Tachos eine nachgeschaltete Glättung. Sie wird am einfachsten durch ein RC-Glied realisiert.

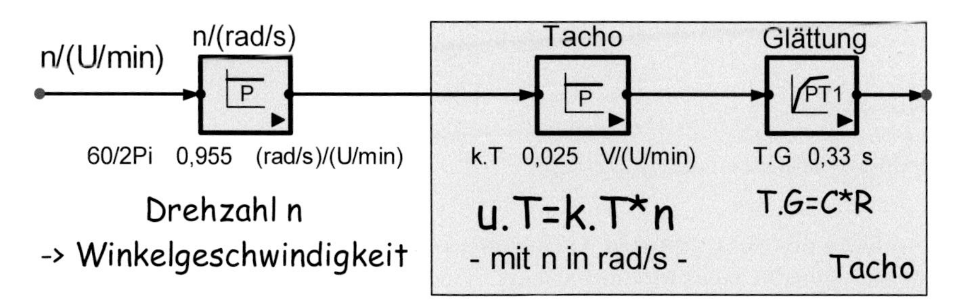

Abb. 1-227 Struktur des Tachogenerators mit Glättung: Um die Messverzögerung klein zu halten, soll die Glättungszeitkonstante T.G klein gegen den Kehrwert der Kommutierungsfrequenz sein. Wenn diese bei kleinen Drehzahlen bis in den Hz-Bereich sinken kann, muss T.G im Sekundenbereich liegen.

Benötigt werden **Glättungszeitkonstanten T.G=C·R** in der Größenordnung Sekunde (s). Da elektrische Kondensatoren mit vertretbarer Baugröße Kapazitäten im Bereich µF besitzen, muss der Widerstand R in der Größenordnung MΩ liegen. Damit ist der geglätte Tachoausgang kaum noch belastbar. Um ihn belasten zu können, müsste ein **Einheitsverstärker (Impedanzwandler)** nachgeschaltet werden. Wenn man diesen Aufwand treibt, kann man den Verstärker auch zum elektronischen Tacho beschalten. Das würde den mechanischen Aufwand der Anflanschung eines Tachogenerators ersparen.

Ein elektronischer Tacho

Beim realen Motor und Generator muss zwischen der äußeren Ankerspannung u.A und der inneren, induzierten Tachospannung u.T unterschieden werden. Nur u.T ist der Drehzahl n proportional.

Die Ankerspannung u.A ist um den Spannungsabfall u.RA am Ankerwiderstand R.A größer als u.T. Nur beim unbelasteten Generator ist u.A=u.T. Mittels **Brücken-schaltung und Differenzverstärker** lässt sich aus der Ankerspannung u.A die Tachospannung u.T des laufenden Motors bestimmen (Abb. 1-228). Sie kann zur Regelung der Drehzahl verwendet werden.

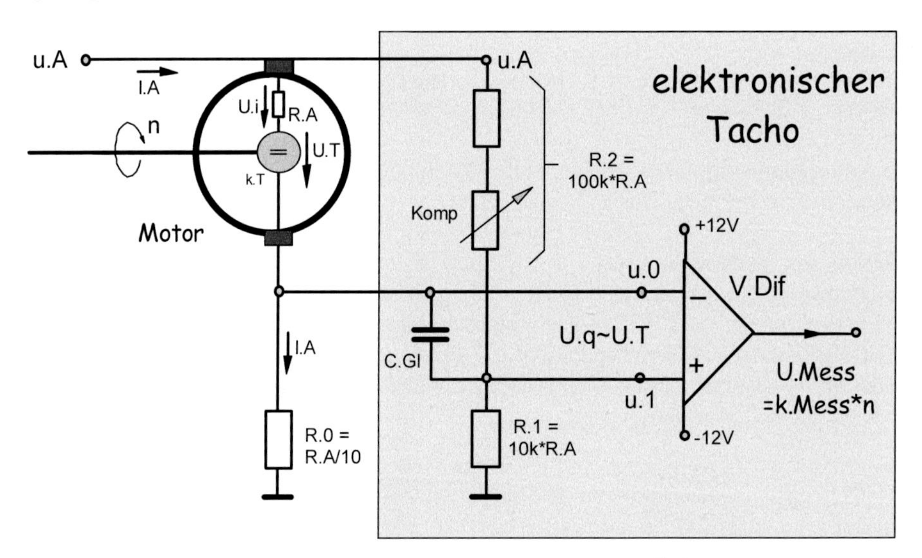

Abb. 1-228 Elektronischer Drehzahlmesser: Ermittelt werden soll die im Motor induzierte, Drehzahl-proportionale Tachospannung u.T=u.A-u.i. Nähere Erläuterungen stehen im Text.

Die Funktion des elektronischen Tachogenerators:

1. In den Ankerkreis des Motors wird der Widerstand R.0 als Stromsensor gelegt. Damit R.0 keine zu hohen Verluste erzeugt, muss er klein gegen R.A sein: **R.0=R.A/10.**
2. Parallel zum Ankerkreis wird ein Spannungsteiler aus den Widerständen R.1 und R.2 gelegt. Das Widerstandsverhältnis R2/R1 des Teilers wird gleich R.A/R0 gemacht. Dann ist die Brückenquerspannung u.Dif bei stehender Welle (n=0) gleich null.

3. Der Teiler soll deutlich hochohmiger als die Widerstände des Ankerkreises sein, um keine unnötigen Verluste zu erzeugen, z.B. **R.1=100·R.0** und R.2=100·R.A.
4. Weiterverarbeitet wird die Brückenquerspannung u.Dif=u.0-u.1. Durch einen Differenzverstärker wird aus ihr eine massebezogene Spannung, das Potential U.Mess.
5. Bei stehender Welle (n=0) wird die Querspannung U.Dif bei beliebigen Ankerspannungen U.A zu null, wenn folgende Abgleichbedingung erfüllt ist:
   R.2/R.1 = R.A/R.0 .
   Um das zu erreichen, ist R.2 durch einen einstellbaren Widerstand (Poti) abgeglichen.
6. Dreht die Motorwelle, entsteht eine zur Tachospannung u.T proportionale Querspannung: **u.Dif = u.T · R.0/(R.A+R.0) ~ n**.
7. Durch eine zur Brückenteilung reziproke Differenzverstärkung **V.Dif = 1+R.A/R.0** wird die Messspannung U.Mess gleich der Tachospannung u.T.
8. Ein Kondensator C.G im Brückenquerzweig dient zur Glättung der Messspannung. Er ist nötig, weil die Tachospannung eine pulsierende Gleichspannung ist. Sie entsteht durch die Kommutierung (Umpolung) der im Motor induzierten, drehzahlproportionalen Wechselspannung.

Abgleich des elektronischen Tachos

Zur Dimensionierung der Brückenschaltung benötigt man den Ankerwiderstand R.A. Er liegt bei Modellbaumotoren, die hier als Beispiel dienen, im Ohm-Bereich. Die Messung von R.A mittels Ohmmeter ist wegen der Übergangswiderstände des Kommutators zu ungenau. Daher soll der Abgleich des elektronischen Tachos bei **laufendem Betrieb** erfolgen.

Zum Abgleich misst man einige Punkte der Kennlinie u.Mess(u.A) und stellt das Kompensationspotentiometer ‚**Komp**' so ein, dass der der gemittelte Verlauf durch den Nullpunkt geht. Dann ist u.T ~ n.

Der elektronische Tacho ist nur genau, so lange die **Ansprechschwelle des Motors** durch **Haftreibung** keine Rolle spielt. Diese Bedingung ist im laufenden Betrieb erfüllt, nicht aber beim Anfahren. Das ist der Grund dafür, dass der elektronische Tacho nur in Sonderfällen eingesetzt wird, bei denen geringe Kosten, nicht aber höchste Genauigkeit gefordert ist.

Die Struktur der Abb. 1-229 berechnet alle Messwerte des abgeglichenen elektronischen Tachos:

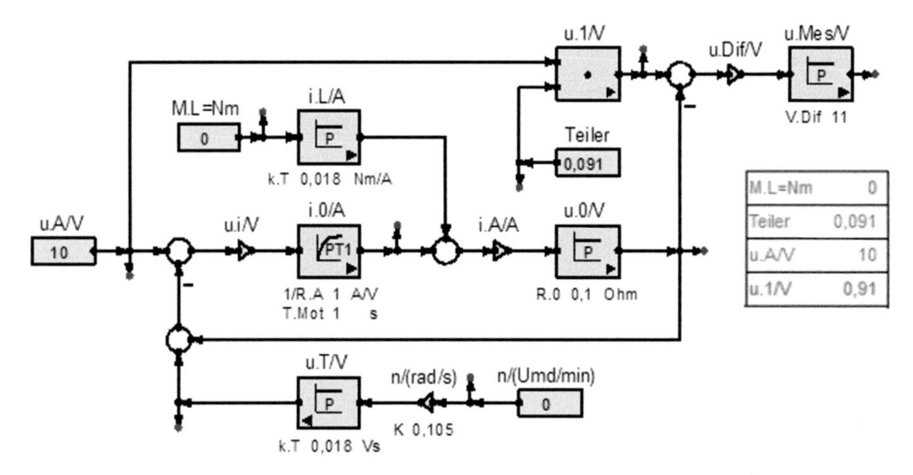

Abb. 1-229 Die Struktur des elektronischen Tachogenerators - Zahlenwerte dazu: Abb. 1-230

Erläuterungen zur Struktur des elektronischen Tachos und den Messwerten (Abb. 1-229):

- Berechnet werden sollen die geteilte Ankerspannung u.1 und die Spannung u.0 des gemessenen Ankerstroms. Sie sind bei Stillstand der Welle und Abgleich gleich groß -> u.Mes=0.
- Der mittlere Pfad berechnet u.0 aus dem Ankerstrom.
- Der untere Zweig berechnet die durch die Drehzahl erzeugte Tachospannung u.T. Sie bringt die Brücke aus dem Gleichgewicht, was zur Anzeige u.Mes führt.
- Die Differenzverstärkung wurde hier so eingestellt, dass u.Mes=u.T ist.

u.Dif/V	0,00093526
u.i/V	9,0909
i.A/A	9,0906
n/(rad/s)	0
u.Mes/V	0,010288
i.0/A	9,0006

u.T/V	0
n/(Umd/min)	0
u.0/V	0,90906
u.Dif/V	0,00093526
u.i/V	9,0909
i.A/A	9,0906

n/(rad/s)	0
u.Mes/V	0,010288
i.0/A	9,0906
u.T/V	0
n/(Umd/min)	0
u.0/V	0,90906

Abb. 1-230 Die Messwerte des abgeglichenen elektronischen Tachos nach Abb. 1-229: links für Stillstand, rechts für Nenndrehzahl

Kurzzeitwinkelmesser mit Tachogenerator

Abb. 1-231**:** Zur Ermittlung der Tachokonstante **k.T=u.T/n** müsste die Motorwelle mit einer konstanten Drehzahl n gedreht werden. Dazu misst man dann die gemittelte Tachospannung u.T und bildet das Verhältnis u.T/n. Die Messung von n – in U/min oder rad/s – bedeutet einen nicht unbeträchtlichen mechanischen Aufwand.

Dieser Aufwand lässt sich vermeiden, wenn man die **drehzahlproportionale Tachospannung u.T** zu einer **winkelproportionalen Spannung u.φ** integriert.

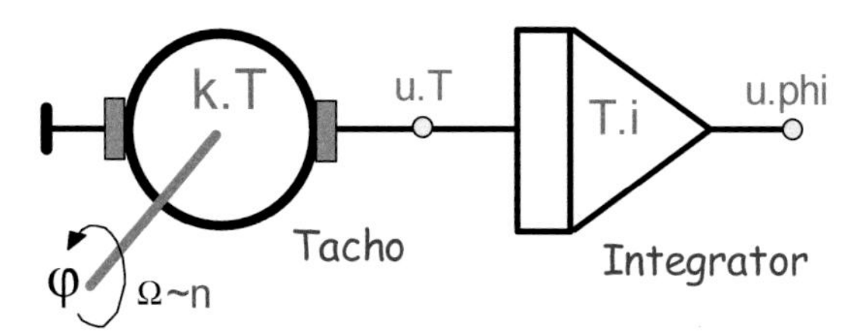

Abb. 1-231 Tachogenerator mit nachgeschaltetem Integrator zur Winkelmessung: Abb. 1-232 zeigt die Struktur dazu. Abb. 1-233 zeigt die Messgrößen bei konstanter Drehzahl.

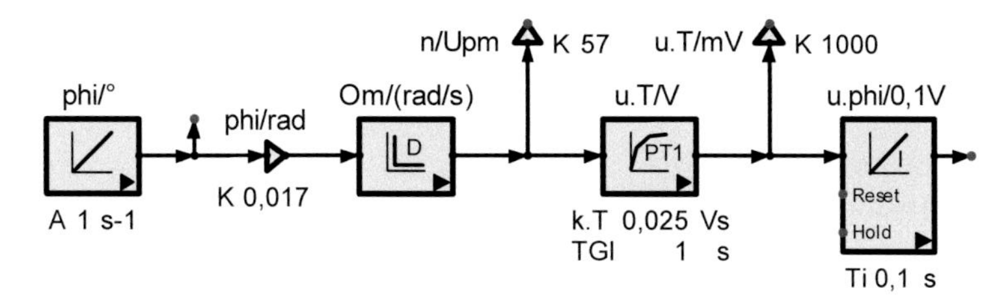

Abb. 1-232 Statische Bestimmung der Tachokonstante k.T: Die Drehzahl n=Δφ/Δt ist der zeitlich differenzierte Winkel φ. Aus n erzeugt der Tacho die Spannung u.T=k.T·Ω. Der Integrator macht die anfängliche Differenzierung rückgängig. Dadurch ist seine Ausgangsspannung Δu.φ der Winkeländerung Δφ proportional. Abb. 1-233 zeigt die Sprungantwort dazu.

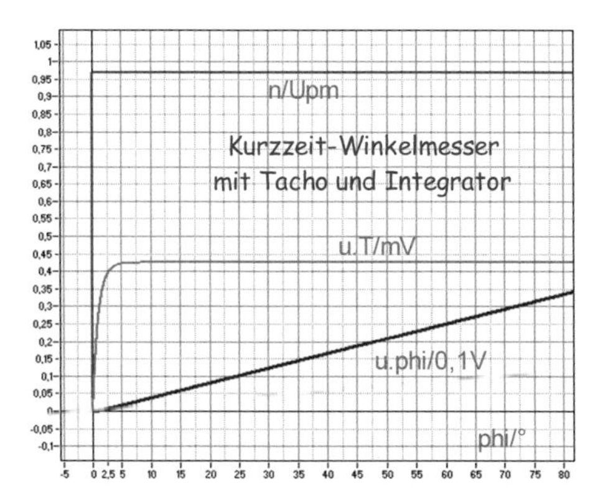

Abb. 1-233 Kurzzeitwinkelmesser: Bei konstanter Drehzahl steigt der Integratorausgang zeitproportional an. Die Drehzahl bestimmt die Anstiegsgeschwindigkeit.

Funktion und Abgleich des Tacho-Integrators

Differenzierung und Integration wurden in Abschnitt 1.3 erklärt. Sie werden in Kap. 3 ‚Elektrische Dynamik' ausführlich behandelt. Die Realisierung eines elektronischen Integrators zur Winkelmessung mit einem Tachogenerator finden Sie in Bd. 5/7 unter 8.6 beim Thema ‚Nullpunktsfehler und Drift'. Dort erfahren Sie, dass analoge Integratoren temperabturabhängig driften.

Die Drift erzeugt einen Messfehler, der mit der Zeit immer größer wird. Deshalb ist die integrierte Tachospannung nur ein Kurzzeitwinkelmesser, der aber zur Bestimmung der Tachokonstante k.T geeignet ist. Dazu wird die Drift des Integrators mittels Offset bis auf einen unvermeidlichen Rest abgeglichen.

Statische Ermittlung der Tachokonstante mittels Integrator
Die Winkelspannung **u.φ** errechnet sich mit der **Integrationskonstante T.I** gemäß

$$\mathbf{u.\varphi = (k.T/T.I)\cdot\varphi.}$$

Verwendet wird ein so gut wie möglich abgeglichener Integrator mit der **Zeitkonstante T.I**. Gemessen wird **Δu.φ** z.B. für **φ = 1U = 6,3rad.** Damit lässt sich k.T berechnen:

$$\mathbf{k.T = T.I\cdot(\Delta u.\varphi / \Delta\varphi).}$$

Zahlenwerte:
Verwendet wird ein Integrator mit **T.I=1s**. Nach einer vollständigen Umdrehung der Tachowelle um **U=360°=6.3rad** ändert sich der Integratorausgang **u.φ** um **Δ u.φ=158mV.** Damit wird **Δu.φ/ Δφ=25mV.** Da T.I=1s ist, wird **k.T=25mVs.**

Anschließend drehen Sie die Welle wieder um 360° zurück. So erkennen Sie den Nullpunktsfehler durch die Temperaturdrift. Er kann zur Korrektur der Integratorspannung u.Mes verwendet werden. Damit ergibt sich k.T mit einer Genauigkeit, die für viele Kurzzeitanwendungen ausreicht.

1.6.4 Der Wirkungsgrad von DC-Motoren

Der Wirkungsgrad η ist nach Gl. 1-36 das Verhältnis von abgegebener Leistung P.ab und zugeführter Leistung P.zu:

$$\eta.Mot = P.ab/P.zu = P.me/P.el$$

1-η =P.Verl/P.zu ist der relative Verlust einer Maschine (Abb. 1-234).

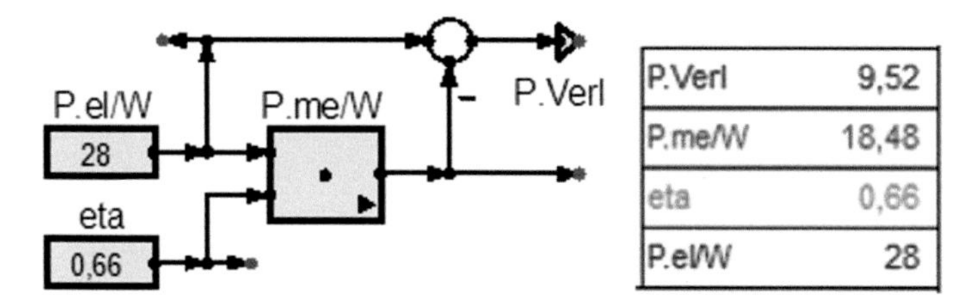

Abb. 1-234 Berechnung der Ausgangleistung P.me und der Verlustleistung P.Verl eines Motors

1. Berechnung des Wirkungsgrades aus den Verlusten des Motors

Die zugeführte Leistung ist um die Leistungsverluste größer als die abgegebene. Bei elektrischen Maschinen mit Permanentmagneten entstehen die mechanischen Verluste durch Lagerreibung und die elektrischen Verluste durch Reibung der Elektronen in der Ankerspule.

Wir berechnen den Wirkungsgrad η des Motors bei der **Nennleistung P.Nen**:

Gl. 1-39 Berechnung von η.Mot

$$\eta.\mathbf{Mot} = \frac{P.Nen}{P.Nen + P.V;me + P.V;el}$$

Um zu erkennen, wo die Verluste entstehen, sollen der mechanische und der elektrische Teil für den Modellbaumotor ‚Elefant' berechnet werden.

Bei elektrischen Maschinen entstehen mechanische Verluste durch Reibung bei Drehzahlen n:

$$P.V;me=M.R\cdot\Omega = c.R\cdot\Omega^2$$

… und elektrische Verluste durch den Strom i.A im Ankerwiderstand R.A:

$$P.V;el = u.RA\cdot i.A = R.A\cdot i.A^2.$$

Zahlenwerte für den **Motor ‚Elefant':**
Beim ‚Elefant' wird P.Nen=18W angegeben. Die Nenndrehzahl ist Ω.Nen=400rad/s. Vorher bestimmt wurde die Reibungskonstante **c.R ≈ 0,002N·cm·s.** Damit wird **P.V;me=3W**.

Die elektrische Verlustleistung berechnen wir mit dem oben bestimmten Ankerwiderstand **R.A=0,9Ω** und dem Nennstrom **i.Nen = 2,3A**: **P.V;el** = 0,9Ω·(2,3A)² = **4,8W**.

Das ist in etwa gleich der mechanischen Verlustleistung. So soll es bei gut aufeinander abgestimmter Mechanik und Elektrik sein.

Damit sind die Gesamtverluste im Nennbetrieb bekannt und der Wirkungsgrad η kann berechnet werden: ***η***=18W/(18W+3,0W+5,2W) = **69%**.

Der Hersteller gibt **η mit nur 66%** an. Der Unterschied zu unserer Berechnung ist in den Nichtlinearitäten zu suchen: Haftreibung und Kommutierung.

In Kap. 6.4 ‚Elektrische Maschinen' (Bd. 4/7 der ‚Strukturbildung und Simulation technischer Systeme') wird gezeigt, wie aus dem Unterschied aus theoretischem und praktischem Wirkungsgrad auf die die Kommutierungsspannung (=Bürstenspannung, ca. 1V) geschlossen werden kann.

2. Berechnung des Wirkungsgrades aus den Konstanten des Motors

Die folgende Rechnung zeigt, dass der Wirkungsgrad das Produkt aus den Konstanten k.M des Motorbetriebs und k.T des Tachobetriebs eines Motors ist.

Gl. 1-40 der Wirkungsgrad von Elektromotoren

$$\eta = \frac{P.ab}{P.zu} = \frac{\Omega *}{u.T *}\frac{M.A}{i.A} = k.M * k.T < 1$$

Der Zusammenhang η=k.M·k.T gestattet z.B. die Berechnung der Tachokonstante **k.T=η/k.M**, wenn die Motorkonstante k.M und der Wirkungsgrad η vom Motorhersteller angegeben sind.

Zahlenwerte für den **Motor ‚Elefant':**
k.M=26/Vs; k.T=25mVs -> η=k.M·k.T=65%. Das ist fast genau die Herstellerangabe, die in Abb. 1-245‚Effizienz' genannt wird.

Ermittlung des Wirkungsgrads von DC-Motoren

Die folgende Struktur der Abb. 1-235 berechnet den Wirkungsgrad eines Motors aus dem Verhältnis von mechanischer und elektrischer Leistung. Die mechanische Leistung ist durch einen Reibungswiderstand c.R;ext einstellbar.

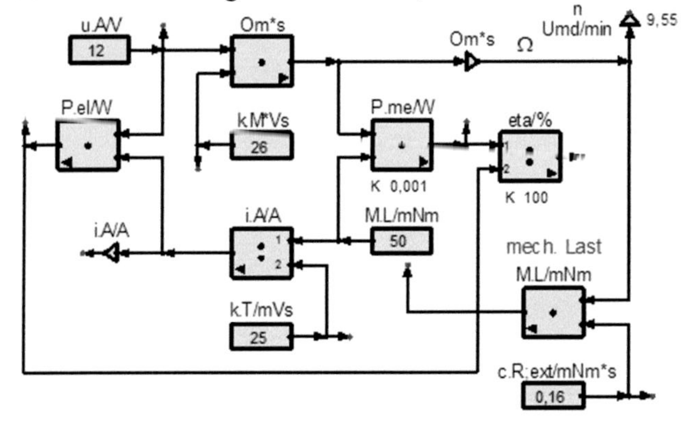

n Umd/min	2979,6
i.A/A	2
Om*s	312
P.el/W	24
P.me/W	15,6
u.A/V	12
eta/%	65
M.L/mNm	49,92
k.M*Vs	26
k.T/mVs	25
c.R;ext/mNm*s	0,16

Abb. 1-235 Berechnung des Wirkungsgrades eines Motors mit seinen Konstanten k.M und k.T

1.6.5 Motor und Generator als Vierpole

Durch die Behandlung als Vierpole lassen sich die Zusammenhänge zwischen Drehzahlen und Drehmomenten bei elektrischen Maschinen sehr einfach berechnen. Diese Berechnungen sind rein formal, d.h. sie beschreiben die Maschine, erklären sie aber nicht.

Die Vierpolbeschreibung ist für den Motoranwender ausreichend. Für den Motorentwickler definieren Vierpole die Aufgabenstellung. Dazu muss er die Detailstruktur ermitteln. Das wird für Motoren in Bd. 4/7 erklärt.

Zur Vierpolberechnung von Maschinen ist pro Signalpfad eine statische und gegebenenfalls auch eine dynamische Konstante zu bestimmen (Abb. 1-236).
Das soll zuerst für den Generator und danach für den Motor gezeigt werden.

Konstantenbestimmung ist bei Systemanalysen und Simulationen eine immer wiederkehrende, notwendige Aufgabe. Die Struktur zeigt, welche Konstanten es sind und wie sie verwendet werden.

Zur Bestimmung von Konstanten gibt es folgende Möglichkeiten:

1. die Messung technischer Daten:
   Das ist das sicherste, aber auch aufwändigste Verfahren.
2. Berechnung aus gegebenen, geforderten oder geschätzten Nennwerten:
   Das ist die verbreitetste Methode.
3. Zur Bestimmung von **Zeitkonstanten T=Δx/v.0** müssen der **Ausgangshub Δx** und die **Anfangsgeschwindigkeit v.0** des Ausgangs x.a bei Sprunganregung bekannt sein.

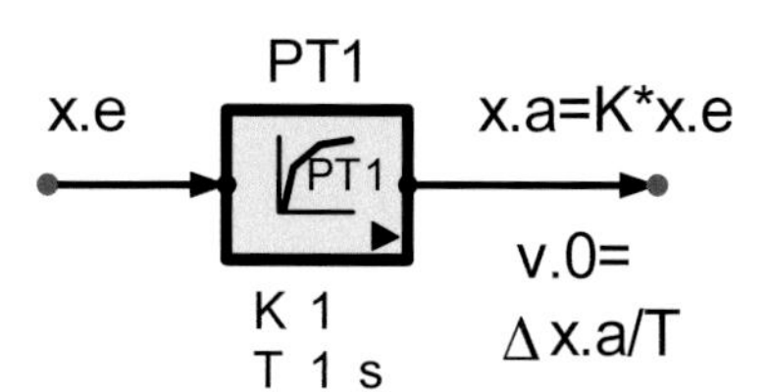

Abb. 1-236 Verwendung einer statischen Konstante K und einer Zeitkonstante T

4. Berechnung aus Herstellerangaben: Wie dies gemacht wird, soll nun am Beispiel eines Gleichstrommotors, der auch als Generator verwendet werden soll, gezeigt werden. Dazu verwenden wir die Vierpolmethode.

Zur Berechnung des Motors als **Vierpol** (Abb. 1-243) werden nur **drei Parameter des Generators** und der **Wirkungsgrad η** benötigt:

- die **Tachokonstante k.T** für die Drehzahl und die Stromrückwirkung
  -> die Motorkonstante **k.M = η/k.T**
- der **Ankerwiderstand R.A**
  -> die Belastungskonstante **k.L = R.A·k.T²**
- die **Reibungskonstante c.R**
  -> die Ankerstromkonstante **k.I = c.R/k.T²**

Ob alle drei genannten Nachteile der Drehzahl-Steuerung oder nur einzelne davon eine Rolle spielen, hängt von der jeweiligen Anwendung ab. Eine gut eingestellte Regelung vermindert alle Nachteile der Regelstrecke gleichzeitig, denn der Regler fragt nicht, 'warum' ein Drehzahlfehler entstanden ist, sondern nur ‚ob'. Dann beseitigt er ihn, so gut es geht.

Was ‚geht' und wovon die Genauigkeit der Drehzahleinstellung abhängt, wird in Abschnitt 1.6.7 ‚Simulation einer Drehzahlregelung' untersucht.

Der Generator als Vierpol

Beim **Generator** wird die Ankerspannung u.A durch die Drehzahl Ω gesteuert.
Der Ankerstrom i.A hat einen Leerlaufwert i.A0 zur Deckung der internen Verluste. Davon ausgehend steigt M.A mit dem Ankerstrom i.A an. So wird die elektrisch abgegebene Leistung mechanisch zugeführt.

Die Vierpolgleichungen des Generators zeigen die **Überlagerung der Teileinflüsse** am Eingang und am Ausgang (Abb. 1-237).

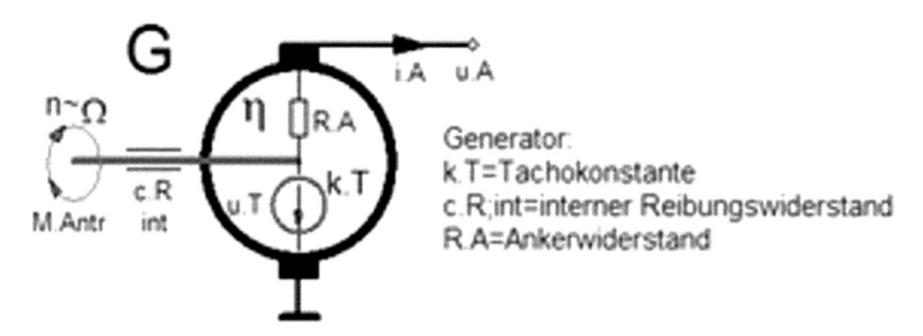

Abb. 1-237 Die zur Berechnung eines Generators benötigten Konstanten: k.T, R.A und c.R;int: Abb. 1-238 zeigt die zugehörigen Vierpolgleichungen.

Bei einem **Generator**

- ist die Drehzahl Ω das eingangsseitig steuernde Signal,
- der Ankerstrom i.A ist das ausgangsseitig steuernde Signal.
- u.A ist das ausgangsseitig gesteuerte Signal,
- M.A ist das eingangsseitig gesteuerte Signal.

Generator - Ausgangsseite: $u.A = k.T * \Omega - R.A * i.A$

Eingangsseite: $M.A = c.R * \Omega + k.T * i.A$

Generator als Vierpol

Ω — u.A

$u.A = k.T * \Omega - R.A * i.A$

$M.A = c.R * \Omega + k.T * i.A$

P.me=M.A*Ω — P.el=u.A*i.A

c.R=c.R;int+c.R;ext

M.A — i.A

Abb. 1-238 Der Generator als Vierpol: Bei realen Maschinen ist die Eingangsleistung P.me etwas größer als die Ausgangsleistung P.el. Der Quotient heißt Wirkungsgrad η.Gen=P.el/P.me.

Die Vierpolgleichungen des Generators zeigen die **Überlagerung der Teileinflüsse** der Steuergrößen am Eingang (die Drehzahl Ω~n) und am Ausgang (der Ankerstrom i.A).

Sie benötigen

- die **Tachokonstante k.T** zur Berechnung der Leerlaufspannung u.T
- den **Ankerwiderstand R.A** zur Berechnung der elektrischen Verluste und
- den **internen Reibungswiderstand c.R;int** zur Berechnung der mechanischen Verluste.

k.T, R.A und c.R;int sollen aus den technischen Daten eines Motorherstellers bestimmt werden. Mit R.A können die **elektrischen Verluste** des Motors, mit c.R;int können seine **mechanischen Verluste** berechnet werden. Das soll am Schluss dieses Abschnitts passieren. Dort wird sich zeigen, ob und wo noch **Entwicklungspotential** zur Verbesserung des **Wirkungsgrads η=P.me/P.el** besteht.

Berechnung des Generators als Vierpol

Bei **Generatoren** erzeugt die Drehzahl Ω~n der Welle eine Tachospannung u.T=k.T·Ω. Bei Belastung von u.T mit einem Ankerstrom i.A vergrößert sich das Antriebsmoment M.A an der Welle, während sich die Ankerspannung u.A gegenüber u.T verringert (Abb. 1-239). Die elektromagnetische Kopplung sorgt dafür, dass die abgegebene Leistung, plus der Verlustleistung des Generators, mechanisch zugeführt wird.

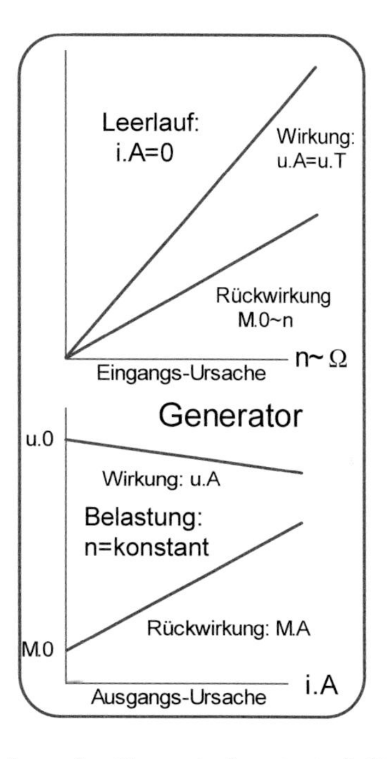

Abb. 1-239 Kennlinien zur Steuerung und Belastung eines Generators

Abb. 1-240 zeigt die Vierpolstruktur und die Verwendung der Generatorkonstante k.T, des internen Reibungswiderstands c.R;int und des Ankerwiderstands R.A.

Die Vierpolstruktur des Generators zeigt

1. die Überlagerung der Teileinflüsse der ein- und ausgangseitigen Steuergrößen und
2. die Gewichtung der Eingangsgrößen durch eine Konstante für jeden Signalpfad.

Um Zahlenwerte rechnen zu können, müssen für Generator und Motor **nur drei Vierpolparameter (Konstanten)** bestimmt werden, denn die Vorwärts- und Rückwärtskonstante sind identisch. Das folgt aus dem Gleichgewicht aus zugeführter und abgegebener Leistung.

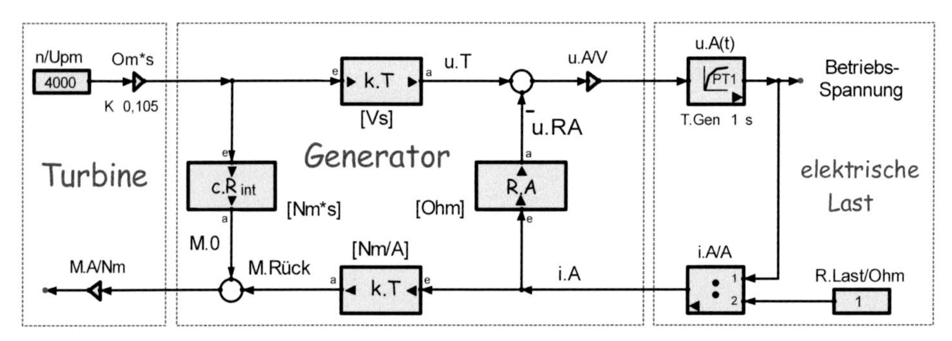

Abb. 1-240 Der Generator als Vierpol: Berechnet werden die Teileinflüsse der Steuergrößen am Ein- und Ausgang und ihre Überlagerung zur Gesamtwirkung.

Der Motor als Vierpol

Beim **Motor** hängt die Drehzahl von der Ankerspannung u.A und dem Lastmoment M.L an der Welle ab. Der Ankerstrom i.A hat einen Leerlaufwert i.A0, der von u.A abhängt. Davon ausgehend steigt i.A mit dem Lastmoment an der Welle an (Abb. 1-241). Dadurch wird die mechanisch abgegebene Leistung elektrisch zugeführt.

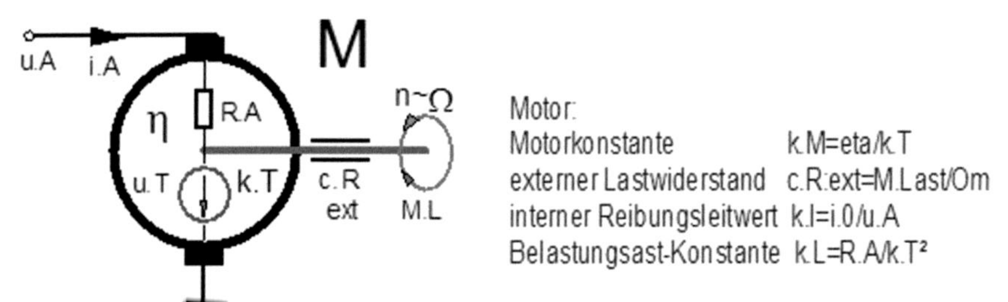

Abb. 1-241 Die zur Berechnung eines Motors benötigten Konstanten: k.M=η/k.T, k.L und k.i. Abb. 1-243 gibt die zugehörigen Vierpolgleichungen an. Abb. 1-232 zeigt die Kennlinien zur Bestimmung der Motorkonstanten.

Beim Motor ist

1. u.A ist das eingangsseitig steuernde Signal,
2. M.L ist das ausgangsseitig steuernde Signal,
3. Ω ist das ausgangsseitig gesteuerte Signal,
4. i.A ist das eingangsseitig gesteuerte Signal.

Berechnung des Motors als Vierpol

Bei **Motoren** erzeugt die Ankerspannung u.A eine Drehzahl der Welle: **Ω=k.M·u.A**.

Bei Belastung mit einem Lastmoment M.Last=c.R;ext·Ω verringert sich die Drehzahl Ω, während der Ankerstrom i.A ansteigt.

Die elektromagnetische Kopplung sorgt wieder dafür, dass die mechanisch abgegebene Leistung, plus der Verlustleistung des Motors, elektrisch zugeführt wird.

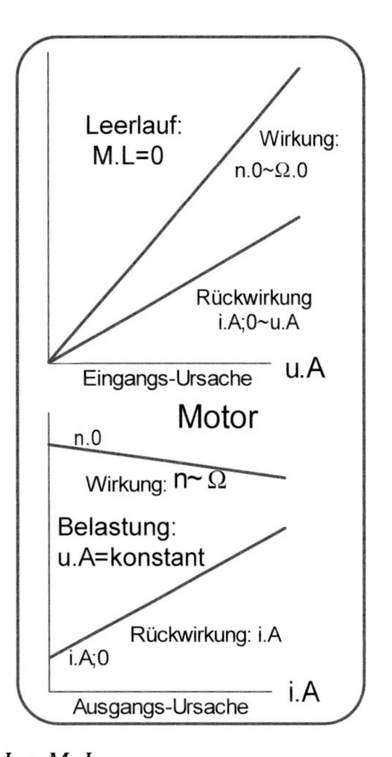

Abb. 1-242 Kennlinien zur Steuerung und Belastung eines Motors

Motor – Ausgangsseite: $\Omega = k.M * u.A - k.L * M.L$

Eingangsseite: $i.A = k.I * u.A + k.M * M.L$

Motor als Vierpol

u.A

P.el=u.A*i.A

i.A

$\Omega = k.M * u.A - k.L * M.L$

$i.A = k.I * u.A + k.M * M.L$

k.M=eta/k.T

Ω

P.me=M.L* Ω

M.L

Abb. 1-243 Der Motor als Vierpol: Bei realen Maschinen ist die Eingangsleistung P.el etwas größer als die Ausgangsleistung P.me. Der Quotient heißt Wirkungsgrad η=P.me/P.el.

Abb. 1-243 zeigt die Vierpolgleichungen des Motors. Sie benötigen

- die **Motorkonstante k.M** zur Berechnung der Leerlaufdrehzahl Ω.0
  Aus Abschnitt 1.6.4 entnehmen wir, dass der Wirkungsgrad η eines Motors das Produkt aus der Tachokonstante k.T und der Motorkonstante k.M ist:

$$\eta.Mot = P.me/P.el = k.M * k.T$$

Das bedeutet, dass sich k.M berechnen lässt, wenn η und k.T bekannt sind:

Gl. 1-41 $$\boldsymbol{k.M = \eta/k.T}$$

- die **Belastungskonstante k.L** zur Berechnung des Drehzahlabfalls ΔΩ/M.L bei Belastung. Wir werden zeigen, dass **k.L** durch den **Ankerwiderstand R.A** entsteht.
- den **Eingangsleitwert k.I** zur Berechnung des Ankerruhestroms **i.A0~u.A**

Wir werden zeigen, dass der Ankerruhestrom **i.A0** von der **internen Reibung c.R;int** des Motors bestimmt wird.

Auch k.M, k.L und k.I sollen aus den technischen Daten eines Motorherstellers bestimmt werden. Dazu muss der **Nennwirkungsgrad η.Nen** angegeben sein.
Die Vierpolstruktur der Abb. 1-244 zeigt die Verwendung der Motorkonstante k.M=η/k.T, k.I und k.L.

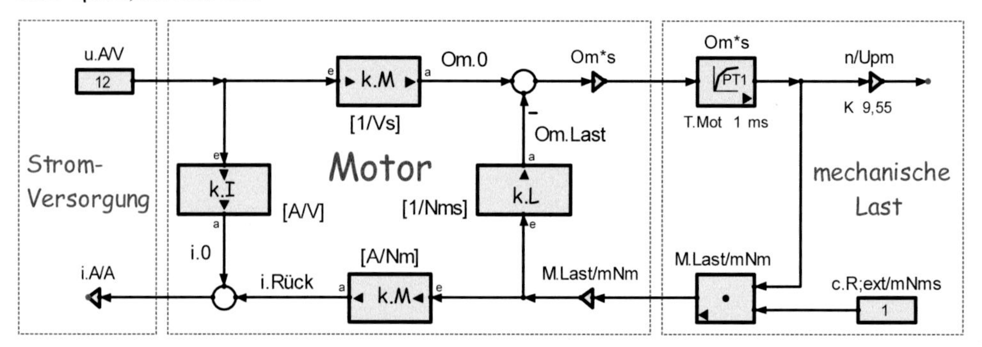

Abb. 1-244 Der Motor als Vierpol: Berechnet werden die Teileinflüsse der Steuergrößen am Ein- und Ausgang und ihre Überlagerung zur Gesamtwirkung.

Die Aufgabenstellung:
Zunächst soll gezeigt werden, wie die Generatorkonstanten k.T, c.R;int und R.A aus den Daten eines Motors (Abb. 1-245) bestimmt werden. Daraus werden anschließend die Motorkonstanten k.M, k.I und k.L für den Vierpol dr Abb. 1-244 ermittelt.

Die technischen Daten eines Gleichstrommotors

Als Beispiel zur Ermittlung der Vierpolkonstanten hat der Autor den Modellbaumotor ‚Elefant' gewählt. Abb. 1-245 zeigt seine vom Hersteller angegebenen (gemessenen) technischen Daten.

Ø-Stromaufnahme:	Nenn-Strom i.Nen	2.28 A
Abm.:	r.Mot<D/2= 20mm	(Ø x L) 46 mm x 77 mm (ohne Welle)
Abgabeleistung:	Nenn-Leistung P.Nen	18 W
Max. Drehmoment:	Nenn-Moment M.Nen	49 Nmm = 4,9Ncm
Effizienz:	Wirkungsgrad eta	66 %
Leerlauf-Drehzahl:	n.0	4000 U/min -> Om.0=419rad/s
Betriebsspannung:	u.B	6 - 24 V/DC
Last-Drehzahl:	n(M.Nen)	3500 U/min -> Om.Nen=367rad/s
Leerlaufstrom:	i.A;0	0.34 A
Nennspannung:	u.Nen	12 V/DC
Gewicht:		330 g
Wellen-Ø:		4 mm

Quelle: Conrad-Electronic

Abb. 1-245 Die technischen Daten eines 18W-Modellbaumotors - blau: Zusätze des Autors

Nennleistung und Nennstrom

Die Auswahl eines Motors erfolgt nach dem geforderten Lastmoment M.Nen=F.Last·r und der Nenndrehzahl n.Nen. Daraus folgt die Winkelgeschwindigkeit Ω.Nen=n.Nen/60·2π.

P.Nen ist die Leistung, bei der sich der Motor **maximal-zulässig erwärmt**.

Die **Nennleistung P.Nen=M.Nen· Ω.Nen** bestimmt die Größe des Motors.

P.Nen wird beim **Elefant** mit **P=18W=18Nm/s** angegeben. Damit könnte er 1 Liter Wasser (Gewicht G=9,8N=F.Last) mit einer Geschwindigkeit v=P/G=1,8m/s anheben.

Gewählt wird die **Nennspannung u.A;Nen**. Je größer sie ist, desto kleiner wird bei vorgegebener Nennleistung der **Nennstrom i.A;Nen**. Je kleiner der Wirkungsgrad η eines Motors, desto größer wird der Nennstrom gegenüber dem theoretischen Minimalwert P.Nen/u.A;Nen.

Abb. 1-246 zeigt die Berechnung von i.A;Nen bei Gleichstrom:

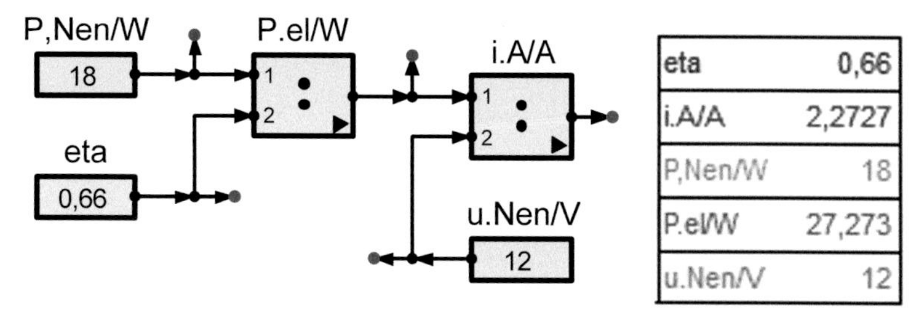

Abb. 1-246 Berechnung des Nennstroms aus Nennleistung, Wirkungsgrad und Nennspannung

Berechnung der Generator- und Motorkonstanten

Nach Abb. 1-245 sind folgende Motordaten gegeben:

- die Nennwerte für Leistung P.Nen, Spannung u.Nen, Strom i.Nen, Drehzahl n.Nen und den Wirkungsgrad η.Nen (kurz η).
- die Leerlaufwerte des Ankerstroms i.0 und der Drehzahl n.0

Abb. 1-248 zeigt, wie damit die Konstanten für den Generator- und den Motorbetrieb berechnet werden. Der Algorithmus wird anschließend erklärt.

In Abb. 1-247 und Abb. 1-249 sehen Sie die Zahlenwerte zur Berechnung der Konstanten des Modellbaumotors ‚Elefant'.

c.R;int/mNms	0,018431
k.T/mVs	25,505
R.A/Ohm	0,84725

k.I/(A/V)	0,028333
k.L*mNms	1,3025
k.M*Vs	25,878

Abb. 1-247 links: die Generatorkonstanten – rechts: die Konstanten des Motors ‚Elefant'

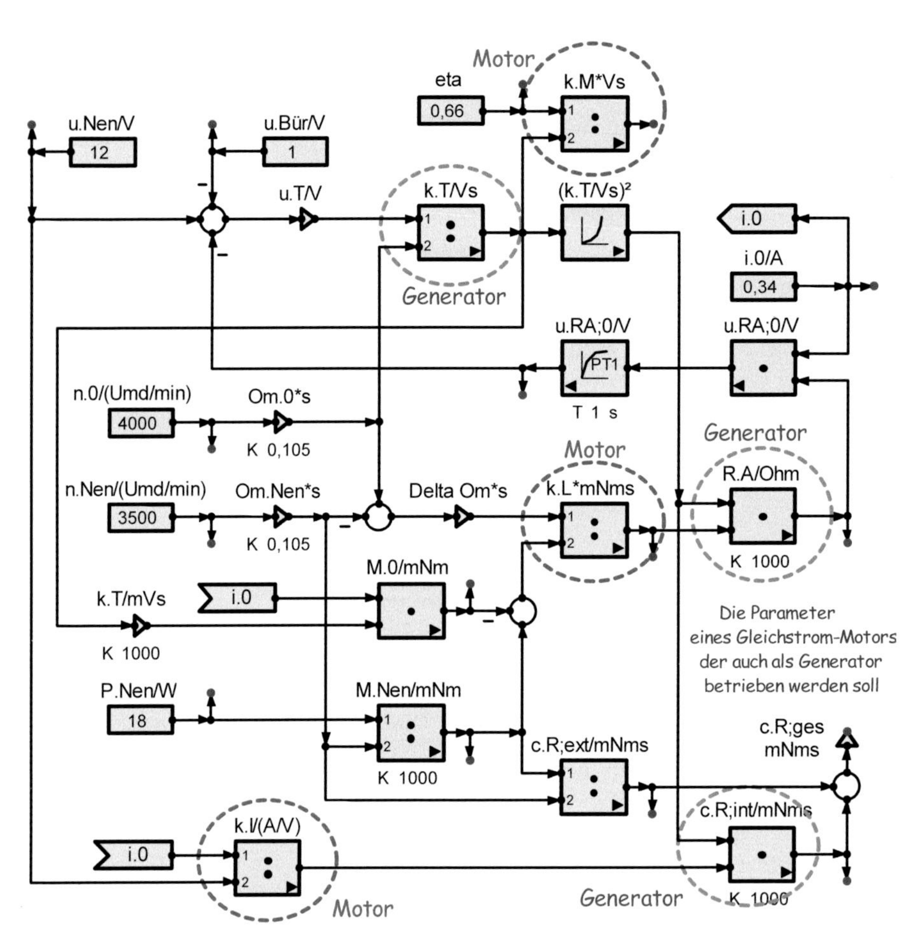

Abb. 1-248 Berechnung der Generator- und Motorkonstanten mit den Daten des Modellbaumotors ‚Elefant'

c.R;ext/mNms	0,13328	i.0/A	0,34	n.Nen/(Umd/min)	3500	u.Bür/V	1
c.R;ges mNms	0,15171	M.0/mNm	8,6716	Om.0*s	420	u.Nen/V	12
Delta Om*s	52,5	M.Nen/mNm	48,98	Om.Nen*s	367,5	u.RA;0/V	0,28802
eta	0,66	n.0/(Umd/min)	4000	R.A/Ohm	0,84725	u.T/V	10,712

Abb. 1-249 zeigt die in Abb. 1-248 bei der Berechnung der Generator- und Motorkonstante anfallenden Messgrößen

Erläuterungen zur Berechnung der Motorkonstanten (von oben nach unten):

1. Ganz oben wird die **Motorkonstante k.M=eta/k.T** berechnet. Dazu wird der Wirkungsgrad η (Herstellerangabe) und die Tachokonstante k.T benötigt.

Unter Punkt 2 errechnen wir k.T≈25mVs. Der Wirkungsgrad η=0,66 ist Herstellerangabe. Damit wird die Motorkonstante des 'Elefant': **k.M=η/k.T≈28A/Nm.**

2. Darunter folgt die **Tachokonstante k.T=u.T/Ω.0.**

Zur Ermittlung von k.T betreibt man den Motor bei Nennspannung u.A (hier 12V) im Leerlauf. Dazu gemessen wird die Leerlaufdrehzahl n.0 (hier 4000Upm) und der Leerlaufstrom i.0 (hier 0,34A).

Aus n.0 folgt die Frequenz der Welle **f.0=n.0/60 (hier 66,zHz)** und ihre Winkelgeschwindigkeit Ω.0=2π·f.0, hier **Ω.0=420rad/s.**

Die Tachospannung u.T ist die Ankerspannung u.A, vermindert um die Bürstenspannung u.Bür des Kommutators und den Spannungsabfall u.RA am Ankerwiderstand.

$$u.T = u.A - u.Bür - u.RA$$

Der Übergangswiderstand der Bürsten wird mit steigender Drehzahl kleiner. Dabei bleibt die Bürstenspannung u.Bür in etwa konstant. Ein typischer Wert ist **u.Bür=1V.**

Im Leerlauf ist i.0<<i.Nen. Deshalb ist auch u.RA;0<<u.Nen. Abschätzung: **u.RA;0=1V.** Dann wird u.T≈10V. Damit erhalten wir **k.T≈10V/(420rad/s)≈25mVs.**

3. **Die Belastungskonstante k.L=ΔΩ/ΔM.L**
   Bei Nennlast ist ΔM.L=M.Nen – mit M.Nen=P.Nen/Ω.Nen
   Elefant: P.Nen=18W -> M.Nen=49mNm
   n.Nen=3500Upm-> Ω.Nen=368rad/s -> ΔΩ.Nen=Ω.0-Ω.0=52rad/s
   Daraus ergibt sich **k.L≈1,3(rad/s)/(mNms)=12,4Upm/mNm.**

Abb. 1-250 zeigt den vollständigen Satz der Kennlinien zur Bestimmung der Generatorkonstanten.

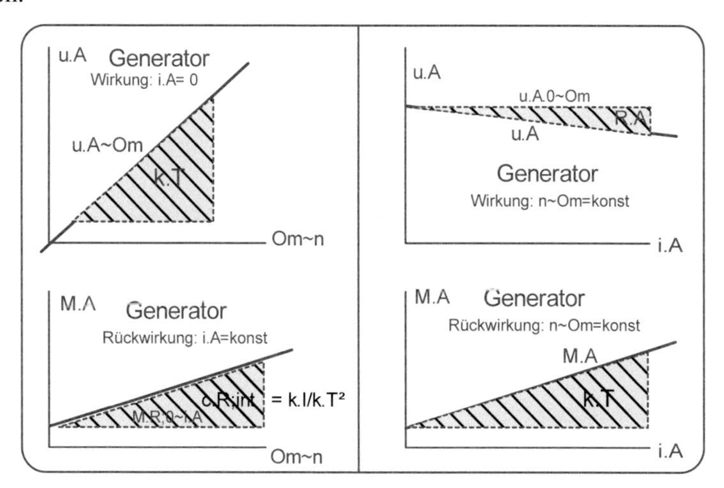

Abb. 1-250 Kennlinien zur Ermittlung der Generatorkonstanten

4. **Der Ankerwiderstand R.A**

Für die folgenden Simulationen wird der **Ankerwiderstand R.A=u.RA/i.A** benötigt. R.A fehlt in den technischen Daten des ‚Elefant', weil er wegen der Bürstenspannung des Kommutators **nicht mit einem Ohmmeter** zu messen ist.

R.A soll im Nennbetrieb bestimmt werden, denn dann ist **u.RA≈u.A-u.T-u.Bür** maximal. Mit u.T=24mVs erhalten wir u.T=8,8V. Mit u.Bür=1V wird **u.RA;Nen≈2V**. Aus Abb. 1-245 entnehmen wir i.A;Nen=2,28A und erhalten **R.A≈0,85Ω.**

5. **Der interne Reibungswiderstand c.R;int=ΔM/ΔΩ**

Bei Nennlast M.Nen=ΔM verringert sich die Drehzahl des Motors um ΔΩ=Ω.0-Ω.Nen, während sich der Ankerstrom um Δi.A=i.A;Nen-i.0 erhöht.
Hier ist i.A;Nen= 2,28A und i.0=0,35A -> Δi.A=1,93A.

Dem Stromanstieg Δi.A entspricht ein inneres Drehmoment **ΔM.int=c.R;int·ΔΩ=k.T·i.A**
Hier ist k.T=25mVs=25Nm/A und Δi.A=1,93A -> **ΔM.int=49mNm**.

Den Drehzahlabfall ΔΩ bei Nennlast haben wir unter Punkt 3 berechnet: ΔΩ.Nen=52rad/s.
Daraus folgt der interne Reibungswiderstand des Motors: $\boldsymbol{c.R;\, int = k.T * \Delta i.\, A/\Delta \Omega}$
Mit k.T=24mVs=24mNm/A wird **c.R;int=0,95mNms.**

Berechnung des internen Reibungswiderstands c.R;int

Beim realen Generator dient die Reibungskonstante c.R;int zur Beschreibung der Reibungsverluste des Motors. Das interne Reibmoment M.R;int ist der Drehzahl Ω proportional: M.R;int=c.R;int·Ω. Daraus folgt der

Gl. 1-42 interne Reibungswiderstand

$$c.R;int = \frac{M.R}{\Omega} = \frac{k.T * i.A}{u.T/k.T} = k.I * k.T^2$$

Zahlenwerte für **c.R=k.R·k.T²:** Beim ‚Elefant' ist k.T=25mVs und k.I=28mA/V
-> **c.R;int ≈ 0,018mN·m·s≈1,9mNm/kUpm**.

Abb. 1-251 zeigt den vollständigen Satz der Kennlinien zur Bestimmung der Motorkonstanten.

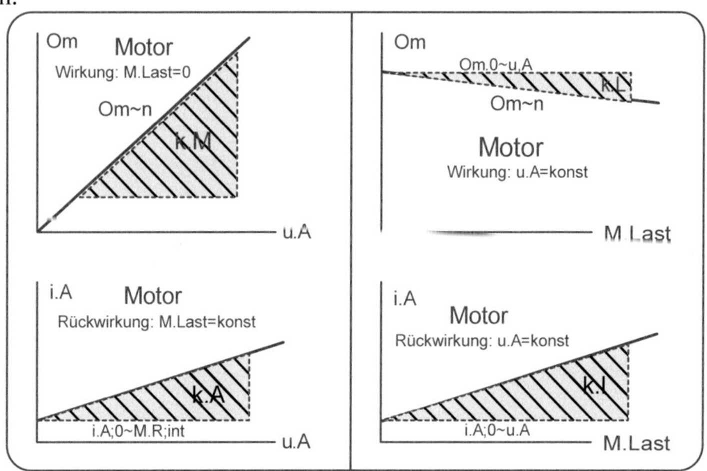

Abb. 1-251 Kennlinien zur Bestimmung der Motorkonstanten

Belastungskonstante k.L und Ankerwiderstand R.A

Die folgende Rechnung zeigt den Zusammenhang zwischen der Generatorkonstante R.A und der

Gl. 1-43 Motorkonstante k.L

$$k.L = \frac{\Delta\Omega}{M.L} = \frac{u.RA/k.T}{i.A * k.T} = \frac{R.A}{k.T^2}$$

Die mechanische Belastungskonstante k.L entsteht durch den elektrischen Ankerwiderstand R.A. Sie ermöglicht mit Hilfe der Tachokonstante k.T die Berechnung des (wegen der Kommutierungsspannung nicht messbaren) Ankerwiderstands R.A aus der Belastungskonstante k.L und der Tachokonstante k.T: **R.A=k.T²·k.L.**

Der Proportionalitätsfaktor zu R.A und k.L ist das Quadrat der Tachokonstante k.T.

Zahlenwerte zu **R.A = k.L·k.T²**

k.L ist das Drehzahlgefälle der Ausgangskennlinie des Motors. Beim **Modellbaumotor ‚Elefant'** beträgt sie mit **50rad/s pro 5Ncm -> k.L=1,3/mNms. k.T=25mVs**. Damit wird **R.A=0.85Ω**.

Der Ankerwiderstand als Funktion der Nennleistung

Messungen ergeben: Je größer die **Nennleistung P.Nen** des Motors, desto kleiner ist sein **Ankerwiderstand R.A**.

Das Produkt P.Nen·R.A ist in etwa eine Konstante, hier: **P.Nen·R.A ≈ 18W·Ω**.

Das ermöglicht die Berechnung der Ankerwiderstände von Kleinmotoren mit anderen Nennleistungen:

Gl. 1-44 R.A von Kleinmotoren *R.A ≈ 18Ω/(P.Nen/W)*

Zwischenbemerkung:

Die angegebenen Kennlinien und Konstanten beschreiben das Verhalten des Motors, erklären es aber nicht. Dazu müssen die Strukturen von Motoren und Generatoren entwickelt werden. Das soll in Bd. 4/7 der ‚Strukturbildung und Simulation technischer Systeme' geschehen. Dies ist ein Musterbeispiel einer Systemanalyse zur Motorsimulation. Sie soll die Abhängigkeit der Motorparameter von der Nennleistung (Baugröße) klären.

Berechnung der partiellen Verluste eines DC-Motors

Mit dem Ankerwiderstand R.A und dem internen Reibungswiderstand c.R;int können die mechanischen und elektrischen Verlustleistungen berechnet werden:

$$P.V;me = M.R;int \cdot \Omega = c.R;int \cdot \Omega^2$$

$$P.V;el = u.RA \cdot i.A = R.A \cdot i.A^2$$

Das zeigt die Struktur der Abb. 1-253. Abb. 1-252 zeigt die Zahlenwerte dazu für den Nennbetrieb.

Für kleinstes Motorvolumen ist anzustreben: P.V;el≈P.V;me. Diese Forderung ist beim ‚Elefant' erfüllt.

Wenn die Verluste bekannt sind, kann der Wirkungsgrad η berechnet werden. Dann kann überlegt werden, was getan werden kann, um ihn zu verbessern. Beim ‚Elefant' ist dies nicht mehr möglich, denn

- Durch das Material Kupfer für die Spulen ist der Ankerwiderstand R.A kaum noch zu verringern.
- Die mechanische Reibung entsteht durch die Lager und die ventilierte Luft. Luftreibung ist zur Kühlung des Motors erforderlich.

c.R;int/mNms	0,022	Om.Nen*s	420	P.V;ges	8,9693
eta	0,66742	P.el/W	26,969	P.V;me/W	3,8808
i.A/A	2,2558	P.Nen*R.A W*Ohm	18	R.A/Ohm	1
M.Nen/mNm	42,857	P.Nen/W	18	u.Nen/V	12
M.Rbg/mNm	9,24	P.V;el/W	5,0885	u.RA/V	2,2558

Abb. 1-252 Zahlenwerte zur Berechnung der Partialverluste nach Abb. 1-253

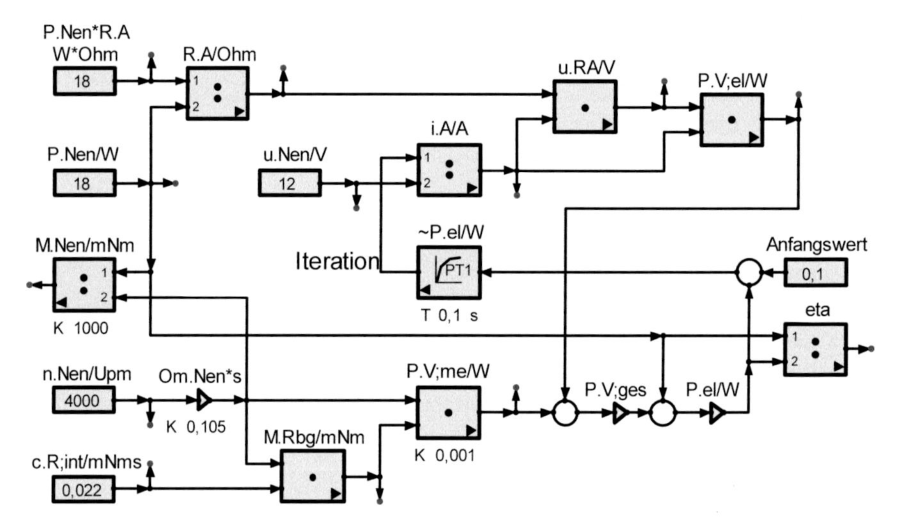

Abb. 1-253 Berechnung der elektrischen und mechanischen Verluste und des Wirkungsgrades eines Gleichstrommotors

Erläuterungen zur Verlustberechnung:
Zur Berechnung des Ankerstroms i.A=P.el/u.Nen wird am Eingang die elektrische Leistung P.el benötigt, die erst am Ausgang berechnet wird: P.el=P.Nen+P.Vel+P.V;me.

Hier zeigt sich ein weiterer Vorteil der Simulation:
Bei Gegenkopplungen muss die Ausgangsgröße nicht von Anfang an bekannt sein. Sie wird durch **Iteration (sukzessive Approximation)** ermittelt. Dazu ist ein Anfangswert (klein gegen den erwarteten Endwert) vorzugeben und eine Verzögerung in den Kreis zu legen.

1.6.6 Simulation einer Drehzahlsteuerung

Zum Aufbau einer Regelung sollen die Eigenschaften (Daten) der Regelstrecke bekannt sein. Als Beispiel zeigt die Abb. 1-254 eine Drehzahlsteuerung. Sie besteht aus einem **Motor mit Tachogenerator** und **RC-Glättung** der Tachospannung. Außerdem wird zur Ansteuerung des Motors ein **Stellverstärker** benötigt, der zu dimensionieren ist.

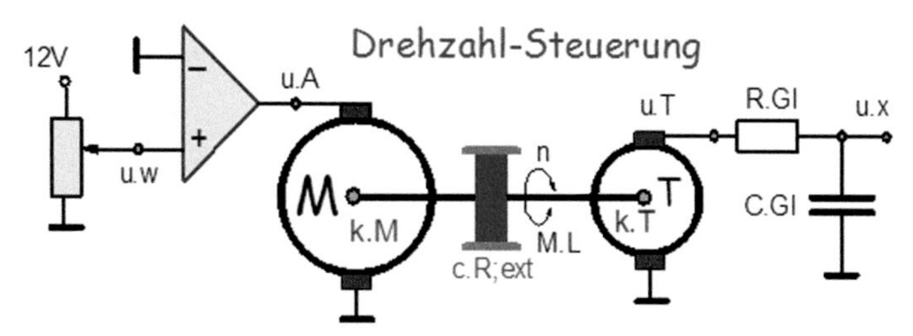

Abb. 1-254 Komponenten einer Drehzahlsteuerung: Stellverstärker, Motor, Tachogenerator und Glättung

Die geforderte Nenndrehzahl Ω.Nen und das maximale Lastmoment M.Nen bestimmen die Nennleistung **P.Nen=M.L·Ω** des Motors und damit seine Baugröße. Ist der Motor gewählt, liegen seine Eigenschaften fest – siehe Datenblatt Abb. 1-245. Zum Bau des Stellverstärkers müssen die maximale Ankerspannung und der maximale Ankernennstrom angegeben werden.

Dimensionierung einer RC-Glättung

Tachospannungen sind Wechselspannungen. Durch die Kommutierung (=Gleichrichtung) ist ihr Mittelwert, der allein die Drehzahl repräsentiert, von Umschaltspitzen überlagert. Zur Regelung der Drehzahl wird ein möglichst sauberer Istwert benötigt. Deshalb soll u.T durch ein RC-Glied geglättet werden.
Gesucht werden der Glättungswiderstand R.Gl und der Glättungskondensator C.Gl.

Zur Glättungszeitkonstante T.Gl=R.Gl·C.Gl:
Je größer T.Gl, desto besser wird die Tachospannung geglättet, desto träger ist aber auch ihre Messung. Deshalb soll T.Gl kein gegen die mechanische Motorzeitkonstante T.M sein. Hier entscheiden wir uns z.B. für **T.Gl ≈ T.M/3.**

Zum Glättungswiderstand R.Gl:
Damit der Glättungskondensator C.Gl nicht zu groß und die Tachospannung nicht nennenswert belastet wird, muss R.Gl groß gegen den Anker-Widerstand R.A des Tachogenerators sein. Wir wählen: R.Gl=1000·R.A -> **R.Gl/kΩ=R.A/Ω.** Nach Gl. 1-44 können wir R.A aus der Nennleistung des Motors abschätzen: R.A ≈ 20Ω/(P.Nen/W).

Zum Glättungskondensator:
Mit T.Gl und R.Gl liegt auch der Glättungskondensator fest: **C.Gl=T.Gl/R.Gl.**

Zahlenwerte für den Motor ‚Elefant':
T.M=2s -> T.Gl ≈ T.M/3≈600ms
P.Nen=18W -> R.A≈1Ω -> R.Gl=1kΩ -> C.Gl≈600µF.
Sollte man beide Drehrichtungen einstellen wollen, muss C ein **ungepolter Elko** sein, z.B. C.Gl=680µF (bipolarer Elko).

Die Struktur der Drehzahlsteuerung

Die folgende Struktur Abb. 1-255 zeigt die Funktion des in Abb. 1-254 abgebildeten Systems aus Motor, Tacho und Glättung. Sie beschreibt

- die Steuerbarkeit der Drehzahl n durch die Ankerspannung u.A
- die Lastabhängigkeit der Drehzahl n und
- die Rückwirkung des Lastmoments auf den Ankerstrom.
- Die geglättete Tachospannung u.x ist die gemessene Drehzahl.

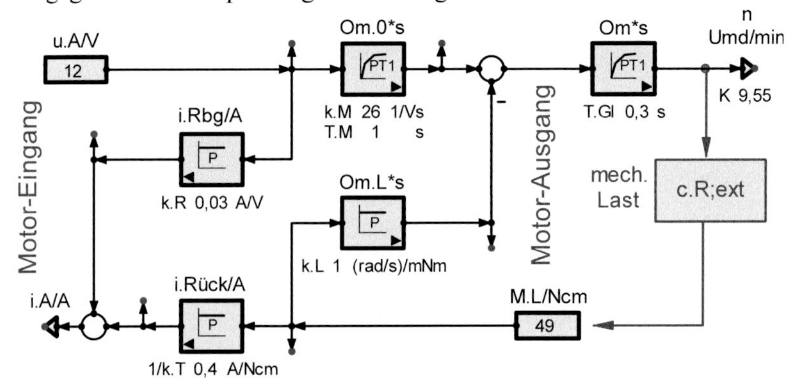

Abb. 1-255 Drehzahlregelstrecke nach Abb. 1-254 als Vierpol: Sie besteht aus Motor, Tacho und Glättung.

Die Streckenverstärkung V.S

V.S beschreibt die Drehzahlsteuerung von der Ankerspannung u.A bis zur geglätteten Tachospannung u.x im Leerlauf:

$$\mathbf{V.S = u.T/u.A = \eta \cdot k.M \cdot k.T}$$

Zahlenwerte:

Für den Motor ‚Elefant' ist **k.M = 40(rad/s)/V = 400(U/min)/V**

Mit **k.T = 25mV/(rad/s)=167mV(U/min)** wird **V.S = 0,85**.

Beim Thema **Wirkungsgrad** (1.6.4) wurde gezeigt, dass k.M·k.T=1 ein theoretischer Wert ist, der nur für verlustfreie Maschinen gilt.

Mit V.S berechnen wir die Tachospannung im Leerlauf: **u.x0=V.S·u.A.**

Das Verhalten der Drehzahlsteuerung bei Belastung

Zur Bestimmung der Motordaten betrachten wir seine Belastungskennlinien in Abb. 1-256:

Wie vorher beschrieben, sinkt die Drehzahl n des gesteuerten Motors mit dem Lastmoment M.L an der Welle ab. Dagegen steigt der Ankerstrom i.A mit M.L an.

Damit verhält sich das Motor-Tacho-System wie eine gesteuerte Spannungsquelle mit der Streckenverstärkung

V.S = u.x/u.A = k.M·k.T

Zahlenwerte: k.M =36(rad/s)/V;
k.T=25mV/(rad/s) –> ergibt V.S=0,9.

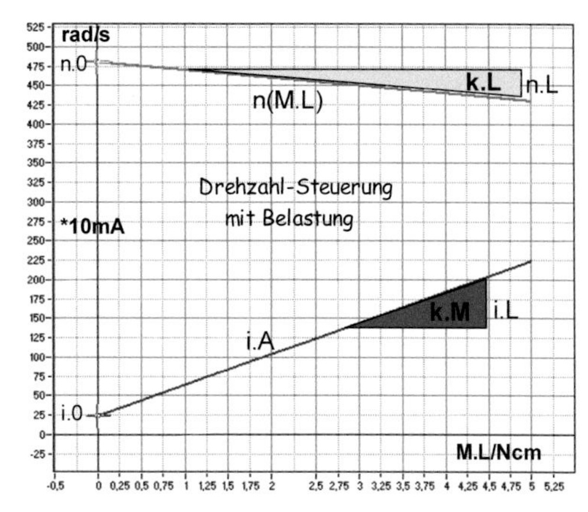

Abb. 1-256 Bei konstanter Ankerspannung sinkt die Drehzahl des Motors mit der Belastung der Welle ab. Ursache ist der Ankerwiderstand R.A des Motors. An ihm erzeugt der mit der Belastung steigende Ankerstrom einen steigenden Spannungsabfall, der die induzierte Tachospannung – und damit die Drehzahl – verringert.

Die dem Innenwiderstand der Spannungsquelle entsprechende Konstante nennen wir Belastungsparameter G.L:

$$G.L = \frac{u.T}{M.L}(u.A = konstant) = k.L * k.T$$

Zahlenwerte: k.L= 10(rad/s)/Ncm und k.T=25mV/(rad/s) – ergibt **G.L = 0,25V/Ncm**.

Bei Belastung der Welle (M.L) verhält sich die Motor-Tacho-Anordnung so, als würde sich die Ankerspannung u.A mit jedem Ncm um 0,25V verringern. Entsprechend müsste ein idealer Regler die Ankerspannung um 0,25V pro Ncm erhöhen, um die Drehzahl konstant zu halten.

Die Streckenparameter **V.S=k.M·k.T** und **G.L=k.L·k.T** des gesteuerten Motors werden wir mit den entsprechenden **Daten des geregelten Motors** vergleichen. Dadurch wird sich zeigen, welche Verbesserungen (statisch) durch die Regelung erzielt worden sind. Dadurch lässt sich beurteilen, ob sich der Aufwand des Aufbaus einer Drehzahlregelung lohnt.

Die beiden Streckenzeitkonstanten

In Abschnitt 1.5.3 Regleroptimierung haben wir gezeigt, dass das Verhältnis zweier Streckenzeitkonstanten die optimale Reglerverstärkung und damit die Genauigkeit und Schnelligkeit einer Proportionalregelung bestimmt. Diese beiden Zeitkonstanten (Abb. 1-257: T.M für den Motor und T.G für die Glättung der Tachospannung) sollen nun für die Drehzahlsteuerung aus einer Sprungantwort des Systems aus Motor, Tacho und Glättung ermittelt werden.

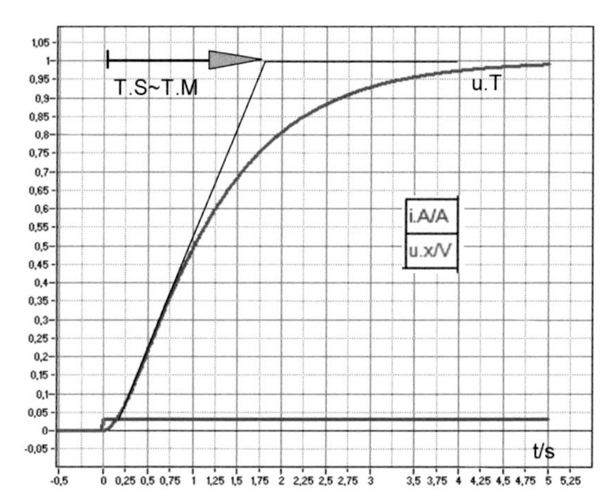

Abb. 1-257 Sprungantwort der Regelstrecke, bestehend aus Motor, Tacho und Glättung wird im Wesentlichen durch die Trägheit des Motors bestimmt. Daher ist die Streckenzeitkonstante T.S hier etwa gleich der Motorzeitkonstante T.M (hier T.M=1s).

Zur Bestimmung von T.S legt man eine **Anfangstangente** an die Sprungantwort.

- Sie hat einen Wendepunkt bei t.W. Nach Gl. 1-26 ist T.2≈t.W/2.
- Sie schneidet den Endwert bei t.1. Nach Gl. 1-28 folgt daraus T.1≈t.1/2.

Zur Drehzahlsteuerung gehören zwei Verzögerungen mit ihren Zeitkonstanten:

1. Die mechanische **Motorzeitkonstante T.M** des Motors. Sie entsteht durch ihre Drehmasse, die beschleunigt und verzögert werden muss. T.M liegt hier im Sekundenbereich.

In Kap. 4 'Mechanik' zeigen wir, wie man mechanische Zeitkonstanten T.me=J/c.R aus dem **Massenträgheitsmoment J~m·r²** (mit der Drehmasse m und ihrem Radius r) und der Reibung des Systems c.R berechnet.

2. Die **Zeitkonstante T.G** dient zur Glättung der Tachospannung. T.G ist notwendig, da die Tachospannung durch Kommutierung der induzierten Wechselspannung entsteht.

T.G = C·R wird durch ein RC-Glied realisiert. Damit die Glättung auch bei niedrigen Drehzahlen funktioniert, soll T.G so groß wie möglich sein. Andererseits muss sie kleiner als die dominierende **Motorzeitkonstante T.M** sein, damit die Drehzahlmessung dynamisch nicht zu sehr verzögert wird. Daher die Forderung: **T.G<<T.S**.

Der Schnittpunkt der Anfangstangente mit dem Endwert der Sprungantwort (Abb. 1-257) markiert die **Streckenzeitkonstante T.S.** Da die Glättungszeitkonstante T.G kleiner als T.M ist, bestimmt T.S den Einschaltvorgang und T.S ist nur geringfügig größer als die Motorzeitkonstante T.M.

Die **Streckenzeitkonstante T.S** dient zur Beschreibung der Trägheit der gesamten Motor-Tacho-Anordnung. In Kap. 4 'Mechanik' wird gezeigt, wie man mechanische Streckenzeitkonstanten T.S aus dem Verhältnis von **Massenträgheitsmoment J** und mechanischem **Reibungswiderstand c.R** berechnet:

Gl. 1-45 $$T.S = J/c.R$$

- Die Drehmasse m.Rot und ihr mittlerer quadrierter Radius $r.Rot^2$ bilden das Massenträgheitsmoment $J.Rot=m.Rot \cdot r.Rot^2$.
- Der gesamte Reibungswiderstand des Systems ist c.R=c.R;int+c.R;ext.

Weil c.R;int<<c.R;ext ist, unterscheiden sich die Hochlaufkurven im Leerlauf und bei Nennlast nur wenig (Abb. 1-258).

Einschaltvorgänge eines Motors

Mit V.S, T.M und T.G können wir den Hochlauf des Motors im Leerlauf und bei Nennlast simulieren (Abb. 1-258):

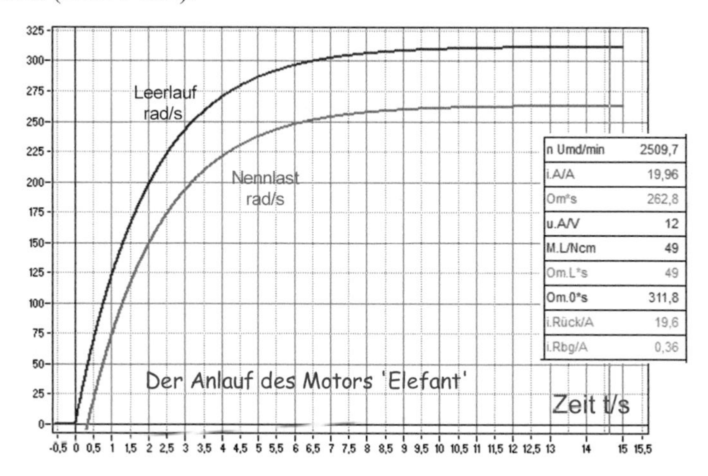

Abb. 1-258 Sprungantworten zur Struktur des gesteuerten Motors nach Abb. 1-254 im Leerlauf und bei Nennlast

Pulsbreitenmodulation (pulse-width modulation PWM)

Größere Leistungen sollen **verlustarm** gesteuert werden. Das geht nur mit schnellen Schaltern. Für Gleichspannungen steuert sie ein Pulsbreitenmodulator PWM (Abb. 1-259). PWM's sind Rechteckoszillatoren mit elektrisch **steuerbarem Tastverhältnis**. Sie ermöglichen bei Motoren die quasikontinuierliche Steuerung des Strom- oder Spannungsmittelwerts. Die Oszillationsfrequenz muss so hoch eingestellt werden, dass der Ankerkreis des Motors den Ankerstrom mittelt.

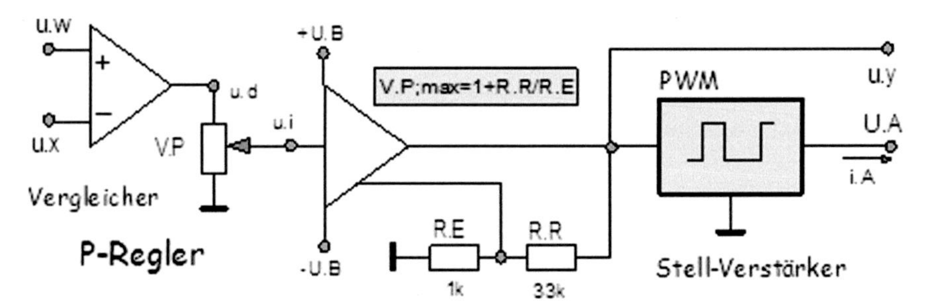

Abb. 1-259 Aufbau eines Proportionalreglers mit Vergleicher, Fehlerverstärker mit durch ein Widerstandsverhältnis R.R/R.E einstellbarer Verstärkung und optionalem Pulsbreitenmodulator (PWM)

Die Grundlagen der Verstärkertechnik besprechen wir in Abschn. 2.2.
Um einen elektronischen Regler bauen oder auswählen zu können, müssen seine wichtigsten Parameter bekannt sein. Diese sind

- die Versorgungsspannungen +/-U.B
- der Maximalstrom I.B und
- die benötigte Differenzverstärkung V.max.

Die erforderliche **Proportionalverstärkung V.max** ergibt sich, wie bei der **Optimierung** des Reglers in Abschnitt 1.5.3 gezeigt worden ist, aus den beiden Verzögerungen der Regelstrecke. Für unsere Drehzahlregelung ist **V.max=30** ausreichend.

Zur Stromversorgung
Die erforderlichen Versorgungsspannungen +U.B und –U.B ergeben sich aus der Nennspannung der Regelstrecke, hier eines 12V-Motors. Bei Volllast und stabiler Drehzahl muss die Reglerspannung u.y, hier die Ankerspannung U.A, noch um den inneren Spannungsabfall des Motors **U.RA = R.A·I.Nen** größer sein.

Zahlenwerte:
Den Nennstrom I.Nen des Reglers berechnen wir aus der angegebenen Nennleistung: **P.Nen=U.Nen·I.Nen** – hier P.Nen=18W und U.Nen= 12V
-> I.Nen = P.Nen/U.Nen – hier **1,5A**. Das ist auch der **Versorgungsstrom ±I.B**, für den der Stellverstärker mindestens ausgelegt sein muss.

Mit I.Nen - hier 1,5A - und R.A - hier 1,1Ω - errechnen wir den maximalen Spannungsabfall am Ankerwiderstand: **U.RA;max=1,7V.** Da die Nennspannung des Motors 12V ist, erfordert dies eine maximale Ankerspannung

U.A;max=U.Nen+U.RA;max, hier **13,5V.**

Da Verstärker auch innere Verluste haben, müssen sie mindestens um 1,5V höher versorgt werden. Daher muss dieser Regler mit mindestens mit **±U.B=15V** betrieben werden.

Die Nennleistung erzeugt in einem kontinuierlich betriebenen Regler Verluste in der Größenordnung der Motorleistung, hier 18W. Der dazu nötige **Kühlkörper** muss entsprechend groß sein. Wie man Kühlkörper dimensioniert, ist in **Bd. 7/7,** Kap. **13 Wärme-technik** nachzulesen.

Zum Pulsbreitenmodulator (*pulse-width-modulation* PWM)

Um die hohen Verluste des Stellverstärkers zu vermeiden, kann der Regler mittels **Pulsbreitenmodulator PWM** schaltend betrieben werden (Abb. 1-260). Dabei ist das Tastverhältnis (ein/aus) eines Rechteckoszillators bei fester Frequenz f.0 durch eine Steuerspannung einstellbar.

Da hier nur mit elektronischen Schaltern gearbeitet wird, sind die Verluste des PWM gering. Die Oszillatorfrequenz f.0 wird gerade so hoch eingestellt, dass der Steuerstrom durch die Glättung der Tachospannung gut gemittelt wird; f.0>1/T.G (Abb. 1-261).

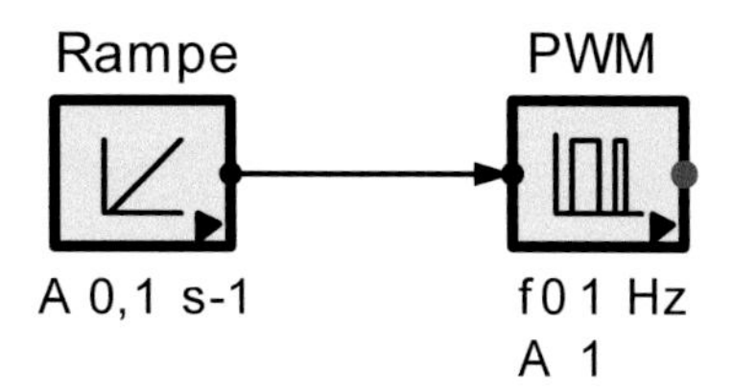

Abb. 1-260 Frequenzsteuerung bei einem simulierten Pulsbreitenmodulator

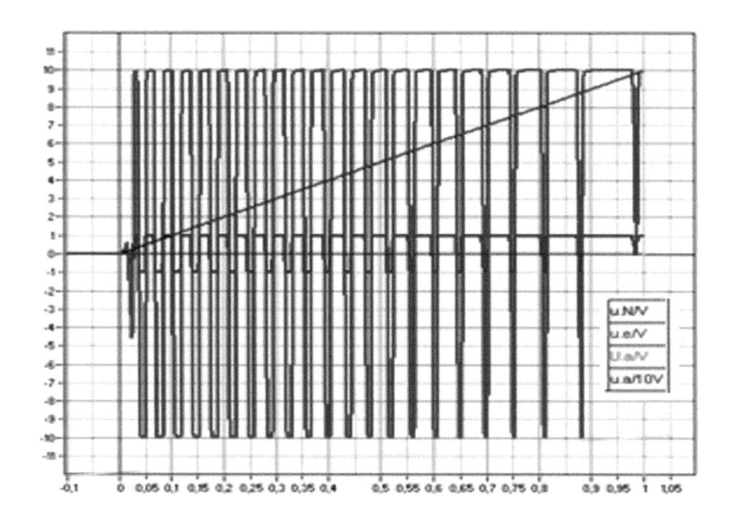

Abb. 1-261 Simulierter Pulsbreitenmodulator: Die Steuerspannung u.e=0...10V variiert das Tastverhältnis von 0 bis 100%. Entsprechend ändert sich die mittlere Ausgangsspannung von 0 bis 100%. Da entweder Strom oder Spannung null sind, entsteht dabei kaum Verlustleistung.

Mit Pulsbreitenmodulator PWM ist allerdings nur noch eine Drehrichtung einstellbar. Einzelheiten zum PWM finden Sie in Bd. 5/7, Abschn. 8.7 ‚Elektronik /Schaltungstechnik'.

1.6.7 Simulation einer Drehzahlregelung

Das Ziel einer Drehzahlregelung (Abb. 1-262) ist, die Drehzahl n genau einstellbar zu machen und sie auch bei Belastung zu halten. Dazu soll die Drehzahl geregelt werden.

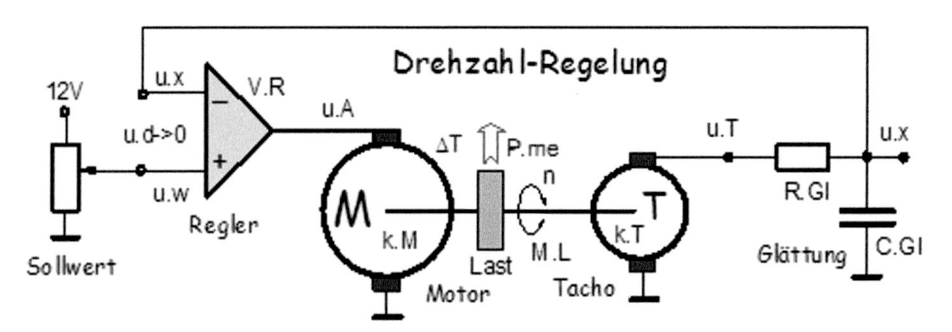

Abb. 1-262 Aufbau einer Drehzahlregelung: der Motor für die Leistung, der Tacho für die Drehzahlmessung und der Regler für die Genauigkeit

Vorgegeben wird die **Solldrehzahl n.w als Spannung u.w**, gemessen wird die **Istdrehzahl n als geglättete Tachospannung u.x**. Der Regler bildet die **Differenz x.d (Regelabweichung)** aus der **Solldrehzahl n.w und der Istdrehzahl n** und ist bestrebt, sie mit Hilfe der **Ankerspannung u.A (Stellgröße) zu null** zu machen. Dann sind auch kleine Drehzahlen **schnell und lastunabhängig** einstellbar.

Proportional-Regler sind Differenzverstärker mit einstellbarer Verstärkung V.P.
Sie besitzen einen nichtinvertierenden Eingang für den Sollwert u.S und einen invertierenden Eingang für den gemessenen Istwert u.x. Ihr Stellsignal u.y erzeugen sie durch Verstärkung der Differenz aus Soll- und Istwert **u.d=u.w-u.x.** Daraus folgt das Stellsignal **u.y = V.P · u.d.**

Da der Regler hier elektronisch arbeitet, wird der Soll-Istwert-Vergleich durch Spannungen ausgeführt, die hier für Drehzahlen stehen. Die Konstante des Messwandlers - hier die **Tachokonstante k.T=U.T/Ω -** bestimmt die Umrechnung von Spannungen in Drehzahlen (Abb. 1-263):

- Aus der Mess-Spannung u.x wird die Istdrehzahl: Ω = k.T·u.x
- Aus dem elektrischen Sollwert u.w wird die Solldrehzahl Ω.w = k.T·Ω.w und
- Aus der Regelabweichung u.d=u.w-u.x wird der Drehzahlfehler Ω.d = k.T·u.d

Bei guter Einstellung richtet der Regler das Stellsignal y.R (hier die Ankerspannung u.A) so ein, dass die Regelbweichung **x.d gegen null** geht. So passt der Regler sein Stellsignal immer an die jeweiligen Störungen z an (hier das Lastmoment M.L).

Resultat: Der **lineare Messwandler** (hier der Tacho mit k.T) bestimmt bei guten Drehzahlregelungen den Zusammenhang zwischen Soll- und Istwert.

Abb. 1-263 zeigt, wie einfach die Berechnung des Istwerts zu vorgegebenen Sollwerten bei guten Regelkreisen ist. Dazu benötigt wird nur die Konstante des Messwandlers.

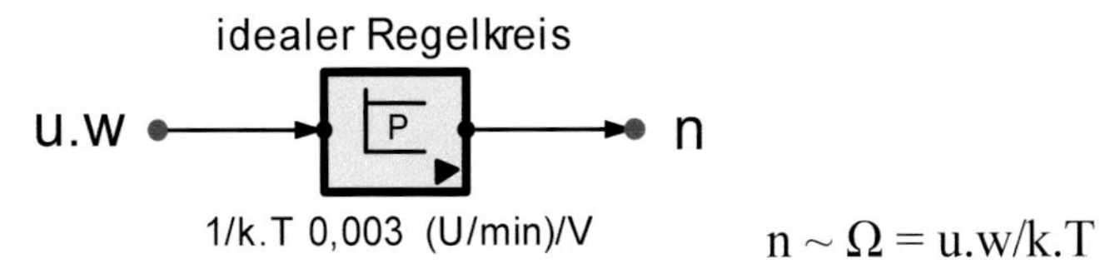

Abb. 1-263 Statischer Ersatz für eine Regelung: Der Messwandler bestimmt die Proportionalität zwischen Sollwert und Drehzahl.

Zur Ansprechschwelle

Bei kleinen Ankerspannungen (1%..10% der Nennspannung) steht der Motor. Der Grund ist die **Haftreibung** durch nicht exakt runde Wellen und Lager. Zur Überwindung der Haftreibung ist eine Mindestankerspannung, genannt Ansprechschwelle, erforderlich.

In Abschnitt 1.6.8 wird gezeigt, dass sich eine **Drehzahlregelung** auch in diesem Falle **intelligent** verhält: Durch **Pulsbreitenmodulation** (Abb. 1-261) wird die Ansprechschwelle vom Proportionalregler fast beseitigt.

Die Struktur einer Drehzahlregelung

Der Regelkreis (Abb. 1-264) besteht aus dem Regler mit der Proportionalverstärkung V.P und der Regelstrecke - hier des Motors (k.M und T.M) inklusive Messwandler (Tacho k.T) und der Glättung (T.G).

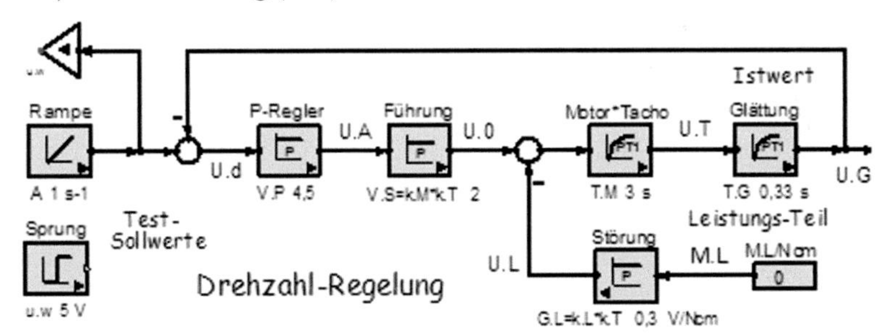

Abb. 1-264 Drehzahlregelung: Verglichen wird die drehzahlproportionale Tachospannung u.T.

Zunächst behandeln wir das statische Verhalten des Regelkreises, um es mit dem statischen Verhalten des gesteuerten Motors vergleichen zu können. Uns interessiert die Genauigkeit der Regelung in Abhängigkeit von der **Verstärkung V.P** eines Proportionalreglers. V.P ist bis zur Stabilitätsgrenze ein frei einstellbarer Parameter.

In Abhängigkeit von der **Reglerverstärkung V.Reg=V.P** soll untersucht werden, wie gut der Regelkreis **Sollwerte u.w einregelt** und wie genau er den Einfluss der **Störgröße M.L ausregelt**. Danach wird eine Dimensionierungsvorschrift für die **optimale Reglerverstärkung V.P:opt** angegeben.

Stationäre Berechnung einer Drehzahlregelung
In diesem Abschnitt zum Thema ‚Regelungstechnik' werden wir die Ersatzstruktur des Regelkreises (Abb. 1-266) berechnen und ihre Daten mit denen der ungeregelten Strecke vergleichen (Abb. 1-265). Dadurch zeigen sich die durch die Regelung erzielten Verbesserungen.

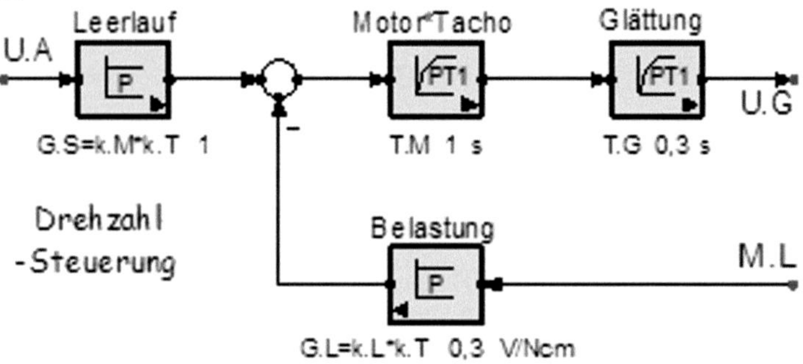

Abb. 1-265 Berechnung des Ausgangs einer Drehzahlsteuerung

Die Ersatzstruktur der Drehzahlregelung (Abb. 1-266) hat den gleichen Aufbau wie die Steuerung, nur die Parameter sind verbessert.

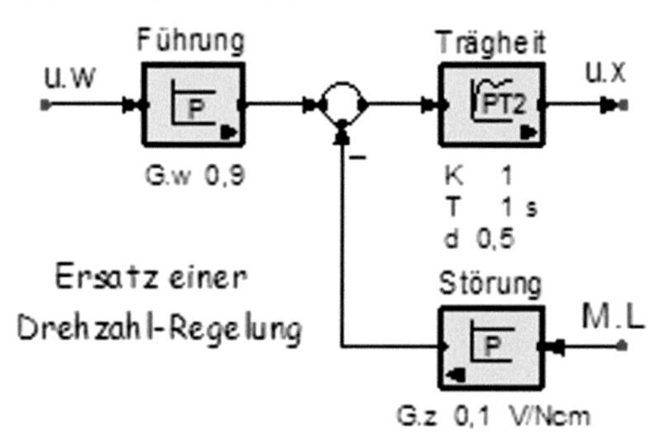

Abb. 1-266 Die Ersatzstruktur einer Drehzahlregelung: Ihre Daten sind noch zu berechnen.

Hier geht es zunächst um die prinzipielle Arbeitsweise eines Regelkreises (Abb. 1-267). Darunter verstehen wir die statischen Verhältnisse, die sich bei konstantem Sollwert und konstanten Störgrößen einstellen. Dazu berechnen wir nun alle Regelkreissignale für den eingeregelten Sollwert und die ausgeregelten Störgrößen (das **stationäre** Verhalten).

Hier interessiert die Genauigkeit der Regelung in Abhängigkeit von der V**erstärkung V.Reg=V.P** des Proportionalreglers.

Das Maß für die Genauigkeit eines Regelkreises ist der Quotient aus Regeldifferenz x.d und Sollwert w bei fehlenden Störungen (alle z=0), genannt

Gl. 1-46 Definition: bleibende Regelabweichung x.w=x.d/w … alle z=0

Wir untersuchen zunächst die Einflüsse der äußeren Signale (w, z.1, z.2) einzeln (Abb. 1-267). Am Schluss können wir dann die Teileinflüsse zur gesamten Wirkung am Ausgang x überlagern. Das zeigt, wie gut der Sollwert eingeregelt und die Störgrößen ausgeregelt werden.

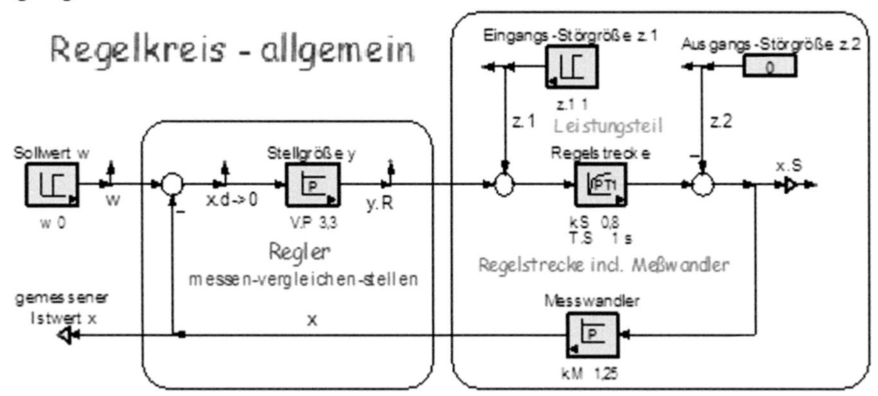

Abb. 1-267 allgemeiner Regelkreis: Er zeigt die Elemente eines Regelkreises und die allgemeinen Namen seiner Signale. z.1 am Eingang der Strecke (greift mit + an), rechts: z.2 am Ausgang der Strecke (greift mit – an).

Die Ersatzstruktur des Regelkreises

Zu untersuchen sind die Einflüsse des Sollwerts w und der Störgrößen z.1 und z.2 auf die Regelgröße x.s am Ausgang der Regelstrecke (Abb. 1-268). Da der Messwandler proportional arbeitet und hier den Wert k.M=1,25 haben soll, ist der **gemessene Istwert x.S**. Wenn die drei Übertragungsfaktoren

1. G.w = x.S/w für z.1=0 und z.2=0 - für den Sollwert w,
2. G.z1 = x.S/z.1 für w=0 und z.2=0 - für die Störgröße z.1 und
3. G.w = x.S/z.2 für w=0 und z.1=0 - für die Störgröße z.2

… aus der Original-Struktur berechnet sind, überlagern sich die Teileinflüsse zum Gesamtsignal x.S:

$$\mathbf{x.S = G.w \cdot w + G.z1 \cdot z1 + G.z2 \cdot z.2 \approx G.w \cdot w}$$

Diese Überlagerung der Einzcleinflüsse zeigt auch die folgende Ersatzstruktur (Abb. 1-268):

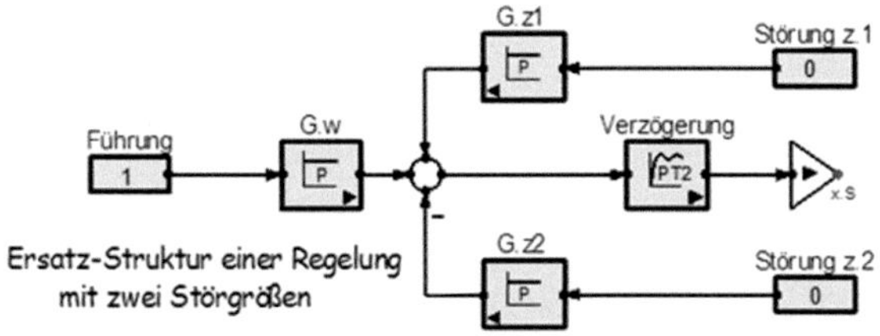

Abb. 1-268 Ersatzstruktur einer Regelung mit zwei Störgrößen: z.1 greift im Original Abb. 1-267 mit Plus (+) an, z.2 mit Minus (-).

Berechnung der Einzelübertragungsfaktoren
Das Ziel aller Bemühungen besteht darin, dass die Störungsparameter G.z1 und G.z2 möglichst klein werden und dass der Führungsparameter G.w nur durch den Messwandler bestimmt ist.

Zur Berechnung der einzelnen Übertragungsfaktoren wenden wir die in Abschnitt 1.4.2 abgeleitete Gegenkopplungsgleichung an:

Zusammenfassung einer Gegenkopplung

$$G = \frac{x.a}{x.e} = \frac{k.V}{1 + k.V * k.R}$$

Das Ausgangssignal x.a ist hier die Regelgröße x.S. Die Eingangssignale x.e sind nacheinander der Sollwert w, die Störgröße z.1 und die Störgröße z.2.

Die Vorwärtskonstante k.V ist für jeden Signalpfad das Produkt aller Konstanten in der Originalstruktur (Abb. 1-267) **auf dem direkten Weg** vom jeweiligen Eingang bis zum Ausgang x.S.

Die Kreisverstärkung V.0
Die Kreisverstärkung V.0=k.V·k.R im Nenner der Gegenkopplungsgleichung ist in der Originalstruktur das Produkt aller Faktoren im Regelkreis, hier der **Reglerverstärkung V.P** und der **Streckenverstärkung V.S= k.S·k.M:**

V.0 = x.d/x = V.P·V.S = V.P·k.S·k.M

V.0 wird durch die Reglerverstärkung V.P (einen bis zur Stabilitätsgrenze freien Parameter) so groß wie möglich eingestellt. Sie gilt dann für alle Regelkreisberechnungen.

Zahlenwerte: k.S=2; k.M=1 – ergibt die **Streckenverstärkung V.S=2.**
Zum Test wählen wir hier **V.P = 4,5 und 8,5**. Das ergibt **V.0 = 9 und 19.**

Man nennt eine Gegenkopplung ‚Regelkreis', wenn V.0 > 1 ist. Dann wird die Regelabweichung x.d = w - x (ohne Störungen z.1 und z.2) **kleiner als 50% vom Sollwert w**. **Je größer V.0, desto kleiner wird x.d und desto genauer arbeitet der Kreis.**

Die bleibende Regelabweichung
Das Maß für die statische Genauigkeit einer Regelung ist die

bleibende Regelabweichung x.B = x.d/w (w=konstant, alle z=0 und t ->∞)

x.B hängt nur von der Kreisverstärkung V.0 ab: **x.B = 1/(1+V.0)**
Sie wird mit steigender Kreisverstärkung V.0 immer kleiner.

Das Führverhalten G.w

Die erste Aufgabe des Regelkreises ist, Sollwerte einzuregeln. Wie genau er das kann, gibt der Führungsparameter G.w an:

$$G.w = x / w = \frac{V.P * k.S}{1 + V.P * k.S * k.M} \approx 1 / k.M$$

Die Vorwärtskonstante k.V ist das Produkt aller Konstanten vom jeweiligen Eingang zum Ausgang, hier der Regelgröße x. Die angegebene Näherung gilt für große Kreisverstärkungen **V.0 >>1**. V.0 wird durch die Reglerverstärkung **V.P groß gegen 1** eingestellt. Dadurch geht die Regelabweichung x.d gegen 0 und der Messwandler k.M in der Rückführung, ein Präzisionsbauelement, das frei von Störeinflüssen sein soll, bestimmt das Führverhalten des Regelkreises.

Zahlenwerte - mit V.S=k.S·k.M
Gegeben: **V.S=2;** gewählt **V.P = 4,5** => G.0 = 9 und **G.w = 0,90**
Sollwerte w werden nur zu 90% eingeregelt, 10% fehlen. Das ist noch keine gute Regelung. Wäre **V.P = 9,5** gewählt worden, so **würde** V.0 = 19 und
G.w =19/20=0,95.

Das ist schon besser, aber ob es das Stabilitätskriterium erfüllt, muss noch überprüft werden. Insbesondere wegen des getriebenen Aufwands wäre ein statischer Fehler von 5% für viele Anwendungen aber immer noch nicht gut genug. Davon wird bei der Behandlung von **PID-Reglern** in Kap. **9 Regelungstechnik** noch ausführlich die Rede sein.

Die zweite Aufgabe des Regelkreises ist, alle **Störgrößen auszuregeln** (Abb. 1-269).
In unserem Beispiel haben wir es mit zwei Störgrößen zu tun: einer am Eingang der Strecke und einer zweiten an deren Ausgang. Entsprechend ergeben sich auch zwei Störübertragungsfaktoren G.z1 und G.z2.

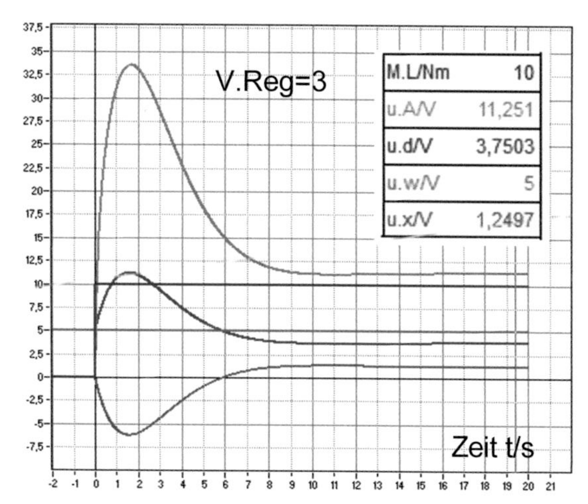

Abb. 1-269 Ausregelung eines Belastungssprungs bei kleinerer Reglerverstärkung: Abb. 1-270 zeigt den gleichen Vorgang mit größerer Reglerverstärkung.

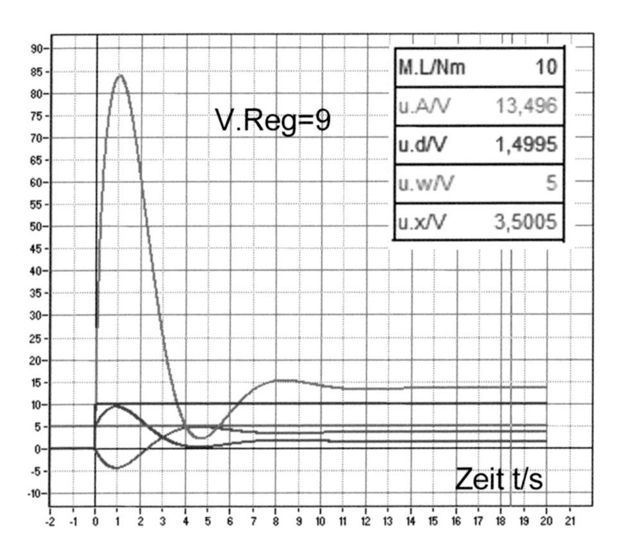

Abb. 1-270 Ausregelung zweier Störgrößen mit vergrößerter Reglerverstärkung: Der Kreis ist schneller und genauer, aber weniger stabil.

Das Störverhalten G.z1

Für den Signalpfad von z.1 nach x ist die Vorwärtskonstante k.V=k.S·k.M.
Damit wird

$$G.z1 = \frac{x}{z.1} = \frac{k.S}{1 + V.P * k.S * k.M} \approx \frac{1}{V.P * k.M}$$

Für V.0>>1 geht G.z1 mit V.P gegen null. D.h., z.1 wird ausgeregelt.

Zahlenwerte – für **V.S=k.S=2**
Für **V.P = 4,5** -> V.0=V.P·V.S=9 wird **G.z1** = 2/10 = **0,2**
Mit V.P=4,5 wird z.1 wird bis auf 20% ausgeregelt.
Für **V.R = 9,5** ->V.0=19 wird G.z1 = 2/20=**0,1**
Mit V.P=9,5 würde z.2 bis auf 10% ausgeregelt.

Siehe Abb. 1-270: Sprungantworten: **Störgrößen z.1 und z.2 ausregeln**

Das Störverhalten G.z2

Für den Signalpfad von z.2 nach x.S ist die Vorwärtskonstante k.V=1. Damit wird

$$G.z2 = \frac{x}{z.2} = \frac{1}{1 + V.P * k.S * k.M} \approx \frac{1}{V.P * K.S * k.M} = \frac{1}{V.0}$$

Für V.0>>1 geht G.z2 ebenfalls gegen null. D.h., auch z.2 wird ausgeregelt.

Zahlenwerte – für V.S=k.S·k.M=2
Für **V.P=4,**5 wird V.0=9 und G.z2 = 1/10=0,1
Mit V.P=4,5 wird z.2 wird bis auf 10% ausgeregelt.

Für **V.P = 9,5**=V.0 wird G.z1 = 1/10=0,05
Mit V.P=9.5 wird z.2 bis auf 5% ausgeregelt.

1.6.8 Motor mit Haftreibung

Die bisher angegebenen Strukturen von Motoren berücksichtigten nur die lineare Gleitreibung (auch Rollreibung genannt). Sie ist geschwindigkeits- bzw. **drehzahlproportional**. Gleitreibung wirkt dämpfend und bestimmt das **Betriebsverhalten.**

Bei Stillstand und ganz kleinen Drehzahlen bestimmt die Haftreibung (Abb. 1-271) das **Anlaufverhalten** eines Motors. Haftreibung entsteht durch mechanische Unsymmetrien der gelagerten Welle und raue Oberflächen. Die Haftreibung ist **gewichtsabhängig.** Sie hängt von der Größe eines Motors und damit von seiner Nennleistung ab.

Abb. 1-271 Verlauf der Haft- und Gleitreibung über der Drehzahl n.

Abb. 1-271 zeigt: Die Haftreibung ist im Stillstand maximal und bei Bewegung minimal. Sie interessiert also nur beim Anfahren der Maschine. Läuft der Motor, verschwindet die Haftreibung fast ganz. Deshalb ist sie **dynamisch unwichtig** und braucht nicht weiter beachtet zu werden. Abb. 1-278 zeigt das Simulationsergebnis.

Einzelheiten zur Simulation der Haftreibung finden Sie in Bd. 4/7, Kap. 6. Hier soll gezeigt werden, dass ihre Simulation – und damit ganz allgemein die Simulation von Nichtlinearitäten – kein ernsthaftes Problem darstellt. Dazu muss der in Abb. 1-271 angegebene Reibungsverlauf als Struktur nachgestellt werden (Abb. 1-272).

Simulation einer Ansprechschwelle

Als Beispiel für das Verhalten des Reglers bei einer nichtlinearen Regelstrecke soll der Gleichstrommotor mit Ansprechschwelle durch Haftreibung dienen (Abb. 1-272).

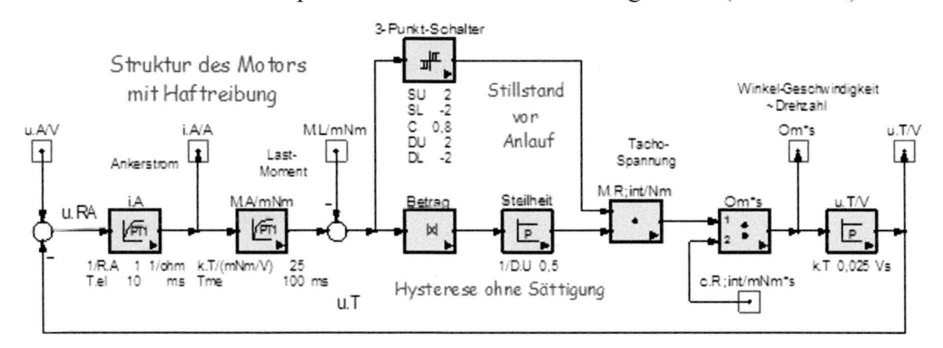

Abb. 1-272 Die Struktur des spannungsgesteuerten Gleichstrommotors zeigt dessen interne Drehzahlregelung. Bei Haftreibung erzeugt sie im Anlaufbereich Einschwingvorgänge (Abb. 1-279). Die Nachbildung der Haftreibung erfolgt durch einen Dreipunktschalter (Erklärung im Text).

Hinweis: In Strukturen, die kein großes Ω kennen, heißen Winkelgeschwindigkeiten Ω bzw. **Drehzahlen groß Om**. Im Gegensatz dazu heißen die **Kreisfrequenzen** ω von Sinusschwingungen **klein om.**

Erläuterungen zur Simulation der Haftreibung:

1. Die Drehzahl Ω=M.R;int/c.R;int errechnet sich aus dem inneren Reibmoment M.R;int und dem internen Reibungswiderstand c.R;int des Motors.
2. M.R;int ist null, solange das Antriebsmoment M.R des Motors kleiner als das Drehmoment M.HR der Haftreibung ist. Wie M.HR durch den **3-Punktschalter** eingestellt werden kann, wird im Anschluss gezeigt.
3. Dar Ankerstrom i.A=u.RA/R.A erzeugt das Antriebsmoment M.A=k.T·i.A.
4. Der Spannungsabfall u.RA über dem Ankerwiderstand ist die Differenz von äußerer Ankerspannung u.A und innerer Tachospannung u.T.
5. u.T=k.T·Ω ist der Drehzahl Ω~n proportional. Dadurch schließt sich der Regelkreis.

So bleibt nur noch zu erklären, wie die in Abb. 1-271 gezeigte Reibungskennlinie durch einen Dreipunktschalter nachgebildet werden kann. Dazu bietet SimApp den ‚Dreipunktregler' an. Zu zeigen ist, wie er zur Nachbildung der Haftreibung verwendet werden kann.

Abb. 1-273 zeigt die Parameter einer Haftreibung mit Hysterese. Sie betreffen die Sättigung (Maximum und Minimum), die tote Zone und die Hysterese.

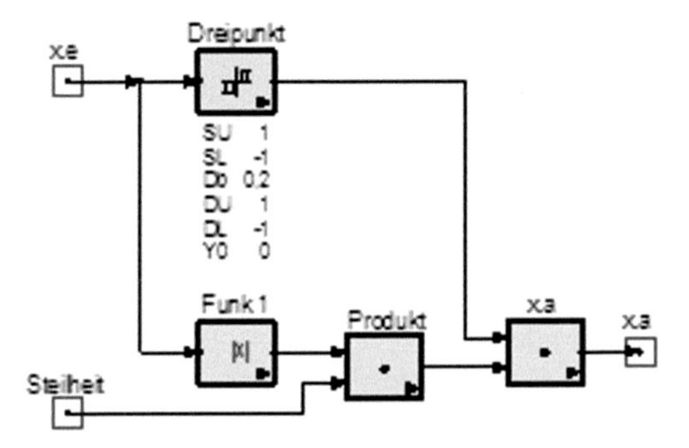

Abb. 1-273 Eingestellte Haftreibungsparameter nach Abb. 1-274: S=Sättigung, D=tote Zone, Db=Hysterese. Einzelheiten dazu finden Sie im SimApp-Handbuch.

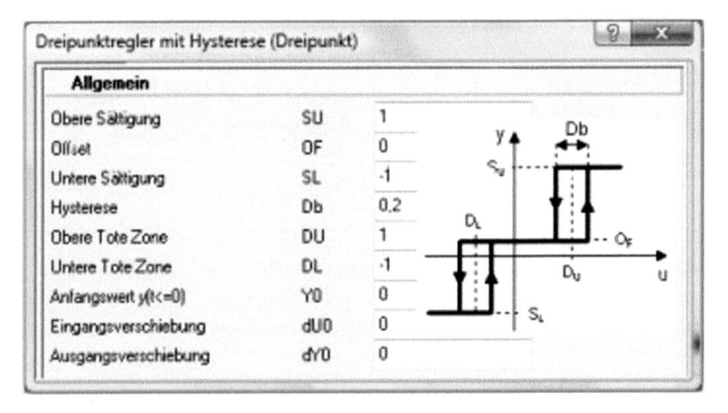

Dreipunktregler mit Hysterese (Dreipunkt)

Allgemein

Obere Sättigung	SU	1
Offset	OF	0
Untere Sättigung	SL	-1
Hysterese	Db	0.2
Obere Tote Zone	DU	1
Untere Tote Zone	DL	-1
Anfangswert y(t<=0)	Y0	0
Eingangsverschiebung	dU0	0
Ausgangsverschiebung	dY0	0

Abb. 1-274 Beim Dreipunktregler sind folgende Parameter einzustellen: die obere und untere Sättigung (SU, SL), die Hysterese Db und die tote Zone (Du, DL).

Die Nachbildung einer Haftreibung durch einen Dreipunktschalter (Abb. 1-275)
Die Struktur des Motors mit Haftreibung wird zum Test in einem Block φ zusammengefasst.

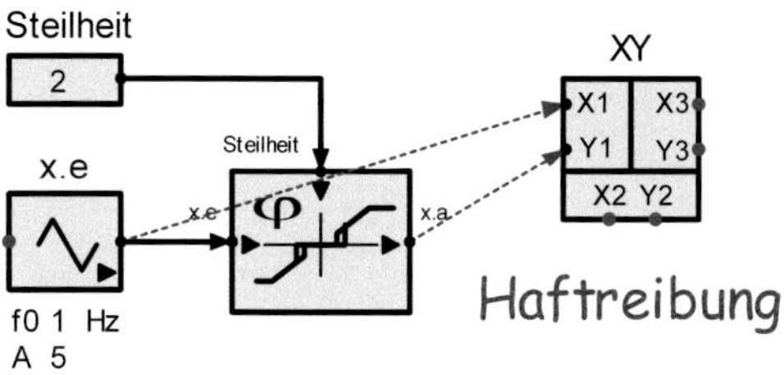

Abb. 1-275 Linearitätstest durch eine auf- und absteigende Rampe (Dreiecksfunktion)

Das Simulationsergebnis kann mit der gemessenen Motorkennlinie verglichen werden. Wenn die Ansprechschwelle nicht mit der Realität übereinstimmt, müssen die Parameter DU und DL der toten Zone geändert werden (Abb. 1-276).

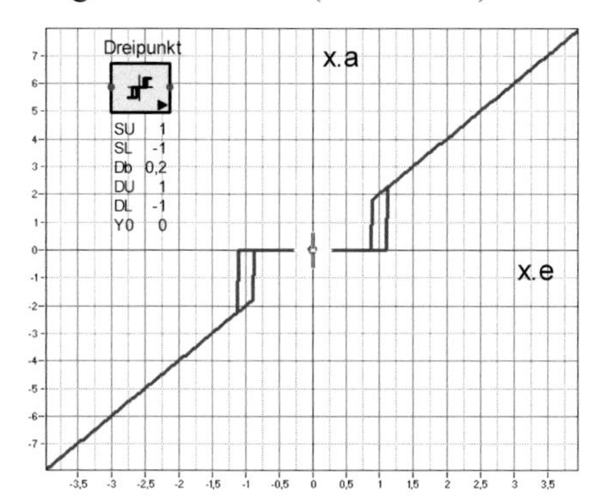

Abb. 1-276 Ansprechschwelle: Simulation der Haftreibung

Test der Simulation eines Motors mit Haftreibung
Bei einem Motor mit Haftreibung interessiert dessen Nichtlinearität. Wir simulieren sie durch den linearen (zeitproportionalen) Anstieg der Ankerspannung (Abb. 1-277):

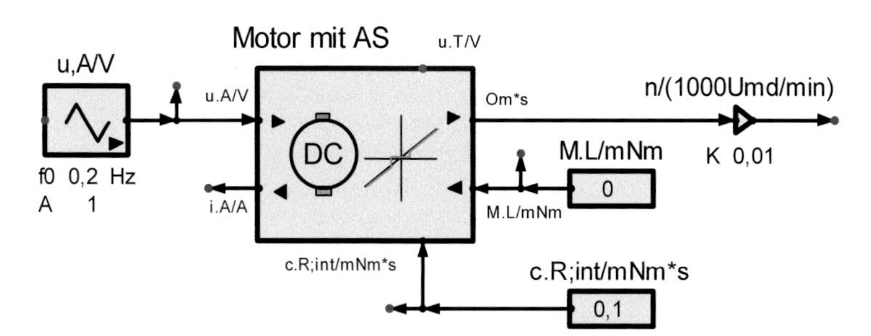

Abb. 1-277 Der Block ‚Motor mit AS' fasst die obige Struktur des Motors mit Ansprechschwelle zusammen. Getestet wird er durch eine linear ansteigende und abfallende Ankerspannung u.A (Abb. 1-278).

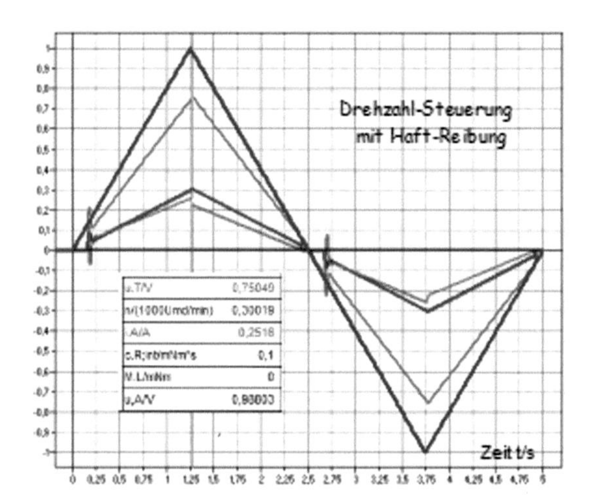

Abb. 1-278 Steuerbarkeit der Drehzahl durch die Ankerspannung: Außer im Nullbereich ist der Zusammenhang linear. Abb. 1-279 zeigt ihn genauer.

Ankerwiderstand und Anlaufmoment

Berechnet werden soll, wie groß die Ankerspannung eines Motors sein muss, damit er aus dem Stillstand anläuft. Dazu muss bekannt sein, wie groß das Haftreibungsmoment M.HR ist, denn der Motor beginnt zu drehen, wenn sein Anlaufmoment M.Anl>M.HR ist.

Wenn M.Anl=k.T·i.Anl das Haftreibungsmoment M.HR überschreitet, reißt sich der Motor los. Dann wirkt die Gegenkopplung, die den in Abb. 1-279 gezeigten Einschwingvorgang erzeugt. Im eingeschwungenen Zustand dreht der Motor mit einer Drehzahl, die er auch ohne Haftreibung gehabt hätte.

Um das Anlaufmoment M.Anl angeben zu können, benötigt man den Kurzschlussstrom i.K des Motors: M.max = k.T·i.K. i.K=u.A/R.A errechnet sich bei stehender Welle aus der Ankerspannung U.A und dem Ankerwiderstand R.A.

Wegen der Kommutatoren kann R.A meist nicht einfach mit dem Ohmmeter gemessen werden. Aber es gibt eine Möglichkeit, R.A aus der Nennleistung zumindest näherungsweise zu berechnen. Beispielsweise gilt für Kleinmotoren bis 100W

Gl. 1-44 $R.A \approx 18\Omega/(P.Nen/W)$

Je größer die Nennleistung P.Nen eines Motors, desto kleiner wird der Ankerwiderstand R.A. Messungen ergaben, dass das Produkt P.Nen·R.A annähernd eine Konstante ist. Nach Gl. 1-44 ist R.A näherungsweise aus der Nennleistung berechenbar.

Zahlenwerte:
P.Nen = 20W -> R.A =0,9Ω. U.Nen = 12V -> i.K = 12A und
k.T = 0,034Vs -> M.max = 0.34VAs = 34Ncm.
Das ist beim Modellbaumotor ‚Elefant' nach den in Abb. 1-245 angegebenen technischen Daten das 7-fache des Nennmoments.

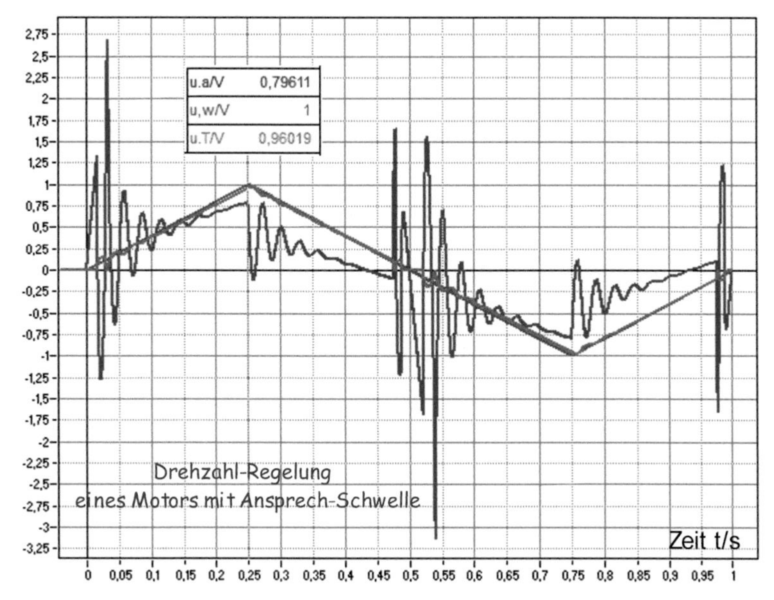

Abb. 1-279 Einregelung eines rampenförmigen Sollwerts beim Motor mit Haftreibung

Drehzahlregelung eines Motors mit Haftreibung

Durch Fehlererkennung und Verstärkung wird die Drehzahlsteuerung zur Regelung (Abb. 1-280). Durch Simulation soll herausgefunden werden, wie groß die Reglerverstärkung für ausreichende Stabilität eingestellt werden kann und wie genau der Kreis damit arbeitet.

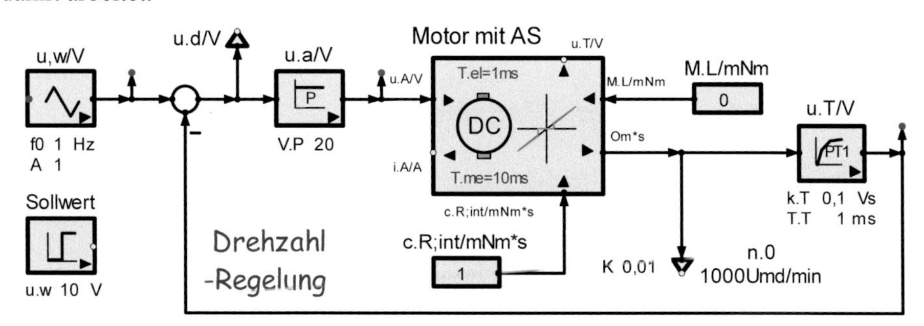

Abb. 1-280 Drehzahlregelung mit Schwelle: Drehzahlregelung eines Motors mit Haftreibung: In Abb. 1-281 wird die Struktur des Blocks ‚Motor mit AS' angegeben.

Abb. 1-281: Simulation eines Motors mit Ansprechschwelle

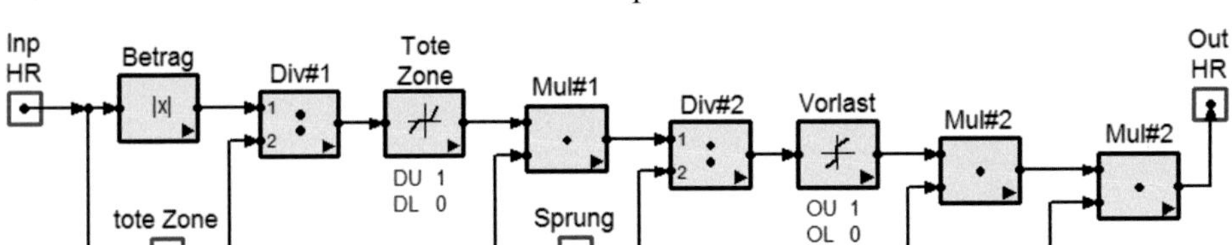

Abb. 1-281 zeigt die Struktur des Blocks ‚Motor mit AS' von Abb. 1-280 zur Simulation eines Motors mit Ansprechschwelle. Sie benötigt die Blöcke ‚tote Zone', ‚Vorlast', ‚Betrag' und Vorzeichen ‚sign'.

Ausblick
Die bisher vermittelten Grundkenntnisse der Regelungstechnik reichen zum Verständnis der folgenden Kapitel dieser ‚Strukturbildung und Simulation' aus. Kompliziertere Systeme, die den Einsatz von PID-Reglern erforderlich machen, werden in Kap. **9 Regelungstechnik** behandelt.

PID-Regler werden meist elektronisch realisiert. Dazu benötigt man Operationsverstärker, die in Kap. **8 Elektronik** behandelt werden. Falls Sie bereits über diese Kenntnisse verfügen und an der Dynamik von Regelkreisen interessiert sind, können Sie nun schon mit dem **Kap. 9 Regelungstechnik** fortfahren.

Die Berechnungen in diesen Kapiteln erfordern dynamische Methoden, die Sie im nächsten Kap. 2 kennen lernen werden.

1.7 Schaltende (unstetige) Regelungen

Schaltende Regler steuern die Regelstrecke im Prinzip **verlustlos** durch das Ein- und Ausschalten der Leistungszufuhr. Die Folge dieser drastischen Leistungsdosierung sind ständige Schwankungen des Istwerts um den Sollwert (Strukturinstabilität).

Zweipunktregler sind immer dann angebracht, wenn keine besondere Genauigkeit gefordert ist, z.B. bei Raumheizungen.

Schaltende Regelungen sind leistungsstärker aber ungenauer als proportionale Regelungen. Was das konkret heißt, soll nun durch Simulation untersucht werden.

1.7.1 Der Zweipunktregler

Zweipunktregler schalten die Leistung der Regelstrecke ein, wenn der Istwert den Sollwert unterschreitet und schaltet sie wieder ab, wenn der Istwert den Sollwert überschreitet (Abb. 1-282).

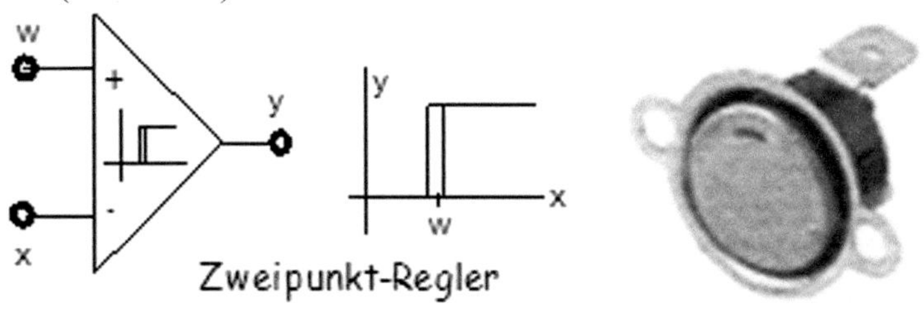

Abb. 1-282 Zweipunktregler: Symbol und Kennlinie mit Hysterese

Zweipunktregler können nur auf träge Regelstrecken angewendet werden, bei denen die Regelgröße immer nur in eine Richtung tendiert (z.B. Abkühlung).

- Nach dem Erreichen des Sollwerts neigen schaltende Regelungen zum ‚Flackern'. Dann schaltet der Regler in schneller Folge ein und aus. Das ist unerwünscht, denn es belastet den Leistungsschalter (Schütz, Triac). Die Hysterese des Reglers verhindert das Flackern.
- Mit **Hysterese** liegt der Einschaltpunkt höher als der Ausschaltpunkt. Sie verringert die Schaltfrequenz des Reglers beim Erreichen des Sollwerts. Dadurch werden die Schwankungen des Istwerts größer als sie es ohne Hysterese wären. Zur individuellen Einstellung der Genauigkeit einer schaltenden Regelung muss die Hysterese einstellbar sein. Das entspricht der Optimierung eines stetigen Reglers.

Für größtmögliche Genauigkeit (und Schaltfrequenz) soll die Hysterese so klein wie möglich, aber so groß wie nötig eingestellt werden. Was nötig ist, muss immer individuell geklärt werden.

Besonders in älteren Anlagen sind Schaltregler (Thermostat, Abb. 1-283) noch sehr verbreitet, denn ihr technischer Aufwand ist gering. Thermostatregler arbeiten mit einem Bimetall als Temperaturmesser und Zweipunktschalter (Messen und Stellen in Einem). Sie haben einen **fest eingestellten Sollwert** und eine **konstante Hysterese**.

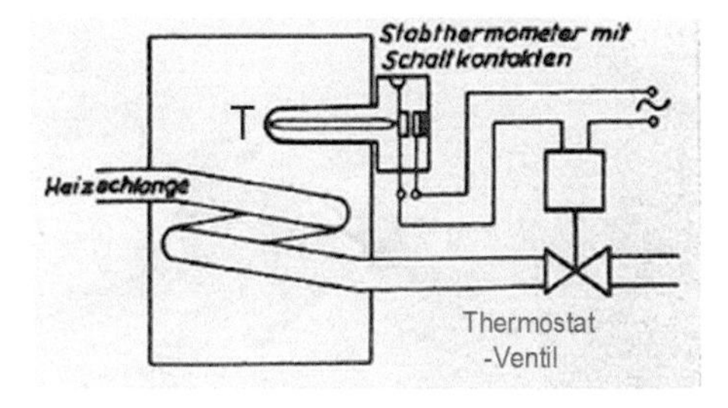

Abb. 1-283 Elektromechanische Temperaturregelung eines Brauchwasserkessels mittels Thermostatventil

Heute verfügt man über schnelle, elektronische Schalter:

- Transistoren und Festkörperrelais (Solid-State-Relais SSR) für Gleichstrom und
- Triacs und elektronische Lastrelais (ELR) für Wechselstrom.

Mit ihnen lassen sich verlustarme, quasi-proportionale Regelungen realisieren.
Beispiele für elektronische Temperatur- und Beleuchtungsregelungen finden Sie in Bd. 5/7 dieser Reihe ‚Strukturbildung und Simulation technischer Systeme'.

Ein Beispiel zur Realisierung eines Schaltreglers bringen wir beim Thema Operationsverstärker in Kap. 2, Abschn. 2.2.2. Abb. 1-283 zeigt einen industriellen Schaltregler.

Abb. 1-284 zeigt einen industriellen Zweipunktregler. Dies sind seine Funktionen:

- Einstellung der Tag- und Nachttemperatur
- Gewünschte Temperatur mit Knopfeinstellung
- Anzeige von Ist- und Solltemperatur
- Möglicher zusätzlicher Temperaturfühleranschluss

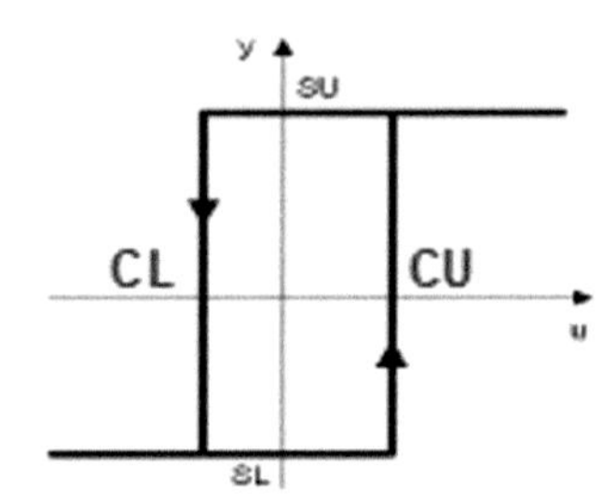

Quelle: https://www.philipp-wagner.de/index.htm

Abb. 1-284 Zweipunkt Temperaturregler der Fa. Wagner – rechts: seine Schaltfunktion mit Hysterese

1.7.2 Zweipunktregelungen

Das Verhalten einer Zweipunktregelung soll am Beispiel einer Temperaturstabilisierung (Abb. 1-285) untersucht werden.

Gegeben sind der thermische Widerstand R.th und die thermische Zeitkonstante T.th der Regelstrecke. Damit kann der Erwärmungs- und Abkühlungsverlauf für beliebige Heizleistungen berechnet werden (e-Funktion, Abb. 1-258). Hier soll damit eine Temperaturregelung simuliert werden.

Gesucht werden die Schwankungen der Temperatur und die Schaltfrequenz als Funktion der Reglerhysterese.

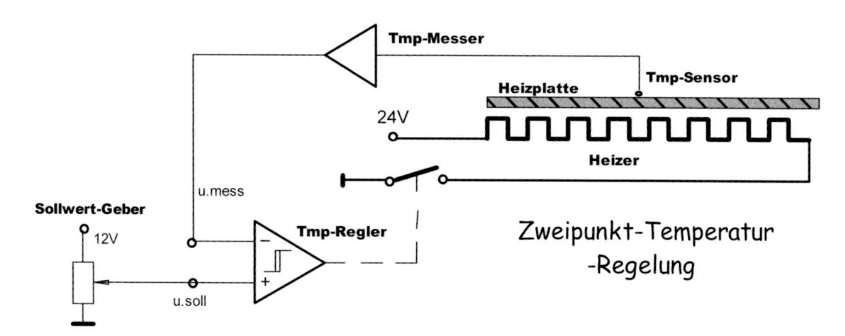

Abb. 1-285 Zweipunktregelung der Temperatur einer Heizplatte

Zur Funktion der Temperaturstabilisierung:
Wenn der Sollwert größer als die Umgebungstemperatur ist, muss die Regelstrecke nur beheizt werden. Abkühlen wird sie sich von allein. Damit das nicht zu lange dauert, muss die Kühlung ständig vorhanden sein. Je stärker sie ist, desto schneller schaltet der Regler ein. Je stärker die Heizleistung P.Hzg ist, desto schneller schaltet der Regler wieder aus. Die Heizleistung P.Hzg muss individuell an die Größe des Objekts angepasst werden. Davon wird im Folgenden ausgegangen.

Die Struktur der Zweipunktregelung (Abb. 1-286) ermöglicht die Simulation des Temperaturverlaufs T(t):

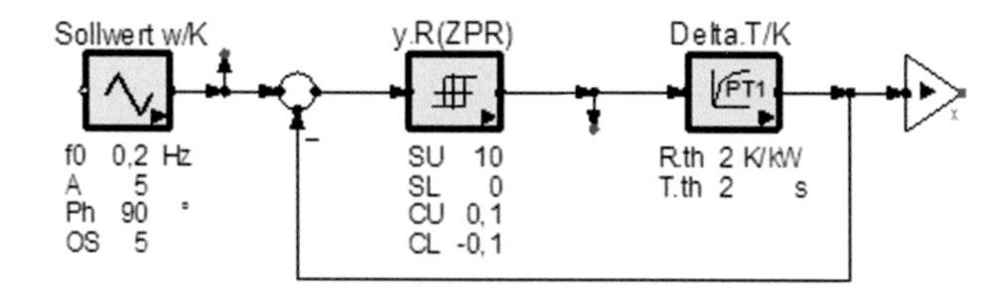

Abb. 1-286 Struktur einer Zweipunktregelung: Ihre Aussteuerung wird durch SU (oberer Wert) und SL (unterer Wert) eingestellt. CU und CL ist die zugehörige Hysterese.

Gezeigt werden soll, wie die **Genauigkeit** einer Zweipunktregelung von der **Schaltfrequenz** des Reglers abhängt und wie die Schaltfrequenz durch die **Hysterese** eingestellt werden kann. Daraus kann dann die Vorschrift zur Einstellung der Hysterese des Zweipunktreglers abgeleitet werden.

Die Schaltvorgänge bei Zweipunktregelung
Eine Zweipunktregelung macht nur dann Sinn, wenn sich der Istwert bei Leistungszufuhr in die entgegengesetzte Richtung bewegt. Dann schaltet der Regler ständig aus und ein. Dadurch **oszilliert der Istwert um den Sollwert** (Abb. 1-287).

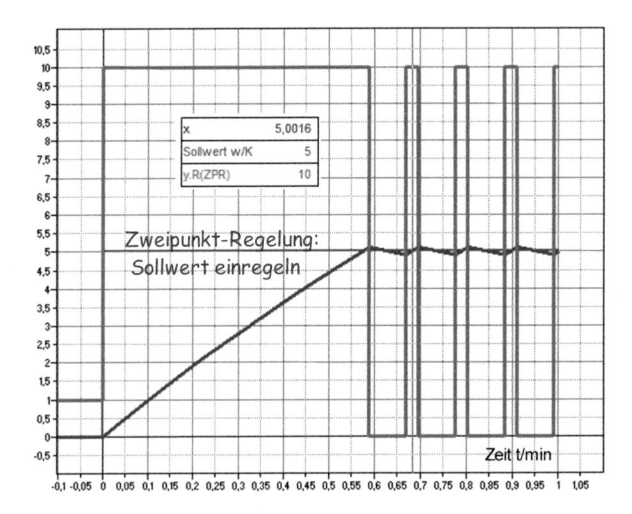

Abb. 1-287 Einschaltvorgang bei Zweipunktregelung

Nach dem Einschalten eines Sollwerts soll sich der Istwert x noch außerhalb der Hysterese des Reglers befinden. Dadurch schaltet der Regler die Strecke ein. Dann läuft der Istwert x mit Höchstgeschwindigkeit in Richtung ‚Sollwert'. Befindet sich x innerhalb der Hysterese, schaltet der Regler die Leistungszufuhr ab. Dann ist die Strecke wieder sich selbst überlassen.

Zu klären ist

- Wie groß sind die Temperaturschwankungen bei Zweipunktregelung?
- Wie bestimmt die Hysterese die Schaltfrequenz des Reglers?

Daraus soll dann eine Anweisung zur Einstellung der Hysterese des Zweipunktreglers abgeleitet werden.

Zweipunkt Nachlaufregelung
Zum Test der Zweipunktregelung wird ein linear ansteigender und abfallender Sollwert (Rampe, Abb. 1-288) vorgegeben.

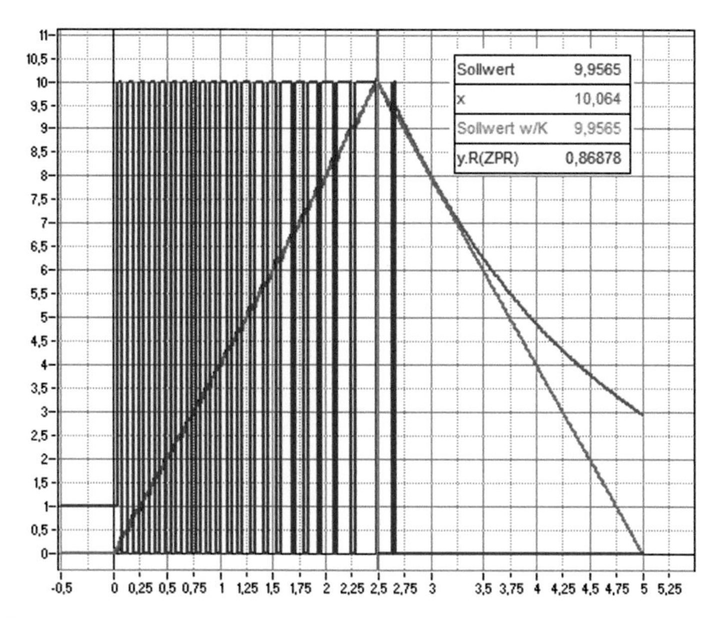

Abb. 1-288 Arbeitsweise einer Zweipunktregelung bei linearem Anstieg und Abfall des Sollwerts

Bei langsamem Anstieg der Solltemperatur ändert der Temperaturregler das **Tastverhältnis** EIN/(EIN+AUS) des Reglers. Dadurch steigt die mittlere Leistung und die Erwärmung folgt dem Sollwert. Bei fallenden Sollwerten schaltet er AUS. Dann sinkt die Temperatur von selbst.

Zweipunktregelung mit wechselnder Kühlung

Untersucht werden soll folgender Fall:
Zunächst wird die Regelstrecke von außen gekühlt, z.B. durch einen Lüfter. Dann fällt die Kühlung aus.

Gesucht werden das Schaltverhalten des Zweipunktreglers und der Temperaturverlauf T(t) über der Zeit. Die Struktur der Abb. 1-289 soll diesen Fall simulieren.

Zur Simulation einer wechselnden Kühlung muss der thermische Widerstand der Regelstrecke von klein (R.th;int) auf groß (R.th;int+R.th;ext) umgeschaltet werden (Abb. 1-289). Dadurch ändert sich die thermische Zeitkonstante **T.th=C.th·R.th**. Zu deren Simulation lässt sich der Anwenderblock ‚Verzögerung mit einstellbarer Zeitkonstante' verwenden. Seine Funktion wird in Bd. 2/7, Kap. 3, Abschn. 3.6.1 erklärt.

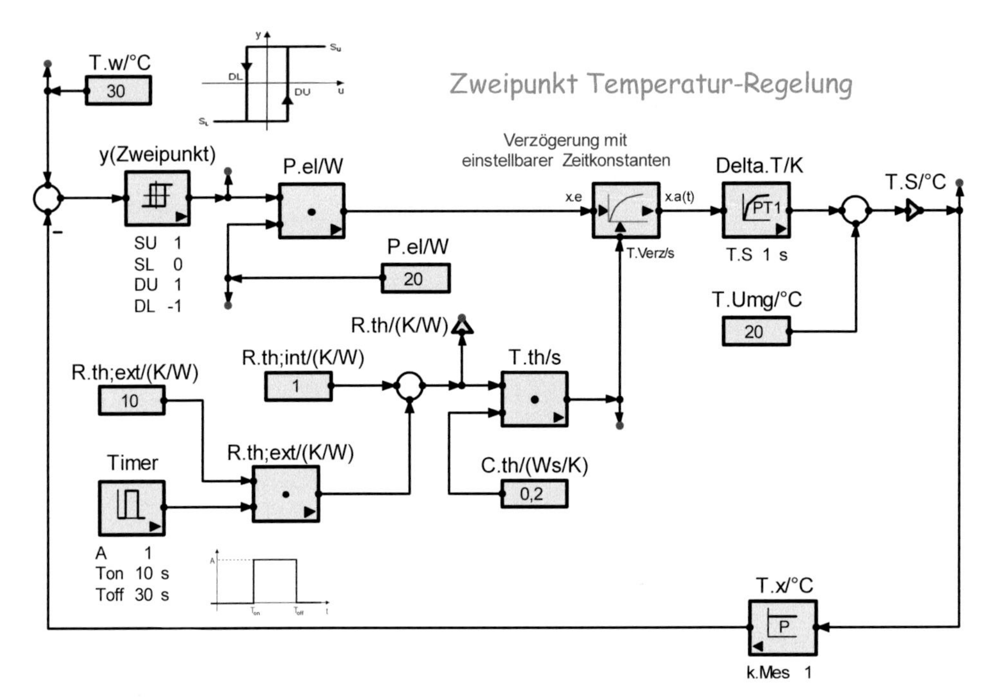

Abb. 1-289 Zweipunkt Temperaturregelung bei wechselnder Kühlung

Hysterese und Regelabweichung

Bei Schaltreglern ist die Hysterese ein freier Parameter. Nun soll ihr Einfluss auf die Schaltfrequenz und Regelabweichung untersucht werden (Abb. 1-290). Daraus kann dann eine Einstellempfehlung abgeleitet werden.

Allgemein gilt:

- Die Hysterese bestimmt die maximale Regelabweichung.
- Je größer sie eingestellt wird, desto langsamer schaltet der Regler.

Die Einstellungen zur Simulation einer Zweipunktregelung:

- Sollwert w von 0 bis x.max;
- Hysterese Hyst << y.R

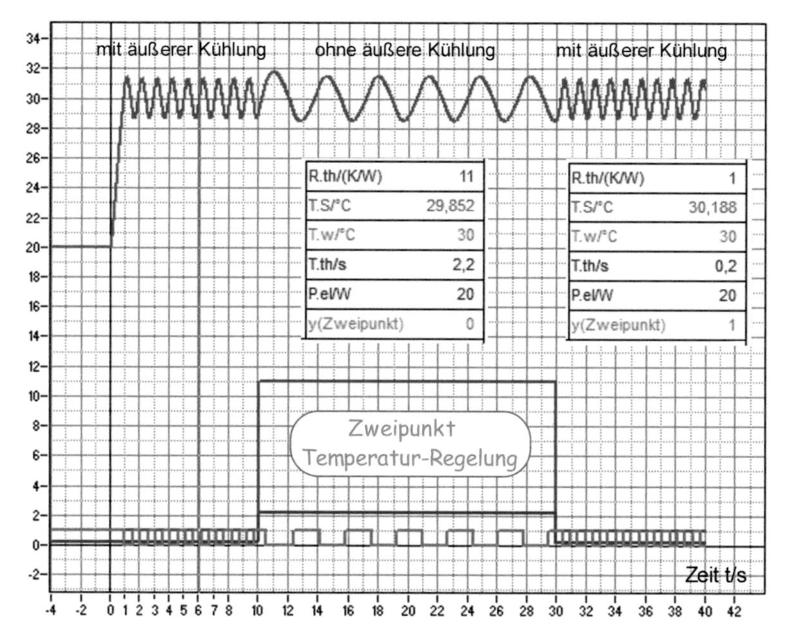

Abb. 1-290 Der Temperaturverlauf bei Zweipunktregelung mit und ohne externe Kühlung: Abb. 1-291 zeigt die Struktur dazu.

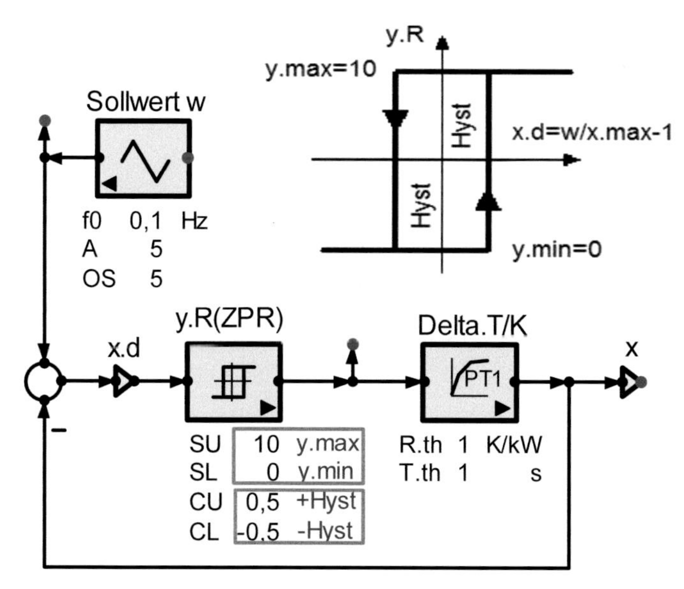

Abb. 1-291 Test einer Zweipunktregelung durch eine Dreiecksfunktion als Sollwert

Abb. 1-292 zeigt das Simulationsergebnis für einen linear ansteigenden und abfallenden Sollwert:

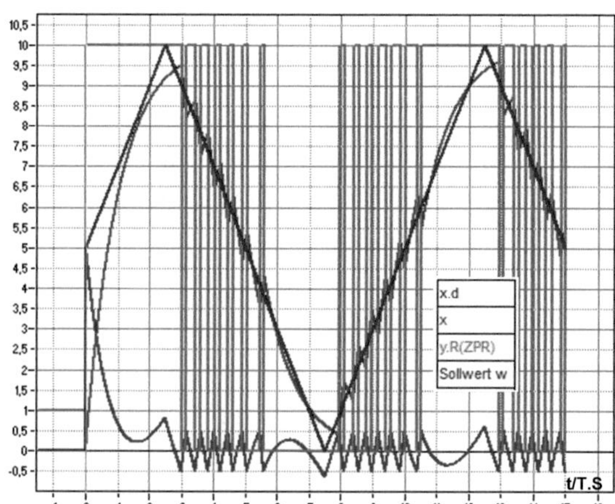

Abb. 1-292 Die Simulation zeigt die Variation des Tastverhältnisses (t.on/t.0) bei steigendem Sollwert und das Abschalten des Reglers bei fallendem Sollwert.

Schaltfrequenz und Regelabweichung

Abb. 1-293: Die Einschaltzeit t.on und die Ausschaltzeit t.off sind proportional zu T.S und Hyst und variieren mit dem relativen Sollwert w/x.max. Wie - hat der Autor durch eine **Excelanalyse** der Struktur von Abb. 1-291 ermittelt:

➔ Excelanalyse: siehe Bd. 4/7, Prolog.

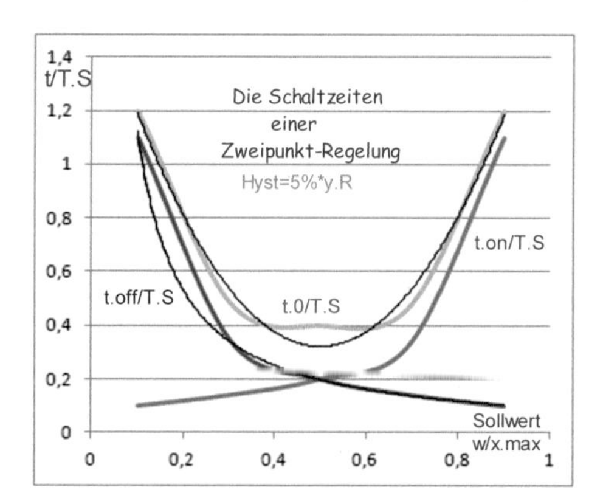

Abb. 1-293 Ein- und Ausschaltzeiten einer Zweipunktregelung nach Abb. 1-291

Abb. 1-293 zeigt die Ergebnisse:

- Bei w->0 ist der Regler ständig ausgeschaltet.
- Bei w->1 ist der Regler ständig eingeschaltet.
- Bei w=x.max/2 sind Ein-und Ausschaltzeiten gleich groß und minimal.

Dieses erwünschte Verhalten wird durch **Anpassung der Nennleistung** der Strecke an die dominante Störgröße erreicht.

Berechnung der Schaltzeiten eines Zweipunktreglers
Den Ingenieur interessiert, ob und wie er die Schaltzeit **t.0=t.on+t.off** des Reglers beeinflussen kann, denn davon hängt die Genauigkeit der Regelung ab. Die Excelanalyse hat gezeigt, dass t.on und t.off vom relativen Sollwert w/x.max abhängen.

Die **Auszeit t.off** als Funktion des Sollwerts w:

$$t.off \approx T.S * Hyst * (x.max/w)$$

Wenn der Sollwert w von 0 bis 1 variiert, ändert sich t.off von T.S·Hyst bis ∞ .

Die **Einzeit t.on** als Funktion des Sollwerts w:

$$t.on \approx T.S * \frac{Hyst}{1 - w/x.max}$$

Die **Oszillationsperiode t.0=t.on+t.off** als Funktion des Sollwerts w:

$$t.0 \approx T.S * Hyst * F(w/x.max)$$

Wenn der Sollwert w von 0 bis 1 variiert, ändert sich t.0 von ∞ bei w=0 über ein Minimum wieder bis ∞ bei w=x.max. Das Minimum der **Aussteuerungsfunktion F(w/x.max)** liegt bei w/x.max=50%

$$F(w/x.max) = \frac{1}{(w/x.max) * (1 - w/x.max)}$$

Wenn der Sollwert w von 0 bis x.max geändert wird, variiert die Oszillationsfrequenz f.0=1/t.0 von 0 über ein Maximum bei w/x.max=0,5 (-> F.max=4) wieder bis 0.

Die maximale Oszillationsfrequenz **f.0;max=4/(T.S·Hyst)** kann durch die Hysterese Hyst eingestellt werden. **Ohne Hysterese ginge die Schaltfrequenz gegen unendlich** und die Regelabweichung gegen null.
Bei größeren äußeren Störungen auf die Regelstrecke kann Hyst nicht so weit wie nötig verkleinert werden. Dann bestimmen die Störungen die Frequenz und Regelabweichung der Zweipunktregelung. Technisch ist dies unerwünscht.

Beeinflussbar ist die Frequenz eines Schaltreglers durch Mit- und Gegenkopplung.
Das ist das nächste Thema.

1.7.3 Zweipunktregelung mit Rückführung

Bei Zweipunktregelungen (Abb. 1-294) bestimmen die Verzögerungen der Regelstrecke die Schaltfrequenz und damit die Genauigkeit (Abb. 1-295). Beides möchte der projektierende Ingenieur jedoch selbst bestimmen – so wie er es vom Pulsbreitenmodulator (Abb. 1-259) her kennt.

Das ist beim Zweipunktregler ebenfalls möglich, wenn man ihm eine Rückkopplung gibt:

- Mitkopplung MK vermindert die Schaltfrequenz und vergrößert die Amplituden der Regelgröße.
- Bei Gegenkopplung GK ist es umgekehrt: Die Schaltfrequenz wird größer und die Regelabweichung kleiner.

Bei zu starker Mit- oder Gegenkopplung erlischt das Schaltverhalten.

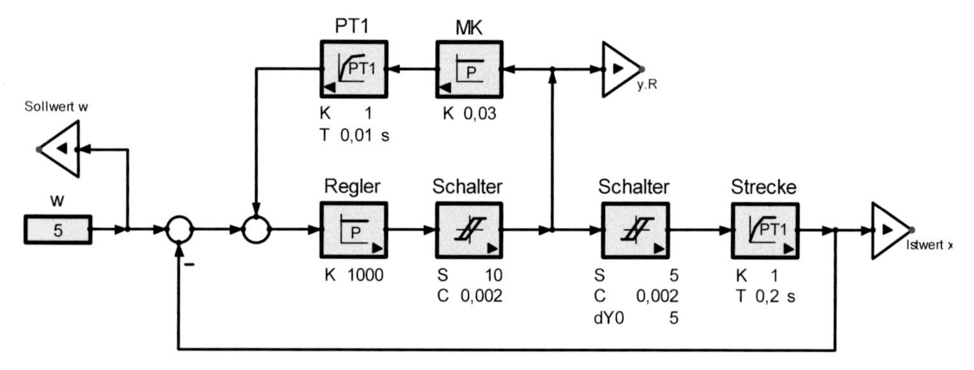

Abb. 1-294 Zweipunktregelung mit Mitkopplung: Je stärker sie gemacht wird, desto langsamer schaltet der Regler.

1. Mitkopplung vergrößert die Hysterese. Das bedeutet niedrigere Schaltfrequenz und größere Regelabweichung.
2. Gegenkopplung verkleinert die Hysterese. Das bedeutet höhere Schaltfrequenz und kleinere Regelabweichung.

Durch Mit- oder Gegenkopplung der Schaltregelung hat es der Anwender in der Hand einzustellen, wie oft der Regler schaltet und damit, wie genau seine Regelung arbeitet.

Die folgende Abb. 1-295 zeigt das Schaltverhalten eines Zweipunktreglers mit schwacher Gegenkopplung:

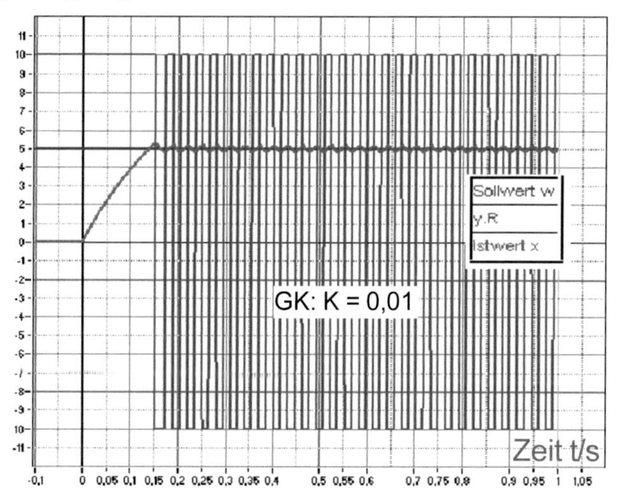

Abb. 1-295 Das Schaltverhalten der Zweipunktregelung bei Gegenkopplung: Die Schaltfrequenz ist gegenüber Abb. 1-292 (ohne GK) vergrößert, die Schwankungsbreite ist verringert.

Die nächste Abb. 1-296 zeigt das Schaltverhalten eines Zweipunktreglers mit Mitkopplung:

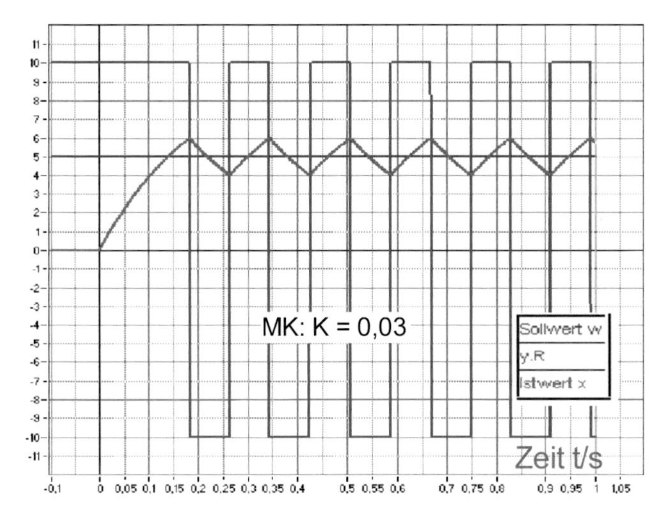

Abb. 1-296 Das Schaltverhalten der Zweipunktregelung bei Mitkopplung (MK): Die Schaltfrequenz ist vermindert, die Schwankungsbreite ist, gegenüber Abb. 1-295 ohne MK, vergrößert.

1.7.4 Dreipunktregelung

Bei Dreipunktregelungen kann der Regler das Verhalten der Strecke in zwei Richtungen beeinflussen (Abb. 1-297). Das ist z.B. bei Temperaturregelungen erforderlich, wenn eine freie Abkühlung nicht stattfindet oder zu lange dauern würde.

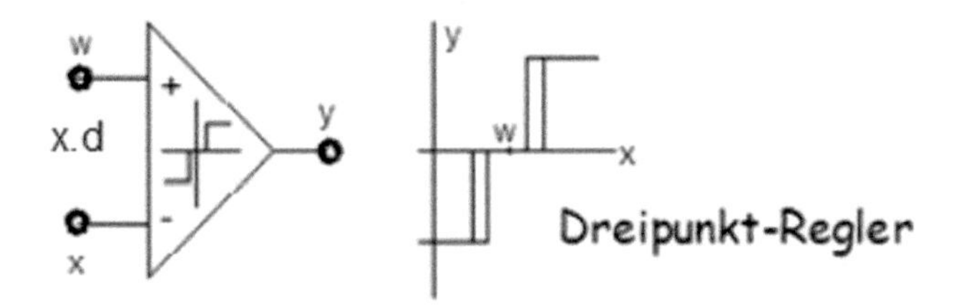

Abb. 1-297 Symbol und Kennlinie eines Dreipunktreglers: Abb. 1-299 zeigt seine Wirkungsweise in einem Regelkreis.

In einem Dreipunktregler stecken zwei Zweipunktregler für die beiden Richtungen des Ausgangs. Sie können separat oder überlagert herausgeführt sein.

Beispiel 1: Zahnstangen-Positionsregelung
Die Position eines Schlittens soll mittels motorgetriebener Zahnstange einem Sollwert nachgeführt werden (Nachlaufregelung, Abb. 1-298).

Quelle: http://www.ftcommunity.de/ftComputingFinis/dreip.htm

Abb. 1-298 Dreipunkt-Positionsregelung mit Fischertechnik: Wenn man den Photowiderstand verschiebt, folgt die Lampe auf dem Schlitten mit konstantem Abstand.

Zur Funktion der Positionsregelung:
Die Sollwertvorgabe erfolgt durch einen verschiebbaren Photowiderstand, dessen Beleuchtungsstärke konstant geregelt wird. Die Beleuchtung des Photowiderstands geschieht durch eine Lampe auf dem Schlitten.

Zur Positionseinstellung kann ein Dreipunktregler einen Kleinmotor auf Vorlauf, Rücklauf und AUS schalten. Dadurch wird die Beleuchtungsstärke des Photowiderstands konstant gehalten und der Schlitten folgt dem Sensor.

Die folgende Abb. 1-299 zeigt den Aufbau dieser Dreipunktregelung.

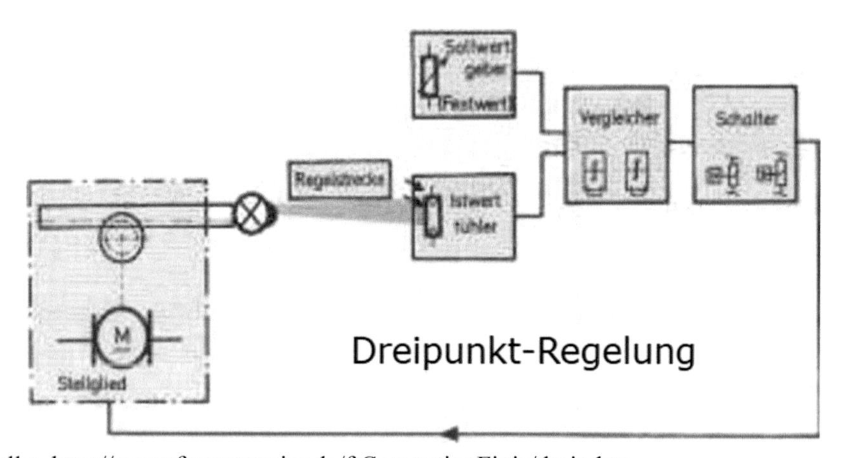

Quelle: http://www.ftcommunity.de/ftComputingFinis/dreip.htm

Abb. 1-299 Aufbau einer Zahnstangen- Positionsregelung: Der große Motor bewegt über eine Zahnstange eine Lampe auf den Photowiderstand zu und auch wieder weg.

Abb. 1-300 zeigt die Struktur einer Dreipunktregelung:

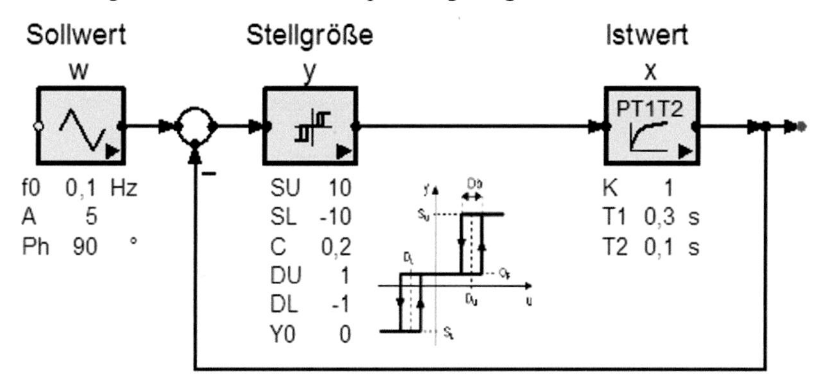

Abb. 1-300 Dreipunktregelung mit stetiger Sollwertvariation

Die Parameter eines Dreipunktreglers:

1. die obere Sättigung SU und die untere Sättigung SL
2. Die Koerzitivität C ist der Betrag der Hysterese Db.
3. die obere tote Zone DU und die untere tote Zone DL
4. der Eingangsoffset Y0 legt den Anfangswert zum Zeitpunkt t<= 0 fest.
5. Der Ausgangsoffset OF bestimmt den Ruhepegel.

Die nächste Abb. 1-301 zeigt das Schaltverhalten eines Dreipunktreglers bei rampenförmiger Änderung des Sollwerts.

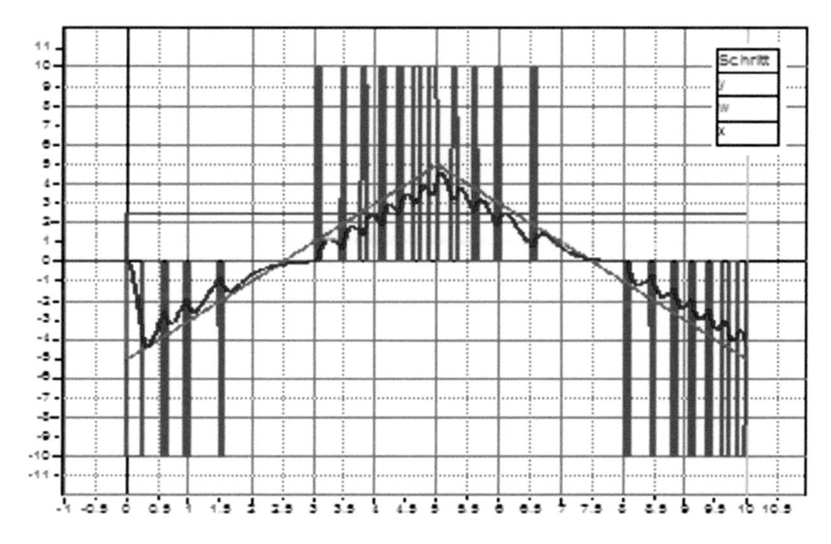

Abb. 1-301 Der Dreipunktregler bei Führung: Er erzeugt durch Pulsbreitenmodulation und Mittelung eine Ausgangsrampe. Bei Dreipunktregelung oszilliert der Istwert wie bei der Zweipunktregelung um den Sollwert, nur schneller. Darum ist sie genauer.

Beispiel 2: Thermoschrank mit Thermostatregler für Heizung und Kühlung
Abb. 1-302 zeigt den Aufbau eines Temperaturschranks für thermische Tests. Er ist heiz- und kühlbar.

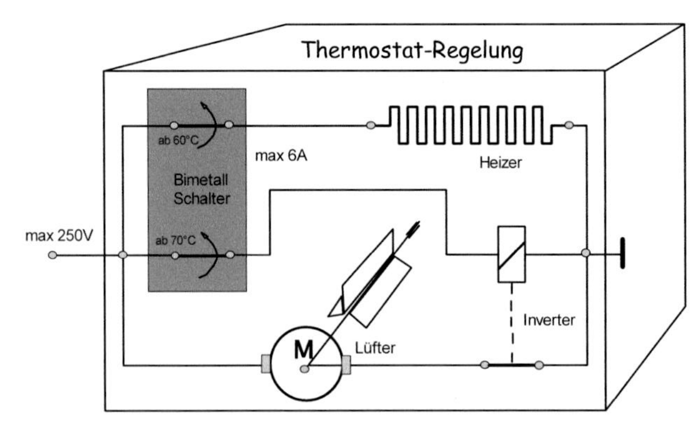

Abb. 1-302 Dreipunktregelung mit zwei Zweipunkt-Thermostatreglern: Diese besitzen fest voreingestellte Sollwerte.

Die Funktion einer Dreipunkt-Temperaturregelung
Der Dreipunktregler schaltet die Heizung oder Kühlung so lange ein, bis der Sollwert erreicht ist. Dann schaltet er ab. Abb. 1-303 zeigt gemessene Graphen einer Dreipunktregelung:

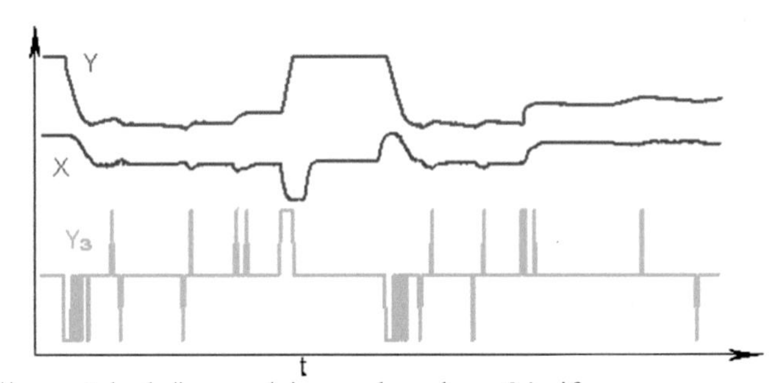

Quelle: http://www.telc.de/images/pic_prodregelproz04.gif

Abb. 1-303 Temperatur und Stellsignal bei Dreipunktregelung

Ist die Solltemperatur erreicht, schaltet der Dreipunktregler die Heizung ab. Dann ist die Regelstrecke sich selbst und den äußeren Störungen überlassen.
Ist die Temperatur zu hoch, z.B. weil der Sollwert abgesenkt wurde, schaltet der Dreipunktregler die Kühlung ein.

In der Umgebung des Sollwerts oszilliert der Istwert um den Sollwert mit einer Frequenz, die von den Verzögerungen der Regelstrecke abhängt. Dann passt der Regler sein Tastverhältnis an die momentanen Störungen an. So bleibt der mittlere Istwert an den Sollwert angeglichen.

Simulation einer Dreipunkt-Thermostatregelung
Die Struktur einer thermischen Regelstrecke mit Dreipunktregler nach Abb. 1-302 wird in Abb. 1-304 angegeben. Sie beschreibt eine Aluminiumplatte (die Regelstrecke) mit Heizwiderständen und Lüfter (Stellglieder):

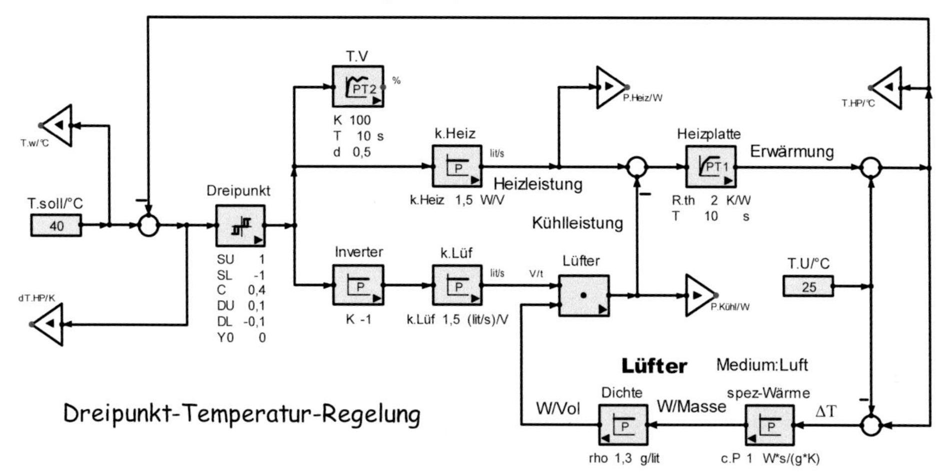

Abb. 1-304 Dreipunkt-Temperaturregelung mit Heizwiderständen und Lüfter

Erläuterung zur Dreipunkt-Temperaturregelung:

1. Der Dreipunktregler kann die Heizung oder Kühlung einschalten.
2. Die Heizung erwärmt die Aluplatte relativ zur Umgebung.
3. Der Lüfter kühlt durch die Geschwindigkeit eines Luftstroms. Die Wärmeabfuhr ist proportional zur Differenz der Temperaturen von Heizplatte und Umgebung.

Einschalten einer Dreipunkt-Thermostatregelung (Abb. 1-305)

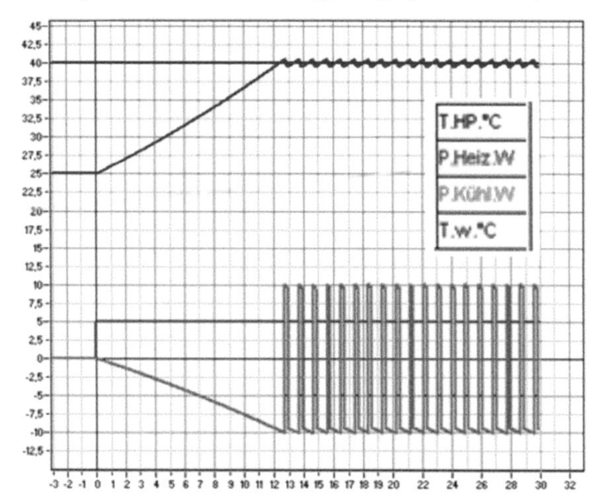

Abb. 1-305 Dreipunkt-Thermostatregelung beim Anlauf und Betrieb

1.7.5 Dreipunkt-Positionsregelung

Bei der Dreipunkt-Positionsregelung mit Elektromotor wird dieser so lange vor- und rückwärts ein- und ausgeschaltet, bis sich die Laufkatze innerhalb einer gewählten Toleranz (Hysterese) befindet (Abb. 1-306).

- Je größer die Hysterese, desto ungenauer ist die Sollposition definiert und desto schneller ist sie erreicht.
- Stellt man die Hysterese zu klein ein, oszilliert die Laufkatze ständig um ihre Sollposition.

Die beste Lösung bezüglich Schnelligkeit und Genauigkeit ist die Kombination von Dreipunktregler und stetigem Regler:

Bei größeren Regelabweichungen wird der Motor mit voller Leistung vor- oder rückwärts geschaltet. In der Nähe des Sollwerts wird die Position dann quasistetig stetig geregelt, z.B. mit Triacs und Phasenanschnittsteuerung (PAS). So bleiben die Verluste gering.

Laufkatze mit Dreipunktregler

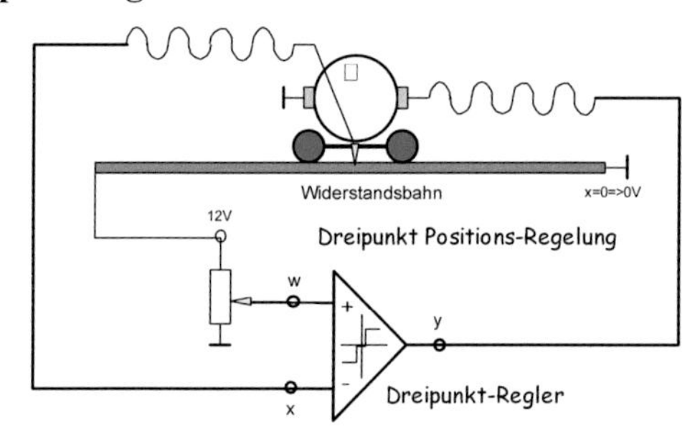

Abb. 1-306 Dreipunkt-Positionsregelung mit Elektromotor

Abb. 1-307 zeigt die Struktur einer Dreipunkt-Positionsregelung:

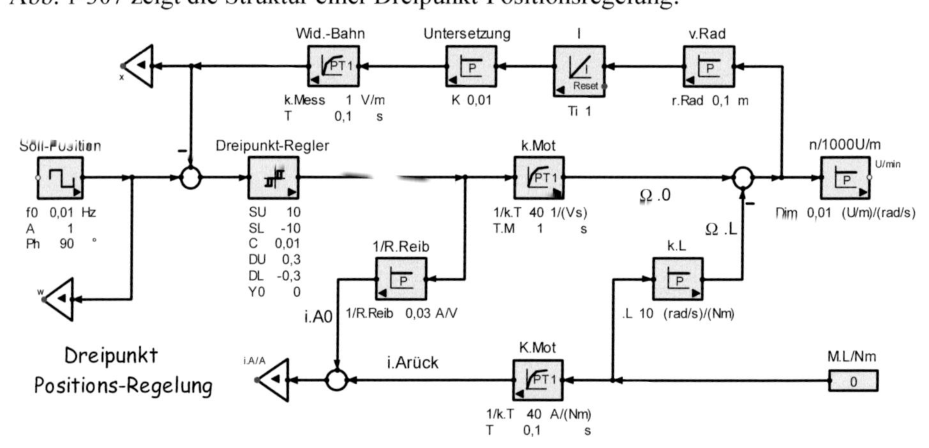

Abb. 1-307 Struktur zur Dreipunkt-Positionsregelung nach Abb. 1-306

Abb. 1-308 zeigt die schaltende Nachlaufregelung nach dem Einschalten:

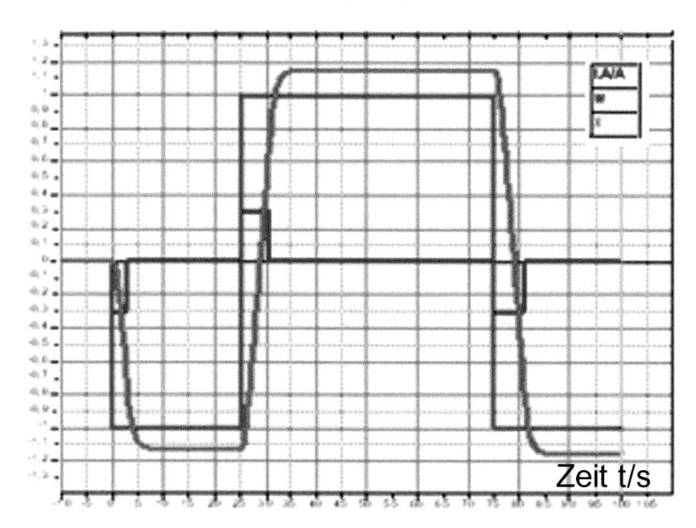

Abb. 1-308 Nachlaufregelung bei Vorgabe einer positiven und einer negativen Sollposition

Abb. 1-309 zeigt den Nachlauf der Laufkatze bei linear ansteigendem und abfallendem Sollwert.

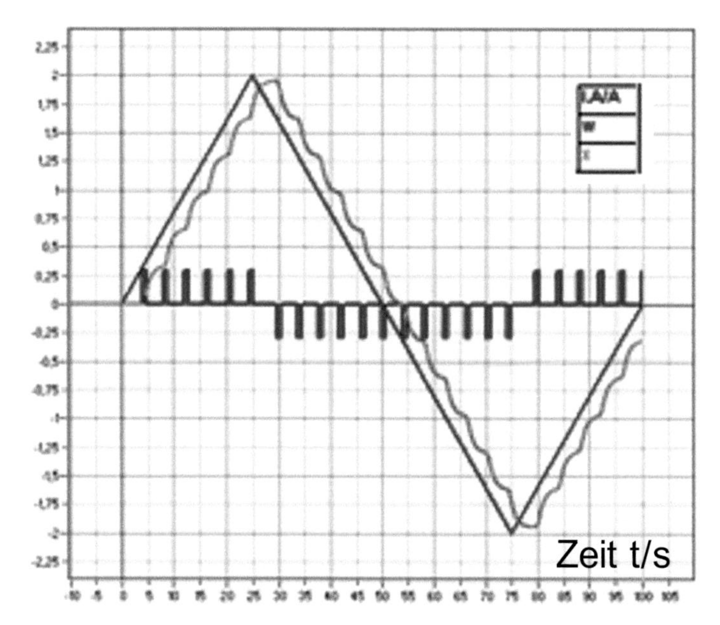

Abb. 1-309 Führverhalten der Dreipunkt-Positionsregelung

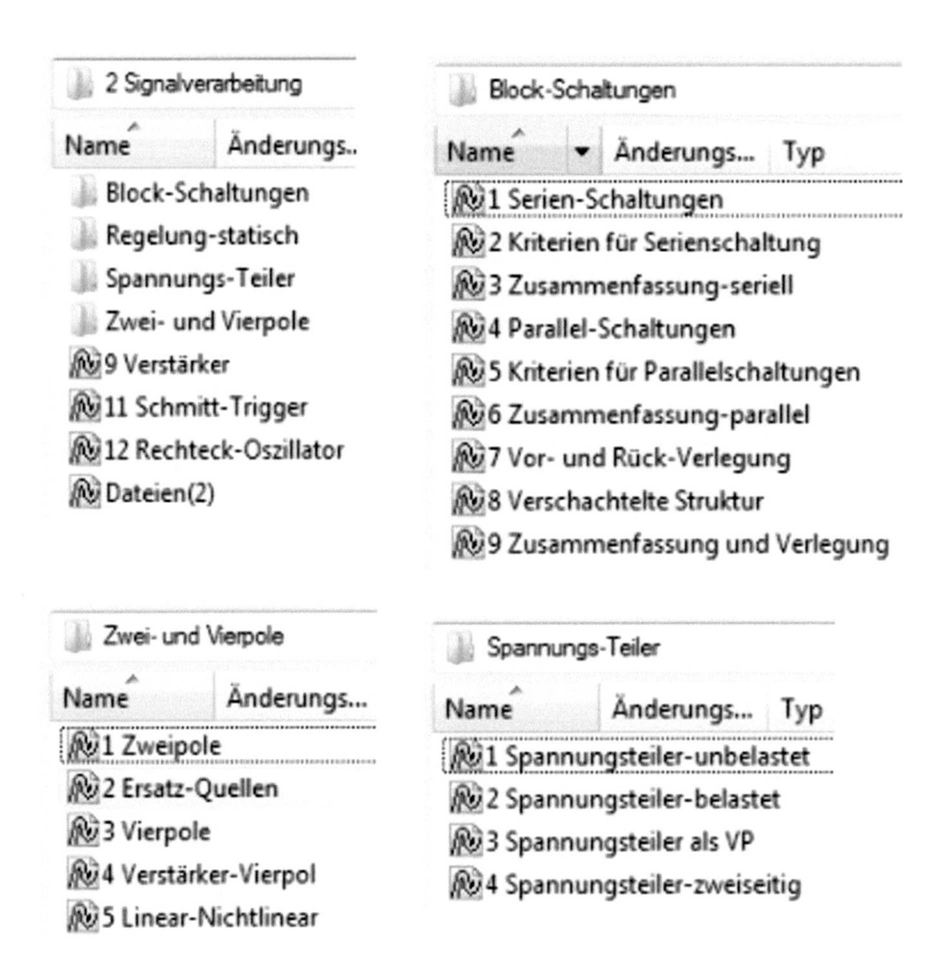

Abb. 1-310 Simulationen zum Thema Elektrizität - Änderungen vorbehalten

Eine DVD mit den in Bd. 1/7 angegebenen Strukturen zum Ausprobieren und Variieren mit dem Simulationsprogramm SimApp ist in Vorbereitung. Sie soll ab Ende 2017 im Internet unter http://strukturbildung-simulation.de/ angeboten werden.

2 Elektrizität

Elektrische Grundlagen und regelungstechnische Grundkenntnisse werden bei den meisten Simulationen gebraucht.

Weil elektrische Spannungen und Ströme relativ einfach zu messen sind (Multimeter, Oszilloskop), hat der Autor zur Simulation Grundschaltungen aus dem Bereich ‚Elektrizität' gewählt. Sie werden als Vierpole behandelt und mit regelungstechnischen Mitteln (Strukturen) analysiert und simuliert.

Gezeigt werden soll, wie die vom Anwender geforderten Schaltungseigenschaften von den Bauelementen abhängen. Damit lassen diese sich dimensionieren. Auch zur Fehleranalyse ist dieses Wissen unerlässlich.

Was Sie in Kap. 2 lernen:

- elektrische Zweipole und Vierpole
- Spannungsteiler und Überlagerungsprinzip
- Diode, Gleichrichter und Netzteile
- Der Operationsverstärker und seine Grundschaltungen
- Die Bauelemente R, C und L
- Kondensatoren bei Gleich- und Wechselstrom
- Elektrofilter

Warum Sie Kap. 2 lesen sollten:

1. Sie erhalten vertiefte Grundkenntnisse der elektrischen Strömung und der Ladungsspeicherung.
2. Sie erlernen die Berechnung komplexer Systeme mittels Überlagerungsgesetz.
3. Sie erkennen die Ähnlichkeiten bei der Berechnung elektrischer und magnetischer Felder.

Diese Methoden werden in den folgenden Bänden angewendet. Sie sollen Sie in den Stand versetzen, eigene Systeme analysieren und zu simulieren zu können.

Einführung:
Das erste Kapitel hat gezeigt, dass der Umgang mit dem Simulationswerkzeug SimApp nach der unvermeidlichen Eingewöhnung letztlich gar nicht so schwierig ist. Das eigentliche Problem bei Simulationen liegt daher auch in der **Ermittlung der Struktur** eines gegebenen oder geplanten Systems. Die Fähigkeit zur Strukturbildung zu vermitteln, ist das wichtigste Anliegen des Autors. Die verwendete Methode heißt Beispiele, Beispiele und nochmals Beispiele – und zwar aus möglichst vielen Gebieten der Physik und Technik.

Bekannt ist zu Anfang nur die Idee oder der Bauplan eines Systems. Wenn dieses nicht mehr elementar ist, werden das Detailverständnis und die Berechnung kompliziert. Allein der Rechenaufwand ist per Hand kaum noch zu bewältigen. Wir verwenden daher die Strukturmethode zur Erklärung und Darstellung aller Detailfunktionen und ihrer Verknüpfungen. Sie werden durch die SimApp Zeichnung **dokumentiert**. Wenn bei komplexen Systemen mit Blöcken gearbeitet wird, bleiben auch diese immer übersichtlich.

Strukturen zeigen den aktuellen Stand der Erkenntnis. Deshalb wird die einfachste und klarste Struktur meist erst nach einigen Versuchen und Irrtümern gefunden. Die Simulation und der Vergleich mit bekannten Realitäten (Stützwerte) zeigen die Fehler auf. Durch offene (unerklärte) Signalleitungen, die weder Ein- noch Ausgänge sind, sagt Ihnen eine Struktur zudem noch, dass der Algorithmus noch unvollständig ist. Das erfordert dann noch weiteres Nachdenken. Das zeigen wir nun anhand elektrischer Beispiele.

2.1 Elektrische Grundlagen

Zur Simulation elektrischer Schaltungen benötigen wir

- das **ohmsche Gesetz i=u/R:**

Es beschreibt die Proportionalität von Spannungen u und Strömen i bei linearen elektrischen Widerständen **R=** u/i (Abb. 2-1)

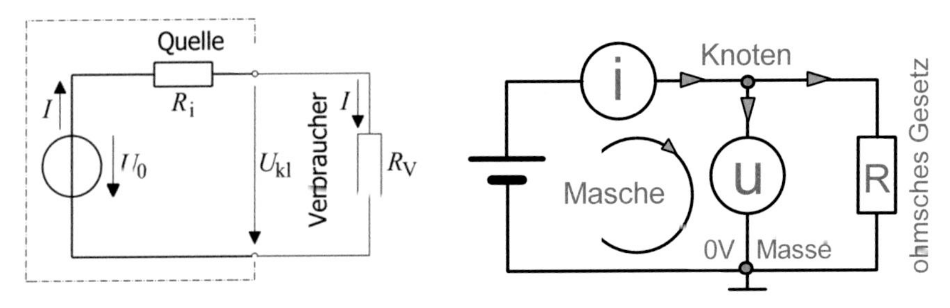

Abb. 2-1 Die Gesetze von Ohm und Kirchhoff: Die positiven Zählrichtungen für Spannungen und Ströme müssen noch durch Zählpfeile festgelegt werden. Sie sollten so gewählt werden, dass in Rechnungen möglichst wenige Minuszeichen erscheinen.

- die sog. **Maschen- und Knoten-Regeln von Kirchhoff** (die tatsächlich Gesetze sind) zur Berechnung von Strom- und Spannungsverteilungen in elektrischen Stromkreisen

In einem **Stromknoten** ist $\Sigma(i) = 0$

Das bedeutet, dass in einer **Verbindungsstelle (Knoten)** zu jedem Zeitpunkt die Summe aller zufließenden Ströme gleich der Summe aller abfließenden Ströme ist. Das ist die Folge der Inkompressibilität des elektrischen Stroms (Flüssigkeitsmodell).

In einer **Spannungsmasche** ist $\Sigma(u) = 0$

Das bedeutet, dass in einem **Stromkreis** die Summe der Verbraucherspannungen gleich der Summe der Erzeugerspannungen ist.

Die Kirchhoff'schen Gesetze gelten für alle Systeme, das ohmsche Gesetz gilt nur für lineare Systeme.

2.1.1 Elektrische Zweipole

Abb. 2-2: Zweipole haben genau einen Eingang und einen Ausgang Das ist der einfachste Fall einer Signalverarbeitung. In den meisten Fällen ist der lineare Zweipol eine Idealisierung. In kritischen Fällen ist zu prüfen, ob sie zulässig ist.

Lineare Widerstände bezeichnet man zu Ehren ihres Entdeckers als ‚ohmsch'. Georg Simon Ohm fand Anfang des 19. Jahrhunderts als erster das Gesetz der laminaren (wirbelfreien) Strömung (**u.R=R·i.R**) in linearen elektrischen Stromkreisen.

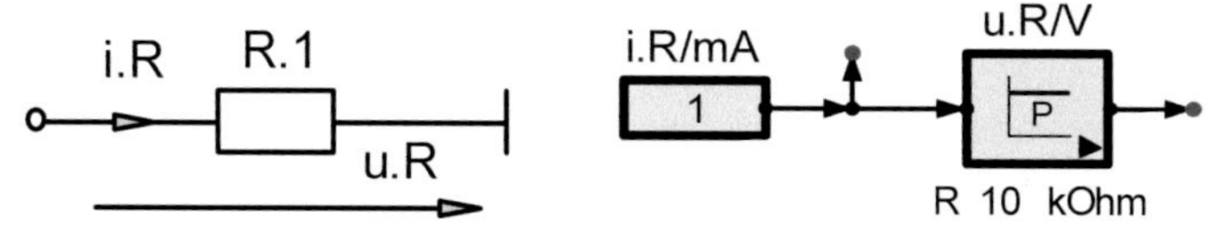

Abb. 2-2 Der ohmsche Widerstand R=u.R/i.R als Schaltzeichen und als Struktur für Stromsteuerung

2.1.2 Spannungs- und Stromquellen

In der Elektrotechnik verwendet man konstante **Spannungsquellen** und **Stromquellen** zur Versorgung der Verbraucher (Abb. 2-3).
In der Elektronik arbeitet man mit Verstärkern, die als **steuerbare Spannungs- oder Stromquellen** dienen.

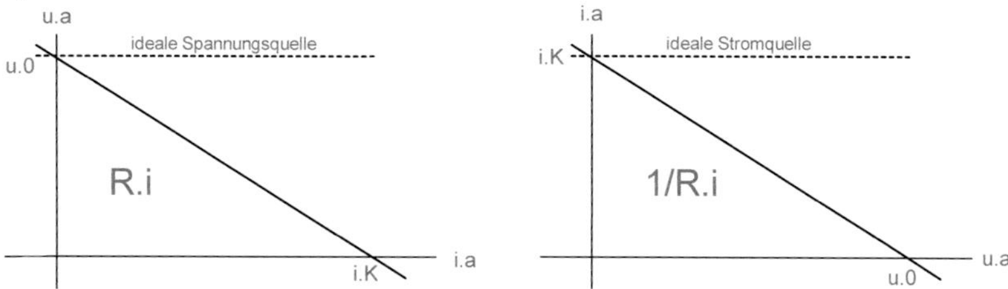

Abb. 2-3 Belastungskennlinie einer realen Spannungs- und Stromquelle

Daher muss auch für Simulationen bekannt sein, was unter Spannungs- und Stromquellen zu verstehen ist und in welchen Fällen man eine Quelle elektrischer Leistung als Spannungs- oder als Stromquelle auffassen soll.

Der Innenwiderstand R.i

Spannungsquellen unterscheiden sich durch die Art der Spannung (Gleich-, Wechsel-, gemischt), ihre Größe und ihr Leistungsvermögen, das sich durch einen Innenwiderstand R.i charakterisieren lässt. Bei schwachen Quellen bestimmt man R.i, indem man die Leerlaufspannung u.0 und den Kurzschlussstrom i.K misst und ins Verhältnis setzt:

R.i = u.0/i.K.

R.i lässt sich auch für den Fall bestimmen, bei dem ein Kurzschluss unzulässig ist: Dazu wird die Quelle mit einem zulässigen **Δi.a** belastet und **Δu.a** dazu gemessen.

R.i = -Δu.a/Δi.a (Einheit ist **Ω =V/A).**

Bei positivem R.i (der Normalfall) ist Δu.a negativ. Dann ist -Δu.a positiv. In der Struktur der Ersatzspannungsquelle berücksichtigt man die Invertierung an der Summierstelle.

Bei **idealen Spannungsquellen u.0** (egal ob für Gleich- oder Wechselstrom) ist die Klemmenspannung u.a unabhängig von der **Belastung i.a**. Ihr **Kurzschlussstrom i.K** geht gegen unendlich.

Wie die Kennlinien der Abb. 2-3 zeigen, sind beide elektrisch gleichwertig. Wie die Berechnung der Leerlauf- und Kurzschlussverluste zeigt, sind sie physikalisch jedoch sehr unterschiedlich:

1. Bei realen Spannungsquellen sinkt die Klemmenspannung mit der Belastung.
2. Bei realen Stromquellen steigt die Klemmenspannung mit dem Lastwiderstand.

Ersatzspannungsquelle

Bei **realen Spannungsquellen** erzeugt der Ausgangsstrom einen inneren Spannungsabfall an einem seriellen **Innenwiderstand R.i (**Abb. 2-4**).**

R.i ist der Grund dafür, dass die Ausgangsspannung u.a bei Belastung gegenüber der Leerlaufspannung u.0 absinkt. Die Leerlaufverluste sind null, ihre Kurzschlussverluste maximal.

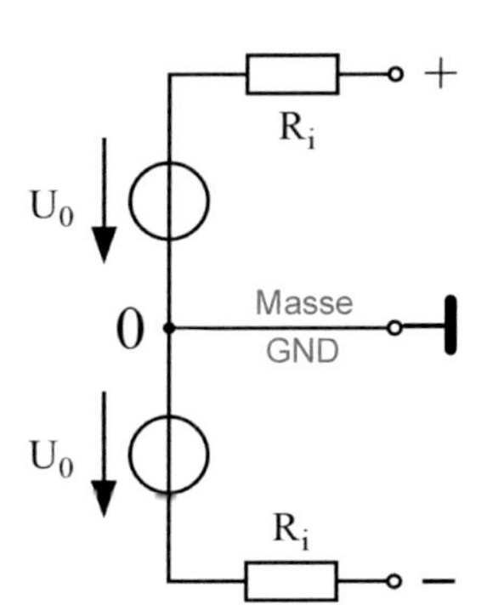

Abb. 2-4 Ersatzschaltung zweier realer Spannungsquellen für positive und negative Gleichspannungen

Beispiele für nahezu ideale Spannungsquellen: die Stromversorgung für Haushalte und Industrie mit Wechselstrom und die Autobatterie für Gleichstrom. Um bei Kurzschluss Schäden zu vermeiden, müssen Spannungsquellen abgesichert sein.

reale Spannungsquelle: **u.a = u.0 – R.i · i.a**

Abb. 2-5 zeigt die Struktur zur Simulation einer realen Spannungsquelle:

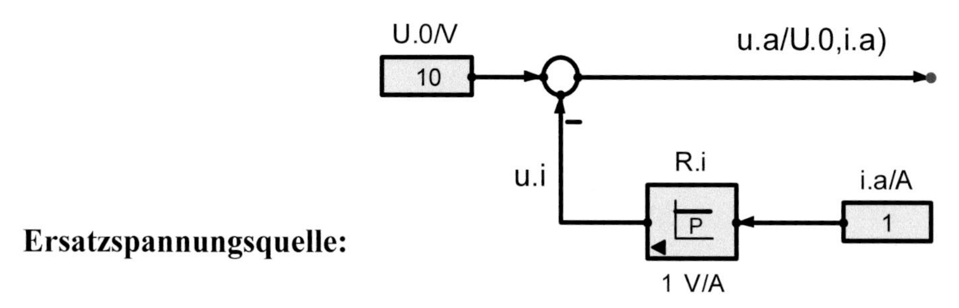

Abb. 2-5 Struktur einer Ersatzspannungsquelle: Neben der Form der Gleich- oder Wechselspannung sind zwei Daten kennzeichnend: die Leerlaufspannung u.0 und der Innenwiderstand R.i.

Spannungen und **Potentiale:**

- Spannungen werden immer zwischen zwei Punkten gemessen.
- Potentiale werden gegen ein vereinbartes Nullpotential, genannt Masse oder 0V, gemessen. Das vereinfacht die Beschreibung elektrischer Schaltungen.

Zur Einführung in die Strukturbildung und Simulation hat der Autor sich für elektrische Beispiele entschieden, denn elektrische Größen sind relativ leicht zu messen. Die Darstellung der Signale erfolgt im Zeitbereich. Dafür gibt es folgende Gründe:

- die einfache und schnelle Realisierbarkeit und
- die anschauliche Signaldarstellung, wie mit dem Oszilloskop gemessen.

Als Bauelemente verwenden wir Widerstände, Kondensatoren und Dioden (Abb. 2-20). Wir werden sie hier in Kürze erklären, soweit das Verständnis der folgenden Simulationen dies erfordert.

Die Ersatzstromquelle

Bei **idealen Stromquellen** ist der Ausgangsstrom i.a unabhängig von der Klemmenspannung u.a (Abb. 2-6). Bei offenen Klemmen geht u.a gegen unendlich. Bei realen Stromquellen erzeugt ihr Innenwiderstand R.i die Ausgangsleerlaufspannung u.0.

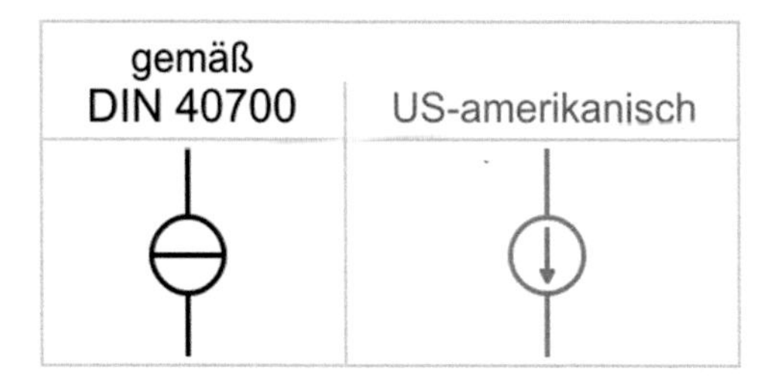

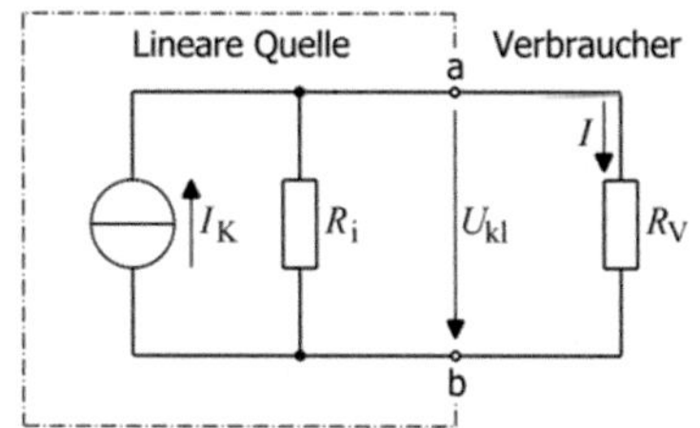

Abb. 2-6 Symbole und Ersatzschaltung einer realen elektrischen Stromquelle: Abb. 2-7 zeigt ihre Struktur.

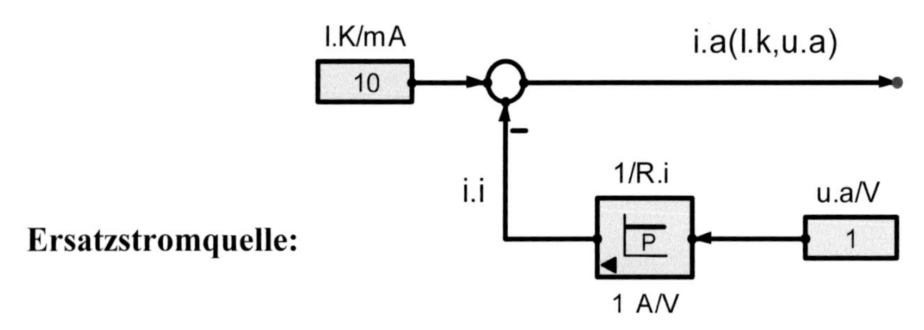

Abb. 2-7 Struktur einer Ersatzstromquelle: Neben der Form des Stroms (Gleich-, Wechsel-) sind zwei Daten kennzeichnend: der Kurzschlussstrom i.K und der Innenwiderstand R.i.

Bei der **realen Stromquelle** wird der Strom durch den parallelen Innenwiderstand R.i bei steigender Ausgangsspannung immer größer (Abb. 2-3). Entsprechend kleiner wird der Ausgangsstrom. Die inneren Verluste sind bei Kurzschluss null und steigen mit u.a. Ein typisches Beispiel für steuerbare Stromquellen sind Transistoren (Kap. **8 Elektronik**). Um im Leerlauf Schäden zu vermeiden, besitzen Stromquellen eine Spannungsbegrenzung.

reale Stromquelle: **i.a = i.K – u.a / R.i**

Ersatzstrom- oder -spannungsquelle?

- Wenn der Lastwiderstand R.L>>R.i ist, ist u.a≈u.0. Dann sollte die Darstellung als Ersatzspannungsquelle gewählt werden.
- Wenn der Lastwiderstand R.L<<R.i ist, ist i.a≈i.K. Dann sollte die Darstellung als Ersatzstromquelle gewählt werden.

Das **Kriterium** zur Unterscheidung von Spannungs- und Stromquellen ist das **Verhältnis von Innenwiderstand R.i und Lastwiderstand R.L:**

- Ist R.i<<R.L, so ist die Beschreibung als Spannungsquelle sinnvoll.
- Ist R.i>>R.L, so ist die Darstellung als Stromquelle angebracht.
- Bei R.L=R.i ist die Leistungsabgabe Maximal (Leistungsanpassung).
  Dieser Fall ist insbesondere bei Sensoren wichtig, da ihre Leistungsabgabe minimal ist. Sensoren behandelt der Bd. 6/7 in Kap. 10.

Die Umrechnung der Quellen erfolgt über den Ersatzinnenwiderstand R.i:

Gl. 2-1 Strom- in Spannungsquelle: u.0 = R.i · i.K

Gl. 2-2 Spannungs- in Stromquelle: i.K = u.0 / R.i

Beispiel: 300V aus dem Stromversorgungsnetz
Abb. 2-140 zeigt die Schaltung einer Gleichspannungsquelle für 300V, die aus der gefährlichen Netzspannung (eff. 230V, max 325V) gespeist wird. Durch MΩ-Widerstände wird sie eigentlich zur ungefährlichen Stromquelle. Da sie aber unbelastet betrieben werden soll, kann sie als Spannungsquelle aufgefasst werden

Beispiel 1: Elektrozaun

Elektrozäune (Abb. 2-8) erzeugen **gepulste Hochspannungen** über hohe Innenwiderstände. Die hohe Berührungsspannung erzeugt einen ungefährlichen Schreck. Der geringe Kurzschlussstrom macht sie ungefährlich für Mensch und Tier. Berechnet werden soll die Ersatzschaltung eines Weidezaun-Netzgeräts.

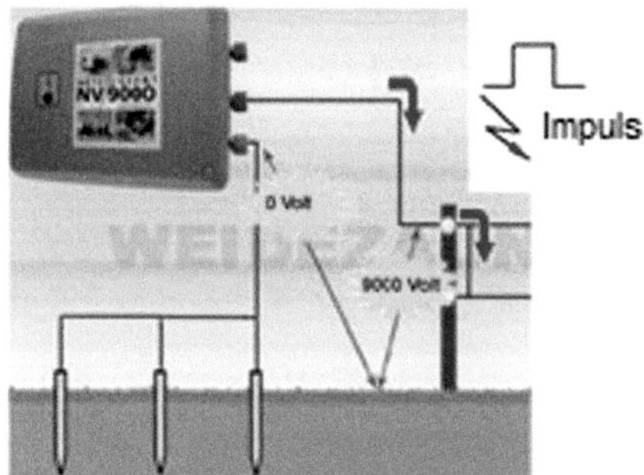

Quelle: http://www.weidezaun.info

Abb. 2-8 Elektrischer Weidezaun: Die Spannung kann bis zu 10kV betragen. Der Strom ist höchstens einige mA. Das erzeugt großen Schreck, ist aber völlig ungefährlich. Abb. 2-9 zeigt die technischen Daten eines Weidezaungeräts.

Große Leerlaufspannung und großer Innenwiderstand ergeben bei Belastung eine Stromquelle (Abb. 2-9).

Weidezaungerät Netzgerät NV 9000 230V

Technische Daten:

Stromquelle	230V~
Ausgangsspannung	max.: 10000 Volt (Leerlauf)
Spannung bei 500 kOhm	ca. 4900 Volt
Stromverbrauch	10 Watt
Ladeenergie	12,5 Joule
Entladeenergie	9,5 Joule
max. Zaunlänge: ohne Bewuchs	70 km
leichter Bewuchs	20 km
starker Bewchs	8 km
Maße des Gerätes BxHxT	270mm x 220mm x 95mm
empf. Anzahl Erdungsstäbe	mindestens 3 Stck.

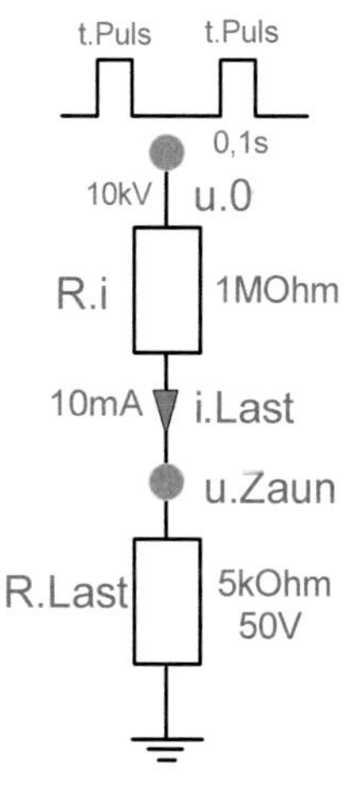

Abb. 2-9 Elektrozäune erzeugen alle 1,3s für etwa 0,1s Stromimpulse mit Anfangsspannungen bis zu 9000V=9kV, die bei Berührung auf einige 10Volt zusammenbrechen.

In den Herstellerangaben des Weidezaun-Netzgeräts (Abb. 2-9) fehlen der Innenwiderstand R.i, der Kurzschlussstrom i.K und die Impulsdauer t.Puls. Nachfolgend werden sie berechnet.

Innenwiderstand und Kurzschlussstrom einer Weidezaunquelle
Herstellerangabe ist ca. 5kV an 500kΩ -> i.Last=10mA.
Zu 5kV und 10mA gehört der Innenwiderstand R.i=1MΩ.

Die Impulsdauer der Weidezaunquelle
Herstellerangabe ist die Impulsenergie **W.Puls=u.0·i.K·t.Puls**.
Daraus folgt die Impulsdauer t.Puls=W.Puls/(u.0·i.K).
Mit W.Puls=10Joule (=Ws), u.0=10kV und i.K=10mA wird t.Puls=0,1s.

Beispiel 2: elektrische Stromversorgung
Stromversorgungsnetze führen **stabilisierte Spannungen (**Abb. 2-10**)**. Die Stabilisierung bei wechselnder Belastung erfolgt durch **Stromeinspeisung** über Transformatoren (Bd. 4/7, Kap. 9) aus Generatoren (Bd. 4/7, Kap 6).

Höchstspannungen:
220kV bis 380kV

Hochspannung: 110kV

Mittelspannung:
10kV bis 20kV

Kleinspannungen:
Drehstrom 400V; 230V/Phase

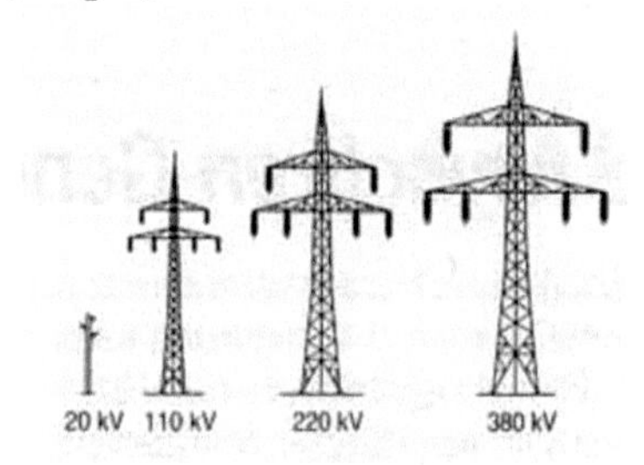

Abb. 2-10 Spannungsdefinitionen

In Bd. 2/7 vertiefen wir das Thema ‚Stromversorgung' beim Thema HGÜ (Hochspannungs-Gleichstrom-Übertagung).

2.1.3 Netzteile

Elektrische und elektronische Schaltungen der Nachrichten und Digitaltechnik werden meist mit Gleichspannungen betrieben:

- 5V für Digitalschaltungen
- +12V und -12V für Analogschaltungen
- 24V für **S**peicher-**P**rogrammierbare-**S**teuerungen

Analoge Netzteile (Abb. 2-11) bestehen aus Trafo (Umspanner), Gleichrichter mit Glättung und optionalem **Spannungsregler**. Deren Simulation finden Sie in Kap. 8 Elektronik.

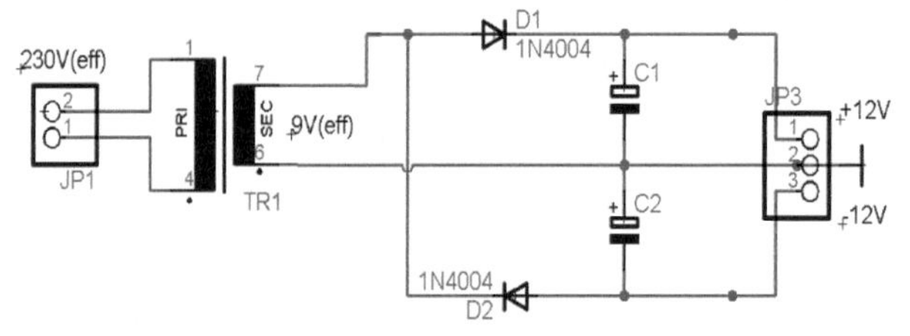

Abb. 2-11 Analoges Netzteil mit symmetrischen Ausgangsspannungen durch zwei Einweggleichrichter mit Glättung durch die Ladekondensatoren C1 und C2 (Elektrolytkondensatoren)

Unstabilisierte Zweiweggleichrichtung

Abb. 2-12 zeigt die Spannungen und Ströme eines analogen Netzteils mit Zweiweggleichrichtung bei Belastung. Wie man sie simuliert, wird anschließend erklärt.

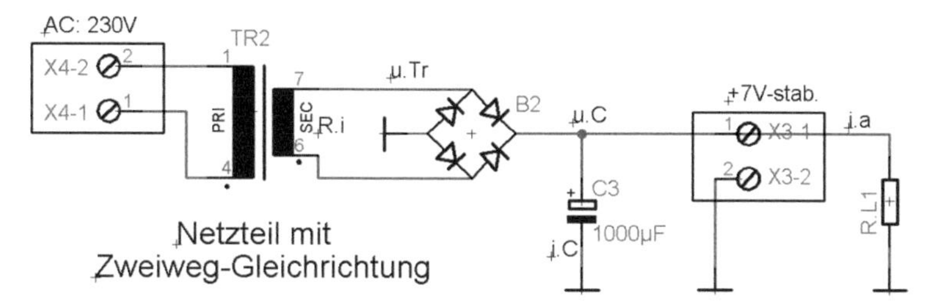

Abb. 2-12 Unstabilisiertes analoges Netzteil mit Brückengleichrichter: Abb. 2-13 zeigt den Spannungsverlauf bei Belastung.

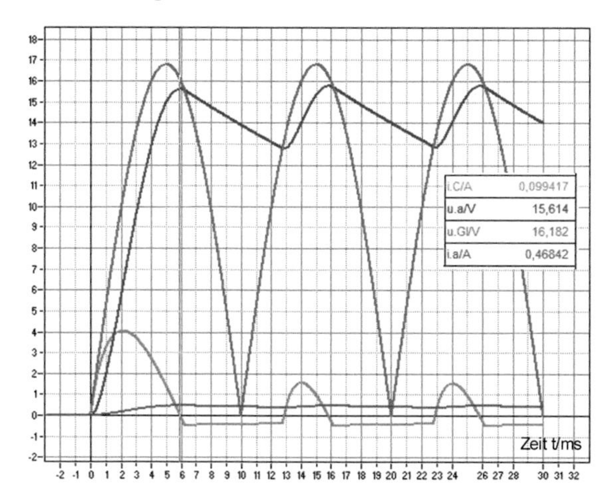

Abb. 2-13 Simulierte Spannungen und Ströme einer Zweiweggleichrichtung

Die Struktur des Zweiweggleichrichters mit Ladekondensator

Die Struktur der Abb. 2-14 zeigt die Simulation des oben gezeigten, unstabilisierten Netzteils mit Zweiweggleichrichter:

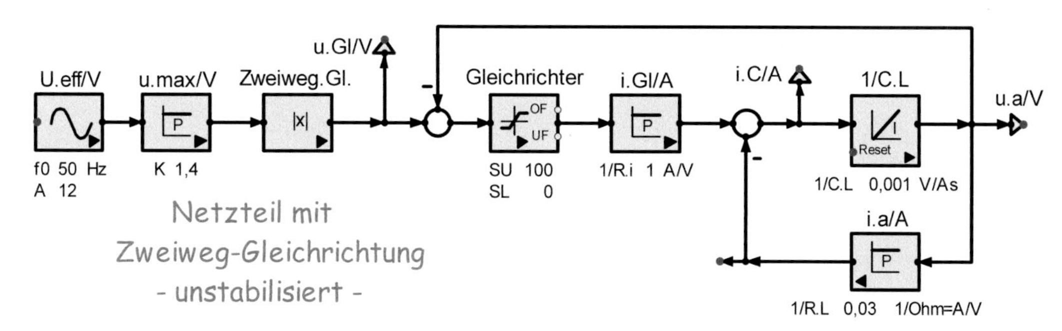

Abb. 2-14 Simulation eines Netzteils mit Zweiweggleichrichter: Die Erklärung folgt im Text.

- Der erste Teil von Abb. 2-14 zeigt die Gleichrichtung der Eingangsspannung durch Betragsbildung.
- Der mittlere Teil berechnet den Gleichrichterstrom aus dem inneren Spannungsabfall im Trafo aus dem Innenwiderstand R.i (hier 1Ω) und der über ihm abfallenden, inneren Spannung u.Gl.
- Zuletzt wird die Ausgangsspannung u.a aus der Integration des Kondensatorstroms i.C = i.Gl - i.a berechnet.

Der Brückengleichrichter

Brückengleichrichter dienen zur Zweiweggleichrichtung von Wechselströmen. Sie erfordern potentialfreie Eingangsspannungen, wie sie von Transformatoren zur Verfügung gestellt werden. Transformatoren behandeln wir in Bd. 4/7, Kap. 7.
Soweit es das Verständnis von Gleichrichterschaltungen erfordert, erfahren Sie die Funktion des Brückengleichrichters im folgenden Abschnitt.

Abb. 2-22 zeigt eine Diodenkennlinie. Einzelheiten zu **Dioden**, aus denen Brückengleichrichter aufgebaut sind, finden Sie in Kap. **8 Elektronik**.

Hier interessiert zunächst einmal die zu erwartende Verlustleistung des Brückengleichrichters, denn die bestimmt die Größe des eventuell erforderlichen Kühlkörpers.

Die Simulation der Zweiweggleichrichtung erfordert zweierlei:

1. die Betragsbildung der Eingangsspannung: Dazu dient der Block ‚Zweiweg-Gl.'
2. die Verhinderung negativer Ströme: Das bewirkt der Kennlinienblock ‚Gleichrichter'

Die RC- Glättung

Damit die Glättung funktioniert, muss ihre **Zeitkonstante T.Gl = C.Gl·R.Gl** groß gegen die Periode der Zweiweg-gleichgerichteten Wechselspannung sein (10ms bei 50Hz). Wenn ein nachgeschalteter Messverstärker keinen Eingangsstrom zieht (Abb. 2-67), kann R.Gl hochohmig sein, z.B**. 1MΩ**. Für **T.Gl = 1s** muss dann **C.Gl = 1μF** sein (Elko). Kondensatoren und Elkos sind das Thema des Kapitels 2.4.

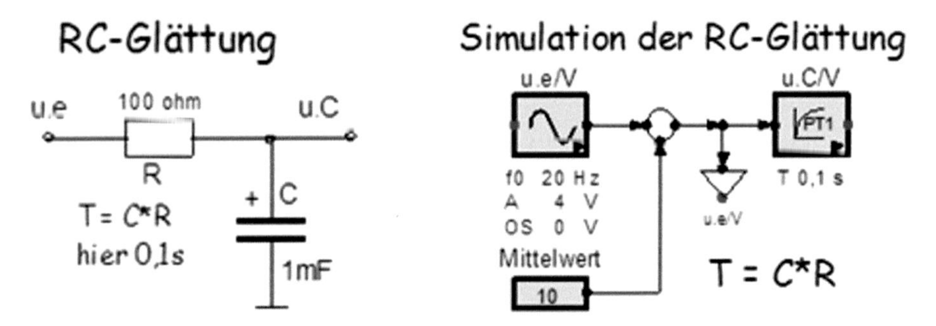

Abb. 2-15 RC-Glättung einer Eingangsspannung durch ein RC-Glied: Die Simulation erfolgt durch eine Verzögerung mit der Zeitkonstante T. Das Symbol des Testoszillators stellt nur den Wechselanteil des Signals (hier 4V) dar, nicht den Offset, der hier 10V beträgt.

Über der Gleichrichterbrücke (Abb. 2-12) fallen bei einem benötigten Nennstrom von 8A fast 2V ab. Die Verlustleistung von fast 16W erfordert einen Kühlkörper mit einem thermischen Widerstand von **weniger als 3K/W**. Einzelheiten zur **Kühlkörperberechnung** erfahren Sie in Bd. 7/7, **Kap. 13 Wärmetechnik.**

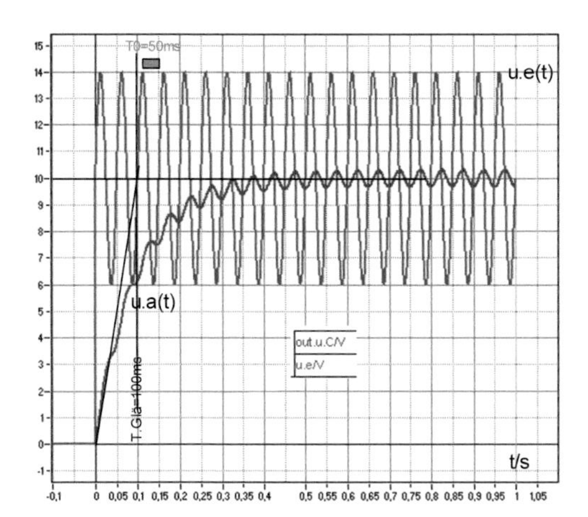

Abb. 2-16 RC-Glättung zur Mittelwertbildung, simuliert durch eine Verzögerung

Zu Abb. 2-16:
Blau: Eingangsspannung u.e mit einem Mittelwert von 10V, überlagert von einer Sinusschwingung mit einer Amplitude von 3V und einer Periode von 40ms
Rot: die geglättete Ausgangsspannung: Zu erkennen ist die Zeitkonstante T.Gl der Verzögerung und die Restwelligkeit mit der Eingangsperiode.

Beispiel für eine Verzögerung: Die RC-Glättung
In der Elektronik wird die Mittelwertbildung meist durch Schaltungen aus Kondensatoren C (Speicher) und Widerständen R (Verbraucher) realisiert (Abb. 2-15). RC-Glieder mitteln Spannungen, indem der Kondensator C seine Ladung über die Zeit verteilt.

Widerstände R und **Kondensatoren C** sind die in der Elektrotechnik und Elektronik am häufigsten eingesetzten Bauelemente zur Mittelwertbildung, auch Glättung genannt. Der Grund ist die große Speicherdichte gepolter Kondensatoren (Elektrolytkondensatoren = Elkos). Damit lassen sich große Zeitkonstanten T auf kleinem Raum realisieren.

Der Ladekondensator C.L
Zum ersten Verständnis der RC-Glättung sei bereits dies erwähnt: Kondensatoren C speichern elektrische **Ladungen q (in As)**, die man an ihrer proportionalen Klemmenspannung u.C erkennt:

Gl. 2-3 Kondensatorspannung u.C = q/C.

Daher ist die **Kapazitätseinheit das Farad**: **F = 1As/V**.
Gebräuchliche Untereinheiten sind mF=F/1000 und das µF=mF/1000.
Baugröße ~ C·u, ca. 60mm³/(µF·V).

Simulation einer RC-Glättung
Wenn ein Kondensator C über einen Widerstand R.1 ge- und entladen wird, mittelt C die zu- und abgeflossene Ladung q. Bei schnellen Wechseln von u.e stellt sich die Kondensatorspannung u.C auf den Mittelwert von u.e ein.

Die Glättungszeitkonstante T.Gl = C·R
Die Mittelung funktioniert, sofern die Mittelungszeitkonstante T groß gegen die größte Signalperiode eingestellt wird (Abb. 2-17). Zur Dimensionierung der Bauelemente C und R einer RC-Glättung muss daher bekannt sein, wie T von C und R abhängt. Die Ableitung dazu finden Sie in Kap. 3 **Elektrische Dynamik**. Da die Berechnungsmethode hier noch nicht als bekannt vorausgesetzt werden kann, soll der Zusammenhang zuerst nur plausibel gemacht werden.

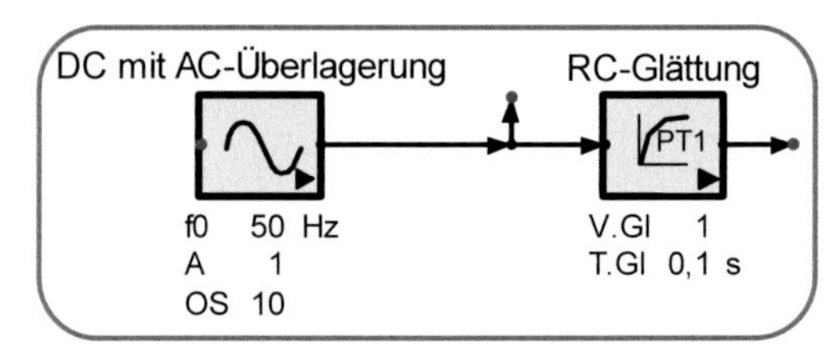

Abb. 2-17 Simulation der Glättung einer mit Wechselspannung überlagerten Gleichspannung

Die Zeitkonstante T ist das Maß für die Langsamkeit (Trägheit) einer Verzögerung. T muss, damit die Glättung funktioniert, groß gegen die Periodendauer t.0 (hier 20ms) der Eingangswechselspannung (hier 50Hz) gemacht werden. Das passiert über die Dimensionierung des Speichers C und des Vorwiderstands R.1.
Begründung: T wird umso größer, je größer der Speicher C ist. Deshalb ist **T~ C**.

T wird aber auch umso größer, je langsamer C ge- und entladen wird. Je größer R ist, desto kleiner werden die Lade- und Entladeströme und desto langsamer wird C ge- und entladen. Deshalb ist **T~ R**. Da T von sonst nichts abhängt, wird **T = C·R.**

Mit R.1 steigt außerdem die Lastabhängigkeit der Ausgangsspannung u.C. Um diese nicht zu groß werden zu lassen, liegt R.1 oft im kΩ-Bereich (Einzelheiten dazu erfahren Sie in Kap. 2.1.7 bei der Berechnung des Spannungsteilers).

Mit Kondensatoren im mF-Bereich und Widerständen im kΩ-Bereich erhält man Glättungszeitkonstanten in der Größenordnung Sekunde. Das ist groß gegen die **Periode t.0 = 20ms** der **Netzfrequenz f = 50Hz.**

Kapazitäten werden heute bis in den Farad-Bereich gebaut (Goldcaps). Da es leicht möglich ist, Widerstände im MΩ-Bereich einzusetzen, sind RC-Zeitkonstanten bis zu einer Stunde denkbar. Praktiziert wird das jedoch nicht, denn bei so großen Zeiten werden undefinierte, innere Verlustwiderstände im Kondensator wirksam, über die er sich von selbst entlädt (siehe 2.4.5).

Große Verzögerungen realisiert man daher durch **digitale Zähler**. Ihre Simulation erfolgt in Kap. 3 beim Beispiel **‚Trägheitsnavigation'**.

Schaltnetzteile (Abb. 2-18)
Schaltnetzteile dienen zur verlustarmen Umformung von Wechsel- in Gleichspannungen. Sie haben nur geringe Verluste, weil sie mit Schaltern und magnetischen Speichern arbeiten (Thyristoren, Spulen, Transformatoren).

Auch die analogen Bauelemente (Dioden, Transistoren) werden in Schaltnetzteilen nur schaltend betrieben. Dabei gehen entweder der Strom oder die Spannung - und damit die Verlustleistung - gegen null.

Quelle: http://www.bicker.de/

Abb. 2-18 Computer-Schaltnetzteil für stabilisierte 5V und ±12V

Elektronische Schalter arbeiten verlustarm. Dadurch werden Kühlkörper bei diesen besonders klein oder sind ganz entbehrlich. In Abschnitt 2.1.4 simulieren wir die Diode als Schalter. In Abschnitt 2.2.2 werden zwei Beispiele mit schaltenden Verstärkern gebracht: der Schmitt-Trigger und der Rechteck-Oszillator.

Schaltnetzteile sind darum wesentlich kleiner und leichter als analoge Netzteile gleicher Nennleistung. Sie werden auch als Steckernetzteile angeboten.

Abb. 2-19 zeigt den Aufbau eines Schaltnetzteils und beschreibt seine Funktion:

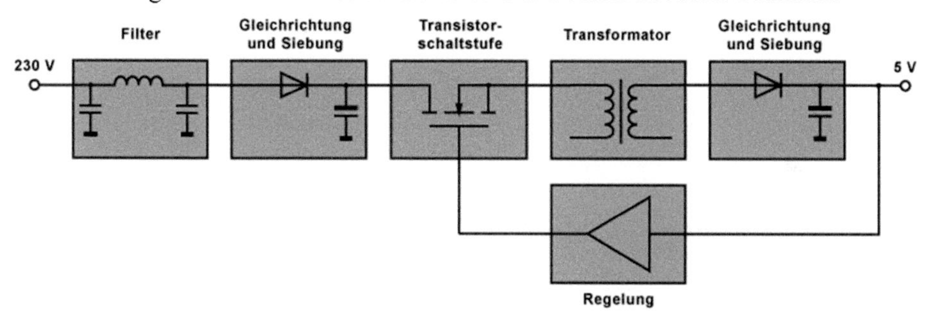

Abb. 2-19 Aufbau eines Schaltnetzteils: Bei zu kleiner Ausgangsspannung schaltet die Transistorschaltstufe die Stromzufuhr ein, bei zu großer Ausgangsspannung schaltet der Regler sie wieder ab (Zweipunktregelung).

DC-DC-Wandler als Gleichstromtransformatoren

DC-DC-Wandler arbeiten mit zerhackter Gleichspannung. Als Wechselspannung kann sie herauf- und herabtransfomiert werden. Danach muss sie gleichgerichtet und geglättet werden. Zerhacker (Chopper) arbeiten mit schnellen elektronischen Schaltern. Die Chopperfrequenz beträgt bis über 100kHz. Dadurch kommen Schaltnetzteile mit **kleinen Transformatoren** und **Speicherdrosseln** aus. DC-DC-Wandler werden in Bd. **3/7, Magnetismus, Kap. 5.3.4** im Einzelnen erklärt und simuliert.

2.1.4 Die Diode als Schalter

Als erste Beispiele zum Einstieg in die Strukturbildung hat der Autor die näherungsweise Simulation von Gleichrichtern gewählt (Abb. 2-20). Sie erzeugen aus einer Wechselspannung, die über einen Transformator dem Stromnetz entnommen werden kann, eine unstabilisierte Gleichspannung (Beispiel: Steckernetzgeräte). Durch Spannungsregler stabilisiert, können sie als Ersatz für Batterien zur Versorgung elektrischer Geräte dienen.

Die detaillierte Behandlung von Gleichrichterschaltungen und Netzgeräten finden Sie in Kap. **8 Elektronik**. Hier soll jedoch zunächst eine Einführung in die Strukturbildung und Simulation gegeben werden. Daher ist hier letzte Genauigkeit und die Beantwortung der zu den Schaltungen zu stellenden Fragen noch nicht beabsichtigt.

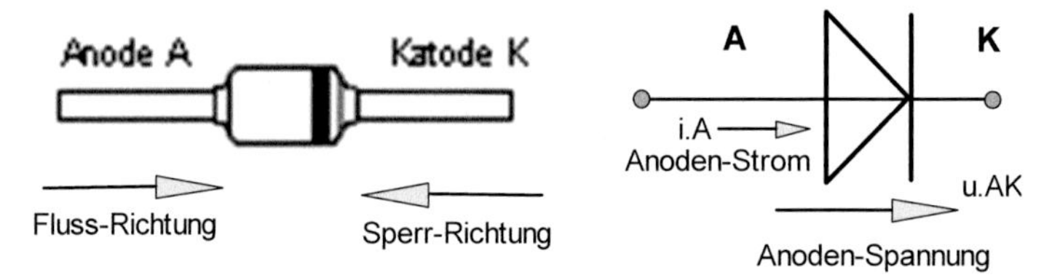

Abb. 2-20 Diode: Abbildung und Symbol

Gleichrichterschaltungen werden durch Halbleiterdioden realisiert (elektrische Rückschlagventile). Ihre Anschlüsse heißen **Anode A (Zufluss)** und **Katode K (Abfluss**, englisch C). Als typisches Beispiel einer Diode verwenden wir hier die gebräuchliche **Siliziumdiode 1N4007**. Ihr Nennstrom ist 1A, die maximale Sperrspannung beträgt 1000V. Um sie näher kennen zu lernen, müssen wir uns den Zusammenhang zwischen der **Anodenspannung u.AK** und dem **Anodenstrom i.A** ansehen.

Messung von Diodenkennlinien

Bei Dioden sind die **Fluss- und Sperrrichtung** zu unterscheiden (Abb. 2-21):

- In Sperrrichtung ist die Anodenspannung negativ (u.AK<0) und der **Sperrstrom -i.A** ist fast null.
- In Flussrichtung fließt ein Anodenstrom i.A (in Pfeilrichtung). Dann fällt über der Diode eine materialtypische Spannung ab. Bei Siliziumdioden und Strömen und Betrieb im 10mA-Bereich ist die typische Flussspannung **u.AK≈0,7V.**

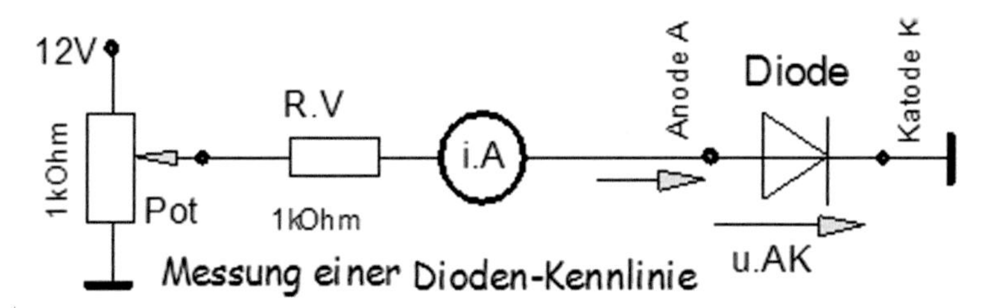

Abb. 2-21 Schaltung zur Messung einer Diodenkennlinie u.AK(i.A): Damit die Diode in Flussrichtung nicht zerstört wird, begrenzt ein Vorwiderstand R.0 den Strom. Er legt auch den Strommessbereich fest. Hier ist R.0=1kΩ. Mit u.e = 10,7V wird i.A≈10mA.

Die folgende Abb. 2-22 zeigt eine mit der Schaltung von Abb. 2-21 gemessene Diodenkennlinie.

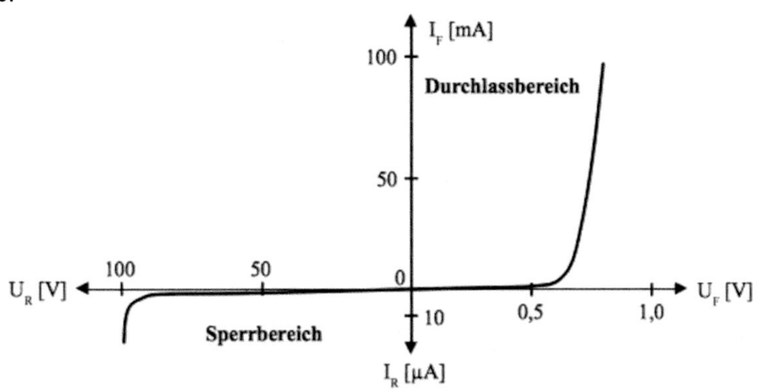

Abb. 2-22 Durchlass- und Sperrkennlinien einer Siliziumdiode: Zu erkennen sind die Schwellspannung von ca. 0,7V und die Durchbruchspannung von 100V.

Wenn Sie bereits über elektronische Kenntnisse verfügen, wissen Sie, dass es bei Dioden üblich ist, den Anodenstrom i.A als Funktion der Anodenspannung u.AK aufzutragen. Dann steigt i.A exponentiell mit u.AK an (i.A verzehnfacht sich mit jedem Anstieg der u.AK um fast 0,1V). Das suggeriert, dass man an die Diode eine Spannung legt und den Strom dazu misst. Das ist jedoch nicht nur schwer einzustellen, sondern führt auch leicht zur Zerstörung der Diode. Ist u.AK<0,7V, sind die Sperrströme sehr klein. Ist u.AK>0,7V werden sie so groß, dass die Diode schnell zerstört wird.

Daher muss man bei Dioden umgekehrt vorgehen: Über einen Vorwiderstand R.V wird der maximal gewünschte Anodenstrom eingestellt (Strombereich) und die Anodenspannung dazu gemessen. Physikalisch heißt dies, dass bei der Diode in Flussrichtung die Spannung u.AK eine Funktion des Stroms i.A ist – und nicht umgekehrt. Elektrisch sind Dioden daher als Spannungsschwellen zu betrachten – wobei die Höhe der Schwelle vom Strombereich, in dem die Diode arbeitet, abhängt.

Die Diodenschwellspannung u.S(i.A-Bereich)
Dioden in Flussrichtung erzeugen in 1.Näherung eine als **Schwelle** bezeichnete Spannung **u.S**, die vom **Strombereich**, in dem die Diode betrieben wird, abhängt.

Angefangen vom **Sperrstrom i.S** (hier 1nA mit u.S=80mV) erhöht sich die temperaturabhängige Spannung u.S(u.T, i.S) bei Siliziumdioden um u.T=70…90mV pro Stromdekade (Abb. 2-23). Für eine Diode 1N4004 mit u.T=80mV und einem Sperrstrom i.S=1nA gilt bei Umgebungstemperatur:

i.A/A	1n	10n	100n	1µ	10µ	100µ	1m	10m	100m	1
u.S/mV	80	160	240	320	400	480	560	620	700	780

Abb. 2-23 Diode 1N4001: zu eingestellten Anodenströmen i.A gemessene Flussspannungen (Schwellspannungen u.S)

Die Diode als Gleichrichter

Bei negativer Anodenspannung sperrt die Diode und es fließt kein Anodenstrom (offener Schalter). In Flussrichtung bestimmt die Umgebung der Diode (u.e und R.0) den Anodenstrom (geschlossener Schalter). Dann stellt sich eine materialtypische Anodenspannung ein. Bei Siliziumdioden ist u.AK in 0.Näherung **0,7V** (bei 10mA). Mit dieser Angabe können wir eine Diode als spannungsabhängigen Schalter durch das Objekt **Sättigung** aus der **Kategorie Nichtlinear** simulieren.

Zur näherungsweisen Simulation einer Diode verwenden wir den **Sättigungsblock** aus der Kategorie **Nichtlinear** (Abb. 2-24).

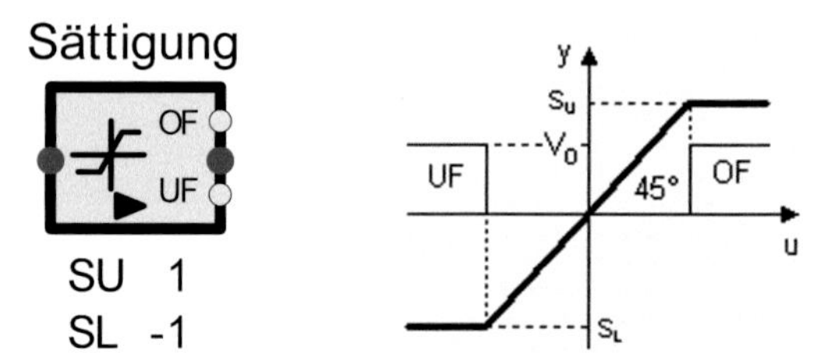

Abb. 2-24 Die Sättigung gestattet die Einstellung der Anodenstrombegrenzung im Positiven und im Negativen: SU für die Begrenzung des positiven Ausgangssignals und SL für negative Ausgangsbegrenzung.

Bei der idealen Diode ist der **untere Sättigungswert SL=0**. Das entspricht dem offenen Schalter bei negativen Anodenspannungen. Dadurch wird der Strom i.A zu null.
Für positive Anodenspannungen ist keine Begrenzung wirksam, wenn die **obere Sättigung SU** größer als die maximalen Betriebsströme eingestellt wird.

Die Diodenstruktur und -näherung

Im Flussbereich steigt der Anodenstrom i.A exponentiell mit der Anodenspannung u.AK an. Dieser genaue Verlauf wird in Kap. 8 Elektronik behandelt. Hier soll gezeigt werden, dass es für Gleichrichterschaltungen ausreicht, die Diode als spannungsrichtungsabhängigen Schalter zu betrachten.

Zur Nachbildung der Diodenfunktion (Abb. 2-25) verwenden wir den **Sättigungsblock**. Er simuliert einen idealen Gleichrichter.

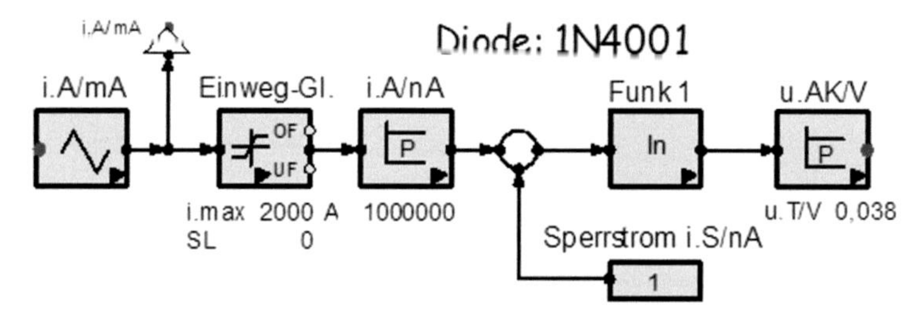

Abb. 2-25 Diodenkennlinie i.A(u.AK): Der genaue Verlauf folgt einer ln-Funktion, die in Kap. 8 erklärt wird. In Flussrichtung und Anodenströmen um 100mA ist u.AK≈0,7V. In Sperrrichtung wird i.A=0.

Die nächste Abb. 2-26 zeigt die mit dieser Struktur simulierte Diodenkennlinie.

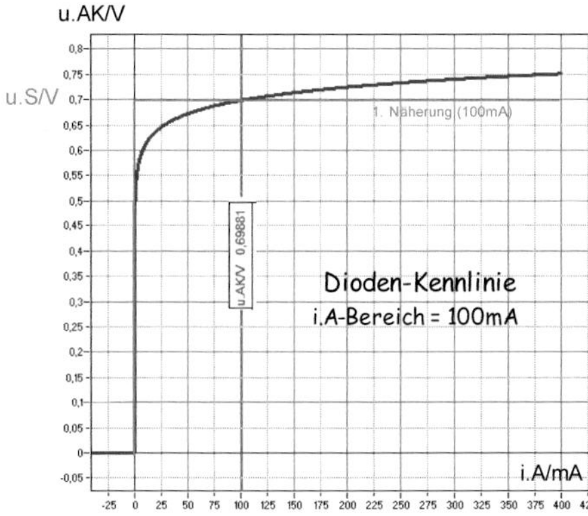

Abb. 2-26 Die simulierte Diodennäherung u.AK(i.A): blau = genauer Verlauf der Anodenspannung - rot = 1. Näherung

2.1.5 Gleichrichterschaltungen

Zur Versorgung elektronischer Baugruppen werden mindestens unstabilisierte Gleichspannungen benötigt. Sie dürfen einen zulässigen Maximalwert nicht überschreiten (oft 35V) und einen Minimalwert nicht unterschreiten (in der Analogtechnik 12V, wenn Signale bis zu 10V verarbeitet werden sollen). Bequem und billig ist es, diese unstabilisierte Spannung aus der Netzwechselspannung mit Gleichrichtern zu gewinnen. Um permanent vorhanden zu sein, muss die Gleichrichterspannung durch einen Kurzzeitspeicher gemittelt werden. Dazu dienen in der Elektronik meist **Kondensatoren**, die hier in Kap. 2.4.3 behandelt werden.

Die Simulation von stabilisierten Netzteilen finden Sie in **Bd. 5/7, Kap. 8 Elektronik** in Abschn. 8.7 **Schaltungstechnik**.

Nun soll gezeigt werden, dass sich Gleichrichterschaltungen, wie sie zum Aufbau von Netzteilen benötigt werden, mit der angegebenen Näherung der Diodenfunktion schon recht gut simulieren lassen.

Der Einweggleichrichter
Eine Gleichrichterschaltung besteht aus einer Diode und einem Widerstand als Ersatz für einen Verbraucher (Abb. 2-27). Elektrische Widerstände behandelt der Abschnitt 2.3.4. Sie werden hier als bekannt vorausgesetzt (ohmsches Gesetz), die Diodenfunktion wird näherungsweise beschrieben.

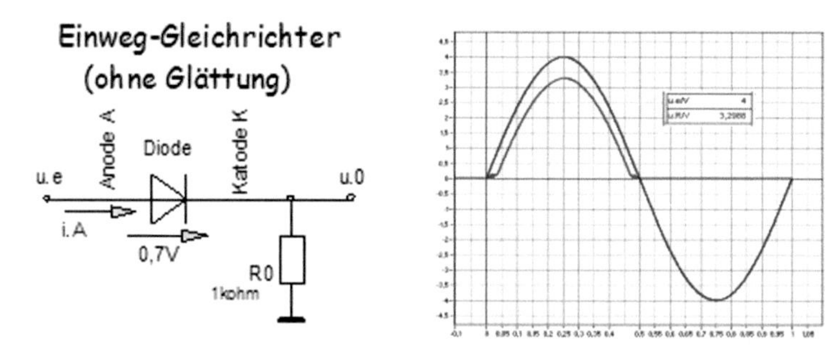

Abb. 2-27 **Einweggleichrichter: Bei Eingangsspannungen u.e>> u.s ist die Diodenschwellspannung vernachlässigbar. Bei Kleinspannungen u.e<u.S funktioniert er nicht. Dann sperrt die Diode auch in Flussrichtung.**

Die Diode ist ein elektrisches Rückschlagventil. Sie leitet, wenn das Anodenpotenzial u.e höher als das Katodenpotenzial u.R ist. Dann folgt u.r der u.e mit einem typischen Versatz von 0,7V (Siliziumdiode bei 10mA). Sinkt u.e unter u.a ab, sperrt die Diode. Dann geht u.R-> 0.

Die Gleichrichterdiode leitet den Strom, wenn die Anode A positiver als die Katode K ist. Ströme im mA-Gebiet erfordern bei Siliziumdioden Flussspannungen um 0,7V. Wenn die Diode leitet, folgt die Anode der Katode, vermindert um die Flussspannung von ca. 0,7V. Dann bestimmt der Lastwiderstand R.0 den Anodenstrom:
Bei u.e=10,7V und R.0=1kΩ wird i.A = 10mA.

In Sperrrichtung sinkt die Eingangsspannung u.e unter die Ausgangsspannung u.0 ab. Dann wird i.A=0 und u.0=0.

Simulation des Einweggleichrichters (ohne Glättung)
Simuliert wird nun eine **Gleichrichterschaltung**, bestehend aus den Bauelementen **Diode und Lastwiderstand R.0** (Abb. 2-28). Zur Nachbildung der Diodenfunktion wird der Sättigungsblock zweimal benötigt. Der erste simuliert einen idealen Gleichrichter, der zweite die Diodenschwelle in Flussrichtung:

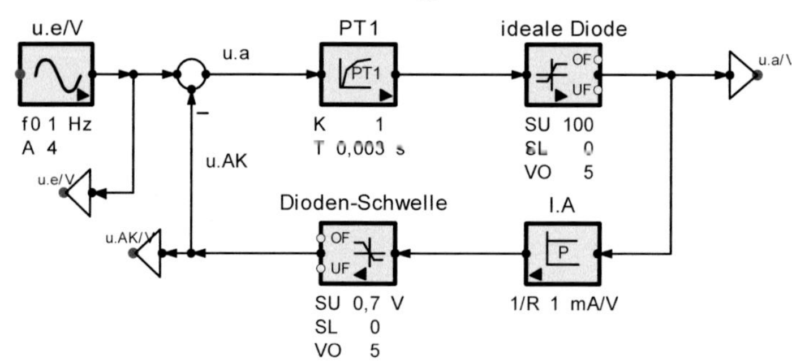

Abb. 2-28 **Struktur zur näherungsweisen Simulation eines Einweggleichrichters mit Diode ohne Glättung: Der Vorwärtszweig beschreibt den idealen Gleichrichter, die Gegenkopplung berücksichtigt die Diodenflussspannung der leitenden Diode. Sie wurde durch eine konstante Schwellenspannung von 0,7V angenähert.**

Zu Abb. 2-28: Wenn Sie SimApp zur Verfügung haben, können Sie zum besseren Verständnis aller Gleichrichterfunktionen die Parameter der Simulationen variieren:

1. die Eingangsamplitude A
2. die Eingangsfrequenz f
3. die Signalnamen nach Ihrem Belieben

Wichtig ist es, **immer nur eine Änderung zurzeit** vorzunehmen und die Wirkung zu betrachten. Würde man mehrere Änderungen auf einmal einstellen, könnten die Einzeleinflüsse nicht mehr zugeordnet werden.

In Kap. **8 Elektronik** finden Sie detaillierte Simulationen zu den Themen Dioden, Gleichrichter und Netzteile (Abb. 2-29).

Quelle: Conrad Electronic

Abb. 2-29 Bauformen von Brückengleichrichtern: links bis 1A, Mitte bis 3A und rechts bis 8A (mit Kühlkörper)

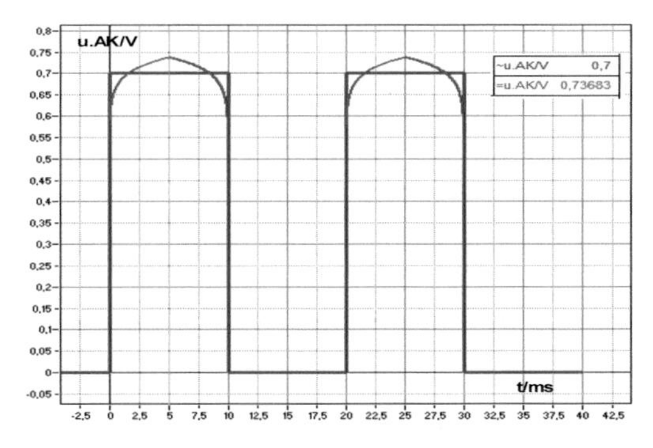

Abb. 2-30 Die simulierte Spannung u.AK einer Siliziumdiode in Flussrichtung als Funktion des Anodenstroms i.A: blau: genau, rot: In 1.Näherung ist u.AK konstant. Eine für Siliziumdioden bei Anodenströmen um 10mA typische Spannung ist u.AK=0,7V. Der Unterschied zum genauen Verlauf ist bei Gleichrichteranwendungen, die im 10V-Bereich arbeiten, unerheblich.

Der Brückengleichrichter

Bei Stromversorgungen sollen beide Halbwellen der Wechselspannung genutzt werden (Abb. 2-31). Das erleichtert die anschließend zu besprechende Glättung und vermindert außerdem die Verluste im Trafo (Einzelheiten zur **Trafosimulation** in Kap. **7**). Weil die vom Trafo abgegebene Wechselspannung potenzialfrei ist, können wir einen Brückengleichrichter verwenden.

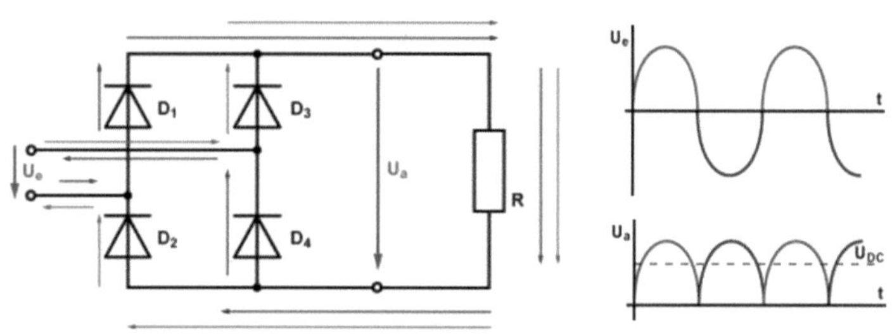

Quelle: http://www.elektronik-kompendium.de/sites/slt/1807181.htm

Abb. 2-31 Brückengleichrichter bestehen aus vier Dioden. Sie sind so geschaltet, dass beide Halbwellen des Eingangswechselstroms ausgangsseitig immer nur in eine Richtung fließen. Das negativere Ausgangspotential ist nachfolgend immer der Bezug für alle Spannungspegel (Masse=0V). Die hier als Referenz dargestellte Eingangsspannung u.Netz wird nicht gegen Masse gemessen.

Simulation des Brückengleichrichters ohne Glättung

Durch den Brückengleichrichter kann die Spannung über dem Lastwiderstand immer nur positiv gegen Masse sein (Abb. 2-32: Betragsbildung).

Zur Simulation benutzen wir daher die **Betragsbildung**, in SimApp zu finden in der Kategorie **Nichtlinear unter Fkt1** (Funktion mit einem Eingang). Diese Funktion ziehen Sie in die SimApp-Zeichnung, öffnen sie durch einen Doppelklick und wählen die **Betragsfunktion** |**x**| aus.

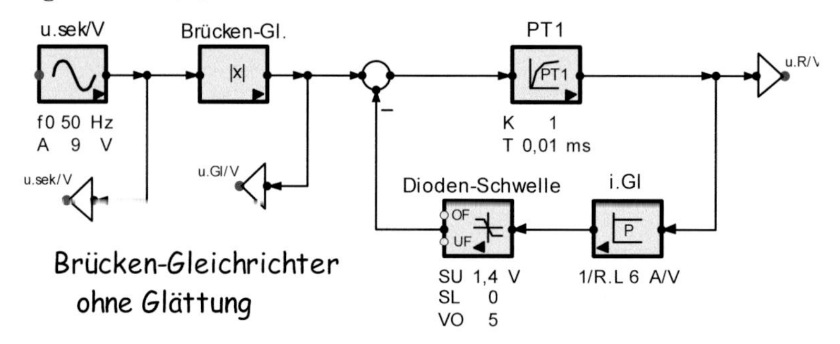

Abb. 2-32 Simulation des Brückengleichrichters durch eine Betragsbildung: Zur Berücksichtigung der beiden Diodenspannungen in Flussrichtung müssen 2·0,7V=1,4V von der Trafoausgangsspannung u.e abgezogen werden. Der Anfangsbereich für kleine Eingangsspannungen wurde hier durch die Verstärkung K=6 in der Rückführung der Realität angepasst.

Abb. 2-33 zeigt die Simulation der Zweiweggleichrichtung:

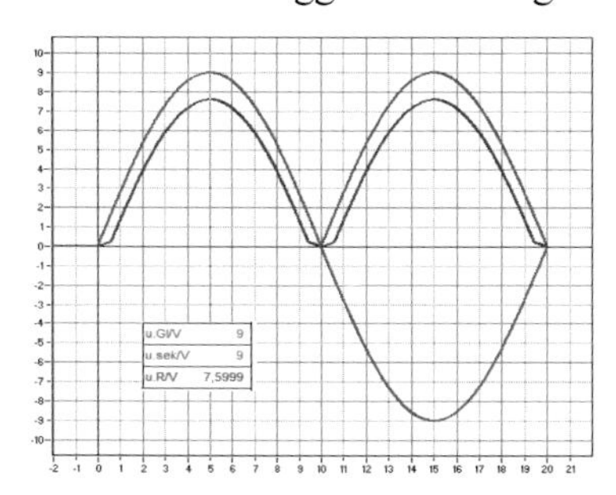

Abb. 2-33 Simulierte Spannungsverläufe beim ungeglätteten Brückengleichrichter: Zu beachten ist, dass die Eingangsspannung, eine Trafo-Ausgangsspannung, nicht potentialfrei ist. Sie wird hier als Referenz benutzt. Sinusförmig verläuft die potentialfreie Sekundärspannung u.sek am Gleichrichtereingang.

Brückengleichrichter mit Glättung

Um eine unstabilisierte Gleichspannung zu erhalten, muss die Brückenspannung gemittelt werden. Dazu schaltet man dem Lastwiderstand R.0 einen Kondensator parallel. Abb. 2-34**:** der Ladekondensator C.L, meist ein Elektrolyt-Kondensator (Elko) im mF-Bereich.

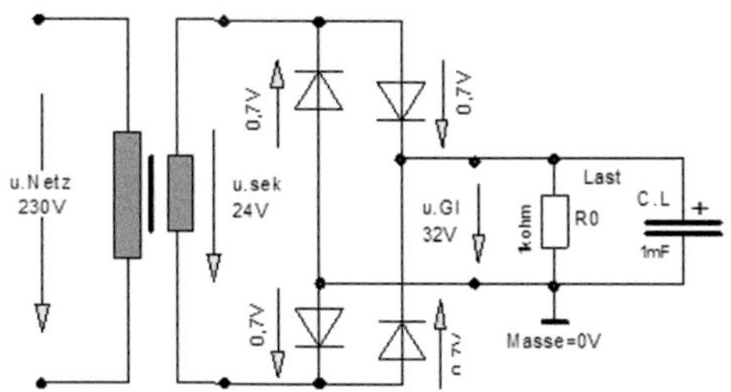

Abb. 2-34 Brückengleichrichter: Bei wechselnder Polarität der Eingangsspannung sind jeweils zwei sich kreuzweise gegenüber liegende Dioden gesperrt und die beiden anderen leitend. Dadurch fließt der Strom im Ausgangskreis immer nur in einer Richtung. Die Ausgangsspannung, gegen Masse = 0V gemessen, ist immer positiv. Signaltechnisch ist dies eine Betragsbildung.

Ist die Trafospannung u.sek um zwei Diodenschwellen (≈1,4V) größer als die Ausgangsspannung u.Gl, so leiten jeweils zwei Dioden. Dann folgt die Gleichrichter-Ausgangsspannung u.Gl der Trafospannung u.Sek mit dieser Schwelle. Der Lastwiderstand R.0 bestimmt den Anodenstrom und C.L wird geladen.

Sinkt u.sek unter u.Gl ab, so sperren die Dioden. Dann entlädt sich C.L über R.0 mit einer **Zeitkonstante T=C.L·R.0**. Bei schnellen Wechseln von u.e stellt sich u.Gl auf einen Mittelwert ein. Ohne C.L würde u.Gl Momentanwerte anzeigen, ohne R.0 würde u.Gl den Eingangsspitzenwert anzeigen. Was schnelle Wechsel sind, hängt von der Glättungszeitkonstante T.Gl des RC-Gliedes ab:
f=50Hz -> t.0 = 1/f = 20ms. Durch C.L wird T.Gl=C.L·R.0 >> t.0.

Simulation des Brückengleichrichters mit Glättung (Abb. 2-35)

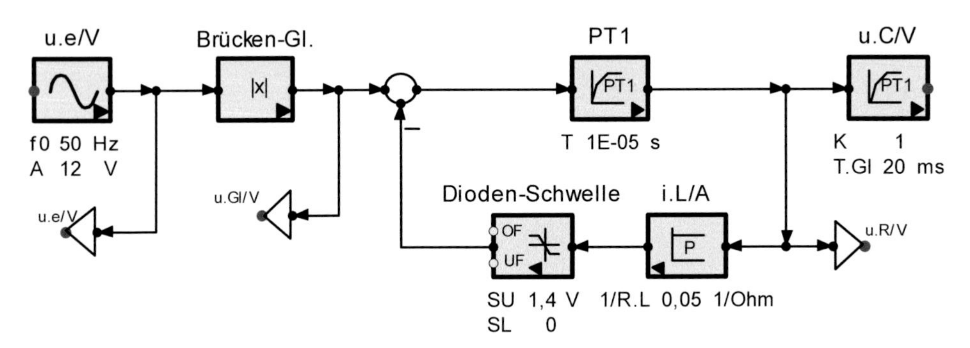

Abb. 2-35 Simulation des Brückengleichrichters mit Glättung entspricht dem Einweggleichrichter. Nur müssen hier von der Sekundärspannung des Trafos zwei Diodenschwellen, ca. 1,4V, abgezogen werden.

Abb. 2-36 zeigt die Simulation der Zweiweggleichrichtung mit Glättung:

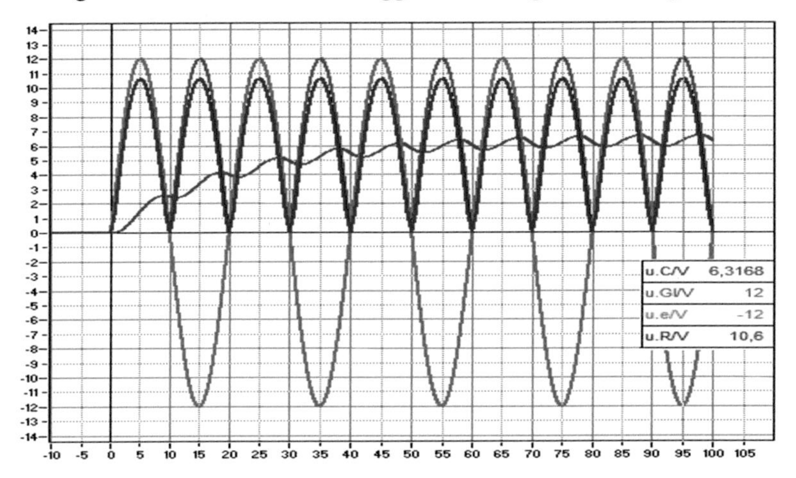

Abb. 2-36 Zweiweggleichrichtung und zeitlicher Mittelwert einer Sinusfunktion

Zeitliche Mittelwerte werden durch Speicher und Verbraucher, die zusammen ein Verzögerungsglied mit der Zeitkonstante T bilden, realisiert. Einzelheiten dazu erfahren Sie in Bd. 2/7 in den Dynamikkapiteln 3 und 4.

Die Schaltungsdaten

1. Die geglättete Ausgangsspannung u.C für sinusförmigen Eingang:
   u.C = (u.max-1,4V)·(2/3,14).

2. Der Glättungsfaktor
   Bei einer Gleichrichtung mit Glättung interessiert, wie die Amplitude der Restwelligkeit $u.a_{max}$ auf dem Ausgangssignal von der Frequenz f und der Glättungszeitkonstante T.Gl = C·R abhängt:

   Definition: **Welligkeit = $u.a_{max}/u.e_{max}$**

3. Angestrebt wird eine möglichst geringe Welligkeit. Die Simulation zeigt, dass sie mit steigender Frequenz f und Glättungszeitkonstante T.Gl immer kleiner wird.

   Berechnung: **Welligkeit ≈ k.Gl / (T.Gl · f)**

Zu bestimmen ist die **Glättungskonstante k.Gl** – und zwar für die Einweg- und Zweiweggleichrichtung:

k.Gl = Welligkeit · T.Gl · f

Da die Berechnung von k.Gl zu kompliziert ist, finden wir das Ergebnis durch Simulation. Dazu variieren wir die Frequenz f und die Glättungszeitkonstante T und bestimmen die Welligkeit **$u.a_{max}/u$ $u.e_{max}$.** Dann multiplizieren wir sie mit **f und T** und erhalten k.Gl.

Einweggleichrichtung: **k.Gl ≈ 14%**,
Zweiweggleichrichtung: **k.Gl ≈ 7%**.

Der Glättungsfaktor k.Gl gilt für Glättungen s**inusförmiger** Signale mit **einem** Speicher.

2.1.6 Elektrische Vierpole

Bei Vierpolen treten sowohl am Eingang als auch am Ausgang des Systems je ein steuerndes Signal und ein gesteuertes Signal auf (Abb. 2-37). Dies ist der **einfachste allgemeine Fall** einer Signalverarbeitung. Wenn man den Zweipol als Atom der Signalverarbeitung bezeichnet, so ist der Vierpol das einfachste Molekül.

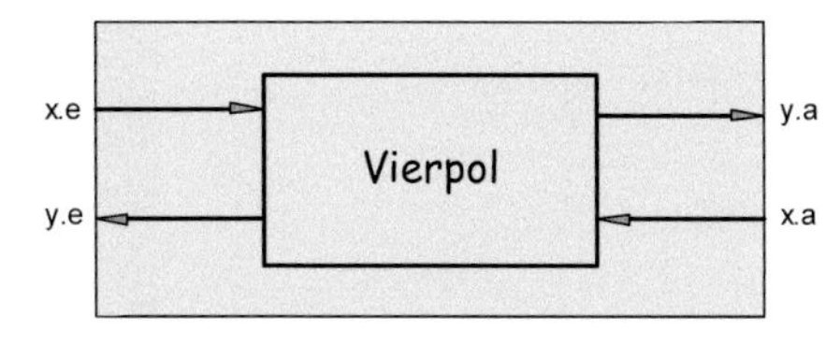

Abb. 2-37 Allgemeiner Vierpol - oberer Zweig: Eingangsursache und Wirkung – unterer Zweig: Ausgangsursache und Rückwirkung

Jede Systemanalyse sollte mit der Vierpoldarstellung der äußeren Signale beginnen, denn sie definiert, was womit berechnet werden soll.

Die Struktur eines elektrischen Vierpols

Bei einem Vierpol greifen die ein- und ausgangsseitig steuernden Signale auf die ein- und ausgangsseitig gesteuerten Signale durch (Abb. 2-38:). Darum sind zur Beschreibung der beiden Ausgänge des Vierpols zwei Gleichungen mit je zwei Parametern erforderlich.

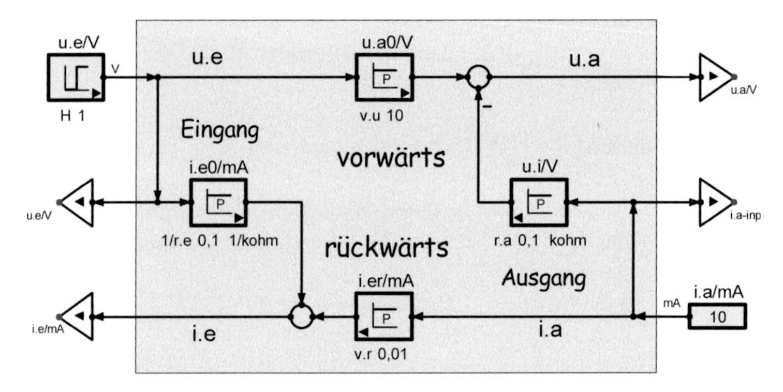

Abb. 2-38 Vierpol: Struktur und Parameter

Die Vierpol-Parameter eines elektrischen Vierpols heißen

1. Spannungsverstärkung v.u
2. Eingangsleitwert 1/r.e
3. Stromrückwirkung v.r
4. Ausgangswiderstand r.a

Abb. 2-38 zeigt, wie die Ersatzsignale des Verstärkers mit diesen Parametern berechnet werden können. Dazu müssen die Eingangsspannung u.e und der Ausgangsstrom i.a bekannt sein.

Verstärkeranwender kennen die Daten ihrer Eingangsquelle, z.B. bei einem Mikrofon die maximale Spannung und den Innenwiderstand R.i und wissen, wie stark der Verstärkerausgang belastet werden soll. Zu zeigen ist, wie damit die zur Beschaffung oder zum Bau eines Verstärkers benötigten Daten bestimmt werden können. Dazu geben die Verstärkeranbieter einige technische Daten an **(**Abb. 2-39**)**.

Die Daten eines Audioverstärkers

Technische Daten

Ausgangsleistung (gemessen an 5 Ohm):
Musikleistung:......................2 x 6 Watt
Sinus-Dauertonleistung:..................2 x 4 Watt

Eingänge
Phono-Magnet (entzerrt nach CCIRR) :.....6 mV
Phono Kristall:....................................600 mV
Tuner...600mV
Tonband:...600 mV

Quelle: http://de.aliexpress.com/item/Tda2030-dual-encoding-audio-stereo-amplifier-kit-amplifier-board-electronic-diy/1089411638.html

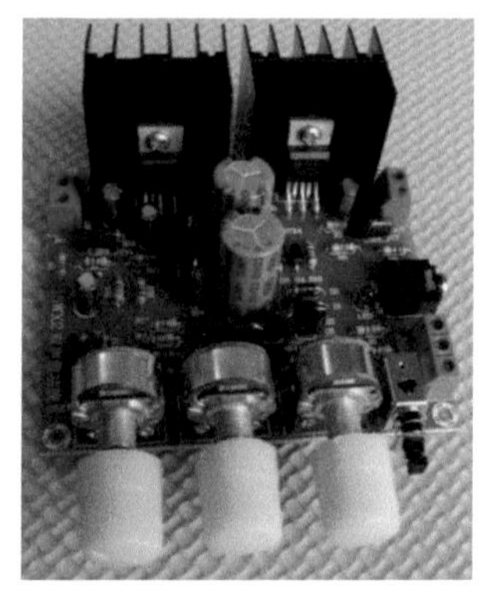

Abb. 2-39 Elektronischer Verstärker und die Verstärkerdaten des Anbieters

Messung der Verstärkerparameter
Meist fehlt der komplette Satz von Parametern in den technischen Daten der Verstärkeranbieter. Dann kann angenommen werden,

- dass der Eingangswiderstand r.e>>R.i der Innenwiderstand der für diesen Verstärker gedachten Signalquelle ist.
  Beispielsweise liegt R.i bei dynamischen Mikrofonen bei einigen 100Ω und bei Kondensatormikrofonen bei einigen 10kΩ.
- dass der Ausgangswiderstand r.a << Z.L ist. Z.L ist die zu diesem Verstärker vorgesehene Lastimpedanz (Wechselstromwiderstand).
  Beispielsweise ist bei Lautsprechern oft Z.L=5Ω. Damit die Ausgangsspannung bei Belastung nicht nennenswert zusammenbricht, muss der r.a des Verstärkers klein gegen 5Ω sein.
- dass auch der Rückwirkungsstrom i.er=v.r·i.a vernachlässigbar klein gegen den durch u.e erzeugten Strom i.e0=u.e/r.e ist.

Dann berechnet sich die Ausgangsspannung eines Verstärkers sehr einfach allein aus der Eingangsspannung u.e und der Spannungsverstärkung v.u: **u.a=v.u·u.e.**

Die Verstärkerkennlinien
Zur Ermittlung der Verstärkerdaten v.u, r.e, v.r und r.a müssen zwei Ausgangs- und zwei Eingangskennlinien gemessen werden (Abb. 2-40):

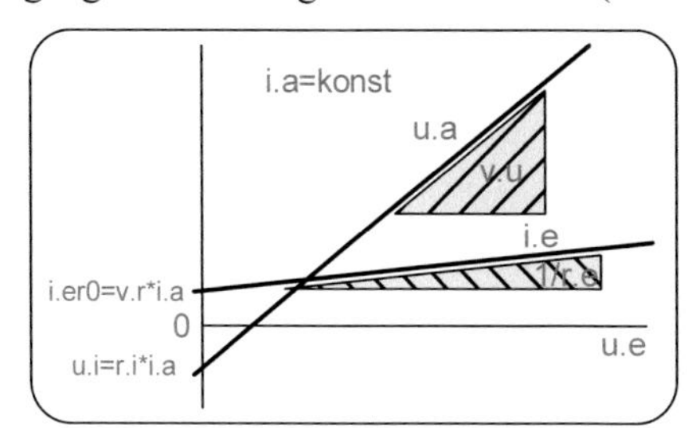

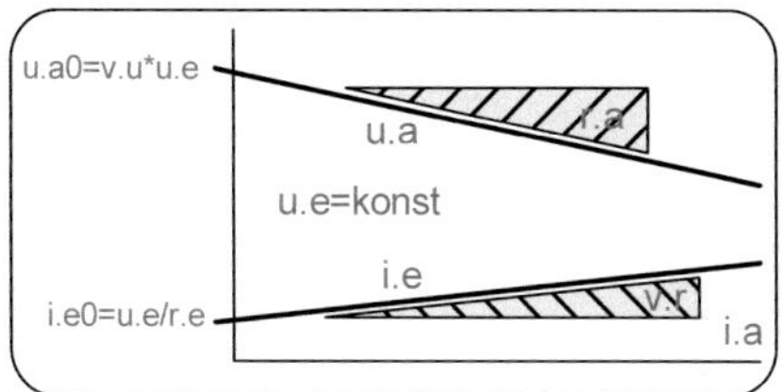

Abb. 2-40 Verstärkerkennlinien und die zugehörigen Parameter

Zur Beachtung: Wenn eine Steuergröße variiert wird, muss die andere konstant sein. Am einfachsten ist u.e=0 und i.a=0. Wenn diese Messgrößen nicht null sind, werden die entsprechenden Kennlinien vertikal parallel verschoben.

Die Ersatzschaltung eines Verstärkers
Ersatzschaltungen beschreiben das äußere Verhalten, hier eines Verstärkers (Abb. 2-41). Sie zeigen dessen technische Daten, machen aber keine Aussage über sein Innenleben, da es den Anwender nicht interessiert. Einzelheiten der internen Schaltung folgen in Bd. 5/7 in Kap. **8 Elektronik,** Abschn. 8.6 **Differenzverstärker.**

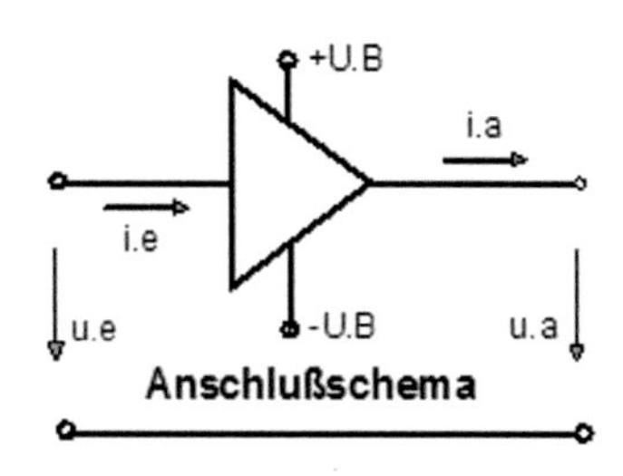

Abb. 2-41 Die Anschlüsse eines elektrischen Verstärkers: Eingang, Ausgang und die Versorgungsspannungen: Abb. 2-42 zeigt seine Vierpol-Ersatzschaltung.

In Abb. 2-41 ist das Anschlussschema eines Verstärkers abgebildet. Es zeigt einen Eingang und einen Ausgang mit den Zählpfeilen für u und i (Definitionen der positiven Zählrichtungen). Die Versorgung des Verstärkers erfordert zwei Klemmen: +U.B und –U.B, typisch +12V und -12V. Die Versorgungsklemmen können, da selbstverständlich, auch weggelassen werden.

Ein Dreieck als Symbol deutet die Leistungsverstärkung an. Einen Hinweis auf die Funktion gibt jedoch die Bezeichnung als **Spannungsverstärker.** Er soll mit der Spannung u.e angesteuert werden und u.a soll die gesteuerte Ausgangsgröße sein. Damit sind auch die zugehörigen gesteuerten Signale definiert: i.e eingangsseitig und i.a ausgangsseitig.

Bei jedem Verstärker interessiert dreierlei:

1. Welche Spannungsverstärkung v.u wird benötigt?
2. Wie belastbar ist der Ausgang?
3. Wie stark belastet der Eingang die ansteuernde Quelle?

Zur Beantwortung dieser Fragen wird eine Ersatzschaltung mit ihren technischen Daten angegeben. Abb. 2-42 zeigt die Ersatzschaltung eines Spannungsverstärkers.

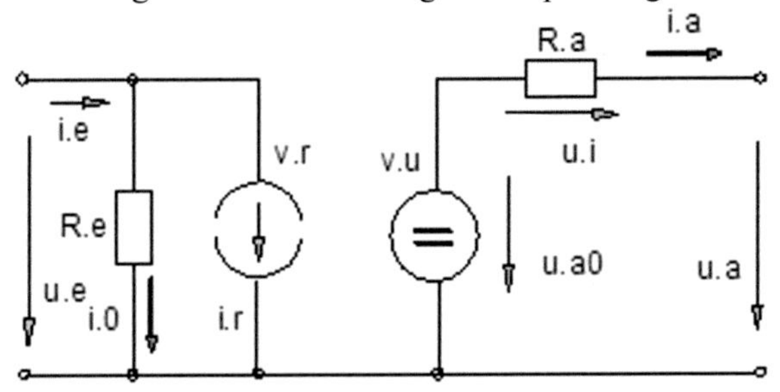

Abb. 2-42 Verstärkervierpol - links: Symbol mit Anschlussklemmen; rechts: elektrische Ersatzschaltung. Sie zeigt den Verstärker eingangsseitig als Widerstand mit Stromrückwirkung und ausgangsseitig als reale, steuerbare Spannungsquelle. Wie der Verstärker zu berechnen ist, zeigt die Darstellung nur indirekt.

Dann folgt die formale Beschreibung des Verstärkers durch elektrische Ersatzschaltungen und -parameter: ausgangsseitig eine Spannungssteuerstelle (Ersatzspannungsquelle), eingangsseitig eine Stromsteuerstelle (Ersatzstromquelle). Die Berechnung erfolgt durch zwei Vierpolgleichungen:

Gl. 2-4 $u.a = v.u \cdot u.e - R.a \cdot i.a$

Gl. 2-5 $i.e = (1/R.e) \cdot u.e + v.r \cdot i.a$

Links erkennt man die gesteuerten Größen u.a und i.e, rechts die steuernden Größen u.e und i.a. Entsprechend benötigt man zur Berechnung des Verstärkers vier Parameter:

1. die Spannungsverstärkung v.u, 2. den Ausgangswiderstand R.a,
3. den Eingangsleitwert 1/R.e und 4. die Stromrückwirkung v.r.

Bestimmung der Daten elektrischer Verstärker
Über die interne Schaltung sagt das Anschlussschema des Verstärkers nichts aus.
Zu seiner Beschaffung muss folgendes bekannt sein:

1. die maximale Eingangsspannung u.e;max
2. der maximale Ausgangsspannung u.a;max
   Damit liegt die benötigte Spannungsverstärkung v.u=u.a;max/i.a;max fest.
3. der maximale Ausgangsstrom i.a:max
   Damit liegt die Nennleistung P.Nen=u.a;max·i.a;max fest. Sie bestimmt die Baugröße und damit den Preis des Verstärkers.
   Sein minimaler Lastwiderstand ist R.L;min=u.a;max/i.a;max.

Hier soll es darum gehen, wie
- die erforderlichen technischen Daten eines Verstärkers bestimmt werden
- und wie man damit das Betriebsverhalten des Verstärkers berechnet.

Gegeben wird die ansteuernde Quelle,
z.B. ein dynamisches Mikrofon mit einem Innenwiderstand **R.i=600Ω**,
das maximal **u.e;max=600mV** abgibt.

Gefordert wird die Nennlast, z.B. **P.Nen=6W an R.L=5Ω.**
Aus $P.Nen = U.Nen^2/R.L$ folgt
die effektive Nennspannung $U.Nen = \sqrt{P.Nen * R.L}$, hier U.Nen=5,5V.

Bei Verstärkern ist die maximale Ausgangsspannung von Bedeutung:
$u.max = \sqrt{2} * U.eff$, hier u.max=7,7V.
Daraus folgt die symmetrische Versorgungsspannung ±u.B. Wegen interner Spannungsabfälle im Verstärker muss |u.B| etwa 2V größer als u.a;max sein, hier u.B=9V.
Zum Bau des Verstärkers muss auch der **maximale Ausgangsstrom** angegeben werden:
i.max=u.max/R.L, hier 7,7V/5Ω=1,5A.

Kühlkörper Ist u.B um Δu.B größer als dieser Minimalwert, entstehen im Verstärker zusätzliche Verluste P.Verl=Δu.B·i.max, die ihn erwärmen und über Kühlkörper abgeführt werden müssen (Abb. 2-43). Ihr thermischer Widerstand R.th=ΔT/P.Verl bestimmt die Baugröße.

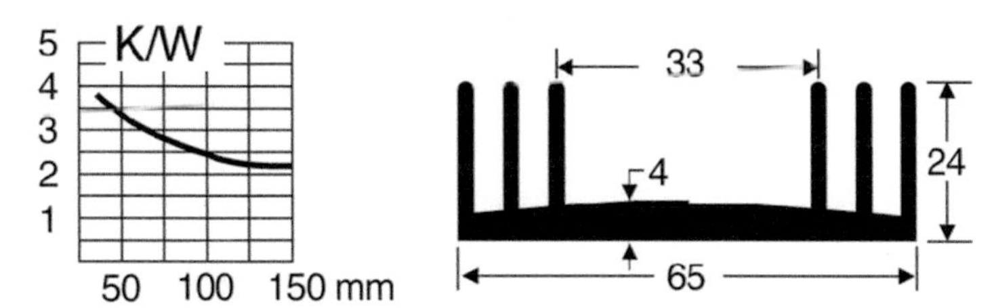

Abb. 2-43 passiver Kühlkörper: Sein thermischer Widerstand R.th sinkt mit steigender Baugröße.

Die Simulation thermischer Systeme und die Berechnung von Kühlkörpern finden Sie in Bd. 7/7, Kap. 13 Wärmetechnik.

Wirkung und Rückwirkung
Bei signalverarbeitenden Systemen erzeugt jedes steuernde Signal (Ursache=Wirkung) eine Rückwirkung auf **alle** gesteuerten Signale. **Wirkung und Rückwirkung** treten immer paarweise auf, z.B.

1. in der Mechanik **Kraft F und Geschwindigkeit v** = Weg x pro Zeit t
2. in der Elektrik **Spannung u und Strom i** = Ladung q pro Zeit t
3. in der Wärmetechnik **Erwärmung ΔT und Wärmestrom P.th**=Wärme Q pro Zeit t
4. in der Hydraulik **Druckdifferenz Δp und Massendurchsatz m/t**=Masse m pro Zeit

Zu all diesen Themen finden Sie Beispiele in dieser Strukturbildung. Sie werden Ihnen das Denken in Signalen und Strukturen näher bringen. Zur Aufklärung der Strukturen ist nicht nur die Wirkung, sondern immer auch die Rückwirkung zu beachten. Sie kann eine entscheidende Rolle spielen (z.B. bei Wandlern wie den Transformatoren – Bd. 4/7, Kap. 7) oder vernachlässigbar sein (z.B. bei Messwandlern, Bd. 6/7,Kap. 10 Sensorik).

Aktive Systeme entnehmen die ausgangsseitig abgegebene Energie ihrer Versorgung. Deshalb können sie rückwirkungsfrei arbeiten. Das vereinfacht die Berechnung erheblich (*Verstärker sind Energiesteuerstellen).*

Zur Rückwirkung passiver Systeme:
Der Vergleich der Verstärkerdaten mit den in Abschnitt 2.1.7 berechneten Daten des Spannungsteilers wird zeigen, dass **Rückwirkung das Kennzeichen passiver Systeme** ist. Bei ihnen wird die ausgangsseitig abgegebene Leistung eingangsseitig zugeführt.

Beispiele:

- Beim Motor steigt der Ankerstrom mit der Belastung an (siehe **Bd. 4/ 7 Elektrische Maschinen, Kap. 6**).
- Beim Spannungsteiler (Abb. 2-44) steigt der Eingangsstrom i.e nicht nur mit der Eingangsspannung u.e, sondern auch mit dem Ausgangsstrom i.a an. Wir berechnen seine Eigenschaften im nächsten Abschnitt 2.1.7.
- Beim Thema ‚Operationsverstärker' (Abschnitt 2.2) wird gezeigt werden, dass Verstärkern durch die Rückwirkung spezielle Eigenschaften gegeben werden können. Dann werden sie z.B. zum Oszillator.

2.1.7 Der Spannungsteiler als Vierpol

Als passives Beispiel eines elektrischen Vierpols folgt nun der **Spannungsteiler (**Abb. 2-44**)**. Er soll durch Vierpolparameter, gebildet aus den Bauelementen R1 und R2, berechnet werden. Danach kann man die Bauelemente so dimensionieren, dass die geforderten Parameter (Spannungsteilung, Ein- oder Ausgangswiderstände) entstehen.

Im Anschlussschema werden die Signale mit Namen versehen und ihre positive Zählrichtung durch Pfeile definiert. Der Kondensator C in Abb. 2-44 erzeugt eine Verzögerung T=C·R.a beim Einschalten. Zu ihrer Berechnung wird der Ersatzausgangswiderstand R.a des Teilers benötigt. Wir werden ihn berechnen.

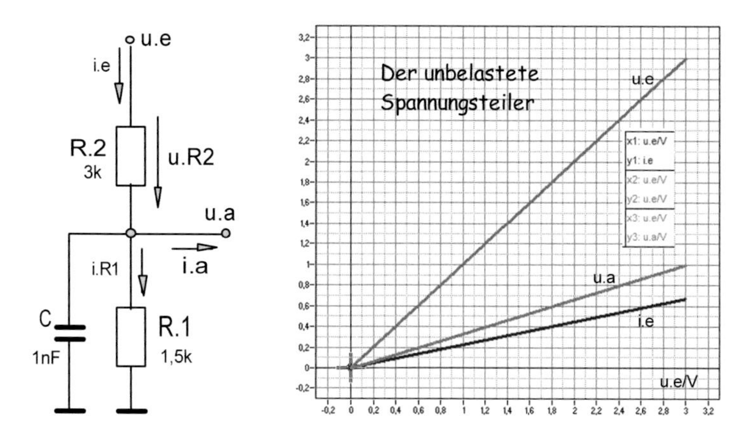

Abb. 2-44 Spannungsteiler als Vierpol: links die Originalschaltung, rechts die Leerlaufkennlinien

Die Originalstruktur des Spannungsteilers (Abb. 2-45) wird aus dem Anschlussschema (Schaltbild, Abb. 2-44) entwickelt. Wo Sie dabei anfangen, ist egal (Eingang, Mitte, Ausgang). Dass die Struktur vollständig ist, erkennen Sie daran, dass es außer den Ein- und Ausgangssignalen **intern keine offenen Leitungen** (unerklärte Signale) mehr gibt.

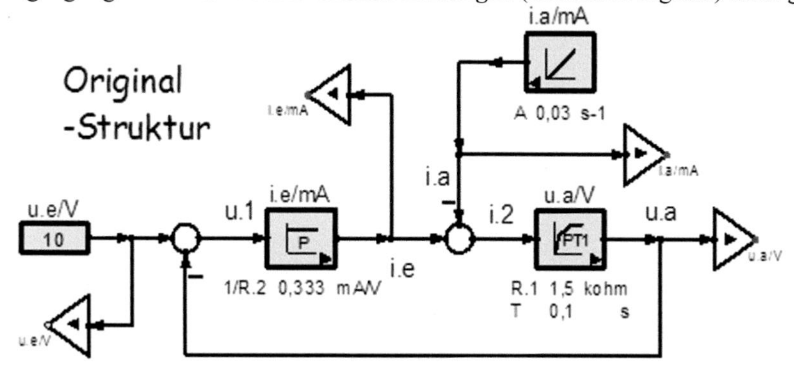

Abb. 2-45 Spannungsteiler: die Originalstruktur mit Belastungssimulation

Die Originalstruktur zeigt eingangsseitig eine Differenzbildung u.R2=u.e-u.a. Diese Gegenkopplung verhindert eine direkte Berechnung der Schaltung vom Eingang zum Ausgang. Deshalb wird eine Ersatzstruktur mit den Parametern v.u (= Spannungsteilung) und 1/r.e (= Eingangsleitwert) berechnet. Damit lassen sich **u.a und i.e** zu gegebener u.e berechnen, wenn R.1 und R.2 bekannt sind. Ist u.a zu u.e berechnet, werden diese in die Originalstruktur eingetragen. Damit können dann auch alle internen Signale berechnet werden (i.e und u.R2).

Gl. 2-6 Spannungsteilung v.u =u.a0/u.e= R.1/(R.1+ R.2)

Die Vierpolparameter können in diesem, wie allen einfacheren Fällen, aus den Daten der den Vierpol bildenden Bauelemente berechnet werden. Das ist zur Dimensionierung der Bauelemente erforderlich (Beispiel folgt).

Berechnungsgrundlage ist der in Abschnitt 1.5.4 abgeleitete Gl. 1-19 Übertragungsfaktor:

$$G = \frac{x.a}{x.e} = \frac{k.V}{1 + k.V * kR}$$

In diesem – wie in allen Fällen ohne Hilfsenergie – liegt immer Gegenkopplung vor. Es gilt dann das Pluszeichen im Nenner von Gl. 1-19.

Eingangssignale sind hier u.e (eingangsseitig) und i.a (ausgangsseitig). Ausgangssignale sind hier i.e (eingangsseitig) und u.a (ausgangsseitig).

Die Vorwärtskonstante **k.V ist 1/R.2**, die Rückwärtskonstante **k.R = R.1**. Damit wird die Kreisverstärkung **V.0 = R.1/R.2.**

Berechnung der Vierpolparameter eines Spannungsteilers

R.e = R.1 + R.2

R.a = R.1//R.2
= R.2·v.u

v.r = R.1 /(R.1+ R.2)
= v.u

v.u = R.1/(R.1+ R.2)

Spannungsteilung v.u und Stromrückwirkung v.r sind hier identisch (das ist das Kennzeichen für Signalwandler ohne Hilfsenergie). Der Rückwirkungsstrom i.r wird, wie die Ausgangsspannung u.a, mit der Spannungsteilung v.u kleiner.

Der **Ausgangswiderstand R.a** ist die Parallelschaltung von R1 und R2. Ursache dafür ist, dass sich steigende Ausgangsströme bei sinkender Ausgangsspannung aus der Vergrößerung des Eingangsstroms i.e über R1 und der Verkleinerung des Stromes i.e über R.2 speisen.

Zur **Dimensionierung der Widerstände R.1 und R.2** müssen zwei Parameter gefordert werden: z.B. v.u < 1 und r.a. Die Umstellung der Spannungsteilergleichungen (R.a und v.u) ergibt dann

R.1 = r.a / v.u und R.2 = R.1 / (1/v.u – 1)

Zahlenwerte: Gefordert sei v.u = 1/3 und r.a = 3kΩ. Dann wird R.2 = 3kΩ und R.1 = 1,5kΩ. Damit liegen auch die beiden übrigen Parameter fest:

v.r = v.u = 1/3 und R.e = R.1 + R.2. = 4,5kΩ

Durch ihre Parameter lassen sich ähnliche Systeme untereinander vergleichen (Herstellerangaben). So können sie zur Auswahl und Dimensionierung von Bauelementen dienen (siehe Bd. 5/7, Kap. 8 **Elektronik\Transistoren**).

Die Berechnung der Multipolparameter taugt nur für einfache Systeme. Bei umfangreicheren Systemen wird sie sehr schnell unübersichtlich. Daher verwenden wir in der **Strukturbildung und Simulation** das symbolische Berechnungsverfahren, genannt **Struktur**. Strukturen zeigen, was physikalisch Ursache ist und was Wirkung und wie diese durch interne Signale (messbare Größen) und Parameter verknüpft sind. Die Struktur bleibt auch bei umfangreicheren Systemen nachvollziehbar und unterstützt das Verständnis. Unwichtiges kann, wenn nur das Wesentliche erklärt und berechnet werden soll, weggelassen werden (erste Näherung). So bleiben Strukturen meist klar und übersichtlich.

Zum Berechnungsverfahren:
Sind die Vierpolparameter eines Systems bekannt, können die Ausgangssignale für beliebige Eingangssignale berechnet werden (Überlagerung). Sind die Ausgangssignale zu gegebenen Eingangssignalen bekannt, lassen sich die Details in der Originalstruktur berechnen.

Der belastete Spannungsteiler
Nun soll durch Simulation untersucht werden, wie sich der dimensionierte Spannungsteiler (Abb. 2-44, z.B. mit R2 = 1,5kΩ und R.1 = 3kΩ) bei Belastung durch Ausgangsströme i.a verhält. So lässt sich z.B. entscheiden, ob ein anschließender Verstärker als Treiber erforderlich ist oder nicht.

Die Ersatzstruktur (Abb. 2-46) beschreibt einen reales, d.h. verlustbehaftetes System. Durch die Berechnung der Vierpolparameter entfällt die Gegenkopplung des Originalsystems:

Durch die vier Parameter werden Vierpole vergleichbar. Hersteller geben sie oft in ihren technischen Daten an. Als Testsignal wählen wir diesmal für den Ausgangsstrom i.a eine langsam ansteigende Rampe. So erkennen wir das i.a-proportionale Absinken der Ausgangsspannung u.a.

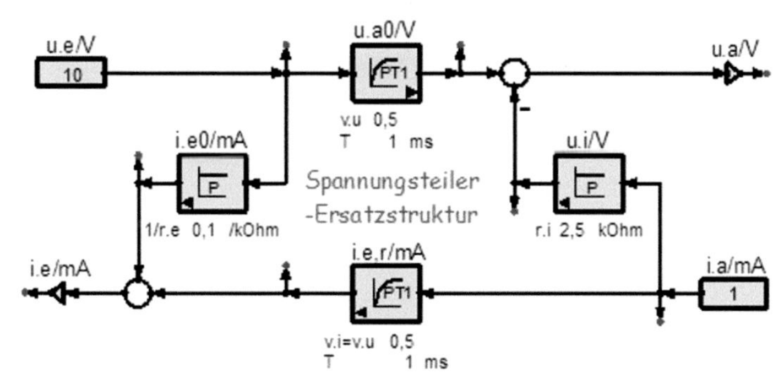

Abb. 2-46 Ersatzstruktur des belasteten Spannungsteilers: Abb. 2-47 zeigt seine Kennlinien.

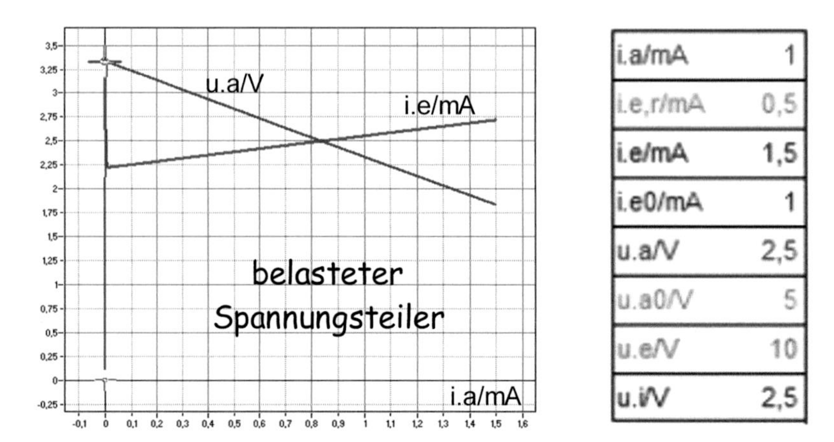

Abb. 2-47 Belasteter Spannungsteiler: u.a und i.e über dem Ausgangsstrom i.a

Zum Überlagerungsverfahren

In komplizierten Fällen lassen sich die **Vierpolparameter eines Systems nur noch messen**. Dazu variiert man **nacheinander jedes Eingangssignal** und misst die zugehörige Variation aller interessierenden Ausgänge. Dabei müssen **alle übrigen Eingangssignale konstant** bleiben.

Die gesuchten Konstanten erhält man dann durch Bildung der einzelnen Signalverhältnisse. Diese Methode lässt sich auf komplizierteste Systeme mit beliebig vielen Ein- und Ausgängen anwenden **(Multipole)**. Multipole werden durch **Matrizen** berechnet. Das Multipolverfahren beschreibt eine Anlage vollständig. Daher wird es in kommerziellen Simulationsprogrammen angewendet.

Matrizenrechnung **beschreibt das System zwar vollständig, erklärt es aber nicht**.
Die Anzahl der zu bestimmenden Parameter (Matrixelemente) ist das Produkt aller Ein- und Ausgänge, also meist sehr hoch. Zum Erlernen der Strukturbildung ist die **Matrizenrechnung weder hilfreich noch erforderlich**.

2.1.8 Das Überlagerungsprinzip

Das Überlagerungsprinzip ermöglicht in linearen Systemen die Berechnung von Ausgangssignalen, die sich aus beliebig vielen Teileinflüssen zusammensetzen:

$$x.a = G.1 \cdot x.1 + G.2 \cdot x.2 + G.3 \cdot x.3 + \ldots \quad \textbf{Gl. 2-7}$$

x.1, x.2, x.3 … sind steuernde Signale, G.1, G.2, G.3 … sind deren Übertragungsfaktoren. Sie werden berechnet, indem alle übrigen Signale jeweils zu null gesetzt werden.

Beispiel, das die Überlagerung von 3 Steuersignalen berechnet:
der **zweiseitig angesteuerte Spannungsteiler** (Abb. 2-48)

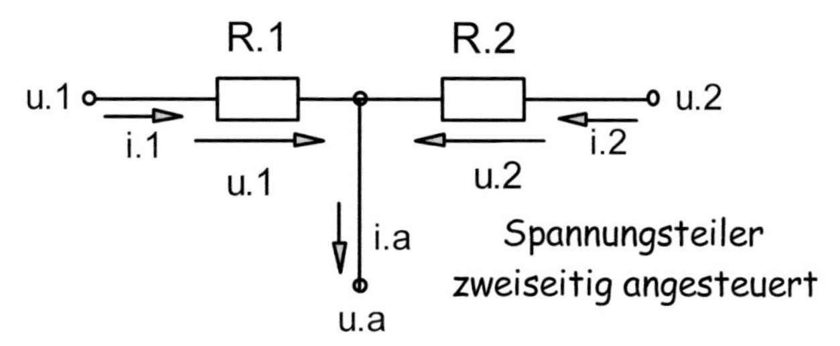

Abb. 2-48 Spannungen und Ströme beim zweiseitig gespeisten Spannungsteiler

Abb. 2-49 zeigt die Struktur des zweiseitig gespeisten Spannungsteilers. In Abb. 2-49 ist sie zum Test in einem Anwenderblock zusammengefasst worden.

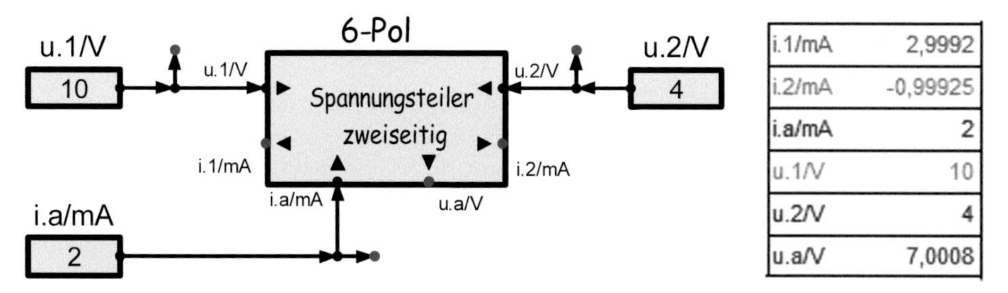

Abb. 2-49 Spannungsteiler – beidseitig angesteuert – als Anwenderblock

Der zweiseitig angesteuerte, belastete Spannungsteiler ist ein Sechspol (Abb. 2-50), denn er besitzt zwei Eingangs- und eine Ausgangsseite mit je einem steuernden und einem gesteuerten Signal.

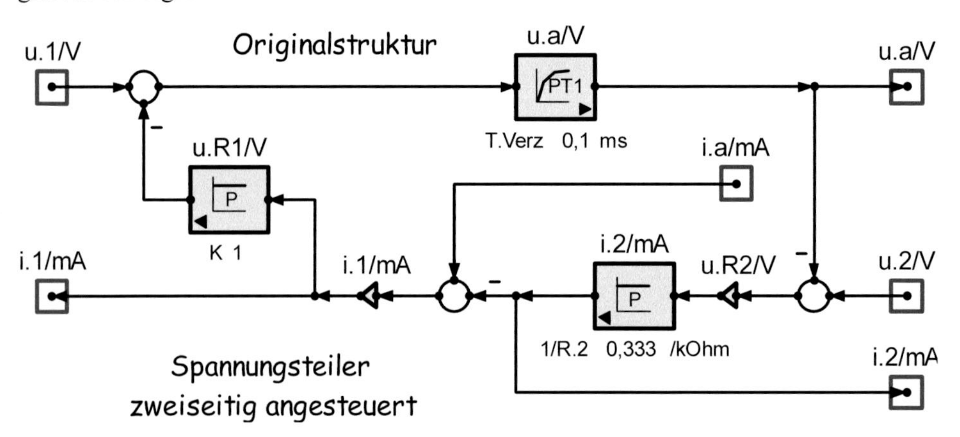

Abb. 2-50 Originalstruktur eines zweiseitig angesteuerten Spannungsteilers

Erläuterungen zum zweiseitig angesteuerten Spannungsteiler:
Die Schaltung wird eingangsseitig durch die Spannungen u.1 und u.2 angesteuert. Deshalb sind die zugehörigen Ströme i.1 und i.2 gesteuerte Größen.
Ausgangsseitig wird u.a als gesteuert betrachtet. Deshalb ist der Ausgangsstrom i.a eine gesteuerte Größe.

Man erkennt: Ströme und Spannungen treten immer paarweise auf.
Zu jeder steuernden Größe gehört immer auch eine gesteuerte Größe.

Zur Ermittlung der Teileinflüsse auf die **Ausgangsspannung u.a(u.1, u.2, i.a)** werden nacheinander alle steuernden Signale bis auf eins zu null gesetzt und der Übertragungsfaktor dazu berechnet. Zum Schluss überlagert man die drei Anteile:

$$u.a = \frac{R.2}{R.1 + R.2} * u.1 + \frac{R.1}{R.1 + R.2} * u.2 + \frac{R.1 * R.2}{R.1 + R.2} * i.A$$

Entsprechend verfährt man zur Berechnung der beiden Eingangsströme **i.1(u.1, u.2, i.a)** und **i.1(u.1, u.2, i.a)**. In diesem Kap. zur Signalverarbeitung wurden meist passive Systeme als Beispiele verwendet. Diese sind, weil nie rückwirkungsfrei, typischerweise komplizierter als aktive, z.B. mit Operationsverstärkern.

Ein weiteres Beispiel zur Anwendung des Überlagerungsprinzips finden Sie in Abschnitt 1.4.3 . Dort wird gezeigt, wie man eine mehrfach verschachtelte Struktur mit Hilfe des Überlagerungsprinzips **entflechtet** und damit der symbolischen Berechnung zugänglich macht.

Die Widerstandsmessbrücke

Zwei Spannungsteiler an einer gemeinsamen Versorgung bilden eine Widerstandsbrücke (Abb. 2-51). Sie diente bei ihrer Erfindung im 19. Jahrhundert nur zum Vergleich eines einstellbaren Referenzwiderstands mit einem unbekannten Widerstand, der so durch Brückenabgleich bestimmt werden konnte. Heute verwendet man sie in Sensorschaltungen, die nur mV-Signale erzeugen, zur Differenzbildung. Ein nachgeschalteter Differenzverstärker mit hochohmigen Eingängen (Instrumentenverstärker) verstärkt das Signal in den V-Bereich, sodass es technisch nutzbar wird.

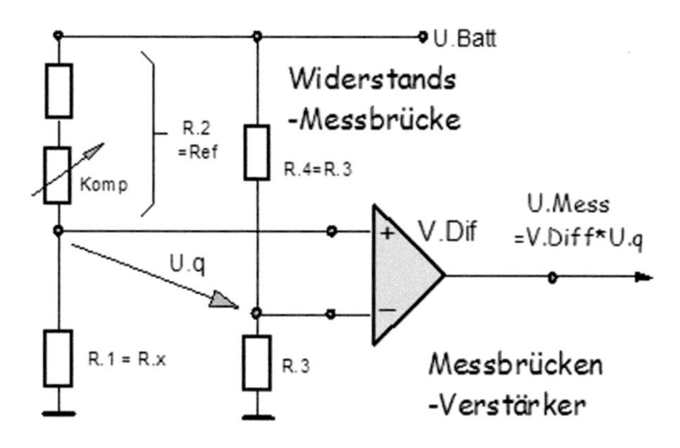

Abb. 2-51 Widerstandsmessbrücke mit Differenzverstärker: Er verstärkt die Brückenspannung u.q und erzeugt aus ihr das Potential u.Mess (Masse=Bezug).

Die Funktion der Messbrücke:

Die Querspannung u.q der Messbrücke entsteht durch unterschiedliche Spannungsteilungen eines bekannten Teilers (die Referenz rechts) mit einem unbekannten Teiler (links).

Der Differenzverstärker verstärkt die potentialfreie Differenzspannung u.q und wandelt sie in eine massebezogene Ausgangsspannung u.Mes um.

Beispiele für den Einsatz von Messbrücken

Wenn Sensorausgänge einen großen Ruhepegel besitzen, der durch das Messsignal nur geringfügig variiert, muss eine Messbrücke mit Differenzverstärker gebildet werden, z.B. bei Dehnungsmessstreifen oder Drucksensoren. In all diesen Fällen muss eine Brückenspannung (Abb. 2-51) durch einen nachgeschalteten Differenzverstärker in ein **massebezogenes Messsignal** umgewandelt werden.

In Abschn. 1.6.3 haben wir die Schaltung eines elektronischen Tachogenerators mittels Messbrücke angegeben.

In Abschn. 2.2.7 dieses Kapitels zeigen wir die Schaltung eines Differenzverstärkers mit Operationsverstärker.

In der ‚Strukturbildung und Simulation technischer Systeme' werden wir es noch öfter mit **Messbrücken** zu tun bekommen, z.B. in Bd. 6/7 Sensorik.

Zum Abgleich einer Messbrücke

Beim Abgleich der Brücke wird die Querspannung U.5=0. Dann bestehen in beiden Zweigen der Brücke gleiche Widerstandsverhältnisse: R.2/R.1 = R.4/R.3. Um die Brücke auf 50% abzugleichen, wählt man R.3=R.4, wenn R.1 der unbekannte Widerstand ist und R.2 die einstellbare, bekannte Referenz. Bei abgeglichener Brücke ist R.1=R.2.

2.2 Elektronische Grundschaltungen

In elektronischen Steuerungen und Regelungen müssen Schaltfunktionen und Rechenoperationen realisiert werden:

- Addition und Subtraktion,
- mit Speichern (Kondensator C, Induktivität L) auch Integration und Differenzierung
- und - mittels Logarithmierung - auch Multiplikation und Division.

Dazu dient der Operationsverstärker. Simuliert werden sollen seine Grundschaltungen. Dabei werden die Eigenschaften berechnet, die zu ihrer Auswahl benötigt werden. Die interne Schaltung des OP's mit Transistoren interessiert hier noch nicht. Die Einzelheiten behandelt der Bd. 5/7, Kap. 8.

Operationsverstärker dienen auch zur Realisierung von PID-Reglern. Dieses Thema behandelt der Autor in Bd. 5/7, Kap. 9.

2.2.1 Der Operationsverstärker (OP, OpAmp)

Bei Simulationen werden genau wie in der Praxis Verstärker benötigt (Abb. 2-52). Hier soll in Kürze gezeigt werden, wie man diese elektronisch realisiert. In Kap. **8 ‚Elektronik'** der ‚Strukturbildung und Simulation technischer Systeme' wird das Thema ausführlich behandelt.

Proportionale Differenzverstärker realisieren die Gleichung

$$u.a = V.Dif * (u.1 - u.2)$$

Sie können invertierend (u.1=0) und nichtinvertierend (u.2=0) verwendet werden.

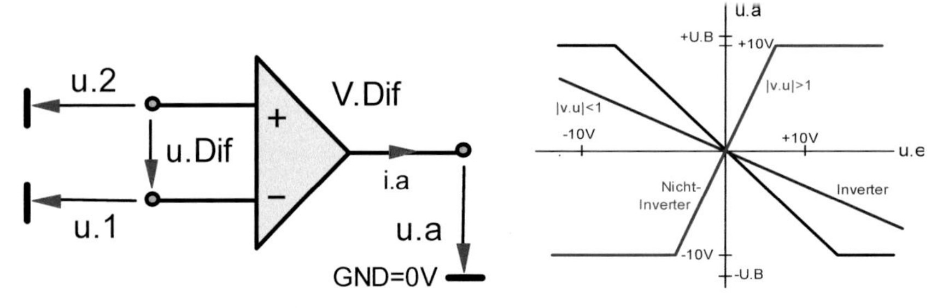

Abb. 2-52 links: das Symbol eines Differenzverstärkers - rechts: invertierende Abschwächung und nichtinvertierende Verstärkung

Gezeigt werden soll, wie geforderte Differenzverstärkungen durch die Beschaltung eines OP's entstehen.
Kleinleistungs-OP's verarbeiten Ströme bis zu ±10mA und Spannungen bis zu ±15V. Sie leisten maximal 100mW. Für größere Spannungen, Ströme und Leistungen muss eine spezielle Leistungsendstufe nachgeschaltet werden. Deren Realisierung finden Sie in Bd.5/7, Kap. 8.4 beim Thema Transistoren.

Die Verstärker Ersatzschaltung veranschaulicht die Funktion des Verstärkers mit elektrischen Mitteln (Abb. 2-53). Die Ausgangsspannung u.a hängt von der Eingangsspannung u.e und vom Ausgangsstrom i.a ab:

$$u.a = v.u * u.e - r.a * i.a.$$

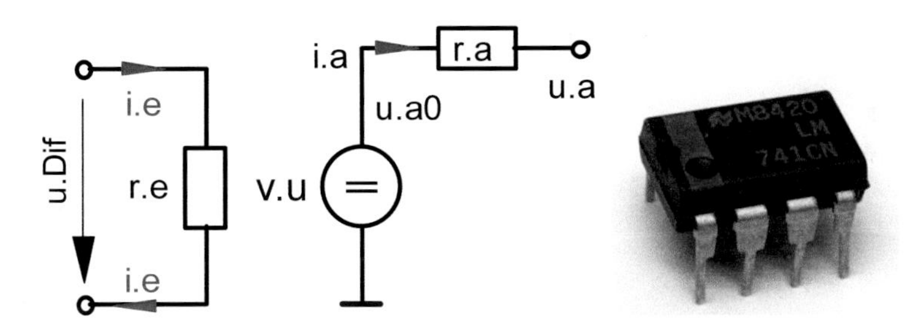

Abb. 2-53 Ersatzschaltung eines Operationsverstärkers: Er ist eine steuerbare Spannungsquelle. Reale OP's sind durch eine interne Strombegrenzung (ca. 10mA) kurzschlussfest. Rechts: OP im Dual Inline (DIL)-Gehäuse

Zu zeigen ist

- wie gewünschte Spannungsverstärkungen v.u durch die Beschaltung von OP's mit Widerständen erreicht werden,
- dass der Ausgangswiderstand r.a durch Spannungsgegenkopplung gegen null geht. Dadurch wird die Berechnung sehr einfach: $u.a = v.u * u.e$
- wie groß die Eingangswiderstände r.e der OP-Schaltungen sind. Durch r.e wird die Eingangsquelle mit i.e belastet: $i.e = u.e/r.e$

Proportionale Verstärkungen

In der Elektronik werden meist Spannungsverstärkungen **v.u=u.a/u.e** benötigt, die viel kleiner als die offene Verstärkung G.0 > 10^5 des Operationsverstärkers sind. Dem OP einen Spannungsteiler mit der Teilung V.T vorzuschalten, würde die Gesamtverstärkung auf v.u=V.T· G.0 herabsetzen. Das ist aus mindestens zwei Gründen keine Option:

1. G.0 hat große Exemplarstreuungen.
2. Die Ausgangsspannung u.a driftet thermisch.

Diese Probleme werden durch **Gegenkopplung** gelöst (Abb. 2-54). Gegengekoppelt wird durch passive Bauelemente (R, C), die mit hoher Präzision hergestellt werden. Zu zeigen ist, wie sich diese Präzision durch den OP auf die gesamte Schaltung überträgt.

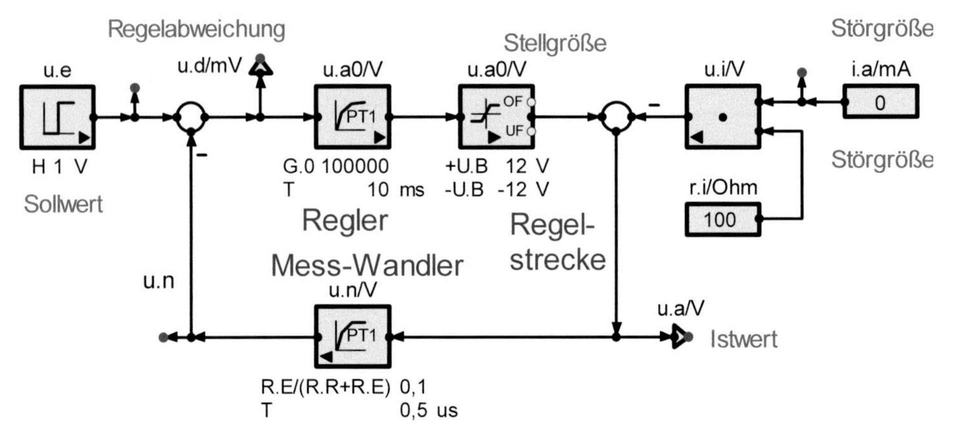

Abb. 2-54 Symbole und statische Verstärkungskennlinie eines (offenen) OP's: Für den Offsetabgleich haben einige OP-Typen eigene Anschlüsse.

Der offene Operationsverstärker

Zur Realisierung von Präzisionsschaltungen besitzen OP's

- Differenzeingänge (e+ und e-) für den Soll-Istwert-Vergleich und
- eine sehr hohe (statische) Differenzverstärkung G.0 – meist größer als 100000=10^5.

Die Daten von offenen OP's:

Die offene Verstärkung G.0 ist nur ein garantierter Mindestwert. Der einzelne Wert von G.0 eines OP's kann bis zu 20% größer sein.

1. Die Ausgangswiderstände r.i von Kleinleistungs-OP's liegen bei 100Ω. Das bedeutet, dass der innere Spannungsabfall u.i bei einem Ausgangsstrom von 10mA bei 1V liegt.
   Durch Spannungsgegenkopplung wird u.i fast vollständig ausgeregelt (-> r.a≈0).
2. Die Differenz-Eingangswiderstände r.d sind meist größer als 1MΩ.
3. Typische Offsetspannungen u.0 sind kleiner als 1mV. Sie sind bei einigen Typen auf null abgleichbar. Dann bleibt nur ihre thermische Drift. Typische Werte liegen bei 1µV/K.
   Offset und Drift sind bei OP's so gering, dass sie hier keine Rolle spielen sollen.

Die Philosophie des Operationsverstärkers

In Kap. 1.3 ‚Einführung in die Regelungstechnik' wird gezeigt, dass das Verhalten eines Regelkreises durch seine Rückführung (den Messwandler) bestimmt wird, wenn die Kreisverstärkung V.0>>1 ist. Beim OP wird das Verhalten (P, I oder D) durch **passive Präzisionsbauelemente (R, C, L)** in der **Gegenkopplung** festgelegt (Abb. 2-55:):

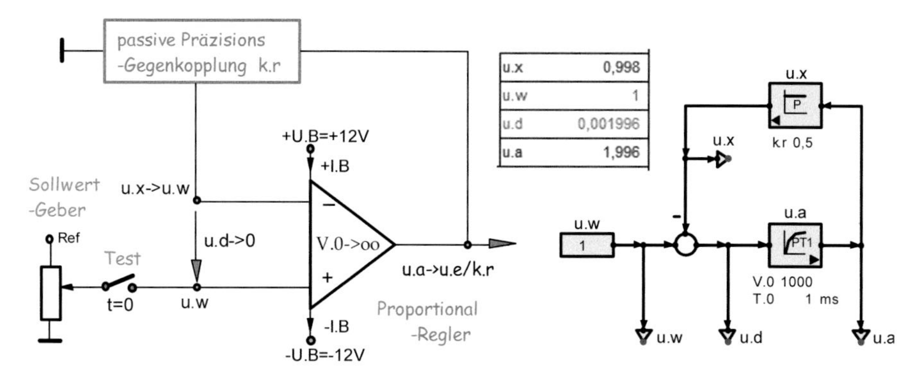

Abb. 2-55 Erzeugung definierter Verstärkung durch Spannungsteilung und Gegenkopplung

Mit- und Gegenkopplung beim Operationsverstärker

Wie gezeigt, ist der Operationsverstärker ein System mit Differenzeingängen und sehr hoher, aber undefinierter Verstärkung. Im offenen (d.h. nicht rückgekoppelten) Zustand ist er kaum zu verwenden, denn in der Praxis werden

1. lineare Verstärker mit definierter Strom- oder Spannungsverstärkung und
2. schaltende Verstärker mit definierter Hysterese gebraucht.

Wie sich beide Varianten durch die Beschaltung von OP's realisieren lassen, ist zu zeigen.

Durch die Differenzeingänge lässt sich der OP mit- und gegenkoppeln.

- Mitkopplung erzeugt Schaltverhalten mit Hysterese.
- Gegenkopplung erzeugt definiertes lineares Verhalten.

Für den Anwender, der sich für eine Schaltung entscheiden muss, sind die Eigenschaften dieser Schaltungen von Interesse. Dazu simulieren wir schaltende Verstärker im nächsten Abschnitt 2.2.2 und lineare Verstärker in Abschnitt 2.2.4.

2.2.2 Der schaltende OP

Bei Mitkopplung kann der Ausgang eines OP's nur zwischen den Versorgungsspannungen hin- und herschalten. Als Beispiele zur Wirkung von Mit- und Gegenkopplungen folgt nun die Simulation eines Rechteckoszillators und danach der Schmitt-Trigger. Hier geht es um die Simulation ihrer Funktionen. Realisiert würden sie nicht mit einem OP, sondern mit dem Timer 555.

1. **Der Rechteck-Oszillator**

Rechteck-Oszillatoren werden zu Testzwecken (Einschaltvorgänge, hier Sprung oder Schritt genannt) und als Taktgeber benötigt.

Abb. 2-56 zeigt einen Rechteckoszillator. Er entsteht durch

- eine Mitkopplung durch einen Spannungsteiler, der eine Schalthysterese erzeugt und
- eine verzögerte Gegenkopplung, die die Umschaltzeit t.0 definiert.

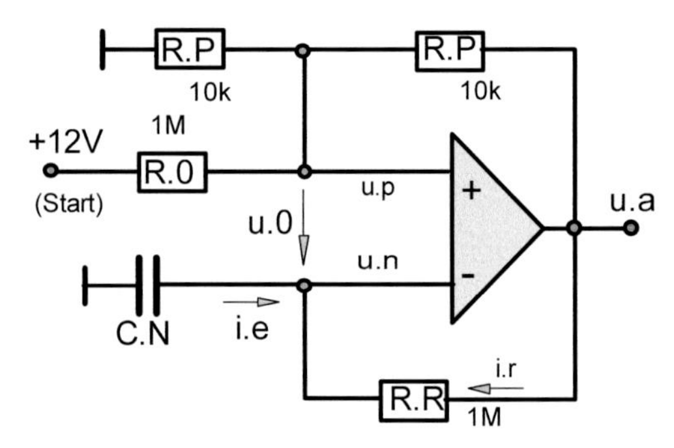

Abb. 2-56 OP-Schaltung eines Rechteckoszillators: Abb. 2-57 zeigt die Spannungsverläufe dazu, Abb. 2-58 zeigt seine Struktur.

- Die sofortige Mitkopplung über einen Spannungsteiler erzwingt das Schaltverhalten.
- Die verzögerte Gegenkopplung über ein RC-Glied initiiert die Umschaltung des Ausgangs.

Abb. 2-57 zeigt: Die Umschaltung funktioniert, weil die Gegenkopplung am Ende stärker ist als die Mitkopplung.

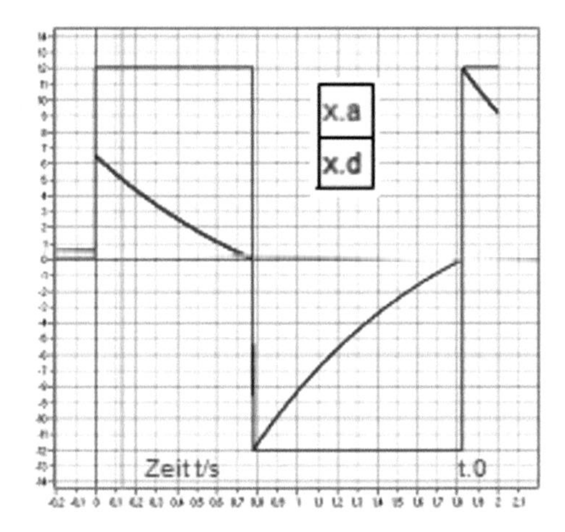

Abb. 2-57 Differenz- und Ausgangsspannung eines Rechteckoszillators

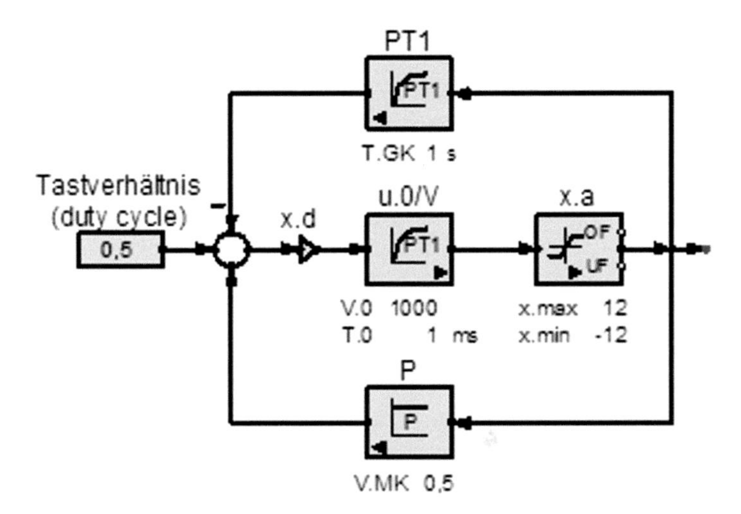

Abb. 2-58 Rechteckoszillator: Die Struktur zeigt eine unverzögerte Mitkopplung und eine verzögerte Gegenkopplung. Rechts: das Zeitverhalten

In Bd. 5/7 Elektronik, Kap. 8, Abschn. 8.7.6 wird gezeigt, wie ein Rechteckoszillator mittels OP und Gegenkopplung durch ein RC-Glied realisiert wird. Hier soll es nur um die Struktur zu dessen Simulation gehen. Sie zeigt, wie die Oszillation des Ausgangs durch **proportionale Mitkopplung** und **verzögerte Gegenkopplung** eines Verstärkers mit Ausgangsbegrenzung (Sättigung) entsteht.

Die **Periodendauer t.0≈2·T.GK** der Oszillation wird mit der Verzögerung T.GK und der Schalthysterese Hyst immer länger. Die Frequenz f.0=1/t.0 ist der Kehrwert von t.0.

SimApp bietet Oszillatoren (Dreieck, Sinus, Rechteck) als Funktionsblock an. Sie finden ihn in der Gruppe ‚Quellen'.

2. **Der Schmitt-Trigger**

Schmitt-Trigger sind Schalter mit Hysterese (Abb. 2-59). Sie dienen z.B. in der Digitaltechnik als Impulsformer bei verrauschten Signalen. Aus diesen entstehen durch einen Schmitt-Trigger Ausgangssignale mit zwei eindeutigen Zuständen:

EIN und AUS.

Der Schmitt-Trigger soll hier simuliert werden. Abb. 2-60 zeigt die Struktur dazu.

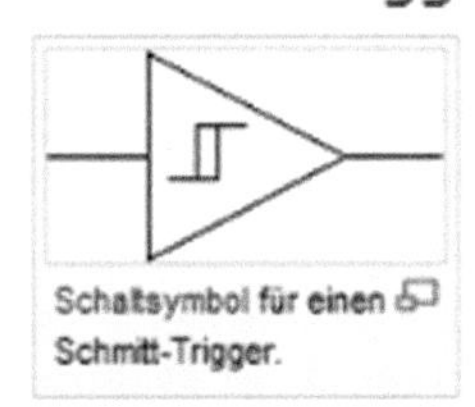

Abb. 2-59 Das Schaltzeichen des Schmitt-Triggers zeigt die Hysterese.

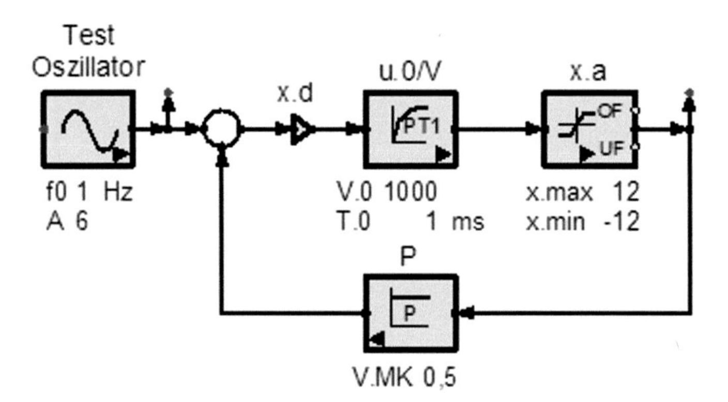

Abb. 2-60 Struktur eines Schmitt-Triggers: Die große V.0 lässt x.a in die Sättigung gehen. Die Mitkopplung erzwingt das Schaltverhalten und erzeugt die Hysterese. Abb. 2-61 zeigt deren Funktion.

Zur Schalthysterese:
In vielen Fällen möchte man die Hysterese an die Störungen auf dem Eingangssignal anpassen. Macht man sie zu klein, greifen die größten Störungen immer noch zum Ausgang durch. Macht man sie dagegen zu groß, wird der Umschaltvorgang zu unempfindlich (Abb. 2-61). Dann muss die Hysterese einstellbar sein. Der Bau solch eines Schmitt-Triggers mit einem Operationsverstärker wird in Kap. **8 Elektronik** behandelt.

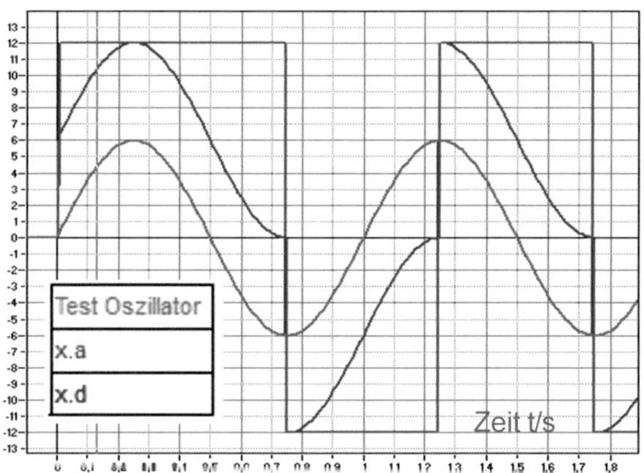

Abb. 2-61 Schmitt-Trigger: die Umformung eines Sinussignals in ein Rechteck

Schmitt-Trigger können elektronisch leicht durch mitgekoppelte Verstärker realisiert werden (Kap. **8 Elektronik\Schaltungstechnik**). Als digitale Gatter werden sie integriert angeboten. Dann besitzt die Hysterese einen fest eingestellten Wert, z.B. 10% vom Ausgangshub.

2.2.3 Elektronische Zwei- und Dreipunktregler

In Abschn. 1.7 haben wir die Funktion und Anwendung von Zwei- und Dreipunktreglern besprochen. Hier soll ihre Realisierung mit Operationsverstärkern gezeigt werden (Abb. 2-63). Die Einzelheiten der Schaltungen entnehmen wir Bd. 5, Kap. 8: ‚Der Operationsverstärker als Schalter'.

1. Elektronischer Zweipunktregler

Ein Zweipunktschalter mit Differenzeingängen und einstellbarer Hysterese DU und DL soll elektronisch realisiert werden. Abb. 2-62 zeigt seine Struktur.

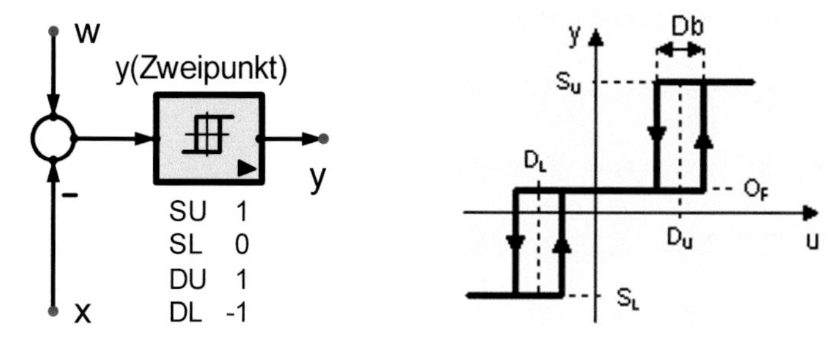

Abb. 2-62 konfigurierbarer Dreipunktschalter: Durch die Differenzeingänge wird er zum Zweipunktregler.

Die Funktionen eines Zweipunktreglers mit einstellbarer Rückkopplung:

- Realisiert werden soll ein elektronischer Schalter mit Differenzeingängen für den Sollwert w und den Istwert x.
- Der Sollwert w und die Hysterese sollen manuell einstellbar sein.
- Die Mit- oder Gegenkopplung des Reglers soll per ‚Jumper' wählbar und durch Potentiometer dosierbar sein.

Zur Realisierung eines elektronischen Schalters (Abb. 2-63):

1. Die Mitkopplung über R4 erzwingt das Schaltverhalten.
2. Die Schalthysterese wird durch den variablen Widerstand ‚Hysterese' eingestellt.
3. Falls der Istwert x einen Gleichanteil (Offset) hat, kann er durch das Pegelpotentiometer kompensiert werden.
4. Der Sollwert kann per Hand durch ein Potentiometer oder als elektrische Spannung vorgegeben werden.
5. Über das Dosierungspotentiometer wird die Rückkopplung variiert.
   Durch die Auswahlpins kann die Mit- oder Gegenkopplung festgelegt werden.

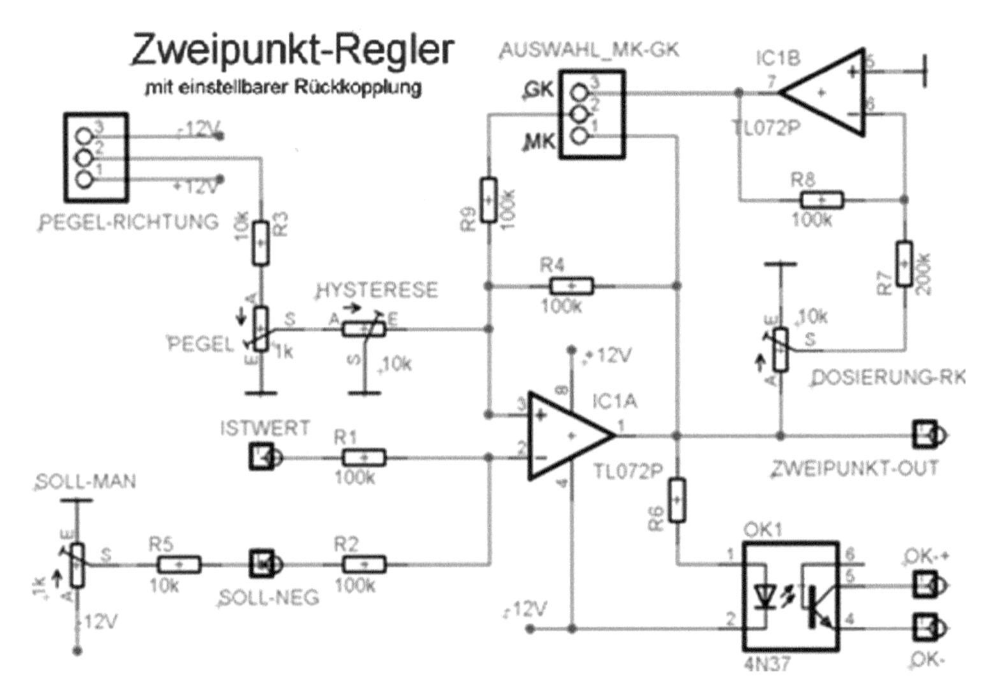

Abb. 2-63 Vielseitiger elektronischer Zweipunktregler: mit Einstellern für Sollwert, Hysterese und Rückkopplung als Mit- oder Gegenkopplung

2. Elektronischer Dreipunktregler

Abb. 2-64: Dreipunktregler können Regelstrecken in zwei Richtungen steuern: je nach Regelabweichung (x.d=u) vor und zurück. Für Stillstand bei kleinen Regelabweichungen haben sie eine Ruhezone (tote Zone).

Das sind die Merkmale eines Dreipunktreglers (Abb. 2-64):

1. bipolares Schaltverhalten
2. einstellbare Ruhezone (=Unempfindlichkeitsbereich)
3. einstellbare Hysterese
4. Differenzeingänge

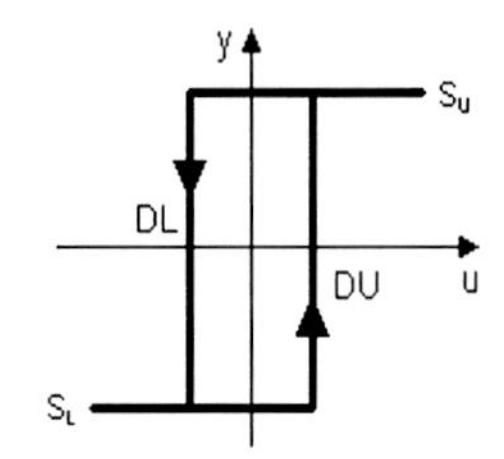

Abb. 2-64 Dreipunktschalter mit toter Zone und Hysterese

Zur Simulation eines Dreipunktreglers stellt SimApp den Block ‚Dreipunkt' zur Verfügung (Abb. 2-65:). Er ermöglicht die Einstellung des Ausgangs (SU und SL), der toten Zone (DU und DL) und die Breite der Hysterese beim Umschalten.

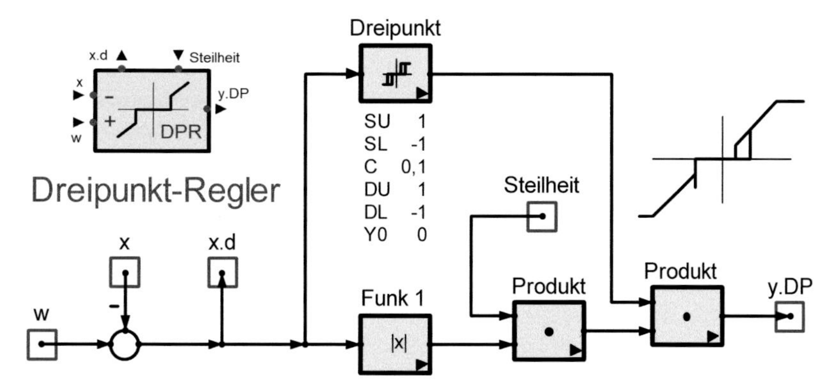

Abb. 2-65 Dreipunktregler mit konfigurierbarem Dreipunktschalter

Beim elektronischen Dreipunktregler ist der in Abb. 2-65 angegebene Zweipunktregler doppelt vorhanden (Abb. 2-66). Zwei Optokoppler übertragen die Schaltzustände galvanisch getrennt.

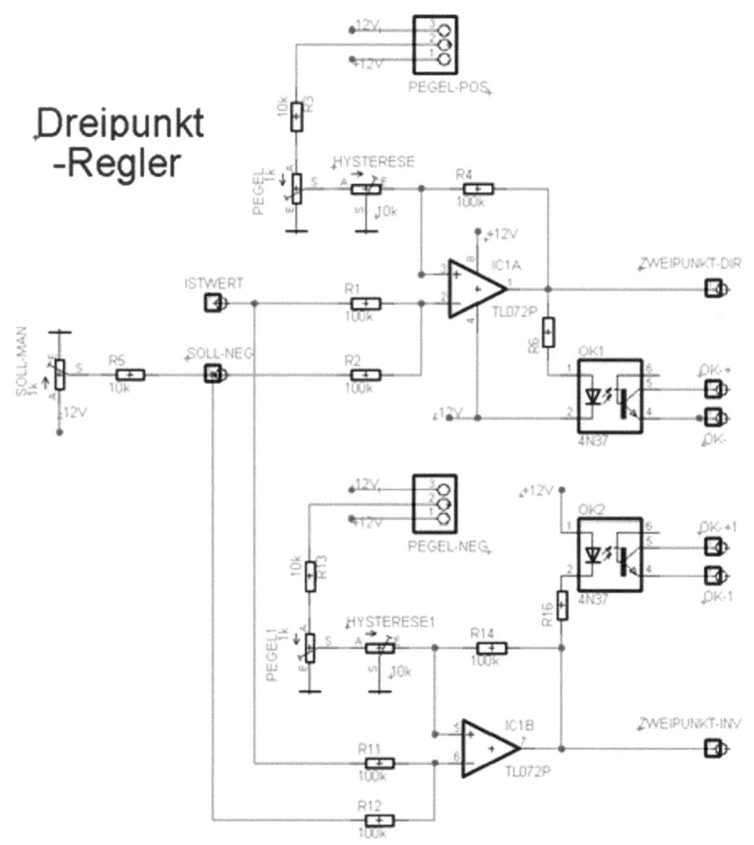

Abb. 2-66 Schaltung eines Dreipunktreglers: Der elektronische Zweipunktregler nach Abb. 2-65 wurde verdoppelt.

2.2.4 Lineare Verstärker

Nun soll gezeigt werden, wie mit Operationsverstärkern proportionale Spannungsverstärker mit einstellbarer Verstärkung v.u<<V.0 aufgebaut werden können.

Dazu wird der OP durch einen Spannungsteiler gegengekoppelt. Dann bestimmt dieser Teiler, der genau und linear arbeitet, und **nicht mehr der Operationsverstärker** mit seiner hohen, aber stark streuenden offenen Verstärkung V.0, die Verstärkereigenschaften.

Zu zeigen ist, dass die Ausgangsspannung u.a bis zum Einsetzen der Strombegrenzung (ca. 10mA) weitgehend unabhängig von der Belastung des Verstärkerausgangs ist. Durch die Spannungsgegenkopplung wird der OP zur idealen steuerbaren Spannungsquelle. Für höhere Ausgangsströme muss ein spezieller Treiber (Stellverstärker, Treiber) nachgeschaltet werden.

2.2.5 Der nichtinvertierende Verstärker

Der gegengekoppelte OP stellt seine Ausgangsspannung u.a so ein, dass seine Differenzeingangsspannung **u.d=u.a/G.0 gegen null geht**. Dadurch ist u.n=u.e-u.d fast so genau groß wie die Eingangsspannung u.e (Abb. 2-67).

Die gegengekoppelte Spannung u.n ist durch den Spannungsteiler aus R.R und R.E ein definierter Teil von u.a. Dadurch läuft u.a der Eingangsspannung u.e um die reziproke Spannungsteilung verstärkt nach.

Die Spannungsverstärkung v.u=u.a/u.e ist durch den Teiler R.R/R.E ab 1 einstellbar:

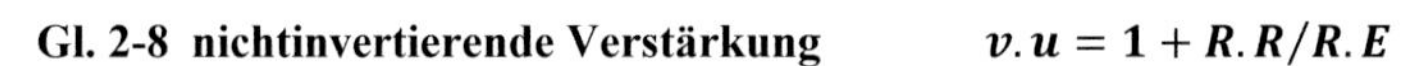
Gl. 2-8 nichtinvertierende Verstärkung $v.u = 1 + R.R/R.E$

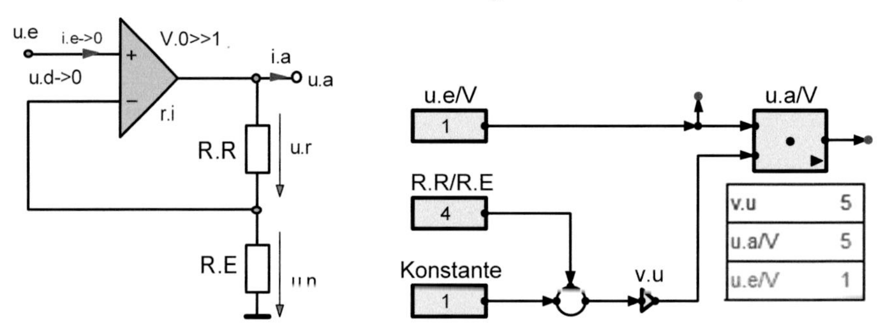

Abb. 2-67 Nichtinvertierender Verstärker: Definierte Spannungsverstärkung entsteht durch Spannungsteilung der Gegenkopplung. Der Eingangsstrom geht gegen null.

Dimensionierung eines nichtinvertierenden Verstärkers
Eine Spannungs-Verstärkung v.u wird durch die Anwendung gefordert, z.B. v.u=10.
Aus Gl. 2-8 folgt

$$R.R = (v.u - 1) * R.E$$

Der Teiler R.R/R.E soll den Verstärkerausgang nur geringfügig belasten.
Dazu wird R.E gewählt, z.B. R.E=10kΩ und es folgt R.R=90kΩ.

Die Schaltungsdaten des nichtinvertierenden Verstärkers

1. Neben der Spannungsverstärkung v.u=1+R.R/R.E interessieren noch
2. der Eingangswiderstand r.e=u.e/i.e: Beim nichtinvertierenden Verstärker ist i.e=i.p, dem Strom des nichtinvertierenden Eingangs. Da i.p bei Operationsverstärkern gegen null geht, ist r.e fast unendlich (GΩ-Bereich). Damit belastet die Schaltung die ansteuernde Quelle praktisch nicht.
3. der Ausgangswiderstand r.a=Δu.a/i.a: Er entsteht durch den Innenwiderstand r.i des OP, der sich durch die Spannungsgegenkopplung aber nicht auswirkt, denn der innere Spannungsabfall wird weitgehend ausgeregelt. Das kann mit der Struktur des nichtinvertierenden OP's (Abb. 2-68) untersucht werden.

Die Struktur des nichtinvertierenden Verstärkers (Abb. 2-68) zeigt einen Regelkreis mit dem OP im Vorwärtszweig und dem Spannungsteiler V.T im Rückwärtszweig:

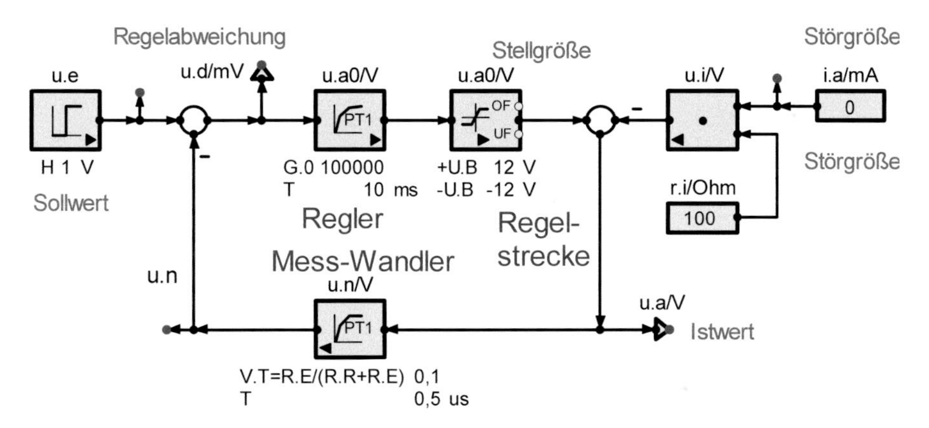

Abb. 2-68 Spannungsregelung des nichtinvertierenden Verstärkers

Durch die hohe G.0 des OP's wird die Kreisverstärkung V.0=G.0·V.T groß gegen 1. Dadurch geht u.d gegen null und

der lineare Teiler V.T in der Rückführung bestimmt die Verstärkung v.u≈1/V.T.

Widerstandsteiler arbeiten im Gegensatz zum offenen OP linear und temperaturstabil. Sie sind mit Widerstandspräzision, d.h. Fehlern <1%, einstellbar.

Zum Stabilitätsproblem bei nichtinvertierenden Verstärkern:
Die meisten OP-Typen sind bei allen Verstärkungen ab 1 stabil. Nur schnelle OP's können bei kleinen Verstärkungen, z.B. unter 5, instabil werden.

Die Ursache von Instabilitäten haben wir in Abschnitt 1.4.2 bei der Simulation von Mit- und Gegenkopplungen erklärt.

Wie Instabilität bei Operationsverstärkern zu vermeiden ist, kann ihren Datenblättern entnommen werden.

Die Sprungantwort eines Nichtinverters
Schnelligkeit und Stabilität eines Verstärkers erkennt man am schnellsten an einer Sprungantwort (Abb. 2-69).

Den Testsprung erzeugt man sehr einfach durch einen Einschaltvorgang. Die Testamplitude soll möglichst groß sein, aber nicht so groß, dass der Verstärkerausgang an seine durch die Versorgungsspannungen ±U.B gegebenen Anschläge stößt.

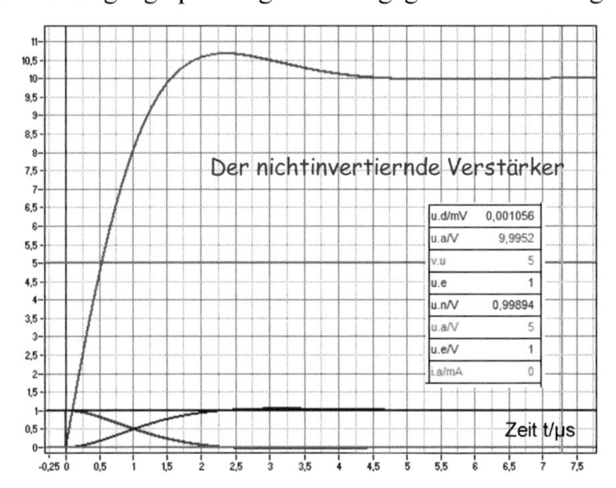

Abb. 2-69 simulierte Sprungantwort eines Nichtinverters

2.2.6 Der invertierende Verstärker

Im invertierenden Betrieb (Abb. 2-71) wird der OP über einen Spannungsteiler am invertierenden Eingang (-) angesteuert. Der nichtinvertierende Eingang (+) liegt auf **Nullpotential (Masse=0V).**

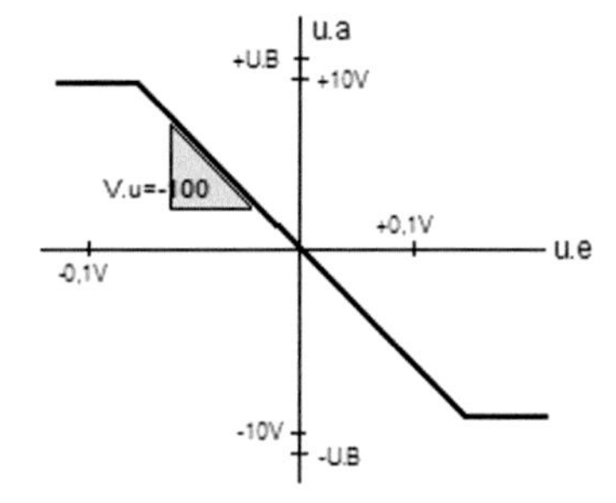

Abb. 2-70 Kennlinie eines Inverters

Abb. 2-70 zeigt, dass der Inverter mit einer Schaukel verglichen werden kann. Ihre Hebelarme entsprechen den Beschaltungswiderständen R.R und R.E.

Inverter sind die wichtigste Art von Verstärkern, denn zwei hintereinandergeschaltete Inverter bilden einen Nichtinverter {(-1)·(-1)=+1}. Umgekehrt kann aber aus Nichtinvertern nie ein Inverter entstehen. Ein wichtiger Vorteil gegenüber dem nichtinvertierenden Verstärker ist, dass sich der **interne Arbeitspunkt** bei Aussteuerung **nicht verschiebt**. Diese Verschiebung kann bei nichtinvertierenden Verstärkern zu Stabilitätsproblemen führen.

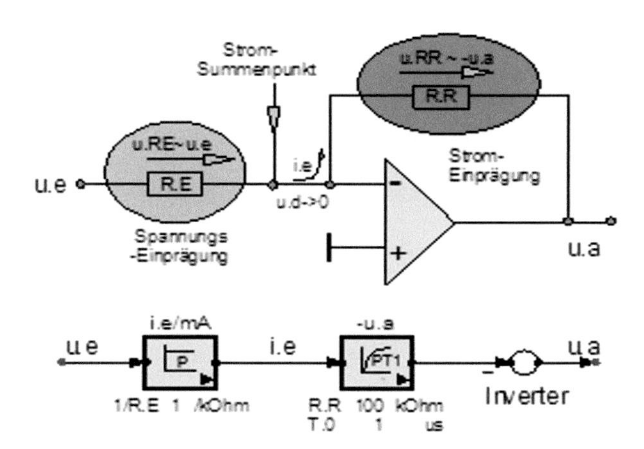

Abb. 2-71 Summierinverter: Der nichtinvertierende Eingang liegt auf null, der invertierende Eingang liegt bei null. Folge: Der gesamte Eingangsstrom wird dem Rückführwiderstand R.R eingeprägt. Damit e- bei null bleibt, stellt der OP seine Ausgangsspannung auf u.a = -R.R · i.e ein.

Der virtuelle Nullpunkt

Beim invertierenden OP liegt der nichtinvertierende Eingang e+ genau und der invertierende Eingang e- fast auf null (**virtueller oder künstlicher Nullpunkt** e- mit dem Pegel **u.0≈0mV**).

Um u.d=u.0->0 zu erreichen, muss der OP seinen Ausgang u.a so einstellen, dass der über die Rückführung R.R abfließende Strom genauso groß ist wie der über den Eingangswiderstand R.E zufließende. e- heißt daher auch ‚**Stromsummenpunkt**'. Seine Bedeutung wird durch die folgenden Beispiele verdeutlicht.

Der virtuelle Nullpunkt hat folgende Konsequenzen:

1. Die Eingangsspannung u.e wird dem Eingangswiderstand R.E eingeprägt. Beide bestimmen den Eingangsstrom i.e=u.e/R.E.
2. Die Eingangsspannung u.e wird durch den Eingangswiderstand R.E belastet. Das unterscheidet ihn vom nichtinvertierenden Verstärker, bei dem der Eingangsstrom nahezu null ist.
3. Der Eingangsstrom i.e ist dem Rückführwiderstand R.R eingeprägt. Daher muss der OP seine Ausgangsspannung einstellen: u.a ≈ u.RR = R.R · i.e. Mit i.e = u.e/R.E folgt daraus die Spannungsverstärkung des Inverters:

Gl. 2-9 invertierende Verstärkung $v.u = -R.R/R.E$

R.R/R.E ist der durch das **Widerstandsverhältnis** der Beschaltung ab 0 einstellbare **Betrag** |v.u| der Spannungsverstärkung v.u. Das Minuszeichen kennzeichnet den Inverter.

Dimensionierung der Spannungsverstärkung des Inverters:
Gefordert seien 1. die Spannungs-Verstärkung **|v.u| =10** und 2. der Eingangswiderstand **R.E=10kΩ**. Aus Gl. 2-9 folgt der Rückführwiderstand R.R = v.u · R.E = 100kΩ.

Der summierende Inverter

Da der Pegel des invertieren Eingangs des Inverters wie der nichtinvertierende Pegel bei null liegt, lassen sich hier die Ströme aus mehreren Quellen **rückwirkungsfrei** aufsummieren **(Stromsummenpunkt,** Abb. 2-72**).** Die Summe der Eingangsströme wird durch den Rückführwiderstand R.R in Spannung u.R umgewandelt, die am Verstärkerausgang als -u.a **belastbar** zur Verfügung steht.

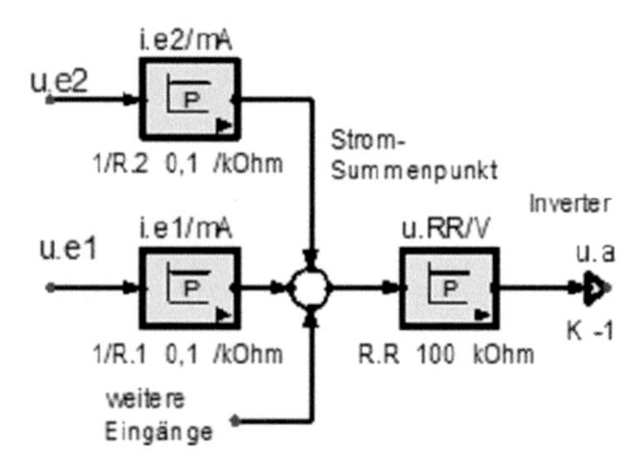

Abb. 2-72 Stromsummation am virtuellen Nullpunkt: Er entkoppelt Ein- und Ausgang und schafft so einfache Verhältnisse: Spannungseinprägung am Eingang und Stromeinprägung in der Rückführung. Durch die Gegenkopplung und die große offene Verstärkung des OP wird der Ausgang u.a niederohmig.

Durch individuelle Eingangswiderstände R.E kann jedem Eingang seine eigene Verstärkung (v.u;n=Bewertung) gegeben werden (Abb. 2-73):

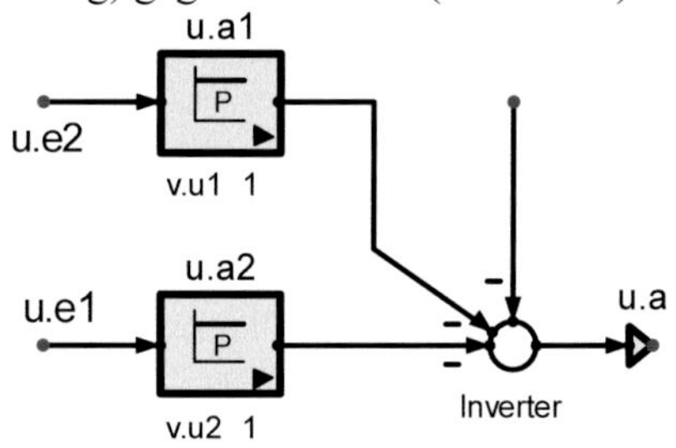

Abb. 2-73 Spannungssummierstelle als Struktur

Berechnung des summierenden Ausgangs:
i.r = u.e1/R.1 + u.e2/R.E2 + …. = -u.a/R.R
Daraus folgt v.u1 = R.R/R.E1, v.u2 = R.R/R.E2 u.s.w. ... und es wird

$$-u.a = v.u1 \cdot u.e1 + v.u2 \cdot u.e2 + \ldots$$

Sind alle Widerstände gleich groß (alle R.E=R.R), so entsteht eine einfache Summierstelle.

Die Schaltungsdaten des invertierenden Verstärkers

1. Neben der Spannungsverstärkung v.u=-R.R/R.E interessieren wieder
2. der Eingangswiderstand r.e=u.e/i.e. Durch den virtuellen Nullpunkt ist r.e=R.E (kΩ-Bereich). Damit wird die ansteuernde Quelle definiert belastet.
3. der Ausgangswiderstand r.a=Δu.a/i.a: Er geht wie beim nichtinvertierenden Verstärker gegen null. Das bedeutet, dass sich die Belastung des Ausgangs praktisch nicht auf die Ausgangsspannung auswirkt (ideale, einstellbare Spannungsquelle). Das gilt bis zum Einsetzen der Strombegrenzung bei etwa 10mA.

2.2.7 Differenzbildende Verstärker

In der Elektronik und Regelungstechnik werden immer wieder Differenzverstärker als Vergleicher und Regler benötigt (Abb. 2-74). Deshalb zeigen wir nun, wie ein elektronischer Regler aufgebaut ist.

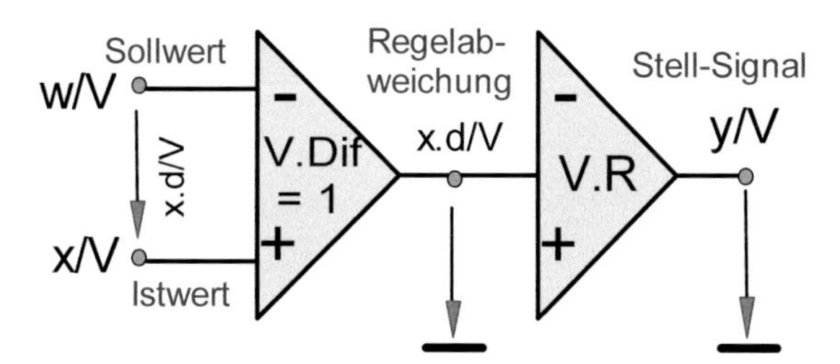

Abb. 2-74 Regler = Vergleicher und Verstärker: Die Verstärkung V.R soll einstellbar sein, um ihn an die Regelstrecke anpassen zu können.

Für v.u=1 wird der Differenzverstärker zum Vergleicher. Er erzeugt in Regelungen aus dem Sollwert w=u.1 und dem gemessenen Istwert x=u.2 die Regelabweichung

x.d = w-x -> u.Dif = u.1-u.2 und u.a=V.P·u.Dif

Der nachgeschaltete Verstärker bildet mit dem Differenzeingang den Proportional (P)-Regler. Er soll die Regelabweichung x.d so klein wie möglich machen. Die Optimierung des Regelkreises erfordert eine einstellbare Verstärkung V.P=u.a/u.Dif.

Differenzverstärker mit nur einem OP

Wie oben gezeigt, wird der Pegel des nichtinvertierenden Eingangs mit 1+R.R/R.E verstärkt. Im invertierenden Betrieb ist die Verstärkung nur R.R/R.E. Bei einem Differenzverstärker müssen beide Eingänge gleich groß verstärken (Abb. 2-75). Um das zu erreichen, muss der Pegel u.1 durch einen Teiler aus R.R und R.E zum Pegel u.p geteilt werden. Damit wird die Differenzverstärkung

$$v.Dif = R.R/R.E$$

… und die Ausgangsspannung ist $u.a = V.Dif * (u.1 - u.2)$

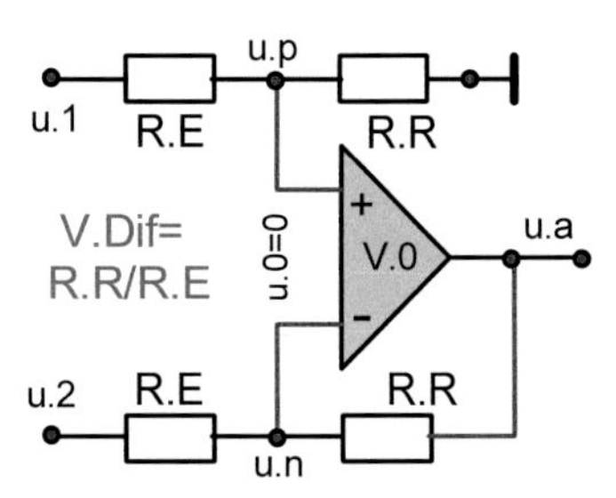

Abb. 2-75 einfacher Diff-Amp - Nachteil: die Stromrückwirkung von u.1 nach u.2. Das erfordert eine niederohmige Spannungsquelle u.2

Differenzverstärker mit Invertern

Wie bereits erwähnt, haben nichtinvertierende Verstärker im Gegensatz zu invertierenden Verstärkern den Nachteil der internen Arbeitspunktverschiebung bei Aussteuerung. Durch einen Einheitsinverter für den Sollwert u.1 wird der Summierinverter zum Proportionalregler (Abb. 2-76).

Merkmale: Differenzeingänge und einstellbare Verstärkung.

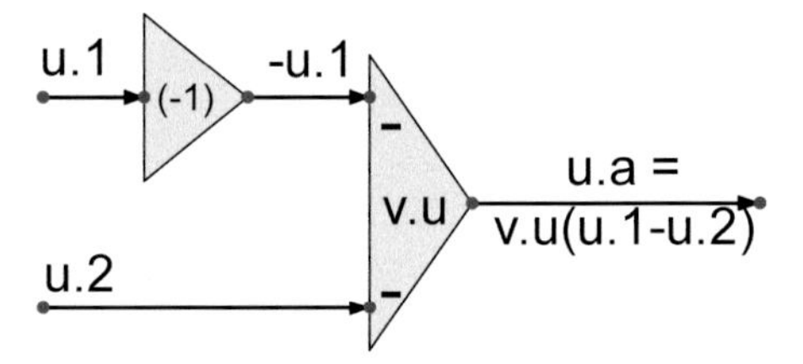

Abb. 2-76 Unsymmetrischer Differenzverstärker aus einem Inverter und einem invertierenden Summierer: Abb. 2-77 zeigt die Struktur dazu.

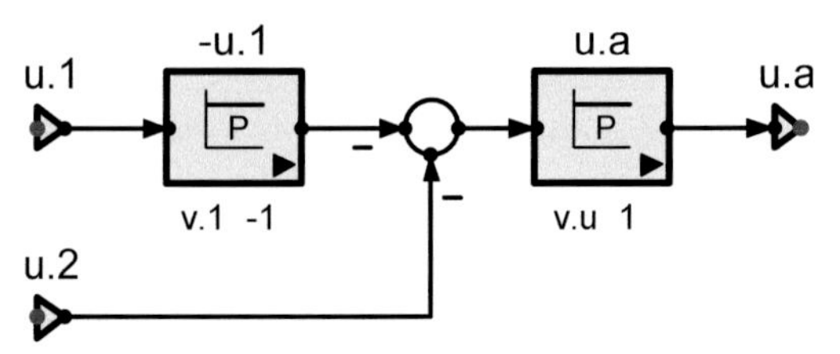

Abb. 2-77 Aufbau eines Differenzverstärkers aus Summierinvertern – Vorteile: entkoppelte Eingänge (keine Stromrückwirkung und Verstärkungseinstellung v.u=R.R/R.E durch nur einen Widerstand.

2.3 Das elektrische Strömungsfeld

Wir beginnen das Thema ‚Elektrizität' mit einer Übersicht über die benötigten Begriffe und Gesetze. Sie werden in den folgenden Kapiteln ausführlich erklärt und durch simulierte Beispiele verdeutlicht. Danach wird das **elektrische Feld in Kondensatoren** ausführlich behandelt. Die Simulation des **Magnetismus** folgt in Bd. **3/7, Kap. 5**.

2.3.1 Die elektrischen Bauelemente R, C und L

In diesem Kap. werden die **internen Vorgänge** in den Bauelementen **R (Widerstand), C (Kondensator)** und die **Induktivität L** einer Spule behandelt (Abb. 2-78). Dadurch sollen ihre Belastungsgrenzen aufgezeigt werden (lokale Erwärmung durch zu hohe Stromdichten, Spannungsüberschläge durch zu hohe Feldstärken). Einige ihrer Grundschaltungen als analoge Verzögerungs- und Vorhalt-Glieder wurden bereits in Kap. 2.1 gezeigt.

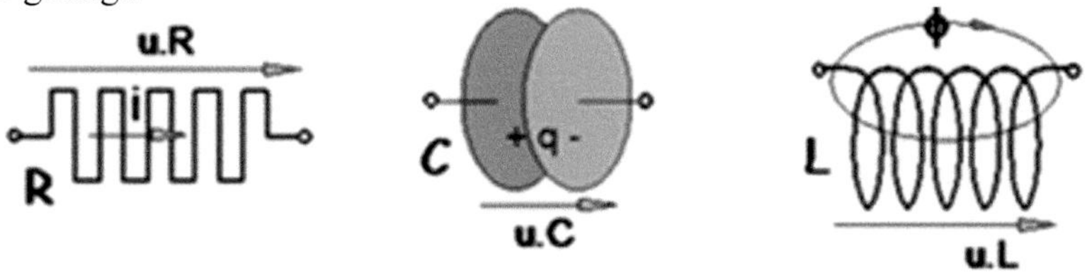

Abb. 2-78 Messgrößen bei Widerständen, Kondensatoren und Spulen

- Widerstände R an Spannung ‚verbrauchen' elektrische Leistung bei fließender Ladung, genannt elektrischer Strom. Durch innere Reibung entsteht Wärme, die ihre Temperatur erhöht.
- Kondensatoren speichern elektrische Ladung, die durch Spannung angezeigt wird.
- Spulen speichern magnetischen Fluss, wenn ein elektrischer Strom fließt und induzieren Spannung, wenn er sich ändert.

Die symbolische Darstellung der Signalverarbeitung durch R-C-L (Abb. 2-79) zeigt deren Funktionen:

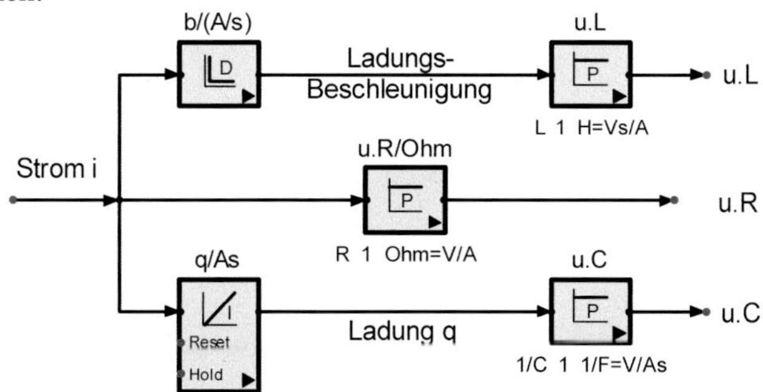

Abb. 2-79 Oben: Berechnung der induzierten Spannung aus der Ladungsbeschleunigung: Die Proportionalitätskonstante heißt Induktivität L. Mitte: Berechnung der Reibungsspannung nach dem ohmschen Gesetz. Unten: Berechnung der Kondensatorspannung aus der gespeicherten Ladung q mit der reziproken Kapazität 1/C.

Auf die internen Vorgänge, die Stress für das Material bedeuten, gehen diese Gesetze nicht ein. Will man die Vorgänge im Material von R-C-L besser verstehen, z.B. um die Ursachen elektromagnetischer Effekte und von Nichtlinearitäten zu erkennen, muss untersucht werden, wie elektrische und magnetische Kraftfelder im Material der **Kondensatoren C,** der **Widerstände R** und der **Induktivitäten L** wirken. Das soll nachfolgend durch Strukturen dargestellt werden.

Tab. 2-1 zeigt die analogen Gesetze des elektrischen und magnetischen Feldes. Das elektrostatische Feld des Kondensators C und das Strömungsfeld des Widerstands R sind das Thema dieses Kapitels. Das elektromagnetische Feld wird in Bd. 3/7, Kap. 5 behandelt.

Tab. 2-1: Gesetze elektrischer und magnetischer Felder

Elektrostatisches Feld	**Elektrisches Strömungsfeld**	**Elektromagnetisches Feld**
Ladungstransport-Gesetz i = C·du/dt **i=q/t = Ladungsverschiebe-geschwindigkeit**	ohmsches Gesetz u=R·i oder i=G·u **i=elektrischer Strom**	Induktionsgesetz uL=N·dΦ/dt=L·di/dt **i=Spulenstrom** **N=Windungszahl**
Ladungsverschiebung q=C·u **C = Kapazität** **u=Spannung über C**	elektrischer Strom **i=G·u** **G = Leitwert = 1/R** **u=Spannung über R**	magnetischer Fluss **ϕ=G.mag·Θ** **G.mag = mag. Leitwert (AL)** **Durchflutung Θ=N·i**
Kapazität C=ε.0·ε.r·(A/l) **l=Plattenabstand,** **A=Plattenfläche** **... mit ε.0 = 8.9pF/m** **ε.r = elektr. Suszeptibilität (Polarisationsfaktor)**	elektrischer Leitwert G.el=(A/l)/ρ **ρ=spezifischer Widerstand** **l=Leiterlänge** **A=Leiterquerschnitt** Elektrischer Widerstand **R1/G=ρ·(l/A)**	magnetischer Leitwert G.mag=μ.0·μ.r·(A/l) **l=Flusslänge** **A=Flussquerschnitt** **Spez. magn. Leitfähigkeit** **Permeabilität μ=μ.0·μ.r** **... mit μ.0=1,25μH/m** **μ.r=Magnetisierungsfaktor**
Ladungsverschiebung q=(ε.0·ε.r)·u **oder** **q/A= (ε.0·ε.r)·(u/l)** **kurz** **in spezifischer Form** D = ε·E	elektrische Spannung u=ρ·(l/A)·i **Daraus folgt das ohmsche Gesetz in spezifischer Form:** **u/l=ρ·i/A** E=ρ·J	magnetische Spannung Θ=N·i=R.mag·Φ **Durchflutung Θ=N·i** **ϕ=magnetischer Fluss** Magnetischer Widerstand **R.mag=1/G.mag** B=μ·H
Statische Feldstärke **E=u/l**	elektrische Feldstärke **E=u/l**	magnetische Feldstärke **H=Θ/l**
Verschiebungsdichte **D=q/A= (ε.0·ε.r)·E**	elektrische Stromdichte **J=i/A=E/ρ**	magnetische Flussdichte **B=ϕ/A=μ.0·μ.r·H**
elektrostatische Energie **W.el=u·q**	Arbeit und Leistung **P.el=u·i -> W.el=P.el·t**	elektromag. Energie **W.mag=Θ·ϕ**
elektrostatische Kraft F.el=E·q **in N=(V/m)·As/m**	Reibung -> Erwärmung ΔT=R.th·P.el **R.th = therm. Wid. in K/W**	elektromagnetische Kraft F.mag=H·ϕ **in N=(A/m)·Vs**

Vergleich elektrischer und magnetischer Gesetze
Zur Berechnung und Simulation elektromagnetischer Systeme werden spezielle Begriffe und Gesetze benötigt. Wir stellen sie hier vergleichend dar. Bitte sehen Sie sich zunächst die Analogien auf der vorherigen Seite an. Sie zeigen, wie die Spannungen und Ströme durch Bauelemente verknüpft werden. Die Bauelemente erhalten ihre Eigenschaften durch Materialien und ihre Abmessungen **(->Geometriefaktor A/l).** Elektrische Felder werden in diesem Kap. behandelt, den magnetischen Feldern ist Bd. 3/7, Kap 5, gewidmet.

Immer gelten die **Kirchhoff'schen** Überlagerungsgesetze:

- In **Reihenschaltungen addieren sich Spannungen und Widerstände**
  In Reihenschaltungen ist die Summe der Verbraucherspannungen gleich der Erzeugerspannung **(Quellenspannung**) und
- In **Parallelschaltungen addieren sich Ströme und Leitwerte**
  In Parallelschaltungen ist die Summe der abfließenden Ströme gleich der Summe aller zufließenden Ströme (Das ist die Folge der Inkompressibilität von Ladungen in elektrischen Leitern).

In Strukturen, die Signalverarbeitung im Zusammenhang zeigen, werden abwechselnd Ströme in Spannungen und Spannungen in Ströme umgewandelt:

Spannung = Widerstand · Strom oder **Strom = Leitwert · Spannung**.

Richtig verstanden werden die angegebenen Gesetzmäßigkeiten erst durch die Vielzahl der Anwendungen, die uns als Beispiele dienen werden. Wir wollen zeigen, dass die elektrischen Algorithmen in der gesamten Physik ähnlich sind. Im Bereich der Elektrizität sind die Zusammenhänge meist linear und besonders einfach messbar. Deshalb ist das Thema ‚Elektrizität' zum Erlernen der Simulationsmethode besonders geeignet.

Die Gesetze der Elektrotechnik sind Ihnen wahrscheinlich bekannt:

- Das **ohmsche Gesetz** beschreibt den Zusammenhang zwischen Spannungen u.R und strömenden Ladungen q: **i = dq/dt** bei **Widerständen R**:
  u .R = R · i
- **Kondensatoren C** speichern Ladungen q und zeigen dies durch ihre Klemmenspannung u.C an: **u.C = (1/C) · q**
- **Induktivitäten L** induzieren Spannungen u.L bei Ladungsbeschleunigung **b = di/dt** **u.L = L·b**

Die Energiespeicher L und C sind das Thema in Bd. 2/7, Kap.3 Elektrische Dynamik. Hier soll zunächst die elektrische Strömung in Widerständen behandelt werden. Diese verstanden zu haben ist die Voraussetzung zum Verständnis von Halbleitern, die zum Bau von Transistoren und Sensoren verwendet werden.

Bevor wir in den nächsten Abschnitten auf Einzelheiten eingehen, geben wir in Abb. 2-80 eine **vergleichende Übersicht** der Vorgänge in den elektromagnetischen Bauelementen R, C und L. In ihnen wirken **Kraftfelder,** die den Raum mit Energie füllen. Daraus ergeben sich Möglichkeiten der Energiewandlung, die in den nachfolgenden Kapiteln eingehend analysiert werden (z.B. Motoren, Piezos).

2.3.2 Die elektromagnetische Übersichtsstruktur

Zur Einführung in das Thema ‚Elektromagnetismus' gilt es zunächst die Begriffe, mit denen wir es zu tun haben, zu erläutern. Zum Vergleich der elektrischen und magnetischen Felder betrachten wir die Übersichtsstruktur:

Tab. 2-1gibt Ihnen einen Überblick über die Verknüpfungen der äußeren Signale mit den inneren Feldgrößen bei Widerständen R, Kondensatoren C und Spulen L. Sie werden im Weiteren noch ausführlich erklärt.

Die Gesamtstruktur zum Elektromagnetismus enthält drei Zweige:

- der obere zeigt das elektrische **Strömungsfeld** von **Widerständen R,**
- der mittlere zeigt das **elektrostatische Feld** in **Kondensatoren C** und
- der untere zeigt das **elektromagnetische Feld** zirkulierender Ladungen (= elektrischer Ströme) in **Spulen L.**

Zum Einstieg in den Elektromagnetismus geben wir zunächst die Begriffserklärungen. Das tiefere Verständnis der Zusammenhänge wird aber erst durch die danach folgenden Anwendungen entstehen - insbesondere

1. die Kraftwirkungen magnetischer Felder, z.B. bei Motoren und Relais und
2. die Induktion elektrischer Spannungen, z.B. in Spulen und Transformatoren.

Die **Analogie** zwischen den Feldern und ihrer Berechnung zeigt sich in der Übersichtsstruktur durch die Betrachtung der **untereinander** stehenden Blöcke.

- Zuerst werden die Spannungen (Ursache) auf die Länge l, über die sie wirken, bezogen. Das ergibt die **Feldstärken (elektrisch E und magnetisch H)**. Bitte beachten Sie, dass der elektrische Strom die magnetische Spannung erzeugt!
- Feldstärke mal einer Materialkonstante (elektrostatisch die **Dielektrizität ε** (epsilon), elektrisch die **spezifische Leitfähigkeit κ** (kappa) und magnetisch die **Permeabilität μ** (mü), ergibt die Wirkung pro Fläche, genannt (Flächen-)Dichte (**elektrische Verschiebungsdichte D** und **magnetische Flussdichte B**).
- Dichte mal Fläche ergibt zuletzt die Wirkung (i.R, i.C und u.L). Die Ähnlichkeit bei der Berechnung elektrischer und magnetischer Felder zeigt sich, wenn man Ströme und Spannungen vertauscht. So entspricht die magnetische **Durchflutung (theta) Θ=i·N** (**Strom i** mal **Windungszahl N**) der elektrischen **Spannung u**.

In diesem Band 2/7 der ‚Strukturbildung und Simulation technischer Systeme' werden wichtige elektromagnetische Anwendungen behandelt. Dazu müssen zuerst die Bauelemente R, C und L erklärt werden. Ihre Grundschaltungen als elektrische Vierpole wurden bereits in Abschnitt 2.1.6 unter ‚Systeme 1. und 2.Ordnung' behandelt. Dabei wurden die inneren Kräfte noch nicht beachtet. Das soll nun nachgeholt werden:

Das Ziel der folgenden Analyse ist die Synthese, d.h. die Dimensionierung von Systemen. Dabei werden Eigenschaften gefordert, die Materialien können gewählt werden (Abb. 2-80). Gesucht werden alle Parameter (technische Daten), die zur Beschaffung der Bauelemente oder zur Systementwicklung benötigt werden. Das setzt das Verständnis der Funktionen voraus, die durch die Analysen geklärt werden.

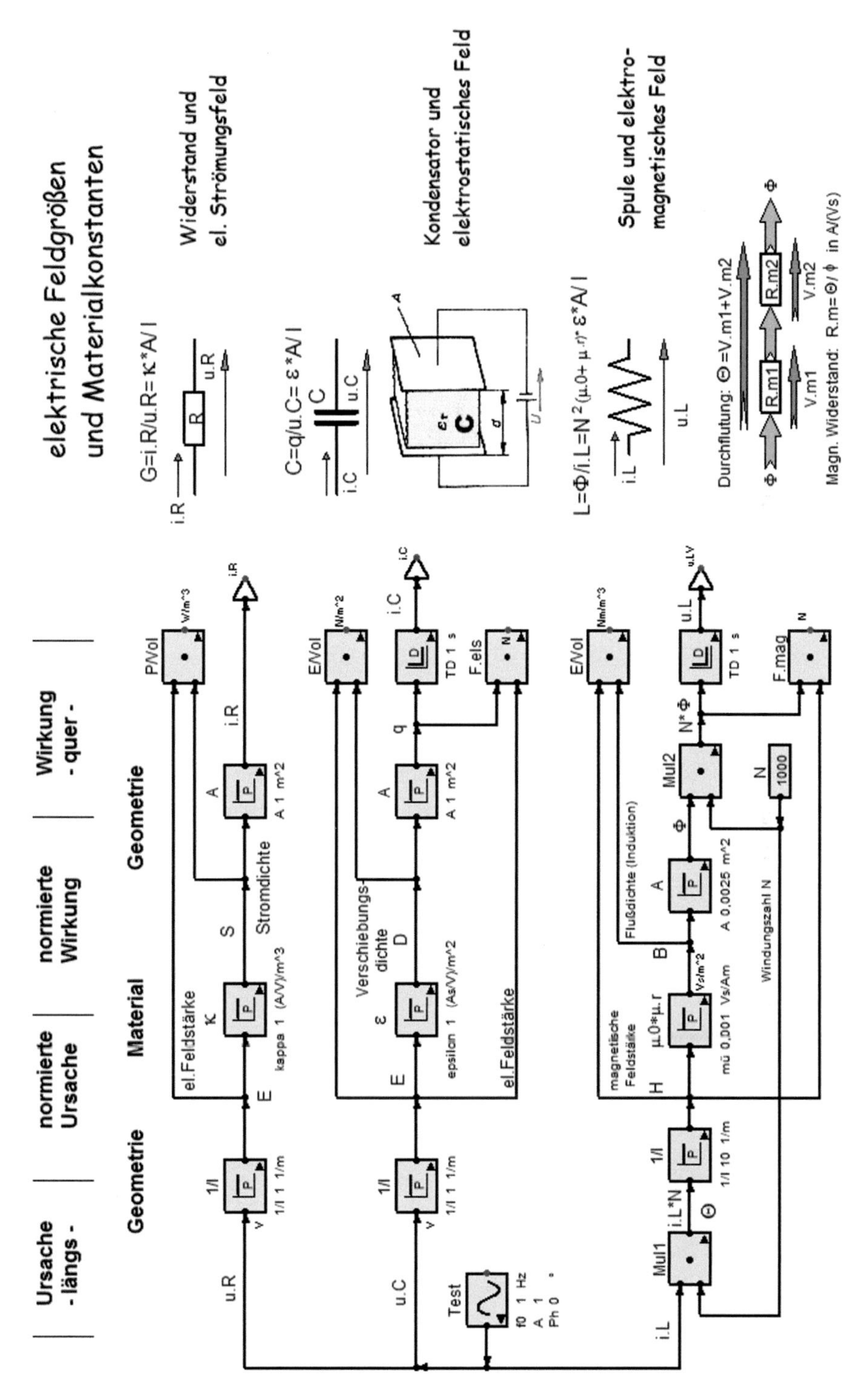

Abb. 2-80 Elektrische Felder und ihre Wirkungen: Kräfte und Spannungsinduktion

2.3.3 Der elektrische Strom

Spannungen an elektrischen Leitern erzeugen Ladungsfluss und Verlustleistung. Zu unterscheiden sind

- der elektrische Strom als **Ladungsdurchsatz pro Zeit** i=dq/dt in A=Cb/s
- die **Ladungsgeschwindigkeit** v=dx/dt, z.B. in cm/s und
- die Signalgeschwindigkeit der Ladungen in Leitungen. Sie ist fast Lichtgeschwindigkeit c, denn **Leitungselektronen sind inkompressibel**.

Die Kenntnis der Zusammenhänge zwischen Strömen und Spannungen ist die Voraussetzung zum Verständnis der Elektrotechnik und Elektronik. Ob die Spannung als Ursache für den Strom aufgefasst wird oder der Strom als die Ursache für die Spannung, ist bei Widerständen egal.

Analogie zum elektrischen Strom: Gas oder Flüssigkeit?
In der **Zeit t** bewegte **Ladungen q** heißen **elektrischer Strom i=q/t**. In unverzweigten Stromkreisen ist i überall gleich groß. Untersucht werden soll, ob sich i in Widerständen wie eine inkompressible Flüssigkeit oder wie ein kompressibles Gas verhält.

In unverzweigten elektrischen Stromkreisen variiert die **Stromdichte j=i/A** mit dem Leitungsquerschnitt A. Je kleiner A, desto größer wird die Stromdichte J - und umgekehrt. Entsprechend ändert sich auch die elektrische Ladungsdichte mit dem Leitungsquerschnitt.

Gl. 2-10 elektrische Ladungsdichte $q/Vol = (i \cdot t)/(A \cdot x)$

In guten elektrischen Leitern (Kupferdrähte und -litzen, Abb. 2-81) ist die Ladungsdichte groß und konstant (Atome in Festkörpern sind inkompressibel). Der Strom verhält sich in **Widerständen und allen guten Leitern wie eine Flüssigkeit**.

Wie in Kap. 10 (Sensorik, Bd. 6/7) gezeigt wird, ist die Ladungsdichte in **Halbleitern** viele Zehnerpotenzen kleiner als in elektrischen Leitern. In Halbleitern sinkt die Ladungsdichte mit steigendem Querschnitt – und umgekehrt. Ladungen sind komprimierbar. Deshalb verhält sich der elektrische Strom **in Halbleitern wie ein Gas.**

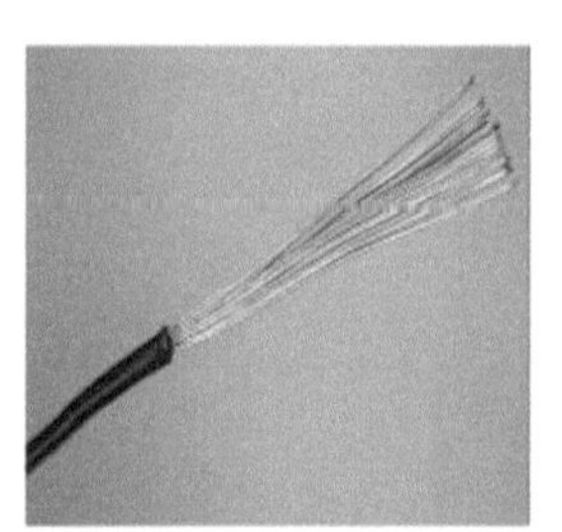

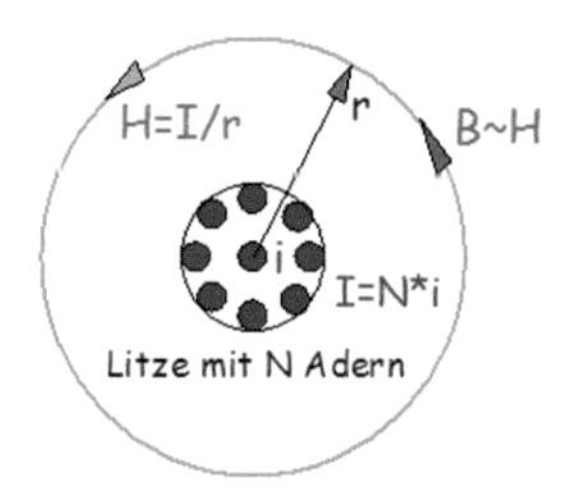

Abb. 2-81 Litzen sind flexible Drähte: Unabgeschirmt umgibt sie ein magnetisches Feld.

2.3.4 Elektrische Widerstände

Spannungen an elektrischen Widerständen R (Abb. 2-82) erzeugen Kräfte auf die Ladungen in seinem Inneren, die die **Leitungselektronen (-e)** in Bewegung setzen. Nach einer sehr kurzen Beschleunigungsphase werden die Stöße mit anderen Ladungen so heftig, dass sich eine **mittlere Ladungsgeschwindigkeit (Drift)** einstellt. Sie erzeugt die elektrische Reibung (Verlustwärme). Wie in Abschn. 2.3.5 berechnet werden wird, liegen **Driftgeschwindigkeiten v.D** in elektrischen Leitern im **Bereich cm/s.**

v.D ist nicht zu verwechseln mit der **Ausbreitungsgeschwindigkeit** der Spannung (des elektrischen Drucks) in Leitungen. Sie geht, da elektrische Ladungen inkompressibel sind, gegen den physikalischen Höchstwert, die Lichtgeschwindigkeit c.

Bewegte Ladungen werden **elektrischer Strom i = q/t** genannt. i ist die Ladungsmenge q, die einen bestimmten Querschnitt A pro Sekunde passiert (Ladungsdurchsatz).
Die äußeren Verhältnisse zwischen fließenden Strömen und Spannungen regelt das **ohmsche Gesetz:**

Gl. 2-11 elektrischer Widerstand in Ω=V/A

$$R = \frac{u.R}{i.R} = \rho.el * \frac{l}{A}$$

Der Widerstand R beschreibt die Erzeugung von Spannung durch Strom bei konstantem Widerstand R.

R ist das Maß für die Behinderung des Stromflusses. Der Leitwert G=1/R beschreibt die Erzeugung von Strom durch Spannung. G ist das Maß für die Begünstigung des Stromflusses.

$$u.R = R \cdot i \quad \text{und} \quad i = G \cdot u.R$$

Die Proportionalitätskonstante heißen **elektrischer Widerstand R** (in Ohm Ω=V/A) und **elektrischer Leitwert G=1/R** (in Siemens S=A/V).

Der spezifische Widerstand ρ.el
Abb. 2-82**:** Unterschiedliche Materialien leiten den elektrischen Strom besser oder schlechter. Gute Leiter werden zur verlustarmen Verbindung elektrischer Bauelemente verwendet (Drähte), schlechte Leiter dienen zur Isolation (PVC, Lack).

Widerstände R werden umso größer, je länger ein Leiter ist (Länge l) und umso kleiner, je größer ihr Querschnitt A ist: **R ~ l/A.** Aus dieser Proportionalität wird durch eine materialabhängige Konstante, den **spezifischen Widerstand ρ** (oder auch **C.spez),** die Gleichung

Abb. 2-82 Widerstandsberechnung aus dem Material (ρ) und seinen Abmessungen l/A (Geometrieparameter)

Um das für die jeweilige Anwendung bestgeeignete Material auswählen zu können, wurde ρ für die technisch wichtigsten Materialien gemessen. Dazu bestimmt man für ein Material bekannter Länge l und Querschnitt A das Verhältnis R=u/i und multipliziert es mit A/l:

Gl. 2-12 $\rho.el = R \cdot (A/l)$ – z.B. in $\Omega \cdot mm^2/m$ oder $\Omega \cdot m$.

Die Materialkonstante ρ kann Formelsammlungen entnommen werden. Im Gieck unter Z21 wird ρ allerdings γ genannt – vermutlich um Verwechslungen mit der Massendichte zu vermeiden.

Ein sehr guter und preiswerter elektrischer Leiter ist **Kupfer (ρ=0,0175$\Omega\cdot mm^2/m$)**. Es eignet sich für Leitungen und Drähte. Für Widerstände eignet sich das temperaturstabile **Konstantan (ρ=0,48$\Omega\cdot mm^2/m$).**

Gute Isolatoren sind alle Kunststoffe. Sie können durch Kohlenstoffanteile zu schlechteren Leitern gemacht werden. Dann eignen sie sich als Verpackungsmaterial für Halbleiter (MOS-Fets, Bd. 5/7, Kap. 8.3 Elektronik), deren Anschlüsse zur Vermeidung statischer Aufladung leitend verbunden sein sollen.

Elektrische (Verlust-)Leistung
Strom durch einen Widerstand erzeugt Spannung und damit Leistung:

Gl. 2-13 $P = u \cdot i$ *(in Watt W=V·A)*

... und **Erwärmung ΔT.** Die Widerstände werden umso größer, je größer ihre zulässige Verlustleistung ist. Gängig sind Leistungen von 1/8W bis in den kW-Bereich (Abb. 2-83).

Quelle: Conrad-Electronic

Abb. 2-83 links: Leistungswiderstand für 100W (nur mit Kühlkörper) - Rechts: Widerstandsnetzwerk mit 8 Widerständen, die einen gemeinsamen Anschluss haben

Mit etwas Erfahrung kann die zulässige Verlustleistung aus der Größe eines Widerstands abgeschätzt werden, denn die Nennleistung ist annähernd proportional zum Volumen:

$$P.R/Vol \approx (10 \pm 5)\ mW/cm^3.$$

Bei linearen Widerständen steigt die Leistung – und damit die Erwärmung - mit dem Quadrat von Strom und Spannung an:

Gl. 2-14 $P.R = i^2 \cdot R = u^2/R$

Leistung kann erwünscht sein, z.B. bei einer Heizung oder unerwünscht, z.B. als Verlust bei Halbleitern.

Die Erwärmung wird umso größer, je größer die Leistung und je kleiner das Bauelement ist. Um eine unzulässige Erwärmung zu vermeiden, muss es eventuell gekühlt werden (siehe Kap. **13 Wärmetechnik\Kühlkörperberechnung**).

Zahlenwerte:
Widerstände werden von mΩ bis ca. 100MΩ nach **Normreihen** hergestellt. Verbreitet sind Metallfilmwiderstände von 1Ω bis zu 10MΩ der Normreihe E24 (mit 24 Werten pro Dekade).

Der relative Abstand von Werte zu Wert beträgt hier 5% bei einer Toleranz von 1%.
Ein typischer Temperaturkoeffizient (TK) ist 50ppm/K = $50 \cdot 10^{-6}$/K **(ppm = 10^{-6}** oder **‰=10^{-3}= ppk** = 1000ppm). D.h.: Pro 20K ändert sich der Widerstand um 1‰.
Die Berechnung temperaturabhängiger Widerstände folgt im nächsten Abschnitt.

Zur Berechnung der Temperaturerhöhung eines elektrischen Widerstands benötigt man außer der Verlustleistung **P.el = U·I** noch seinen **thermischen Widerstand R.th** bis zur Umgebung:

$$\Delta T = R.th \cdot P.el.$$

Die Berechnung thermischer Widerstände **R.th in K/W** finden Sie in Bd. 7/7, Kap 13.1 Wärmetechnik.

Die Leistungsdichte elektrischer Widerstände
Die Leistung elektrischer Widerstände kann erwünscht oder unerwünscht sein. Dann nennt man sie entweder Heizung oder Verlusterzeuger. Bei Heizungen soll die Leistungsdichte (= Leistung pro Volumen) groß sein. Wenn Verluste klein sein sollen, muss die Leistungsdichte klein sein. Um entscheiden zu können, welches Widerstandsmaterial für eine Anwendung geeignet ist, müssen wir die Leistungsdichte berechnen. Sie hängt vom spezifischen Widerstand ρ ab:

$$\frac{Leistung\ P}{Volumen\ Vol} = \frac{R * I^2}{Länge * Querschnitt} = \frac{\rho * l/A}{l * A} * I^2 = \rho * (I/A)^2 = \rho * J^2$$

Danach steigt die Leistungsdichte quadratisch mit der **Stromdichte J=I/A** an. Sie ist proportional zum **spezifischen Widerstand ρ.**

Zahlenwerte: ρ=0,5Ω·mm²/m; J=2A/mm² -> **P/Vol≈1W/cm³**

Danach ist die Leistungsdichte bei kommerziellen Widerständen annähernd konstant. Deshalb ist bei Widerständen ihr Volumen ein Maß für die Nennleistung.

2.3.5 Feldstärke und Driftgeschwindigkeit

Um elektrische Widerstände anwenden zu können, muss ihr Wert in Ω (oder Untereinheiten kΩ, MΩ) und ihre Leistung P in W angegeben werden. In Bd. 6/7, Kap. 10 sollen jedoch auch die Verhältnisse in Sensoren und Halbleitern untersucht werden.

Beispielsweise ist die Driftgeschwindigkeit v.D der elektrischen Ladungen die Ursache **magnetischer Effekte**. Um sie berechnen zu können, ist es notwendig, die internen Vorgänge bei der Leitung des elektrischen Stroms zu kennen (Abb. 2-84).

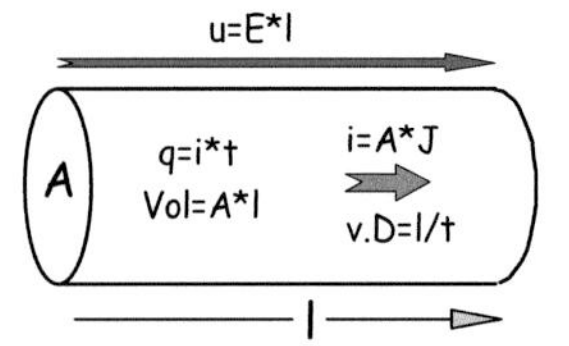

Abb. 2-84 Zu unterscheiden sind die Stromstärke i=Ladungen/Zeit in A=Cb/s und die Strömungsgeschwindigkeit v = Weg der Ladungen/Zeit in m/s.

Das ohmsche Gesetz beschreibt den Zusammenhang zwischen dem Ladungsstrom i und Spannungen u. Es kann in makroskopischer Form oder in mikroskopischer Form zur Beschreibung lokaler Felder geschrieben werden.

makroskopisch: $\mathbf{u = R \cdot i}$ -> mikroskopisch: $\mathbf{E = \rho \cdot J}$

… mit dem Widerstand	$\mathbf{R = \rho \cdot l/A}$	
… der Feldstärke	$\mathbf{E = u/l = \rho \cdot J}$	- **in V/m** = $(\Omega \cdot m) \cdot A/m^2$ und
und der Stromdichte	$\mathbf{J = i/A}$	- z.B. in $\mathbf{A/mm^2}$

Das **ohmsche Gesetz** beschreibt die äußeren Verhältnisse (Mittelwerte) von Spannung und Strom bei geschwindigkeitsproportionaler Reibung wie bei der laminaren Strömung in der Hydraulik. Es gilt nur bei konstanter Ladungsdichte (nicht in Halbleitern, siehe Bd. 6/7).

Um elektrische Zusammenhänge auf atomarer Basis (mikroskopisch) behandeln zu können, müssen die Begriffe **Feldstärke E=u/l** (z.B. in V/m oder in V/cm) und **Stromdichte J=i/A** (z.B. in A/m^2 oder in A/cm^2) eingeführt werden. Das ohmsche Gesetz in mikroskopischer Form beschreibt die Stromleitung an jedem Ort eines Leiters. Damit können auch interne Spannungsüberschläge und lokale Überhitzungen berechnet werden.

Stromdichte und Driftgeschwindigkeit

In Kap. 5, Teil 2 werden wir die magnetischen Kräfte F.mag des elektrischen Stroms i = q/t untersuchen. Sie entstehen durch die Geschwindigkeit v der Ladungen q in magnetischen Feldern B. Zu ihrer Berechnung benötigen wir die mittlere Geschwindigkeit der Ladungen in Leitern und Halbleitern, genannt die Driftgeschwindigkeit v.D. v.D ist der Weg l, den die Ladungen q pro Zeit t zurücklegen:

Gl. 2-15 Driftgeschwindigkeit v.D = l/t = J/(q/Vol) z.B. in cm/s

v.D errechnet sich aus dem Verhältnis von Stromdichte J = i/A = (q/t)/A und der Ladungsdichte q/Vol = Q/(A·l) – mit dem Volumen Vol=A·l des elektrischen Leiters.

Die Ladungsdichte q/Vol

Zur Berechnung der Driftgeschwindigkeit v.D muss die Ladungsdichte q/Vol im Leiter bekannt sein. Die obige Struktur zeigt, wie q/Vol elementar aus der massebezogenen Ladung q/m und der mechanischen Dichte ρ=m/Vol berechnet wird:

$$q/Vol = (q/m) \cdot (m/Vol).$$

Zur Berechnung der **Ladungsdichte q/Vol** eines bestimmten Materials (Abb. 2-85) benötigen wir die **Stoffeinheit mol**. 1mol ist als die Stoffmenge mit der **Teilchenzahl N.A=602 Trilliarden ($\approx 6 \cdot 10^{23}$)** definiert. Unterschiedliche Stoffe der Menge 1mol besitzen die Molmasse M (in g/mol), die ihrem relativen Atom bzw. Molekulargewicht entspricht.

Beispiel: 1mol Kohlenstoff ^{12}C besitzt eine **Molmasse M=12g**.

Mit N.A sieht die Struktur zur Berechnung der Ladungsdichte q/Vol und der Driftgeschwindigkeit v.D so aus:

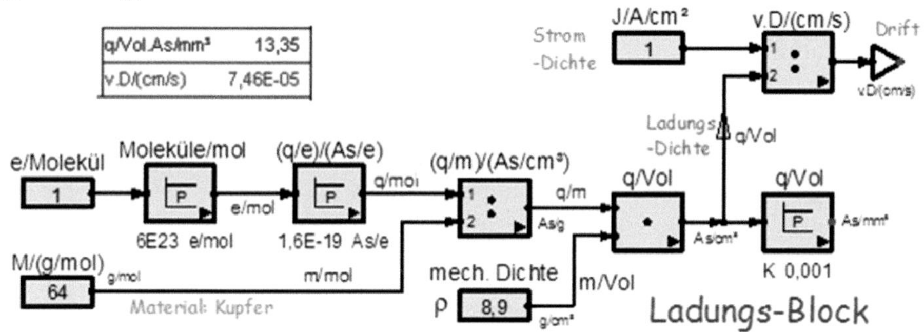

Abb. 2-85 Berechnung der Ladungsdrift aus Stromdichte J und Ladungsdichte ρ: Der Block zur Berechnung der Ladungsdichte wird auch bei der Berechnung der Ströme in Halbleitern benötigt.

Zur Beachtung: Die Ladungsdichte q/Vol ist bei elektrischen Leitern **unabhängig** von der Feldstärke E. **Leitungselektronen sind inkompressibel (Tröpfchenmodell).**

Zum Verständnis der Berechnung der Driftgeschwindigkeit benötigt man folgende Kenntnisse aus Physik und Chemie:

1. Ein Mol eines Stoffes ist die Menge in Gramm (g), die seinem Molekulargewicht entspricht. Sie heißt **Molmasse M**. Bei Kupfer, mit 32 Protonen und 32 Neutronen im Kern ist **M(Cu)=64g/mol.**
2. Ein Mol enthält immer die gleiche Anzahl von Molekülen oder Atomen. Diese Zahl heißt **Avogadrosche Zahl N.A** und hat den Wert **$6 \cdot 10^{23}$Moleküle pro mol**.
   Abb. 2-85 zeigt, wie mit N.A die Struktur zur Berechnung der Ladungsdichte q/Vol und der Driftgeschwindigkeit v.D aussieht.
3. Jedes Kupferatom besitzt (wie bei den meisten Metallen) genau **ein** schwach gebundenes Elektron, das zur Stromleitung beiträgt **(1 Leitungselektron/Atom).**
4. Die technische Ladungseinheit ist die As=Cb (Coulomb). Ein Elektron besitzt die Ladung **$e=1{,}6 \cdot 10^{-19}$As.**

Daraus errechnet die Simulation für Kupfer eine Ladungsdichte von **13,35As/mm³.** Damit können wir die Driftgeschwindigkeit in Kupfer zu jeder Stromdichte J berechnen:

v.D/J = q/Vol. Für **J=1A/mm²** ergibt dies **7,5cm/s.**

Die innere Struktur eines elektrischen Widerstands

Nun kann der elektrische Leitungsmechanismus im Detail untersucht werden. Das ist die Voraussetzung dafür, um auch die Vorgänge in Halbleitern verstehen zu können.
Zu klären sind die Zusammenhänge zwischen Strömen i und Spannungen u in Abhängigkeit von den Dimensionen des Leiters (Querschnitt A, Länge l) und seinem Material, beschrieben durch den **spezifischen Widerstand ρ.**

Die Struktur der Abb. 2-86 zeigt diese Zusammenhänge. Sie sollen anschließend noch näher erläutert werden.

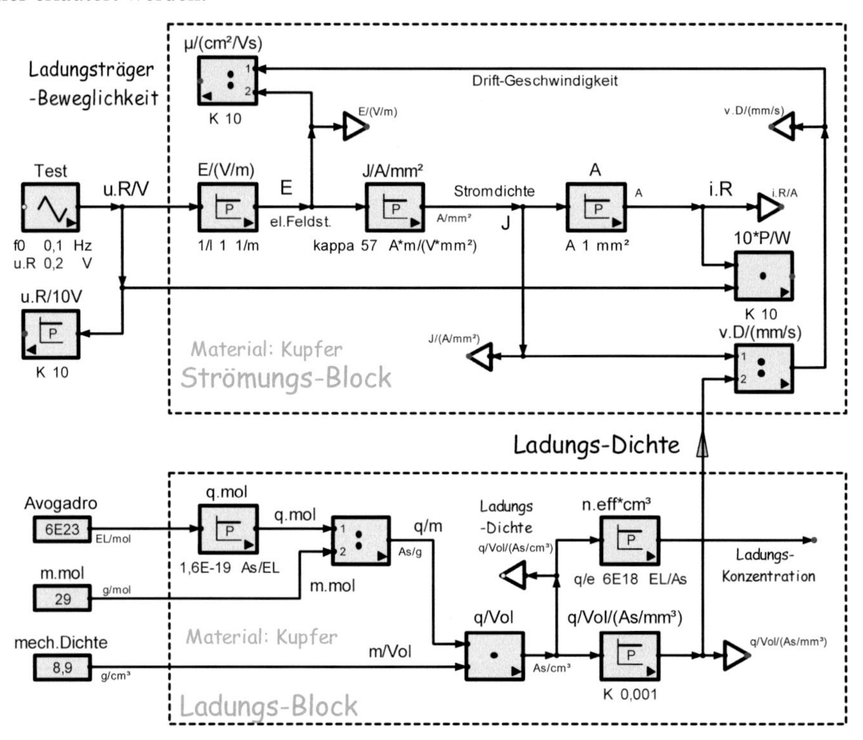

Abb. 2-86 Elektrisches Strömungsfeld: Spannung u.R an einem elektrischen Widerstand: Über interne Feldgrößen (Feldstärke E, die Stromdichte J) wird der Strom i.R, die Verlustleistung P und die Driftgeschwindigkeit v.D berechnet. Der untere Zweig bestimmt die für die Driftgeschwindigkeit v.D benötigte Ladungsdichte q/Vol.

Erläuterungen zur Struktur des elektrischen Leiters:

Um die inneren Zusammenhänge beim Stromfluss durch Widerstände genauer zu verstehen, betrachten wir in der Struktur von Abb. 2-86 die **Spannung u.R** über einem Material, beschrieben durch den **spezifischen Widerstand ρ.** Es wandelt, in Abhängigkeit von der **Geometrie (Länge l, Querschnitt A)** die Spannung u.R in den **Strom i.R** um.

Die Driftgeschwindigkeit v.D

Die **Driftgeschwindigkeit v.D=l/t** der Ladungen q im Volumen **Vol=A·l** in elektrischen Leitern ist der Quotient aus **Stromdichte J** (in A/m^2) und **Ladungsdichte q/Vol** (in As/m^3):

v.D = l/t = (Vol/A) / (q/i) = **J/(q/Vol).**

Zur Berechnung muss die **Ladungsdichte q/Vol** aus molekularen Eigenschaften des Leitermaterials abgeleitet werden. Wie das gemacht wird, zeigt der untere Teil der Struktur:

Aus der Chemie ist zu jedem Material (hier z.B. Kupfer) die Anzahl der Leitungselektronen pro Molekül bekannt (hier 1). Dann wird die Zahl der Ladungen für **1mol = $6 \cdot 10^{23}$ Moleküle** berechnet. Da die Zahl der Teilchen pro mol **(Avogadrokonstante N.A)** immer gleich ist **(N.A = $6 \cdot 10^{23}$/mol – definiert das mol)**, kennt man damit auch die Anzahl der **Elementarladungen e/mol.**

Weiterhin ist bekannt, wie viele Elementarladungen e die internationale Ladungseinheit Cb=As ergeben: $1As=0{,}62 \cdot 10^{19}e$. Damit erhält man die molare Ladung in As/mol. Diese muss nur noch durch die molare Masse, das sog. Molekulargewicht m/mol (bei Kupfer 63,5g/mol) dividiert werden und man erhält die gesuchte Ladungsdichte q/Vol, hier in A/mm^3. Damit kann die Driftgeschwindigkeit v.D aus der darüber dargestellten Stromdichte S berechnet werden:

v.D = S / (q/Vol).

Das Kontinuitätsgesetz des elektrischen Stroms

Da Festkörper wie Flüssigkeiten nahezu **inkompressibel** sind, ist die Ladungsdichte q/Vol konstant und alle Elektronen haben bei konstantem Querschnitt die gleiche Driftgeschwindigkeit. Daher pflanzt sich ein **elektrischer Druck (=Spannung/Fläche)** am Anfang des Leiters augenblicklich (d.h. mit Lichtgeschwindigkeit) bis zu seinem Ende fort. Der Strom i im Kreis fließt überall sofort nach dem Einschalten der Spannung und ist im unverzweigten Stromkreis konstant (Kirchhoffsche Gesetze). Das ist eine Folge der **Inkompressibilität der Leitungselektronen**.

Die örtliche Driftgeschwindigkeit v.D = J/(q/Vol) passt sich dem jeweiligen Leitungsquerschnitt A an. Für zwei Stellen des Kreises (1 und 2) gilt die Kontinuität:

$$i = J.1 \cdot A.1 = v.1 \cdot (q/Vol) \cdot A.1 = J.2 \cdot A.2 = v.2 \cdot (q/Vol) \cdot A.2.$$

Daraus folgt das Kontinuitätsgesetz der Elektrotechnik:

Die Driftgeschwindigkeiten v sind **reziprok** zu den Leitungsquerschnitten A:

v.2/v.1 = A.1/A.2

Das bedeutet, dass die

Volumengeschwindigkeit Vol(Elektronen)/Zeit= v.D · A

in elektrischen Leiten konstant ist. Dichteschwankungen (Stromverdrängungseffekte) gibt es in Leitern nur bei Frequenzen ab 10MHz (Skineffekt, siehe Bd. 6/7, Kap. 10.1).

Simulationsergebnisse zum elektrischen Leiter (Abb. 2-87)

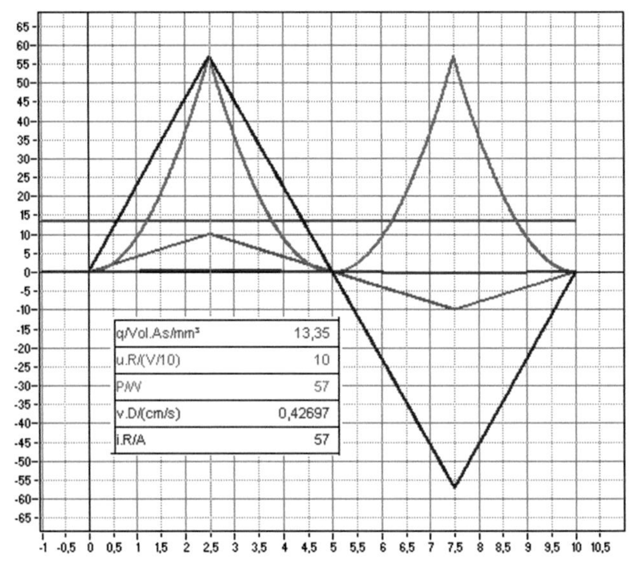

Abb. 2-87 Simulationsergebnisse zur Struktur der Abb. 2-86 eines elektrischen Widerstands: Wenn die Spannung (rot in V/10) linear ansteigt, müssen sich auch der Strom (violett) und die Driftgeschwindigkeit (blau) so verhalten. Die Leistung (grün) steigt quadratisch mit Strom und Spannung an. Die Ladungsdichte q (hellblau) ist konstant, d.h. der elektrische Strom ist inkompressibel.

2.3.6 Temperaturabhängige Widerstände

Elektrische Widerstände sind, von Spezialfällen abgesehen, temperaturabhängig. Zu unterscheiden sind **Kaltleiter (PTC's) und Heißleiter (NTC's)**. Zu deren Verständnis muss man wissen, dass die **thermische und elektrische Leitfähigkeit** durch die freien Elektronen in der Atomhülle der Materialien entsteht (gute elektrische Leiter sind auch gute thermische Leiter). Das lässt sich zum Bau elektrischer Temperatursensoren ausnutzen (**Kap. 10 Temperaturmessung**). Hier interessiert zunächst die Berechnung der Temperaturabhängigkeit elektrischer Widerstände. In Bd. 5/7, Kap 8.6 Elektronik wird gezeigt, wie man mit diesem Wissen den Temperaturgang von Verstärkern minimiert.

Heißleiter (NTC's) besitzen eine geringe Elektronendichte und damit geringe elektrische Leitfähigkeit. Mit steigender Temperatur werden mehr und mehr Elektronen freigesetzt, sodass der Leitwert zunimmt. Beispiele sind Kohle und alle Halbleiter (Silizium und Germanium).

Kaltleiter (PTC's) sind alle Materialien mit hoher Elektronendichte - also Metalle. Mit steigender Temperatur steigt die Geschwindigkeit der Elektronen, so dass sie sich gegenseitig immer mehr behindern. Ihr Widerstand steigt mit der Temperatur.

Der elektrische Temperaturkoeffizient (TK = α)

Elektrische Widerstände besitzen **Kaltwerte**, die meist für 20°C angegeben werden **(R.20)**. Die **Widerstandszunahme ΔR(T)** mit der **Temperaturänderung ΔT** erfolgt relativ zum Kaltwiderstand. Das Verhältnis **(ΔR R/R.20)/ΔT** heißt Temperaturkoeffizient (**TK oder auch α**).

TK's werden z.B. in **% /K** oder **ppm/K=10^{-6}/K** angegeben und können in Formelsammlungen oder dem Internet für alle gebräuchlichen Widerstandsmaterialien nachgeschlagen werden (z.B. Gieck, Z21).

TK = α = (ΔR/R.20)/ΔT, z.B. in ‰/K oder in ppm/K = (Ω/MΩ)/K

Sind der Kaltwiderstand R.20 und die Temperatur **T=20°C+ΔT** bekannt, errechnet sich der Warmwiderstand gemäß

Gl. 2-16 $R(T) = R.20 \cdot (1 + TK \cdot \Delta T)$

Beispiel: Glühlampe

Glühlampen (Abb. 2-88) erzeugen thermisches Licht (rötlich, warm) durch Heizfäden aus Wolfram, die elektrisch auf etwa 2200°C aufgeheizt werden (Weißglut). Wolfram ist ein Kaltleiter. Das bedeutet, dass die Einschaltströme größer als die Betriebsströme sind. Hohe Einschaltströme verkürzen die Lebensdauer einer Glühlampe. Um den Verlauf eines Einschaltstroms zu zeigen, soll der Einschaltvorgang simuliert werden.

Abb. 2-88 Glühlampe = Heizung (95%) mit Lichteffekt (5%)

Um den Einschaltstrom einer Glühlampe berechnen zu können, messen wir den **Kaltwiderstand R.20** mit einem Ohmmeter. Für eine **60W/230V-Lampe** erhalten wir **R.20 = 75Ω**. Dies entspricht bei Netzspannung von 230V einem Einschaltstrom von 3A und einer Startleistung von über 700W.

Leiterwerkstoff	α [1 / K]
Aluminium (Al)	$3{,}77 \cdot 10^{-3}$
Silber (Ag)	$3{,}8 \cdot 10^{-3}$
Kupfer (Cu)	$3{,}93 \cdot 10^{-3}$
Gold (Au)	$4 \cdot 10^{-3}$
Wolfram (W)	$4{,}1 \cdot 10^{-3}$
Eisen	$(4{,}5 \ldots 6{,}2) \cdot 10^{-3}$
Kohlenstoff (C)	$-0{,}8 \cdot 10^{-3}$

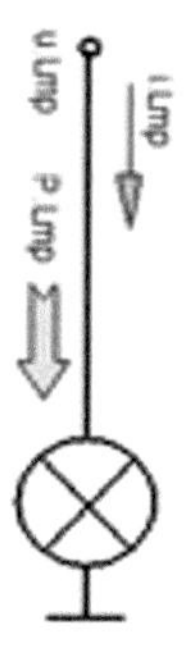

Tab. 2-2 Glühlampe (Heizung mit Lichteffekt) als Beispiel für einen Kaltwiderstand: Rechts: TK's elektrischer Leiter

Eine spannungsgesteuerte Glühlampe zieht beim Einschalten so lange der Glühfaden noch kalt ist, einen hohen Strom.

Der Glühfaden der Lampe ist aus Wolfram. Sein **Temperaturkoeffizient TK beträgt etwa +0,4%/K**. Durch die Leistung erwärmt sich die Lampe und ihr Widerstand steigt, bis der Lampenstrom auf den Nennwert, hier 0,26A, abgesunken ist. Dann ist die Glühfadentemperatur maximal und die Lampe verbraucht die Nennleistung P.Nen. Proportional zu P.Nen erwärmt sich der Glühfaden. Zur Berechnung der **Erwärmung ΔT** wird der thermische **Widerstand R.th = ΔT/P.el** der Glühlampe benötigt.

Abschätzung des thermischen Widerstandes R.th = ΔT/P.el
Zu warmem Licht gehört bei Wolframdrähten eine Betriebstemperatur von ca. 2200°C. Wenn die Bezugstemperatur 0°C ist, ist dies auch die Erwärmung in Kelvin:
ΔT≈ 2200K. Sie wird hier durch eine elektrische Leistung von 60W erzielt.
Wir bilden den Quotienten und erhalten **R.th = 36K/W.**

Simuliert werden soll der zeitliche Verlauf des Einschaltvorgangs. Dazu wird die thermische Zeitkonstante T.th der Glühlampe, mit der sich die Temperaturerhöhung nach dem Einschalten einstellt, benötigt. Da sie hier unbekannt ist, nehmen wir sie vorläufig zu 1s an. Damit sind alle Fakten zur Simulation des Einschaltvorgangs bekannt.

Die Struktur zur Berechnung der Heizfadentemperatur
Die folgende Struktur der Abb. 2-89 beschreibt die Berechnung der Heizfadentemperatur T.Lmp(t) einer Glühlampe, die sich durch die elektrische Leistung P.Lmp erwärmt.

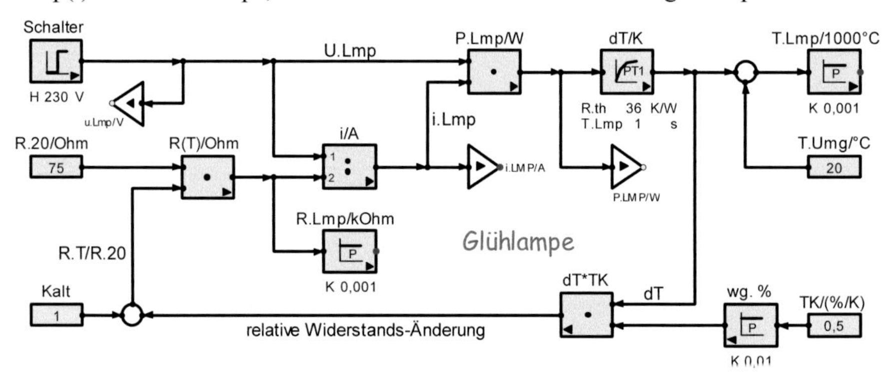

Abb. 2-89 Glühlampe an Gleichspannung oder effektiver Wechselspannung U.Lmp

Erläuterungen zur Glühlampenstruktur:

- Die obere Linie berechnet aus der Lampenleistung die Temperaturerhöhung. Als Konstante wird der thermische Widerstand R.th des Glühfadens benötigt.
- Der mittlere Pfad errechnet den Lampenstrom aus der Lampenspannung und dem Widerstand R(T).
- Der untere Pfad zeigt von rechts nach links die relative Widerstandsänderung durch den Temperaturanstieg dT(=ΔT).

Simulation eines Einschaltvorgangs (Abb. 2-90)

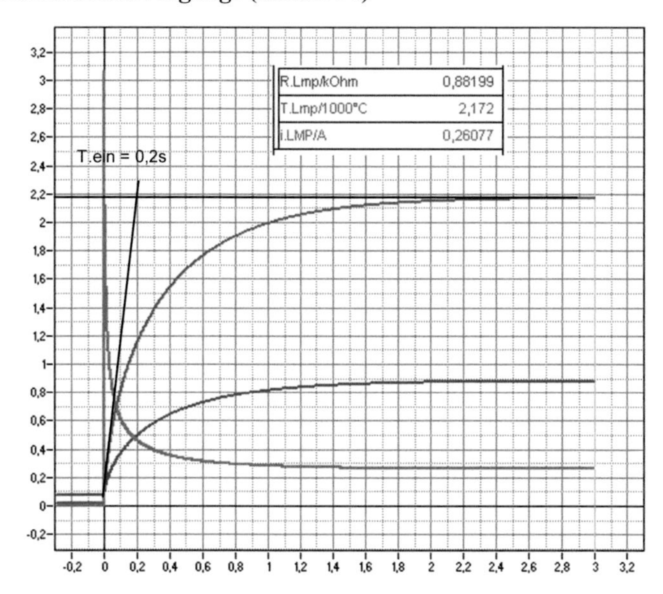

Abb. 2-90 Strom, Temperatur und Widerstand eines Glühfadens: Der Widerstand steigt von 75Ω kalt auf 881Ω warm an. Entsprechend sinkt der Strom von anfangs über 3A auf etwa 1/10 davon ab. Durch die kurzzeitige Stromüberhöhung sinkt die Einschaltzeitkonstante von 1s (kalt) auf 0,2s.

2.4 Das elektrostatische Feld

In diesem Abschnitt beschreiben wir die Zusammenhänge zwischen Spannungen, Ladungsverschiebungen und Kräften bei **Kondensatoren**. Technische Anwendung finden sie als Kurzzeitladungsspeicher.

In dieser ‚Strukturbildung und Simulation technischer Systeme' werden Kondensatoren an vielen Stellen benötigt, z.B.

- in Bd. 2/7, Kap. 3.10 Elektrische Dynamik zum Bau von Filtern
- in Bd. 5/7, Kap. 8.7 Elektronik\Anwendungen zum Bau von Netzteilen
- in 5/7, Kap. 9.4 Regelungstechnik zur Erzeugung von Integral (I)- und Differenzial (D)-Verhalten von Reglern.

Behandelt werden auch die in Kondensatoren auftretenden elektrostatischen **Kräfte F.el**. Damit kann man elektromechanische Systeme wie z.B. Piezos berechnen (Bd. 6/7, Kap. 11.2, Aktorik). Als Beispiel dazu simulieren wir am Schluss dieses Kapitels einen Elektrofilter (Abschnitt 2.4.8).

2.4.1 Das Feld zweier Punktladungen

Dieser Abschnitt behandelt die Berechnung elektrischer Dipole (Abb. 2-91) und einige ihrer technischen Anwendungen.

Entgegengesetzte elektrische Ladungen ziehen sich an. Sie bilden einen Dipol. Die meisten Moleküle sind ebenfalls Dipole. Ihre Stärke bestimmt, ob ein Stoff bei Raumtemperatur flüssig oder gasförmig ist. Dipolkräfte sind die Ursache chemischer Reaktionen.

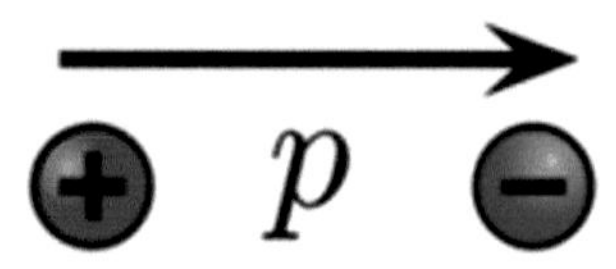

Abb. 2-91 Elektrischer Dipol: Ungleiche Ladungen üben Kräfte aufeinander aus. Sie bestimmen den Aggregatzustand (fest, flüssig, gasförmig) und sind die Ursache für chemische Reaktionen.

Gleiche elektrische Ladungen stoßen sich ab, ungleiche Ladungen ziehen sich an - eine Folge des Bestrebens der Natur, die Energiedichte W/Vol im Raum zu minimieren (**Gesetz des kleinsten Zwanges, Lenzsche Regel von 1833**). Dadurch wird die **Richtung elektrischer Kräfte** bestimmt (Abb. 2-91).

Die **Kraft F.el** zwischen zwei Ladungen Q (felderzeugende Ladung) und q (Probeladung als Feldstärkesonde) ist proportional zum Produkt Q·q und reziprok zum Quadrat ihres Abstands r (Abb. 2-92).

Gl. 2-17 Coulombsches Gesetz $F.el(r) = (q/r) \cdot (Q/r) / (\varepsilon \cdot 4\pi \cdot r^2)$

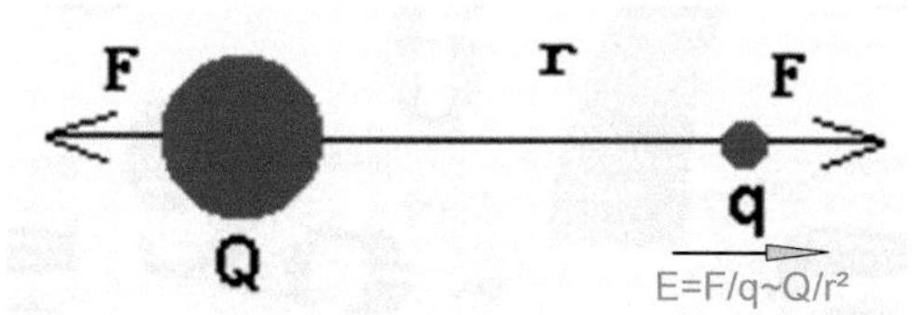

Quelle: https://de.wikipedia.org/wiki/ gemeinfrei

Abb. 2-92 Die Kraft zwischen Ladungen ist proportional zu den Ladungen und umgekehrt proportional zum Quadrat ihres Abstands.

Gl. 2-17 ist das **Coulombsche Gesetz**. Die **Dielektrizitätskonstante** ε im Nenner ist eine **Materialkonstante**. Der Faktor $4\pi \cdot r^2$ im Nenner ist die Kugeloberfläche im Abstand r um die Ladung Q. Sie erzeugt das Kraftfeld **F.el(r)~1/r²** in ihrer Umgebung.

Die Ladungen **Q** und **q** können als **elektrische Flüsse** aufgefasst werden. Wenn sie sich durchdringen, üben sie **Kräfte F** aufeinander aus (anziehend oder abstoßend). Sie sind analog zu den im nächsten Bd. 2/7, Kap.2, Abschn. 3.2 behandelten magnetischen Flüssen ϕ. Elektrische Kräfte können, je nach Polarität der Ladungen, anziehend oder abstoßend sein. Das sorgt für den Zusammenhalt der Materie, aber auch für chemische Reaktionen.

Das Coulombsche Gesetz hat den gleichen Aufbau wie das in Kap. 4 Mechanik genannte Gravitationsgesetz, was auf Ähnlichkeiten zwischen elektrischen Feldern und Gravitationsfeldern schließen lässt Die Theorie dazu steht aber nach meinem Wissen noch aus (2016). Sie müsste klären, warum es bei Massen nur Anziehung, aber keine Abstoßung gibt.

Die Kraft statischer elektrische Felder

Jede elektrische Ladung Q durchsetzt den sie umgebenden Raum mit einer Feldstärke $E=Q/r^2$. Elektrische Feldstärken E sind immer auf das Ladungszentrum, das sie erzeugt, ausgerichtet. Sie lassen sich durch leicht bewegliche Teilchen und stark polarisierbare Probeteilchen, z.B. Holundermark, sichtbar machen (Abb. 2-93).

Ist Q>>q, so bestimmt Q die Kraft F.el auf die Testladung q im Abstand r.
Dann kann $\mathbf{Q / (\varepsilon \cdot 4\pi \cdot r^2)}$ zur

Gl. 2-18 elektrischen Feldstärke $E = F.el/q$

zusammengefasst werden. Diese Kräfte sind bei elektrischen Leitern so groß, dass Ladungen inkompressibel sind. Schwankungen der Ladungsdichte (Stromverdrängungs-effekte) gibt es nur bei Halbleitern (Bd. 6/7, Kap. 10), nicht bei elektrischen Leitern.

Bei elektrischen und gravitatorischen Feldern sinkt die Stärke mit der Entfernung r vom Kraftzentrum. Ein Unterschied zwischen beiden Feldern besteht darin, dass die Gravitationskräfte stetig zu sein scheinen und atomare Kräfte durch die Elektronen quantisiert sind. Die Quantelung ist jedoch so fein, dass sie in der klassischen Physik keine Rolle spielt.

Elektrostatische Brechung

Beim Übergang von einem Mateial in ein anderes werden elektrische Feldlinien je nach elektrostatischer Durchlässigkeit (Suszeptibilitätsverhältnis ε.2/ ε.1) gebrochen. Beim Übergang in Luft treten sie senkrecht aus. Das zeigt Abb. 2-93:

Quelle: https://de.wikipedia.org/wiki/ gemeinfrei

Abb. 2-93 Darstellung elektrischer Feldlinien in Kondensatoren: Die Kraftlinien des elektrischen Feldes werden durch das leicht bewegliche und gut polarisierbare Holundermark sichtbar gemacht. Die Feldlinien treten immer senkrecht zur Metalloberfläche aus.

Elektrische Influenz und statische Abschirmung

Elektrische Felder üben auf Atome und Moleküle Kräfte aus. In **Leitern** verschiebt die Influenz (Beeinflussung) Ladungen, sodass ein gleichgroßes Feld mit entgegengesetzter Richtung entsteht. In der Summe heben sich beide Felder auf (Abb. 2-94). Deshalb sind Metallgehäuse im Innern feldfrei (elektrostatische Abschirmung). Dadurch ist man z.B. in Autos vor Blitzen geschützt.

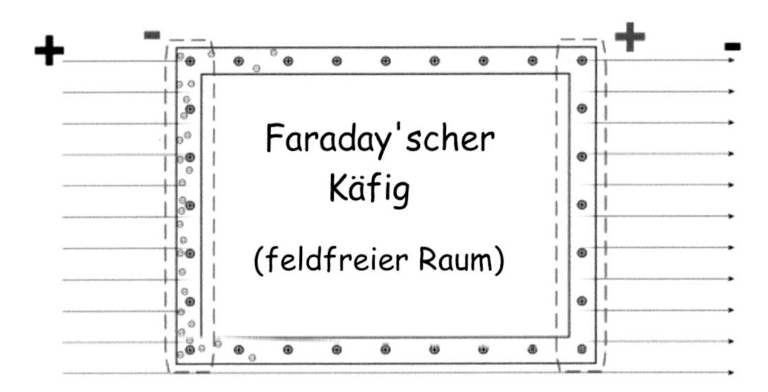

Abb. 2-94 Durch elektrische Influenz auf gegenüberliegende Metallflächen entsteht durch Polarisierung der Moleküle ein feldfreier Raum.

Je stärker die Influenz auf ein Metall ist, desto schneller können Ladungen verschoben werden. Deshalb müssen Kondensatorhersteller das bestgeeignete Material zur Bedampfung ihrer Folien finden. Wir werden beim Thema ‚Serienwiderstand' darauf zurückkommen.

Ionisierung

Bei hohen Feldstärken werden die elektrischen Kräfte auf die Atome und Moleküle eines Isolators so groß, dass sie zuerst verformt und dann zerrissen werden. Dadurch werden die äußeren Elektronen vom Restatom getrennt (Abb. 2-95). Der Isolator wird **elektrisch leitend**: **Ionisierung.** Dann wird das Gas zu einem **Plasma** - z.B. die Luft beim Blitzschlag.

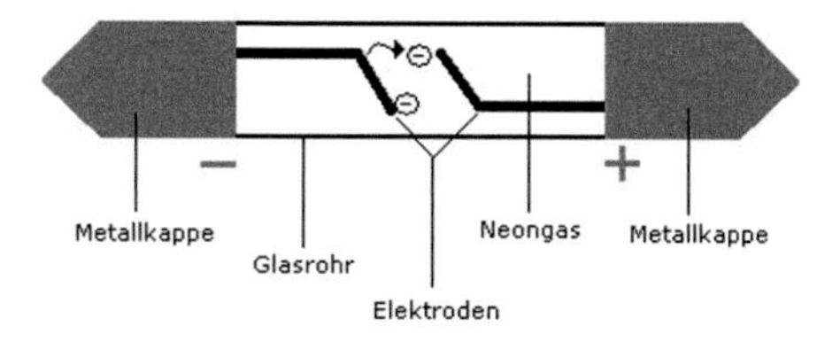

Abb. 2-95 Glimmlampe durch Ionisation der Luft infolge hoher Feldstärke

Nähert man zwei Drähte einander an, zwischen denen eine Spannung u liegt, so wird die elektrische **Feldstärke E=u/d** immer größer Die **Durchschlagsfeldstärke** von trockener Luft beträgt typischerweise **1kV/mm**.

Zur Messung der Durchschlagsfestigkeit

Durchschlagsfestigkeiten sind materialabhängig. Zur Messung nach Abb. 2-96 bestehen zwei Möglichkeiten, die Feldstärke zu vergrößern:

- Man legt man das Material zwischen die Platten eines Kondensators und erhöht die Spannung, bis der Durchschlag erfolgt oder
- man verringert den Plattenabstand, bis der Durchschlag erfolgt.

Nach dem Durchschlag sind die Metallplatten des Kondensators zerstört.

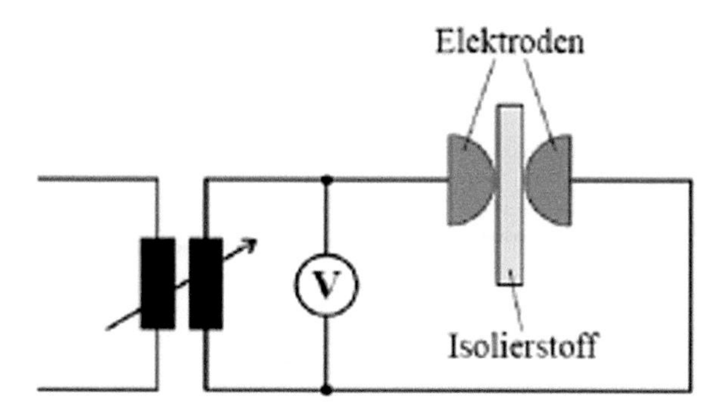

Abb. 2-96 Messung der Durchschlagsfestigkeit: Wo der Elektrodenabstand am geringsten ist, ist die Feldstärke - und damit die Materialbelastung - am größten. Da erfolgt auch der Überschlag.

Elektromechanische Analogie
Ladungen q üben, ähnlich wie Massen, Kräfte aufeinander aus. Ladungen, bzw. Massen erzeugen in ihrer Umgebung Kraftfelder:

- Das Gravitationsfeld der Sonne hält die Planeten auf ihren Bahnen.
- Das elektrische Feld eines Atomkerns bindet die Elektronen der Atomhülle.

Abb. 2-97 zeigt die elektrostatischen Feldlinien beim Übergang von einem Medium in ein anderes. Sie treten immer senkrecht zur Oberfläche aus.

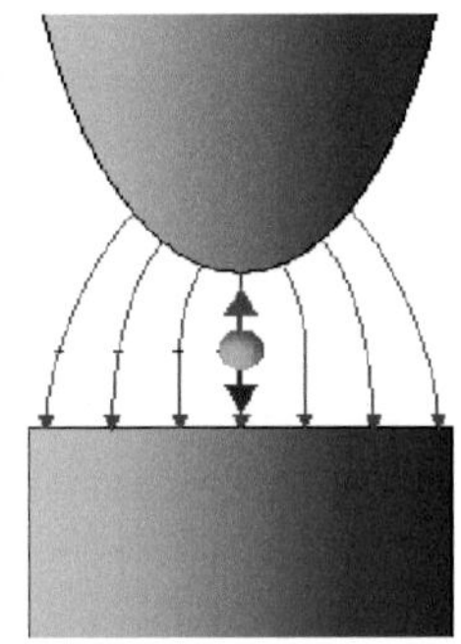

Abb. 2-97 Kraft auf eine Ladung im inhomogenen elektrischen Feld: Je kleiner der Abstand der Ladung, desto größer wird die Kraft. Bei kleinsten Abständen ionisiert die Feldstärke das Material: Überschlag.

Quelle: https://de.wikipedia.org/wiki/ gemeinfrei

2.4.2 Kondensatoren

Technische Kondensatoren sind Ladungsspeicher (Abb. 2-98). Zur Anwendung müssen ihre Eigenschaften (Kapazität, Spannungsfestigkeit) bekannt sein. Zur Simulation von Kondensatoren muss man ihre Daten kennen oder bestimmen. Das ist das Thema dieses Abschnitts.

Die Funktion des Kondensators:
Legt man an zwei sich isoliert gegenüberstehende **Metallflächen A** eine elektrische Spannung u.c, so werden **Ladungen q** verschoben. Kondensatoren ermöglichen die (Kurzzeit-) Speicherung elektrischer **Ladungen q**. Die Frage, was ‚kurz' ist, werden wir durch die Angabe einer Selbstentladungszeitkonstante T.el beantworten.

Gespeicherte Ladung q ist an der proportionalen **Klemmenspannung u.C** zu erkennen.

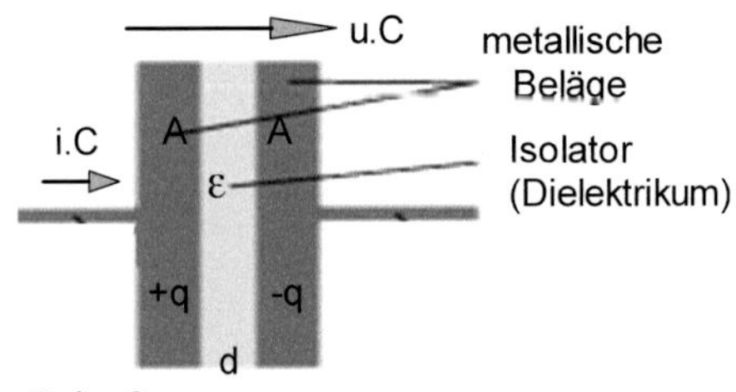

Quelle unbekannt, siehe Seite 3

Abb. 2-98 Kondensatorparameter: Belagsfläche A, Isolationsdicke d und Dielektrizitätskonstante ε

Kondensatoren C können elektrische **Ladungen q** wie Wasser in einem Eimer speichern. Der Namensgebung ‚Kondensator' liegt die Vorstellung zu Grunde, dass sich elektrischer Strom wie ein Gas verhält, das sich als Ladung auf den Platten als Flüssigkeit niederschlägt. Dieser Vergleich hinkt, weil Gase komprimierbar sind, der elektrische Strom in Leitungen und damit auf Kondensatorplatten jedoch nicht.

Kondensatoren sind **statische Speicher**, denn sie speichern Energie, ohne dass Strom i.C fließt. Der ist nur zur Umladung erforderlich. Das ist der entscheidende Unterschied zu magnetischen Speichern (Spulen), die nur bei Stromfluss Energie speichern (dynamische Speicher). Spulen werden im nächsten Abschnitt behandelt.

Die Zusammenhänge von **Spannungen u, Ladungen q** und **Kräften F bei Kondensatoren C** sind das Thema dieses Abschnitts. Durch sie lassen sich statische elektromechanische Wandler realisieren (z.B. Piezo-Lautsprecher und -Mikrofone).

Anwendung: Kondensatormikrofon
Sobald Ladungen q verschoben werden, fließen **Kondensatorströme i.C=dq/dt.** Das lässt sich z.B. zur Umwandlung von Schall ausnutzen (Abb. 2-99).

Kondensator-Folienmikrofone heißen nach dem Material des Dielektrikums, aus dem sie bestehen, ‚Elektret' (von elektrostatischer Permanentmagnet). Sie sind, verglichen mit dynamischen Mikrofonen, besonders klein (siehe Kap. 11 Aktorik\Akustik). Wegen geringer bewegter Massen eignen sie sich zur Messung von Ultraschall.

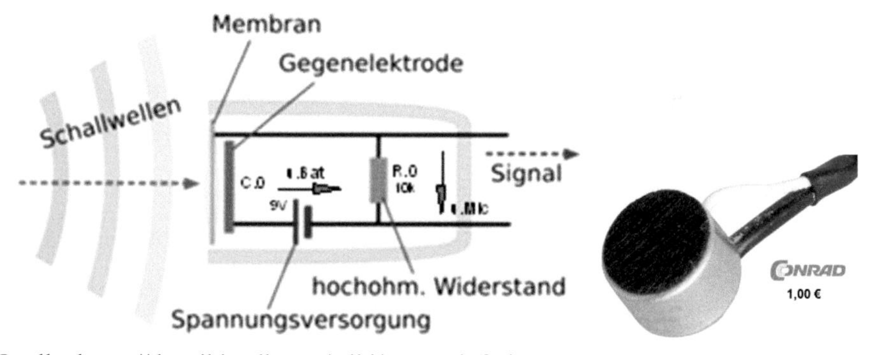

Quelle: https://de.wikipedia.org/wiki/ gemeinfrei

Abb. 2-99 Elektret-Kondensatormikrofon: Schaltskizze und technische Ausführung

Die Funktion des Kondensatormikrofons:
Bei Kondensatormikrofonen steuert der Luftdruck den Elektrodenabstand d eines vorgespannten Kondensators. Die Vorspannung wird über einen Arbeitswiderstand R.0 (typisch 1… 10kΩ) zugeführt. Der Luftdruck ändert den Plattenabstand und damit die Kapazität C des Elektret-Kondensators. Entsprechend der Schallwellen ändert sich die gespeicherte Ladung, was sich durch Strom- und Spannungsschwankungen über R.0 bemerkbar macht. Mikrofonströme können durch Kopfhörer wahrgenommen und weiterverstärkt werden.

2.4.3 Die Kapazität C

Die **Kapazität C** ist das Maß für die **Speicherfähigkeit** eines Kondensators (Abb. 2-100). C bestimmt sich aus der Proportionalität zwischen der gespeicherten **Ladung q** und der **Spannung u.C** des Kondensators:

Gl. 2-19 Kondensator C = q/u.C - in As/V = F (Farad)

Ein Kondensator mit einer Kapazität C=1F speichert pro Volt eine Ladung von 1As. Gebräuchliche Untereinheiten sind

mF, μF, nF und pF=10^{-12}F.

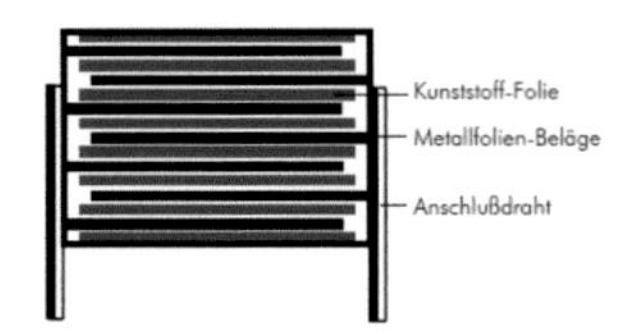

Abb. 2-100 Folienkondensator: Zur Erzeugung einer kompakten Bauform wird die metallisierte Doppelfolie gefaltet.

Kondensatoren unterscheiden sich durch

- ihre Fähigkeit, Ladung zu speichern, genannt **Kapazität C=q/u.C**,
- **die Spannungsfestigkeit u.max,** genannt **Nennspannung u.Nen** und
- ihre **Bauart (polarisiert, unpolarisiert).**

Diese Daten und Begriffe sollen nun näher erläutert werden. Dadurch können Sie später den für ihre Anwendung geeigneten Kondensator auswählen. Um den Kondensator für spezielle Anwendungen dimensionieren und simulieren zu können, soll berechnet werden, wie die Kapazität C von den **Dimensionen (Belagsfläche A, Abstand d**) und dem **Isolator (Dielektrikum ε)** zwischen den Belägen abhängt.

Zur Berechnung der Kapazität C wird eine Materialkonstante, die **Dielektrizitätskonstante ε,** benötigt. Durch ε wird aus der Proportionalität **q~u.C** die Gleichung

Gl. 2-20 elektrische Kapazität C = q/u.C = ε ·A / d

Die **Kapazität C** steigt mit der **Polarisierbarkeit ε** des Dielektrikums und der metallisierten **Fläche A** und sinkt mit steigendem **Plattenabstand d.** Unpolarisierte Kondensatoren besitzen Kapazitäten von etwa pF bis μF, polarisierte von etwa μF bis F (Erklärung folgt).

Die Dielektrizitätskonstante ε = ε.0·ε ist im Vakuum minimal: **ε.0 ≈ 9pF/m.** In Luft ist sie nur um 1% größer. Deshalb machen wir zwischen beiden keinen Unterschied.

Tab. 2-3: In **Kondensatoren** wird das Dielektrikum **elektrisch polarisiert**. Dadurch vergrößert sich die Kapazität gegenüber der des Vakuums um einen Faktor, genannt die

relative Dielektrizitätskonstante ε.r
*oder **Permittivität ε.r=ε/ε.0.***

Für alle gebräuchlichen Dielektrika wird ε.r gemessen.

Dielektrikum	ε_r
Luft	1
Papier	2
Glimmer	5
Keramik	60-3000

Tab. 2-3 Dielektrizitätskonstanten

Durchschlagsfestigkeit und Baugröße
Die Durchschlagsfestigkeit eines Kondensators ist die höchste **Spannung u.C;max,** die an seinen Klemmen anliegen darf, bevor er durchschlägt. Deshalb muss bei der Beschaffung von Kondensatoren nicht nur deren **Kapazität C**, sondern auch die **Nennspannung u.max** angegeben werden. u.max ist proportional zum Belagsabstand d.

Kondensatoren werden mit Nennspannungen von einigen V bis zu einigen kV angeboten. Je größer die Nennspannung, desto größer und teurer ist ein Kondensator. Deshalb soll u.max nur **so groß wie nötig** sein. Was nötig ist, bestimmt die Anwendung. Bei Wechselstrombetrieb ist die effektive Nennspannung um $\sqrt{2}$ kleiner als der Gleichstromwert.

Kondensatoren werden räumlich umso größer, je höher ihre Kapazität ist (C~A) und je spannungsfester sie sind (u.max~d). Da C und u.max entscheidend durch die Technologie des Kondensators bestimmt werden, lässt sich keine einfache Proportionalität zwischen dem Volumen **Vol=A·d** und **q.max=C·u.max** angeben.

Elektrolytkondensatoren
Elektrolyte sind leitende Flüssigkeiten mit polaren Molekülen (die Ladungsschwerpunkte von Protonen und Elektronen fallen nicht zusammen). Sie lassen sich leicht durch äußere elektrische Felder ausrichten (polarisieren).

Einige Elektrolyte werden bei richtiger Polung zum Isolator. Dann kann der Elektrodenabstand d nur einige 100 Moleküllagen groß sein. So erhält man große Kapazitäten auf kleinem Raum.

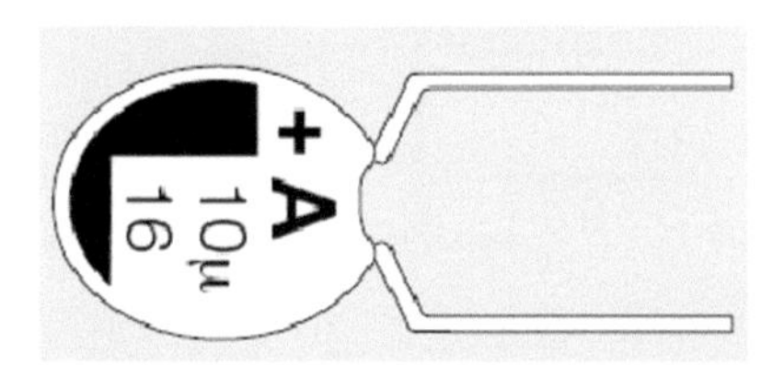

Abb. 2-101 Tantal Elkoperle: Angegeben ist die Kapazität C und die Nennspannung in Volt.

Kondensatoren mit flüssigem Dielektrikum heißen **Elektrolytkondensatoren (Elko's** Abb. 2-101**)**. Tab. 2-4 zeigt die gebräuchlichsten Dielektrika.

Tab. 2-4 Die Polarisierbarkeitsfaktoren ε.r von Elektrolytkondensatoren: Nicht nur das Dielektrikum, sondern auch der Folienbelag, bestimmen die Kapazität C.

Folien-Belag	Dielektrikum	relative spezifische Dielektrizität ε.r = ε/ε.0	Spannungsfestigkeit in V/µm
Aluminium	Aluminiumoxid, Al_2O_3	9,6	700
Tantal	Tantalpentoxid, Ta_2O_5	26	625
Niob	Niobpentoxid, Nb_2O_5	42	455

Einige Anwendungen von Elektrolyt-Kondensatoren

- Glättung bzw. Mittelung von gleichgerichteten Wechselspannungen
- Energiespeicher, z. B. in Elektronenblitzgeräten
- Ladungssammler in Zeitgliedern, z. B. in Blinkern
- Ein- und Auskopplung von Wechselspannungssignalen in Niederfrequenzverstärkern
- Bipolare (ungepolte) Elektrolyt-Kondensatoren als Betriebs- oder Motor-Anlasskondensator für Asynchron-Motoren
- Tonfrequenzkondensatoren in Frequenzweichen von Lautsprecherboxen
  Beispiele zur **Simulation von Filterschaltungen** finden sie in Bd. 2/7, Kap. 3.10.

Lautsprecherfilter

Gute Lautsprecher können nur für jeweils hohe, mittlere und tiefe Frequenzen gebaut werden (Kap. 11.3 der ‚Strukturbildung und Simulation technischer Systeme‘).

Filterschaltungen trennen das vom Audioverstärker kommende Frequenzgemisch durch **Hoch- und Tiefpässe** so auf, dass jeder Lautsprecher vorzugsweise die für ihn bestimmten Frequenzen erhält (Abb. 2-102). Dadurch wird die Übersteuerung der Lautsprecher verhindert (-> geringe Verzerrungen).

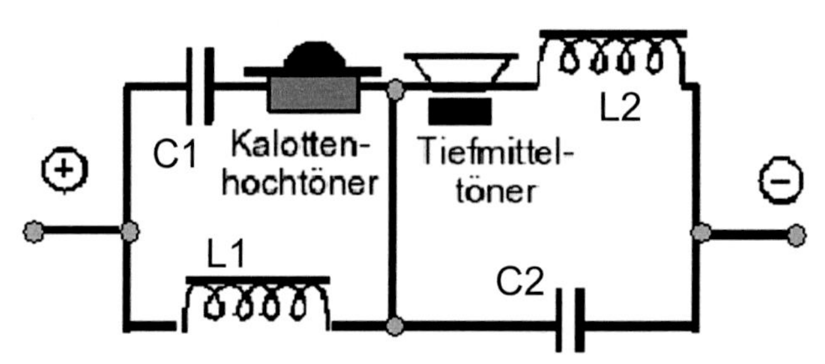

Quelle: Wikipedia, gemeinfrei

Abb. 2-102 Passivfrequenzweiche mit L und C: Die dazu erforderlichen Induktivitäten L behandelt das Kap. 5 Magnetismus.

Ungepolte Elkos

Elkos müssen **richtig gepolt** (vorgespannt) werden, damit sie nicht elektrisch leitend werden. Durch Fehlpolung werden sie zerstört (Explosionsgefahr).

Eine Ausnahme sind die für Frequenzweichen vorgesehenen **bipolaren Elkos** (Abb. 2-103). Man kann sie sich als Gegeneinanderschaltung zweier Elkos vorstellen. Sie werden durch Fehlpolung nicht zerstört.

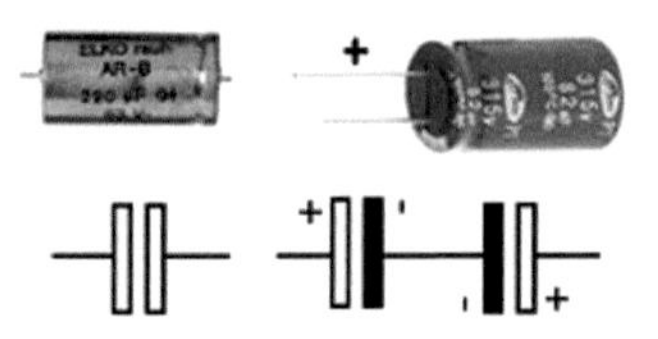

Quelle: Conrad Electronic

Abb. 2-103 Kondensatorbauformen: links ein ungepolter, daneben ein gepolter Elektrolytkondensator - Darunter die Nachbildung eines umgepolten Elkos durch die Gegeneinanderschaltung zweier gepolter Elkos.

Doppelschicht- oder Superkondensatoren (Goldcaps von Fa. Panasonic, Abb. 2-104**)**
Bei Goldcaps ist die Isolierschicht nur noch einige Moleküllagen dick. Dadurch werden Kapazitäten von einigen 100F und größte spezifische Kapazitäten (C/Masse oder C/Volumen) erreicht. Die maximalen Spannungen betragen einige Volt.
Goldcaps haben ein festes Dielektrikum. Deshalb sind sie keine Elkos.

Capacitance (F)	0.047	0.1	0.22	0.33	0.47	1.0
Internal resistance (Ω)	120	75	75	75	30	30
T.ser/s	5,6	7,5	16	25	14	30

Abb. 2-104 Goldcaps: Ladungsspeicher bis 10F und ihre Lade- und Entladezeitkonstanten

Anwendungen als Stromspeicher für
- Nutzfahrzeuge (Gabelstapler) und Seilbahnen
- Brems- und Anfahrunterstützung bei Elektrofahrzeugen
- Puffer in Solaranlagen

2.4.4 Berechnung realer Kondensatoren

Ideale Kondensatoren sind verlustfreie Ladungsspeicher.

Reale Kondensatoren haben
- einen Innenwiderstand, über den sie sich bei offenen Leitungen mit der Zeit entladen und
- einen Außenwiderstand, durch den sie bei hohen Frequenzen zum ohmschen Widerstand werden.

Gezeigt werden soll, wie der Innen- und der Außenwiderstand aus Herstellerangaben berechnet werden können.

Die folgende Struktur (Abb. 2-105) zeigt die Zusammenhänge zwischen den inneren Feldgrößen **Verschiebungsdichte D=q/A** und **Feldstärke E=u.C/d** und äußeren Größen, der verschobenen **Ladung q** und der **Klemmenspannung u.C,** und den zugehörigen **Energiedichten W/Vol** und **Kräften F** bei Kondensatoren:

Die Struktur des Kondensators zeigt, wie die **Energiedichte ΔW/Vol** vom **Material** des Dielektrikums abhängt. Der Algorithmus hat den gleichen Aufbau wie der des elektrischen Strömungsfeldes, nur dass hier die Spannung keinen Stromfluss erzeugt, sondern nur Ladungen verschiebt.

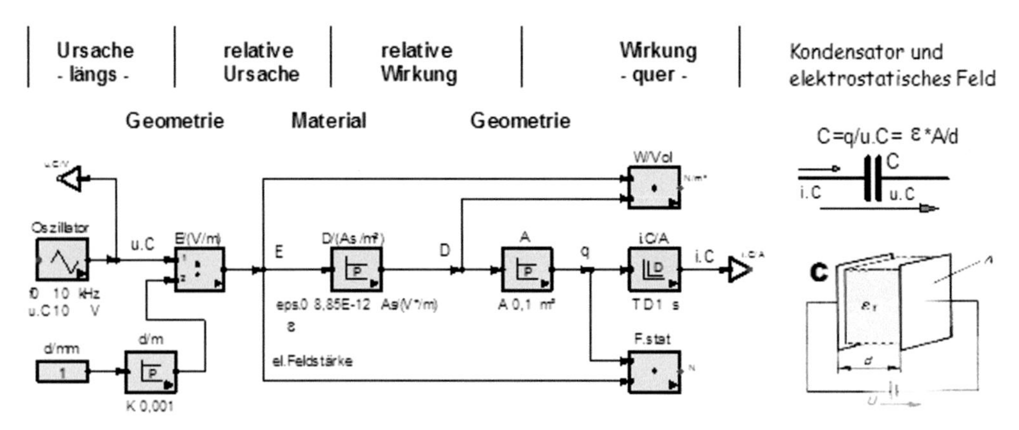

Abb. 2-105 Elektrostatisches Feld: Die Struktur des elektrischen Feldes zeigt die Berechnung der Verschiebung von Ladungen q durch Spannungen u.C an Isolatoren über die Feldgrößen E und D und die Materialeigenschaft ε für Verschiebbarkeit der Ladungen im Isolator.

Abb. 2-105 zeigt, dass Kondensatorströme i.C nur bei zeitlicher Spannungsänderung fließen.

Gl. 2-21 der Kondensatorstrom $$i.C = \frac{dq}{dt} = C * \frac{du.C}{dt}$$

Kondensatorströme sind umso stärker, je schneller sich die Spannung ändert. Umgekehrt bedeutet dies: Je größer ein Kondensatorstrom, desto schneller ändert sich seine Spannung. Das bedeutet:

Bei Kondensatoren C können nur die Ströme springen, die Spannungen nicht.

Anmerkung: Bei Spulen L (magnetische Speicher) ist es genau umgekehrt:

Bei Induktivitäten L kann nur die Spannung u.L springen, der Strom i.L nicht.

Die Einzelheiten dazu erfahren sie in Bd.2/7, Kap. 3.2.

Verschiebungsdichte D und Feldstärke E

Bei elektrischen **Leitern** erzeugen **Feldstärken E** elektrische **Stromdichten J=i/A**. Kondensatoren verhalten sich analog. Aus der Stromdichte J wird die **Verschiebungsdichte D=q/A**. Die folgende Rechnung zeigt, dass die Ladungsverschiebung pro Fläche **D=q/A** proportional zur **Feldstärke E=u/d** ist:

Mit **C=ε·A/d** wird aus **q=C·u.C** die **Verschiebungsdichte D = ε·E** – in As/m²

Die zugehörige Materialkonstante heißt **Dielektrizitätskonstante ε**

Die **Kapazität C** erkennt man in der Struktur des Kondensators (Abb. 2-105), indem man die Konstanten des Signalwegs von u.C nach q zusammenfasst:

Gl. 2-20 C = q/u.C = ε ·A / d - in As/V = F (Farad)

Die allgemeine Kondensatorersatzschaltung

Abb. 2-106 zeigt, dass sich ein Kondensator je nach Frequenz mit der er betrieben wird, kapazitiv, ohmsch oder induktiv verhält. Die Induktivität entsteht, weil jeder Kondensator auch eine Stromschleife ist. Sie wirkt sich nur bei höchsten Frequenzen aus (Abb. 2-110). Die Ersatzschaltung beschreibt das Verhalten von Kondensatoren bei allen Frequenzen:

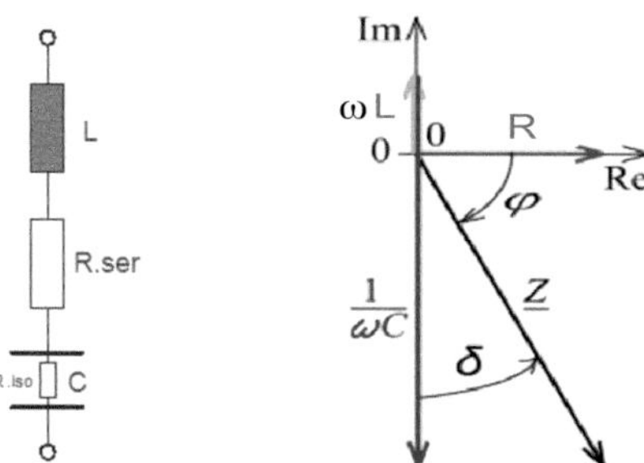

Abb. 2-106 Die allgemeine Ersatzschaltung des Kondensators gilt von kleinsten bis zu höchsten Frequenzen. Rechts: Das Zeigerdiagramm zeigt den Betrag seiner Impedanz und die Phasenverschiebung δ (kleines griechisches delta).

DESCRIPTION	VALUE		
Tangent of loss angle:	at 1 kHz	at 10 kHz	at 100 kHz
$C \le 0.1\,\mu F$	$\le 75 \times 10^{-4}$	$\le 130 \times 10^{-4}$	$\le 225 \times 10^{-4}$
$0.1\,\mu F < C \le 0.47\,\mu F$	$\le 75 \times 10^{-4}$	$\le 130 \times 10^{-4}$	$\le 300 \times 10^{-4}$
$0.47\,\mu F < C \le 1.0\,\mu F$	$\le 75 \times 10^{-4}$	$\le 130 \times 10^{-4}$	–

Abb. 2-107 oben: Hochfrequenz-Ersatzschaltung des Kondensators, darunter der tanδ zur Berechnung des Serienwiderstands

Zur Entwicklung von Kondensatorschaltungen muss dessen Verhalten als Funktion der Zeit (langsame Vorgänge) und als Funktion der Frequenz (schnelle Vorgänge) berechnet werden.

Die Ersatzschaltung zeigt, welche Daten zur Berechnung der Kondensatorladung und -entladung benötigt werden:

- die **Kapazität C** - zur Berechnung der **gespeicherten Ladung**
- der **Isolationswiderstand R.Iso** – zur Berechnung der Selbstentladung
- der **Serienwiderstand R.ser** - zur Berechnung des **maximalen Lade- und Entladestroms**
- die **Serieninduktivität L.Ser** – zur Berechnung der **Resonanzfrequenz**

Die technischen Daten eines Kondensators

Zur Berechnung der Frequenzabhängigkeit des Kondensators müssen die Daten seiner Ersatzschaltung (R.Iso, R.ser) für eine gegebene Kapazität C bekannt sein. Hersteller geben diese Parameter zum Teil direkt und zum Teil indirekt an. Deshalb zeigen wir nun, wie die Parameter des Kondensators aus Herstellerangaben ermittelt werden (Abb. 2-108).

Der Serienwiderstand R.Ser und der **Tangens Delta**
Bei niedrigen Frequenzen spielt die Induktivität L.Ser keine Rolle. Die Gesamtimpedanz bilden der kapazitive Widerstand X.C=1/ωC und der Serienwiderstand R.ser. Dieser dient zur Berechnung des maximalen Lade- und Entladestroms bei Spannungseinprägung: i.max=u.max/R.Ser.

Bei sinusförmigem Betrieb bewirkt R.Ser, dass die Phasenverschiebung des Stroms gegen die Spannung etwas kleiner als 90° wird. Dieser **Verlustwinkel δ** ist frequenzabhängig (Abb. 2-106). Deshalb geben die Hersteller den gemessenen **tan δ = R.ser/X.C = ω·C·R.Ser** zusammen mit der Frequenz an. Daraus kann der Serienwiderstand berechnet werden:

Gl. 2-22 $$R.ser = \tan\delta / \omega C$$

Zahlenwerte aus Abb. 2-107: C=1µF; tan δ=1%; f=10kHz -> **R.Ser=0,16Ω.**

R.Ser ist proportional zum tan δ und umgekehrt proportional zur Frequenz ω. Das Verhältnis ist in etwa konstant. Deshalb wäre es einfacher, R.ser(C,f) direkt anzugeben. Warum dies nicht üblich ist, lässt sich nur aus der Historie erklären.

Isolationswiderstand R.Iso und **Isolationszeitkonstante T.Iso**
Berechnet werden soll, wie lange Kondensatoren ihre Ladung speichern können.
Im Datenblatt Abb. 2-108 wird dazu die Isolationszeitkonstante **T.Iso=C·R.Iso** bei einer Nennspannung U.Nen=100V angegeben.

TECHNICAL DATA

Dissipation factor tanδ (R.Ser = tanδ/ω*C)	Maximum values at +23°C	C ≤ 0.1 µF	0.1 µF < C ≤ 1.0 µF	C > 1.0 µF	R.Ser
MMK5	1 kHz	0.8%	0.8%	0.8%	≈1Ω
	10 kHz	1.2%	1.2%	1.5%	
	100 kHz	2.5%	3.0%		
MMK7.5 ... 37.5	1 kHz	0.8%	0.8%	1.0%	
	10 kHz	1.5%	1.5%	k.Iso	
	100 kHz	3.0%	tan δ		

Insulation resistance (T.Iso = C*R.Iso)	Minimum values between terminals. Measured at +20°C, according to IEC 60384-2.	C ≤ 0.33 µF	C > 0.33 µF
	$U_R \leq 100V$	R.Iso 15000 MΩ	T.Iso 5000 s
	$U_R > 100V$	30000 MΩ	10000 s

Abb. 2-108 Die Daten von metallisierten Polyester-Kondensatoren: oben der Tangens des Verlustwinkels δ: Er dient zur Berechnung des Serienwiderstands R.ser=tan δ/ωC - unten: Isolationswiderstände zur Berechnung der Selbstentladezeitkonstante T.Iso.

Wenn die Kapazität C bekannt ist, kann man den **Isolationswiderstand R.Iso=T.Iso/C** bestimmen. Typischerweise liegt R.Iso im GΩ-Bereich.
Aus R.Iso und der Kondensatorspannung u.C erhält man den internen Entladestrom (Leckstrom) des Kondensators: **i.Iso = u.C/R.Iso**

Daraus folgt die Geschwindigkeit der Selbstentladung: **du.C/dt = -u.C/C**

Die Isolationskonstante k.Iso

Bei offenen Anschlüssen entladen sich Kondensatoren selbst durch interne Leckströme I.Iso. Zur Berechnung der Speicherzeit geben einige Hersteller eine Isolationskonstante k.Iso an, mit der sich der interne Leckstrom i.Leck berechnen lässt.

Leckströme lassen sich mit einer Isolationskonstante k.Iso (Herstellerangaben, Abb. 2-108) nach Gl. 2-23 berechnen:

Gl. 2-23 Leckstrom eines Kondensators

$$\frac{i.Iso}{\mu A} = k.Iso \frac{C}{\mu F} * \frac{u.C}{V}$$

Isolationskonstante: **k.Iso=1%...10%**

Leckströme sind proportional zur Kapazität C und zur Spannung u.C.

Zahlenwerte: C=1mF=1000µF; u.C=100V, k.Iso=1% -> i.Iso=1mA

Frequenzgang und Ersatzschaltung eines Kondensators

Um angeben zu können, bis zu welchen Frequenzen ein Kondensator zu gebrauchen ist, misst man seinen Frequenzgang (Abb. 2-110). Dazu legen wir ihn an eine sinusförmige Spannung u.C und messen den Strom i.C als Funktion der Frequenz ω=2π·f. Die Rechnung zeigt, dass sich der Kondensator differenzierend verhält. Sein Betrag ist |i.C| = ω·C·|u.C|.

Beim verlustfreien Kondensator

- eilt der Strom der Spannung um 90° vor.
- Die Amplitude des Stroms i.C ist proportional zur Frequenz:

i.max/u.max = ωC=1/X.C.

Umgekehrt kann man den Kondensator auch mit sinusförmigem Strom betreiben. Dann verhält er sich - zumindest bei tiefen Frequenzen – integrierend (Abb. 2-109).

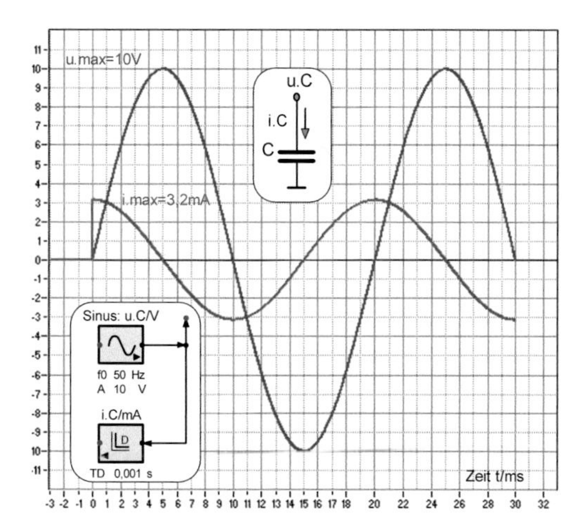

Abb. 2-109 u und i beim idealen Kondensator

Der Frequenzgang der Kondensatorspannung |F|= u.max/i.max zeigt das Verhalten des Kondensator-Blindwiderstands X.C(f) bei tiefen, mittleren und hohen Frequenzen (Abb. 2-110):

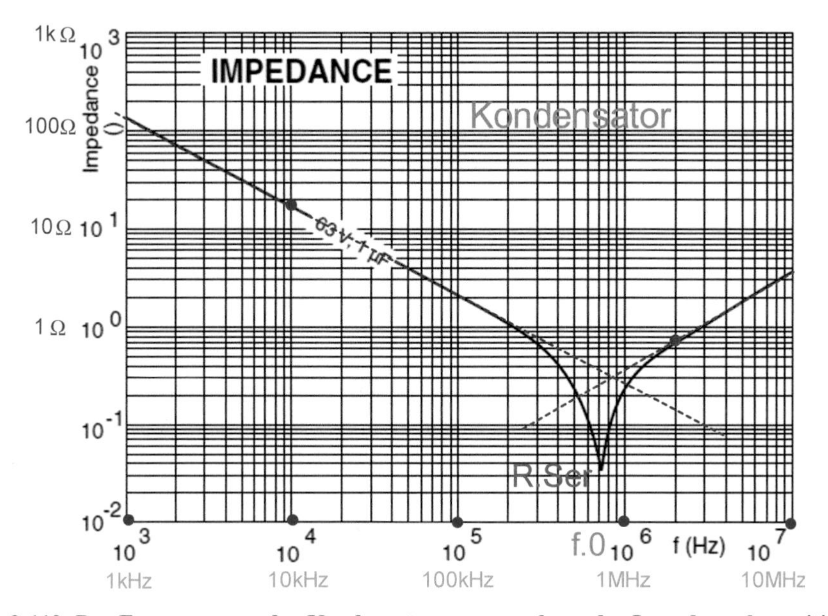

Abb. 2-110 Der Frequenzgang der Kondensatorspannung bzw. der Impedanz: kapazitiv bei tiefen Frequenzen, induktiv bei hohen Frequenzen: Dazwischen liegt eine Resonanz, bei der die Impedanz reell und minimal wird.

Der Frequenzgang des Kondensatorstroms

Mit der Darstellung des Frequenzgangs des Kondensators greifen wir den Themen der Elektrodynamik vor. Sie werden in Bd. 2/7, Kap. 3 ausführlich behandelt.
Dort wird gezeigt,

- was ein Frequenzgang ist, was man daran erkennen kann und wie man ihn berechnet und
- was das Bode-Diagramm ist und was die besonderen Vorteile der logarithmierten Darstellung gegenüber der linearen Darstellung von Abb. 2-107 sind.

Durch den Betrieb des Kondensators mit **erzwungenen Sinusspannungen** soll sein Leitwert bei tiefen, mittleren und hohen Frequenzen simuliert werden.

Abb. 2-111 zeigt die Struktur zur Simulation des Kondensatorstroms.

Abb. 2-112 zeigt das Simulationsergebnis:
Der Frequenzgang zeigt, dass sich der Kondensator nur bei Frequenzen, die klein gegen seine Resonanzfrequenz f.0 sind, kapazitiv verhält. Bei f.0 ist er reell (Serienwiderstand R.Ser), oberhalb von f.0 verhält er sich induktiv.

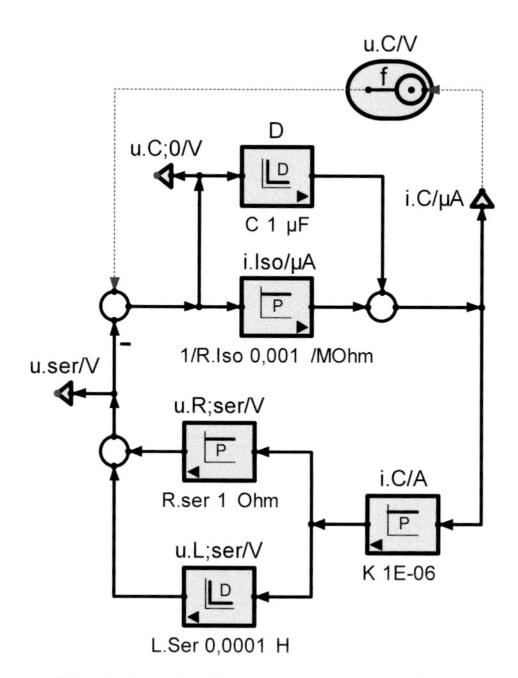

Abb. 2-111 Struktur zur Simulation des Frequenzgangs eines Kondensatorstroms

Wenn der Kondensator spannungsgesteuert ist, stellt der Strom den kapazitiven Leitwert dar. In Abb. 2-112 sehen Sie dessen Betrag als Funktion der Frequenz. Die Darstellung erfolgt im logarithmischen Maßstab (Bode-Diagramm).

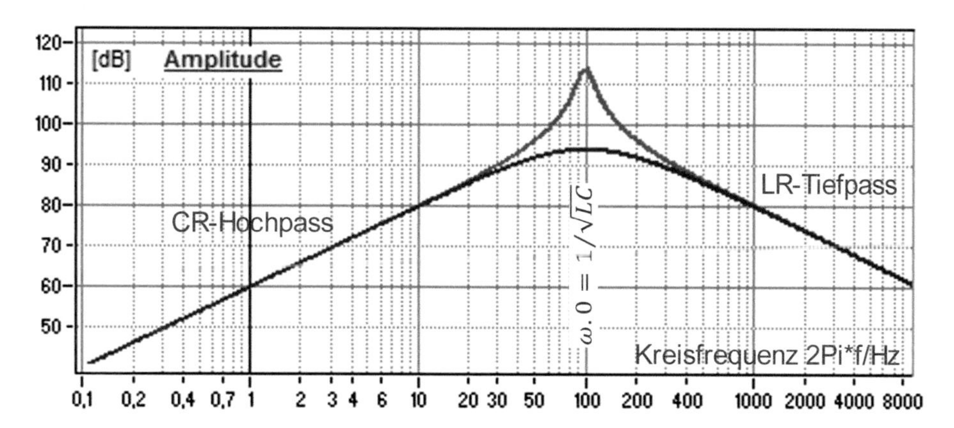

Abb. 2-112 Frequenzgang des Kondensatorstroms nach der Ersatzschaltung von Abb. 2-107 von tiefen bis zu höchsten Frequenzen: Bis zur Resonanzfrequenz ω.0=1/√(LC) verhält sich ein Kondensator kapazitiv (i~f), ab ω.0 verhält er sich induktiv (i~1/f). Bei der Resonanzfrequenz sind beide Anteile gleich groß. Dann bestimmt der Serienwiderstand R.ser den Strom. Er ist bei der oberen Kurve kleiner als bei der unteren.

Kondensatorstrom-Oszillationen

Dass der reale Kondensator eine Serieninduktivität L.Ser besitzt, zeigt sich durch den Strom nach dem Einschalten der Spannung. Dann oszilliert der Kondensatorstrom nahezu ungedämpft **(freie Schwingungen).** Wir zeigen dies durch eine Simulation mit der Struktur nach Abb. 2-111:

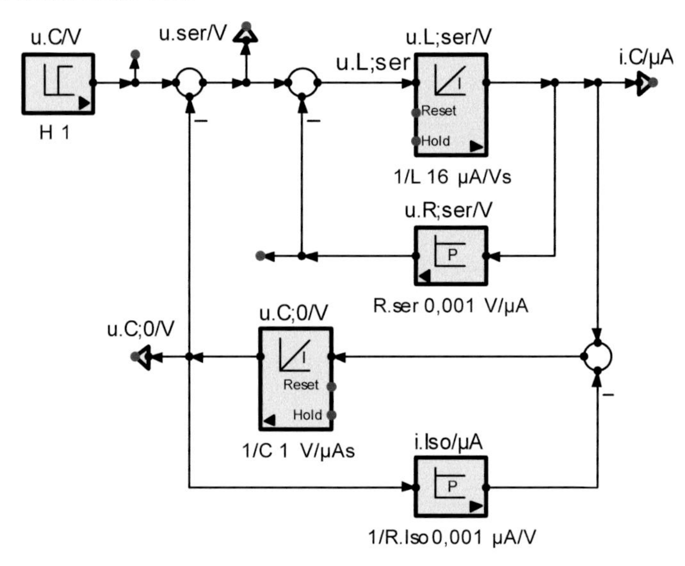

Abb. 2-113 Um das charakteristische Verhalten des Kondensators besser zeigen zu können, sind die oben berechneten Parameter bei der Simulation nicht verwendet worden.

Zahlenwerte:

C=1µF -> 1/C=1µAs/V - R.Ser=1kΩ=0,001MΩ - L.Ser=60nH -> 1/L.Ser=16µA/Vs

R.Iso = 100MΩ -> 1/R.Iso=0,001µA/V.

Abb. 2-114 zeigt den Einschaltstrom eines Kondensators mit Induktivität und Verlustwiderstand.

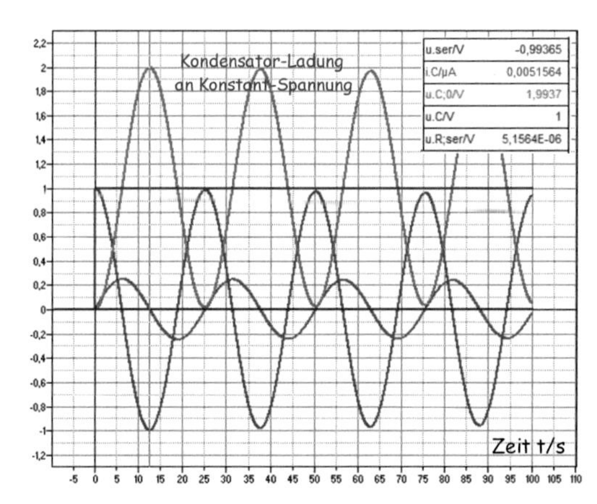

Abb. 2-114 Die Sprungantwort des Kondensatorstroms zeigt freie, fast ungedämpfte Schwingungen nach dem Einschalten der Spannung.

2.4.5 Die Zeitkonstanten eines Kondensators

Durch die Zusammenschaltung von Speichern (hier C) und Verbrauchern (R) entsteht Zeit- und Frequenzverhalten (Hoch- und Tiefpässe Abb. 2-113). Das Zeitverhalten nach dem Einschalten wird durch e-Funktionen mit ihren Zeitkonstanten T beschrieben (Abb. 2-120 und Abb. 2-120).

Der Frequenzgang beschreibt das dynamische Verhalten eines Systems bei sinusförmiger Ansteuerung. Zur Angabe von Frequenzgängen werden die Systemzeitkonstanten T gebraucht. Sie sollen nun für Kondensatoren bestimmt werden.

Die Entladezeitkonstante

Wegen ihrer Leckströme eignen sich Kondensatoren nur als Kurzzeitspeicher. Dadurch unterscheiden sie sich von **Akkumulatoren** (oft Batterien genannt), die die Langzeitspeicherung von Ladungen durch **chemische Umwandlung** ermöglichen.

Die Selbstentladung des Kondensators erfolgt nach e-Funktionen (Abb. 2-120) mit der Zeitkonstante **T.Iso=C·R.Iso**. Die Entladezeitkonstante ist das Verhältnis aus gespeicherter Ladung q=C·u.C und dem Isolationsstrom i.Iso. So lässt sich mit Gl. 2-23 die Isolationszeitkonstante bestimmen:

$$T.Iso = q/i.Iso = C \cdot R.Iso$$

Typische Isolationszeitkonstanten betragen etwa **100s bis über 1000s**. Das bedeutet,

- dass Isolationswiderstände R.Iso umgekehrt proportional zur Kapazität C sind: **R.Iso ≈ T.Iso/C**
- dass sich Kondensatoren nur als Kurzzeitspeicher eignen und
- dass sie als Koppelkondensatoren im Tonfrequenzbereich zu gebrauchen sind.

Zur dynamischen Simulation und Dimensionierung eines Systems muss bekannt sein, wie dessen Speicher und Verbraucher die **Systemzeitkonstanten T** bilden. Das wird in Bd. 2/7, Kap. 3.10 am Beispiel passiver und aktiver elektrischer Filter gezeigt.

Statischer Speicher aus Kondensator C und Widerstand R:	**T.stat = C · R**
Dynamischer Speicher aus Induktivität L und Widerstand R:	**T.dyn = L/R**
System 2.Ordnung aus L und C: die Eigenzeitkonstante	**T.0 = √ (L·C)**

Zahlenwerte:

C=1μF; R=1Ω; L=0,1μH -> T.stat=0,1μs; T.dyn=0,1μs und die Eigenzeitkonstante

$$T.0 = \sqrt{(T.dyn \cdot T.Stat)} = 0{,}1\mu s.$$

Aus T.0 folgen die Resonanzkreisfrequenz ω.0=1/T.0=10rad/μs und die Resonanzfrequenz f.0= ω.0/2π≈1,7MHz.

Die statische Kondensatorzeitkonstante T.stat

Hier soll die Frage beantwortet werden, wie die statische **Zeitkonstante T.stat** vom Material des **Kondensators C** und seinen **Abmessungen** abhängt (Länge l, Querschnitt A). Wenn es diesen Zusammenhang gibt,

- könnte aus der Größe des Kondensators seine Kapazität C abgeschätzt werden oder umgekehrt
- könnte angegeben werden, wie groß der Kondensator wird, wenn die Baugröße vorgegeben ist (z.B. bei integrierten Schaltungen).

Der Zusammenhang zwischen der Kapazität C und den Abmessungen eines Kondensators soll nun untersucht werden. Für die Berechnung der Bauelemente spielen **Materialkonstanten** eine entscheidende Rolle:

- der spezifische Widerstand ρ von Widerständen R,
- die Dielektrizitätskonstante ε (=Suszeptibilität= spez. Ladungsverschiebung) von Kapazitäten C und
- die Permeabilität μ von Induktivitäten L von Spulen.

Zur Berechnung der **dielektrischen Verschiebung D** muss bekannt sein, welche **Länge l** und welchen **Querschnitt A** ein Kondensator hat. Die Werte für R, C und L bestimmt der **Geometriefaktor l/A.** Beispiele dazu finden Sie in diesem Bd. in den Abschnitten 2.3.4 (Widerstände) und 2.4.6 und im nächsten Bd. 2/7, Kap.3, Abschn. 3.3 (Spulen).

Der verlustbehaftete Kondensator

Kondensatoren sollen die auf ihren Platten gespeicherten Ladungen möglichst lange halten. Das erfordert ein gut isolierendes Dielektrikum zwischen den Platten. Mit anderen Worten: Der innere Widerstand R des Kondensators soll gegen unendlich gehen. Dann geht auch die Zeitkonstante T.C=C·R der Selbstentladung gegen unendlich.

Der Verlustwiderstand R liegt parallel zum Kondensator C (Abb. 2-115). Damit wird die

Entladezeitkonstante T.C = C·R.

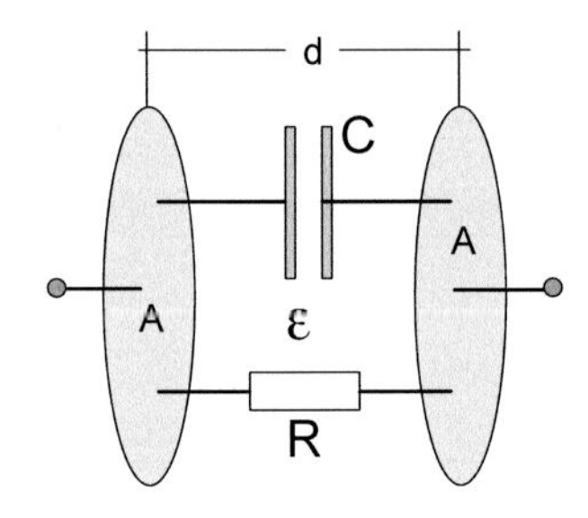

Abb. 2-115 Kondensator mit internem Verlustwiderstand

Zuerst klären wir die Frage, ob T.C von der **Baugröße** des Kondensators abhängt. Wenn ja, könnte von dem Volumen eines Kondensators auf die Zeitkonstante T.C geschlossen werden.

Berechnung der Selbstentladungszeitkonstante T.C
Die **Kapazität C** eines Kondensators wird umso größer, je größer die **Elektrodenfläche A** ist und umso kleiner, je größer ihr **Abstand d** ist:

Gl. 2-24 Berechnung von Kapazitäten $C = \epsilon.0 * \epsilon.r * A/d$

In Gl. 2-24 ist die Dielektrizitätskonstante ε.0 die Polarisierbarkeit des Vakuums. Für eine Abschätzung können wir mit **ε.0=10pF/m** rechnen. Die **relative Dielektrizitätskonstante ε.r** des Vakuums ist 1, ebenso die der Luft. Bei Elektrolytkondensatoren wird ε.r bis zu 40.

Beim **Verlustwiderstand R des Kondensators** ist es umgekehrt wie bei der Kapazität: R wird umso kleiner, je größer die **Elektrodenfläche A** ist und umso größer, je größer der **Plattenabstand d** ist. Nach Gl. 2-12 ist der

Gl. 2-25 Kondensator-Innenwiderstand $R = \rho.el * d/A.$

Darin ist ρ **der spezifische Widerstand des Dielektrikums** zwischen den Platten des Kondensators. Deshalb ist die Eigenzeitkonstante des Kondensators nur von den **Materialeigenschaften ε und ρ** abhängig und von den **Dimensionen A und d unabhängig**:

Gl. 2-26 Kondensatorzeitkonstante $T.C = C * R = \epsilon * \rho$

Das bedeutet, dass von der Baugröße eines Kondensators **nicht auf seine Kapazität C** geschlossen werden kann. Sie steigt außer mit C auch mit der Spannungsfestigkeit u.C;max.

Zahlenwerte: Piezo-Kondensator (Glimmer)
mit $\rho=10^{13}\Omega m$ und ε.r≈6 -> ε=ε.0·ε.r≈5pF/m hat T.C≈50s.

2.4.6 Der Kondensator als Ladungsspeicher

Um Schaltungen mit Kondensatoren berechnen zu können, müssen ihre Eigenschaften (Zeitverhalten, Frequenzverhalten) bekannt sein. In diesem Abschnitt werden die dazu benötigten Grundlagen gelegt. Aus Gl. 2-19 folgt das

Gl. 2-27 Ladungsspeicherungs-Gesetz $q = C * u.C$

Mir Gl. 2-27 kann die nicht direkt messbare gespeicherte Ladung q aus der Kondensatorspannung u.C berechnet werden, wenn die Kapazität C bekannt ist.

Zu zeigen ist,

- wie Kondensatorspannungen u.C gemessen werden können. Das ist nicht trivial, denn bei Belastung entlädt sich ein Kondensator zusätzlich zu seiner inneren Entladung um die äußere Entladung, sodass seine Spannung sinkt.
- dass verschobene Ladungen **Kräfte F=q*E** auf die Kondensatorplatten ausüben.

Elektrostatische Kräfte sind proportional zur **Feldstärke E=u.C/d**, die mit kleinerem Plattenabstand d immer größer werden. Die Berechnung folgt unter 2.4.7. Ein Anwendungsbeispiel ist das Elektroskop.

Das Elektroskop

Elektroskope sind Drehkondensatoren. Sie dienen zum stromlosen Nachweis hoher elektrischer Spannungen (Abb. 2-116).

Ohne Spannung berühren sich der ruhende und der bewegliche Teil der Kondensatorplatten fast. Eine angelegte Spannung erzeugt **gleiche Ladungen** auf beiden Platten (elektrostatische Influenz). Dadurch entstehen ein elektrisches Feld und eine abstoßende Kraft zwischen den Platten, die den beweglichen Teil wegdreht.

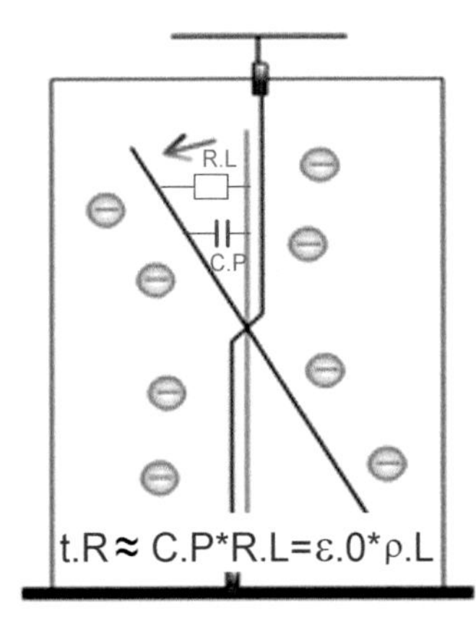

Abb. 2-116 Elektroskop: Zwei isolierte Metallflächen sind drehbar angeordnet. Bei Aufladung schlägt der bewegliche Teil aus.

Zur Spannungsmessung ist das Elektroskop nur bedingt geeignet, denn die Drehung hängt nichtlinear von der Spannung und der Lagerreibung ab. Es kann aber zur Messung der Restleitfähigkeit der Luft verwendet werden.

Beim Abschalten einer Spannung geht der Ausschlag wieder auf null zurück. Das liegt daran, dass sich der **Plattenkondensator C.P** über den **Widerstand R.L der Luft** entlädt. Aus der **Rückstellzeit t.R≈C.ES·R.L** lässt sich der **spezifische Widerstand ρ.L der Luft** abschätzen.

Die folgende Rechnung zeigt, dass t.R nur von ρ.L und der **Dielektrizitätskonstante ε.0** der Luft abhängt:

$$t.R \approx C.P * R.L = \epsilon.0 * \frac{A}{l} * \rho.L * \frac{l}{A} = \epsilon.0 * \rho.L \rightarrow \boldsymbol{\rho.L = t.R/\epsilon.0}$$

Zur Ermittlung von ρ.L wird ein Plattenausschlag durch eine Spannung im Bereich von 100V erzeugt. Dann wird die Spannung abgeschaltet und die **Rückstellzeit t.R gemessen**. Daraus folgt ρ.L.

Zahlenwerte: gemessen wird t.R=18s, ε.0=8.9pF/m -> ρ.L=$2\cdot10^{12}\Omega$m

Messung von Kondensatorspannungen

Die Kondensatorspannung u.C soll möglichst stromlos gemessen werden. Dazu wird ihm ein hochohmiger Verstärker mit der **Spannungsverstärkung v.u=1** nachgeschaltet (Abb. 2-117). Solche Verstärker heißen **Impedanzwandler.** Sie werden durch Operationsverstärker realisiert. Ihre Eingangsströme liegen bei 10…50pA. Der Ausgang ist bis zu ca. 10mA belastbar, ohne dass dies eine Rückwirkung auf den Eingang hat.

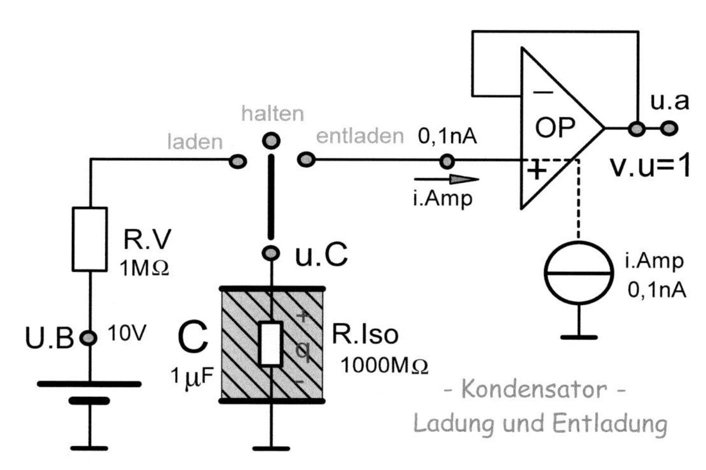

Abb. 2-117 Messung der Kondensatorspannung durch einen Impedanzwandler, hier mit dem Operationsverstärker TL071: Durch die direkte Gegenkopplung überträgt er die Kondensatorspannung 1:1 zu seinem Ausgang, ohne den Kondensator nennenswert zu belasten (ca. 10...50pA). Der Ausgang des Impedanzwandlers ist bis über 10mA belastbar.

Der Impedanzwandler
Die Beschreibung des Impedanzwandlers finden Sie in **Kap. 8.6 Elektronik.** Hier dazu nur das Wichtigste in Kürze:
Durch seine hohe Differenzverstärkung (G.0>100000) und die direkte Gegenkopplung geht seine Differenzeingangsspannung u.d->0. Dadurch läuft die Ausgangsspannung u.a der Eingangsspannung – hier die Kondensatorspannung u.C – hinterher **(u.a=u.C)**.

Zahlenwerte:
Der Impedanzwandler wird hier durch den Operationsverstärker TL071 realisiert. Seine Eingangsströme sind **i.Amp≈50pA=0,05nA**. Es soll berechnet werden, wie weit dieser Eingangsstrom die Messung verfälscht.

Dazu schätzen wir zunächst den **Isolationswiderstand** ab: **R.Iso=T.Iso/C.**
Mit **T.Iso=100s** und **C=1µF** wird **R.Iso=100MΩ=0,1GΩ.**
Der Anfangswert der Kondensatorentladung sei **u.C;0=10V**.
Deshalb ist der maximale Entladestrom **i.Iso;max=u.C;0/R.Iso=100nA**.
Das ist etwa das 2000-fache des Verstärkereingangsstroms.

Man sieht:
Der Eingangsstrom des Impedanzwandlers ist gegen den Isolationsstrom von Kondensatoren im **µF-Bereich** zu vernachlässigen. Die Ausgangsspannung u.a des Impedanzwandlers misst die Kondensatorspannung wie im Leerlauf. Das soll nun simuliert werden.

1. **Kondensator laden**
   Bei t=0 wird die Batteriespannung U.B eingeschaltet (Abb. 2-118). Simuliert wird die Sprungantwort u.C(t), der Einschaltvorgang (Abb. 2-119). Er erzeugt eine **aufklingende e-Funktion** mit der Ladezeitkonstante **T.lad=C·R.V**, hier 1ms.

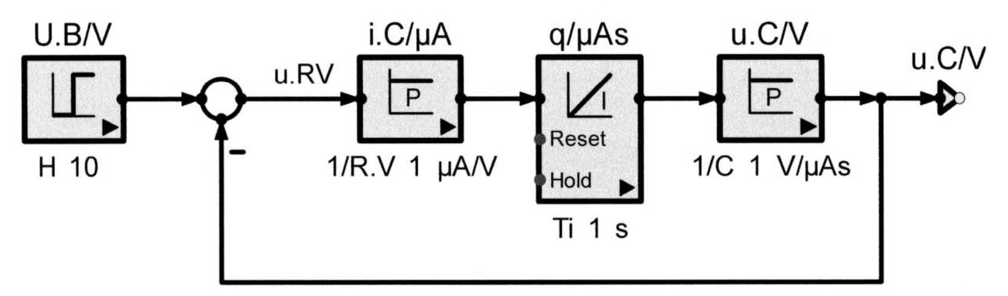

Abb. 2-118 Kondensatoraufladung durch eine Konstantspannung: Der Ladestrom i.C errechnet sich aus der am Vorwiderstand R.V abfallenden Spannung u.RV=U.B-u.C(t). Abb. 2-119 zeigt den Ladevorgang, Abb. 2-120 zeigt die Entladung.

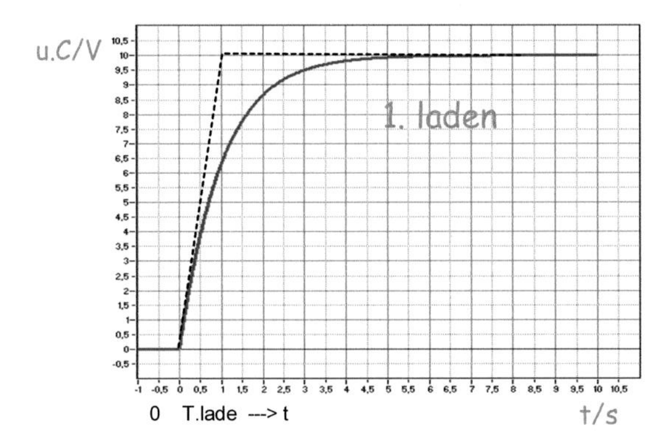

Abb. 2-119 Aufladung eines Kondensators über einen Vorwiderstand R.V

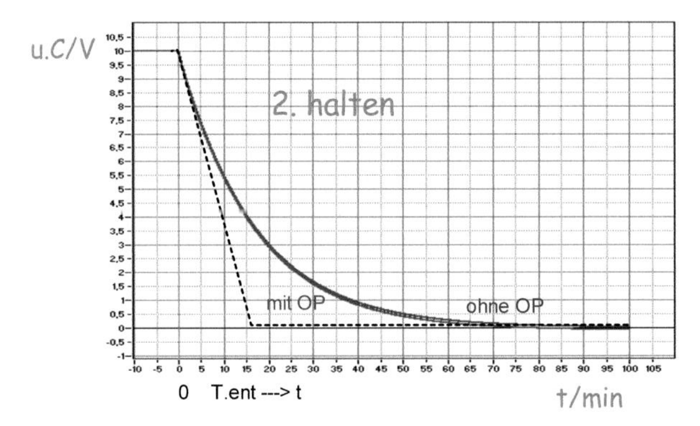

Abb. 2-120 Entladung eines Kondensators: Ein Impedanzwandler misst die Kondensatorspannung. Der Unterschied ohne und mit Berücksichtigung des Verstärkereingangsstroms ist kaum erkennbar.

Der Ladestrom des Kondensators wird mit fortschreitender Annäherung der Spannung u.C an ihren Endwert U.B immer kleiner. Deshalb verläuft die Kondensatorladung nach einer aufklingenden Exponentialfunktion:

$$u.c(t\ beim\ Laden) = U.B * \left(1 - e^{-t/T}\right)$$

Darin beschreibt die Zeitkonstante T die Langsamkeit des Speichersystems, hier aus C und R. Wie T von C und R abhängt, zeigt die Berechnung der maximalen Ladegeschwindigkeit bei t=0:

$$\frac{du.C}{dt} = \frac{U.B}{T} = \frac{i.C;max}{C} = \frac{U.B}{C * R}$$

Daraus folgt die Zeitkonstante des RC-Gliedes bei Spannungssteuerung: **T=C·R.**
Zahlenwerte: C=1µF, R=1MΩ -> T=1s.

2. Kondensator entladen
Bei fortschreitender Entladung wird die Kondensatorspannung u.c immer kleiner – und damit auch der Kondensatorstrom. Deshalb verläuft der Entladevorgang nach einer abklingenden e-Funktion:

$$u.c(t\ beim\ Entaden) = U.B * e^{-t/T}$$

Zahlenwerte: C=1µF, R=1kΩ -> T=1ms.

3. Spannung halten (Selbstentladung)
Nachdem der Kondensator auf U.B aufgeladen ist, wird die Versorgungsspannung U.B abgetrennt. Dann beginnt die Selbstentladung u.C(t). Sie verläuft nach einer **abklingenden e-Funktion** mit der Entladezeitkonstante

T.ent=C·R·Iso – hier z.B. 100s.

Anfangs fließt der maximale Entladestrom i.max=U.B/R.Iso – hier 10V/100MΩ=**100nA.**
Daraus folgt die maximale Entladegeschwindigkeit
Δu.C/Δt.max = i.max/C = U.B/T.ent.

Mit U.B/10V und C.0 = 1µF wird **Δu.C/Δt.max=0,1V/s.** Das ist 1% der Kondensatorspannung pro Sekunde. Deshalb sind Kondensatoren nur Kurzzeitspeicher.

Der Messfehler durch den Eingangsstrom des Impedanzwandlers
Wie vorher berechnet, ändert der Eingangsstrom i.Amp des Operationsverstärkers den zeitlichen Entladevorgang von Kondensatoren im µF-Bereich kaum. In der Struktur Abb. 2-121 zur Kondensatorentladung ist er berücksichtigt.

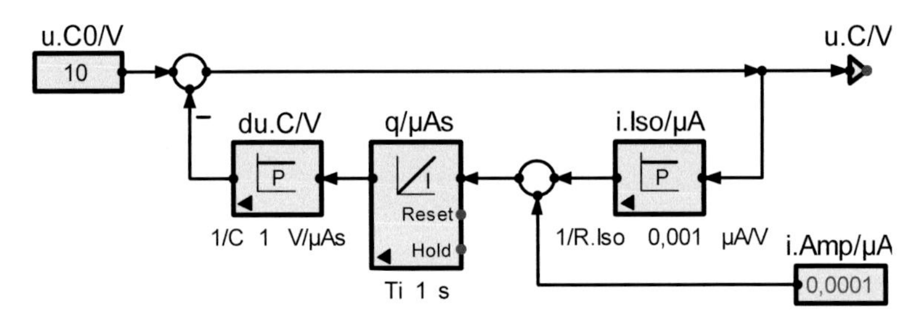

Abb. 2-121 Simulation des Entladevorgangs mit dem Verstärkereingangsstrom i.Amp als Parameter

2.4.7 Der Kondensator als Energiespeicher

Kondensatoren speichern die **Energie getrennter Ladungen q**. Die Ladungstrennung erfolgt durch die Klemmenspannung u.C. Getrennte Ladungen üben Kräfte aufeinander aus, so als seien sie durch Federn gekoppelt. Um die technische Nutzbarkeit von Kapazitäten beurteilen zu können, soll die Stärke der elektrostatischen Kräfte F aus der Energie des Kondensators W auf die Platten im Abstand d berechnet werden (Abb. 2-122).

Die zwischen den Kondensatorplatten gespeicherte elektrostatische Energie W.el ist das Produkt aus Spannung u.C und Ladung q:

Gl. 2-28 $W.el=F\cdot d=q\cdot u.C$ - in As·V=N·m=Ws

W.el ist immer positiv, denn mit u.C ändert auch die verschobene Ladung q ihre Polarität. Aus W und d folgt die Kraft F auf die Kondensatorplatten bzw. seine Beläge. Mit der Feldstärke E=u.C/d wird

Gl. 2-29 $F=W.el/d=q\cdot E$ - in N=Ws/m

Zahlenwerte:
C=1µF; u.C=10V -> W.el=10µWs
d=10µm -> E=1V/µm
F=W/d=1N

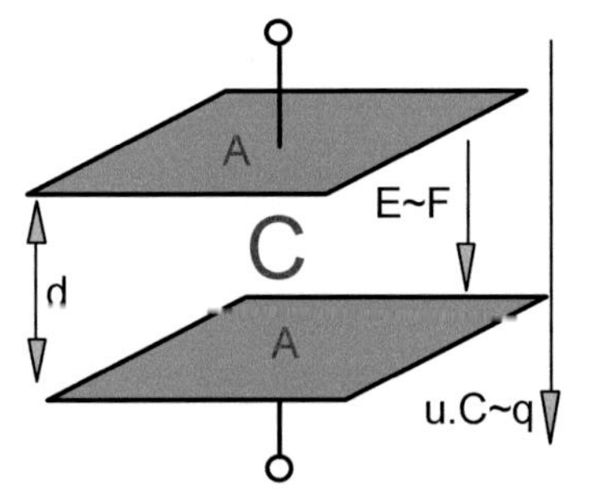

Abb. 2-122 Kondensator: Ladung q ~ u.C: Die Feldstärke E erzeugt die Kraft F~E A=10mm² -> σ=F/A=0,1N/mm²

1N ist das Gewicht einer Tafel Schokolade (100g~0,1N). Wie stark es die Platten belastet, hängt von ihrer Fläche A ab. Die **mechanische Spannung σ=F/A** ist das Maß für den Stress des Materials. Er ist hier noch gering, weil die elektrostatischen Kräfte klein gegen die innermolekularen Kräfte sind. Andernfalls würden Verformungen auftreten.

Gedankenexperiment zur Energie- und Ladungserhaltung:
Berechnet werden soll der Ladungs- und Energieaustausch zwischen zwei Kondensatoren.

Ein erster Kondensator C.0=10µF wird auf eine Batteriespannung u.B=10V geladen. Er speichert die Ladung **q.0** = 10µF·10V = **100µAs** und die Energie **W.1** = 5µF ·(10V)² = **0,5mJ** (mit der Energieeinheit Joule J = VAs). Trennt man die Batterie ab, so wird C.0 die Spannung halten (hier 10V). Nun schließt man einen zweiten, gleichartigen Kondensator an. Dadurch verdoppelt sich die Gesamtkapazität: **C.ges** = **20µ**F. Die Ladung q.0 verteilt sich auf beide Kondensatoren, sodass sich ihre Spannung halbiert: **u.C = 5V**.

Wir errechnen erneut die gespeicherte Energie: **W.2** = 10µF · (5V)² **= 0,25mJ.**
Das ist nur die Hälfte der Anfangsenergie. Wurde hier der **Energieerhaltungssatz** verletzt? Mitnichten. Bei der Umverteilung der Ladungen mussten Elektronen beschleunigt und wieder abgebremst werden. Das kostet Energie, die **abgestrahlt** wird. Die **Ladungserhaltung** gilt daher generell, die **Energieerhaltung** gilt nur in abgeschlossenen Systemen.

Warum die **Energie W.el = q·u.C** und die **Energiedichte W/Vol** wichtig sind:

- Die **Leistung P=ΔW·f** , die eine Maschine umsetzt, steigt mit ΔW und der **Frequenz f** des Energieaustauschs.
- Dabei treten **Kräfte F=ΔW/d=(ΔW/Vol)·A** zwischen den Platten des Kondensators auf, die umso größer sind, je größer die **Fläche A** der Beläge und je höher die **Differenz der Energiedichten ΔW/Vol** im Dielektrikum und je kleiner der **Abstand d** der Beläge ist.

Kraft und Feldstärke bei Kondensatoren
Nun sollen die Kräfte auf die Kondensatorbeläge berechnet werden. Wir wollen zeigen, dass sie zur Feldstärke E proportional sind: **F=q·E.**

Im Feld eines Kondensators befindet sich die **Energie W.el = u.C·q.** Diese Energie ist zwischen den Belägen mit dem Abstand d als **potenzielle mechanische Arbeit W.me=F·d gespeichert**. Aus der Gleichheit der mechanischen und elektrischen Energie **F·d = u.C·q** erhalten wir den Zusammenhang zwischen der elektrischen **Feldstärke E** und der **Kraft F** auf die **Ladungen q** des Kondensators:

Gl. 2-30 E = u.C/d = F/q – in V/m = N/As

Die Gl. 2-30 zeigt die Verknüpfung mechanischer und elektrischer Größen beim Kondensator. Wir verwenden sie in Strukturen zur Berechnung der Kraft auf die Kondensatorbeläge.

Elektrostatische Kraft und Energie bei Kondensatoren
Die Kraft **F.stat** und die **Energiedichte ΔW/Vol** sollen für einen Plattenkondensator berechnet werden (Abb. 2-123). Dann können wir sie mit den **magnetischen Kräften** und **Energiedichten** vergleichen, die in Bd. 3/7, Kap. 5.6 berechnet werden. Dadurch wird klar, warum elektrostatische Wandler technisch nur als Sensoren und Kleinstantriebe genutzt werden können.

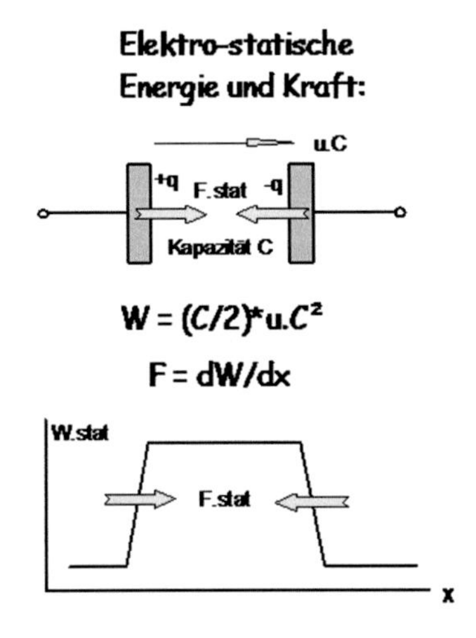

¬C/µF	2
¬E/(V/mm)	100
F.stat/N	0,2
i.C/mA	2
P.C/mW	2
q/µAs	2
¬r/µm	10
t/ms	1
u.C/V	1
W.C/10µWs	0,02

Abb. 2-123 Energie zwischen den Kondensatorbelägen und Kraft auf diese: Links steigt die Energie und die Kraft wirkt nach rechts, rechts fällt die Energie und die Kraft wirkt nach links. Daher ziehen sich die Kondensatorbeläge immer an.

Kräfte durch räumliche Fehler! Textmarke nicht definiert.**Energieänderung**

Elektrostatische Kräfte F entstehen bei **räumlicher** Energieänderung: **F=ΔW/Δx (**Abb. 2-123**).** Sie können durch polarisierbare und bewegliche Probekörper (z.B. Holundermark) nachgewiesen werden, die sie in Luft beschleunigen.

Aus der zwischen den Kondensatorbelägen gespeicherten Energie folgt die elektrostatische Kraft F.el, die auf die Beläge wirkt. F.el ist umso größer, je stärker sich die Energie örtlich ändert:

$$\Delta W = \int F.el \cdot dx \quad \text{bedeutet} \quad F.el = dW/dx.$$

Wie die im Kondensator gespeicherte Energie von der Spannung u.C abhängt, wurde in Abb. 2-123 gezeigt und wird in Abb. 2-124 berechnet. Um auf die auf das Dielektrikum wirkende Kraft schließen zu können, müssen wir die Änderung **dW/dx** des Energieverlaufs über dem **Weg x** bestimmen.

Zahlenwerte:

Ein Kondensator mit der Kapazität **C=2µF** liegt an einer Spannung **u.max=100V.**

Er speichert die Energie $W = (C/2) \cdot u.C^2 = 10mWs = 10mNm$.

Der Plattenabstand sei **d=10µm**=dx. Auf die Beläge wirkt die Kraft F=dW/dx=1000N.

Bei einer Fläche $A=1m^2$ gehört dazu ein Druck p=F/A = 10mbar ($1bar=10N/cm^2$).

Äußere Drücke erzeugen gleich große innere **mechanische Spannungen σ** im Material. Werden sie zu groß, wird der Kondensator wie bei einem elektrischen Durchschlag durch zu hohe Feldstärken zerstört.

Abb. 2-124 zeigt die Berechnung elektrostatischer Energien W.C=u·q, -Leistungen P=dW.C/dt und -Kräfte F=dW.C/dx. Als Testsignal dient eine zeitproportional (linear) ansteigende Spannung. Dann ist der Strom, den sie zu liefern hat, konstant (Abb. 2-125).

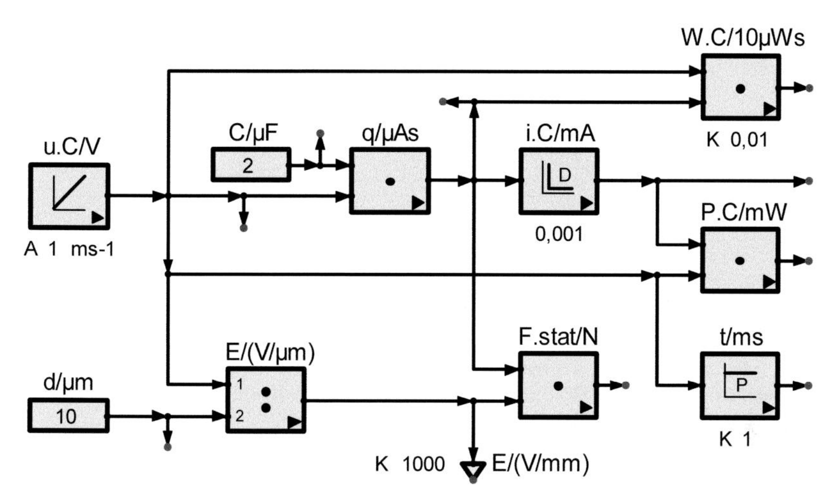

Abb. 2-124 Kondensator: Spannung und Ladung, Feldstärke und Kraft, Energie und Leistung

Kondensatorspannung und elektrostatische Energie

Kondensatoren speichern zwischen ihren Belegen mit der **Fläche A** und dem **Abstand r** im Volumen **Vol=A·d** die zu berechnende **Energie W.el(u.C):**

Aus $\Delta W=\int q\cdot du=q\cdot u/2$ mit $q=C\cdot u$ folgt

Gl. 2-31 $$W.el = C\cdot u.C^2/2$$

Weil die Ladung q proportional zur Spannung u.C ist, steigt die in einem Kondensator C gespeicherte statische Energie W quadratisch mit der Spannung u.C an. Der Faktor ½ beschreibt den quadratischen Mittelwert von $u.C^2$. Er ergibt sich aus der Integration von u.C.

Die Simulation in Abb. 2-125 bildet W.el aus dem Produkt q·u.C. Auch das zeigt den quadratischen Anstieg der zwischen den Platten des Kondensators C bei der Spannung u.C gespeicherten Energie W.C.

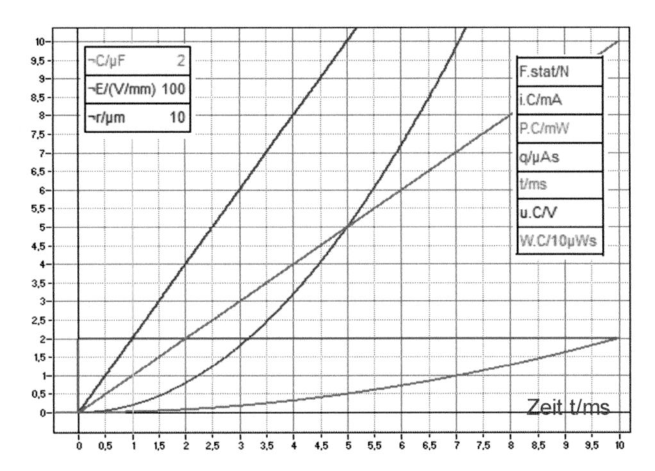

Abb. 2-125 Die gespeicherte Ladung eines Kondensators C ist proportional zur Spannung u.C. Die zugehörige Energie W.C und die elektrostatische Kraft F.stat steigen quadratisch mit u.C an.

Energiedichte und mechanische Spannung

Nun soll überlegt werden, welche Stärke elektromechanische Antriebe erreichen können, die das elektrische Kraftfeld eines Kondensators zum Energieaustausch verwenden.
Dazu betrachten wir nochmals Abb. 2-125 und dazu die Struktur der Abb. 2-125 zur Berechnung der mechanischen Spannung σ(u.C) an den Platten eines Kondensators.

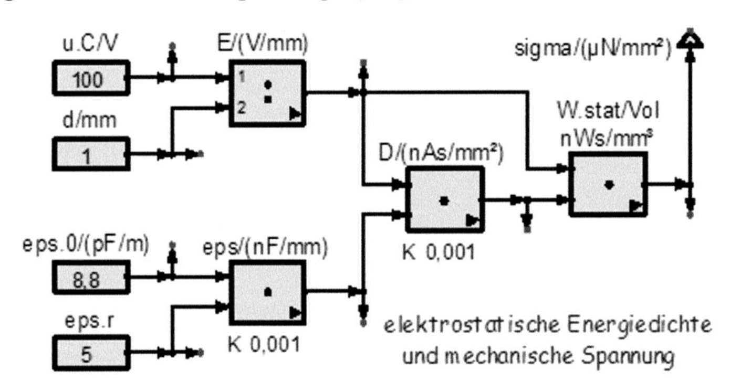

Abb. 2-126 elektrische und mechanische Spannung zwischen den Platten eines Kondensators

D/(nAs/mm²)	0,0044	eps.0/(pF/m)	8,8	sigma/(µN/mm²)	0,44
d/mm	1	eps.r	5	u.C/V	100
E/(V/mm)	100	eps/(nF/mm)	0,044	W.stat/Vol nWs/mm³	0,44

Abb. 2-127 Zahlenwerte zu Abb. 2-126

Die **Energiedichte W/Vol** ist das Maß für die Stärke, die Antriebe entwickeln können. Daraus ergibt sich eine **Kraft F pro Fläche**, genannt **mechanische Spannung σ=F/A.**

Mit dem **Volumen Vol = A·d** wird **W/Vol** = (F·d) / (A·d) = **F/A = σ**

Die elektrische **Energiedichte W.el/Vol** ist danach gleich der **mechanischen Spannung σ,** dem Maß für den Stress des Dielektrikums. Im Kondensator ergibt sich die Energiedichte aus der **elektrischen Feldstärke E** und der **Verschiebungsdichte D:**

Gl. 2-32 $$W.el/Vol = u.C \cdot q / (A \cdot d) = (u.C/d) \cdot (q/A) = E \cdot D = \varepsilon \cdot E^2$$

Damit wird die mechanische Spannung **σ = F/A** im Dielektrikum proportional zu E^2:

Gl. 2-33 $$\sigma = F/A = E \cdot D = \varepsilon.0 \cdot \varepsilon.r \cdot E^2$$

Die mechanische Spannung an den Platten des Kondensators steigt daher wie die gespeicherte Energie mit dem Quadrat der elektrischen Feldstärke an. Um die Größenordnung abschätzen zu können, berechnen wir ein Zahlenbeispiel.

Kondensator mit Quarz als Dielektrikum (ε.r = 5).
Für **E = 100V/mm = 10^5V/m** wird **F/A = ε.0·ε.r·E^2 ≈ 0,44N/m².**

Diese Energiedichte können wir zum Vergleich mit der magnetischen Energiedichte in Spulen verwenden. Diese kann mehr als das 10000-fache der elektrostatischen Energiedichte betragen. Das erklärt, warum Elektromotoren und -generatoren auf magnetischer Basis und nicht elektrostatisch realisiert werden.

Mit so geringen elektrostatischen mechanischen Spannungen sind nur sehr schwache Antriebe realisierbar. Technisch genutzt werden sie z.B. bei Sensoren wie dem Piezo.

Der Piezoeffekt

Kondensatoren können als Wandler von mechanischer Energie in elektrische und umgekehrt verwendet werden. Dazu muss ihr Dielektrikum elastisch sein.
Dann verändert sich dessen Breite beim Anlegen von Spannungen. Dadurch werden Ladungen verschoben, die elektrostatische Kräfte auf die Kondensatorplatten ausüben.

Ein Beispiel dafür ist der Piezo (Abb. 2-128):
Der **direkte Piezoeffekt** beschreibt die Umwandlung von Kraft in Spannung.
Anwendungen: Mikrofon, Waage

Der **inverse Piezoeffekt** beschreibt die Umwandlung von Spannung in Kraft.
Anwendungen: Piezolautsprecher (Beeper), optische Antriebe

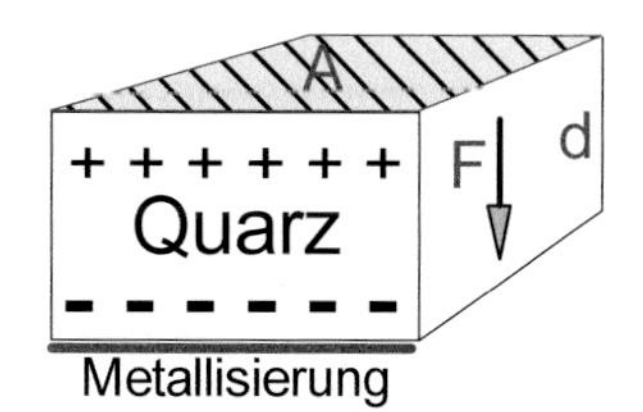

Abb. 2-128 Polarisierung und elektrostatische Kraft

Ursache des Piezoeffekts ist die Polarität des Piezomaterials (Quarz).

- direkter Piezoeffekt: Kraft (Druck) erzeugt elektrische Spannung
- inverser Piezoeffekt: Elektrische Spannung erzeugt Kraft und Dehnung.

Simulation - siehe Bd. 6/7 Aktorik, Kap. 11.2: Der Piezo als Motor und Generator

Um die Einsatzmöglichkeiten für elektrostatische Wandler beurteilen zu können, muss bekannt sein, mit welchen Kräften und Abstandsänderungen bei Piezos zu rechnen ist. Wir beantworten diese Frage wieder durch Simulation.

Berechnet werden soll der Zusammenhang zwischen der Klemmenspannung u.C und der Kraft F.stat auf die Beläge eines Kondensators C (Abb. 2-129). Parameter ist die Dicke d des Dielektrikums.

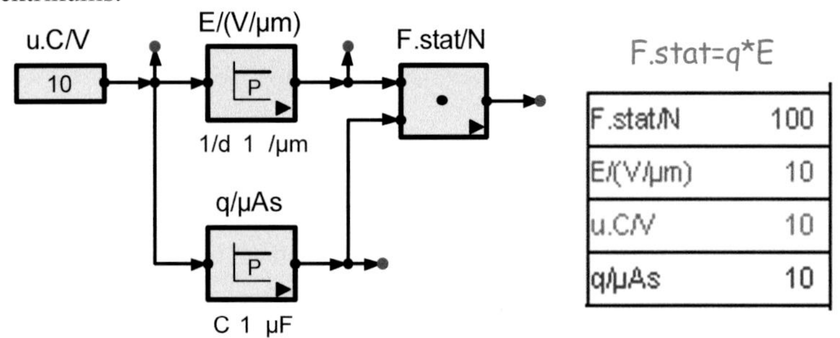

Abb. 2-129 Berechnung der elektrostatischen Kraft F.stat(u.C): Abb. 2-130 zeigt die Berechnung von u.C als Funktion der auf die Kondensatorplatten wirkenden Kraft.

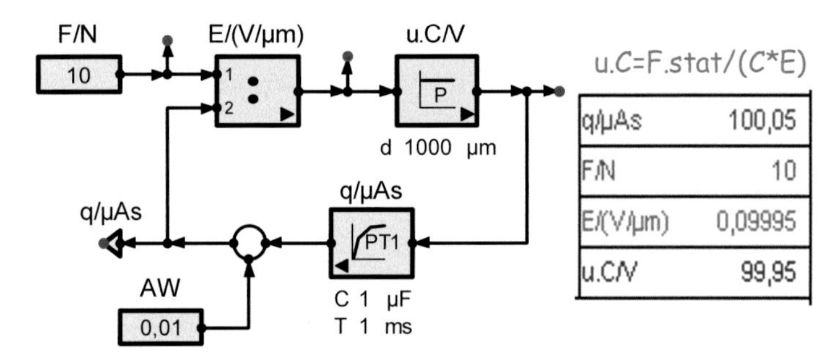

Abb. 2-130 Berechnung der elektrostatischen Spannung u.C(F): Die Eingangsdivision benötigt einen Anfangswert AW, der klein gegen den Endwert von u.C, aber größer als 0 gewählt werden muss.

Feldstärke E und mechanische Spannung σ

Dielektrische Verschiebungen von **Ladungen q** in einem **Abstand d** erzeugen elektrische **Feldstärken E=u/d und** mechanische **Spannungen σ=F/A.** Wir berechnen den Zusammenhang über die **Energiedichte W.stat/Vol**:

Gl. 2-34
$$\frac{W.stat}{Vol} = \frac{F * x}{A * x} = \frac{U * q}{x * A} \rightarrow \sigma = E * D = \varepsilon * E^2 \; - in \; N/m^2 = Ws/m^3$$

Gl. 2-34 ist die Basisgleichung zur Berechnung **elektrostatischer Wandler**. Sie verknüpft die **mechanische Spannung σ** mit der elektrischen **Energie E·D pro Volumen** und zeigt, dass $\sigma \sim E^2$ ist.

Zahlenwerte: Material: Glimmer mit ε=10pF/m; E=10V/mm=10kV/m -> σ = 0,1N/m².

Abstandsvariationen
Zum Verständnis der Wirkungsweise von Kondensatoren und der in ihnen wirkenden Kräfte müssen die an der Ladungsverschiebung beteiligten Feldstärken berechnet werden. Das soll nun am Beispiel eines Plattenkondensators (Abb. 2-131) mit Luft als Dielektrikum bei Variation des **Plattenabstands d** genauer untersucht werden.

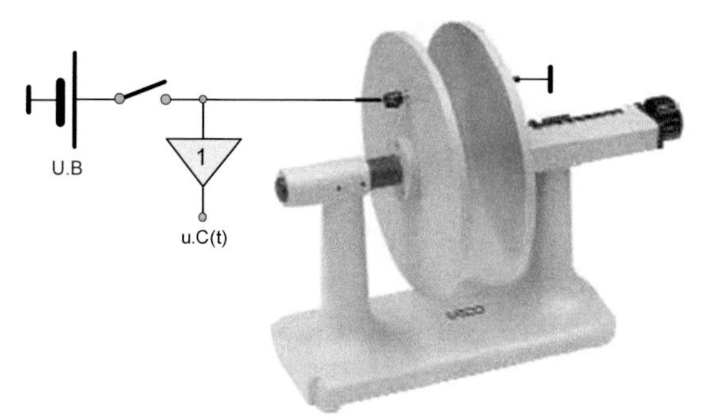

Quelle: http://www.leybold-shop.de/plattenkondensator-54422.html

Abb. 2-131 Plattenkondensator mit einstellbarem Abstand: Bei offenem Schalter und Plattenabständen s von mehreren cm wird die Kapazität so klein, dass die Kondensatorspannung u.C auch mit Impedanzwandler schnell zusammenbricht.

Um Zahlenwerte rechnen zu können, seien folgende Parameter angenommen:
Anfänglicher Plattenabstand **d.0 = 1mm.** Der Abstand d kann mittels Stellschraube bis auf 0,1mm verringert und bis 10mm vergrößert werden. Der Plattendurchmesser sei 40cm. Dann ist die Plattenfläche **A = 0,12m²**. Damit wird die Anfangskapazität:
C.0 = $8{,}85 \cdot \mathrm{pF/m} \cdot 0{,}12\mathrm{m}^2 / 1\mathrm{mm} \approx$ **1nF.**

Zum Verständnis des Kondensators ist es notwendig, die bei der **Variation des Abstands d** variierenden Signale von denen zu unterscheiden, die konstant bleiben. Zwei Betriebsarten sind möglich:

konstante Spannung u.C und **konstante Ladung q.**

Konstante Spannung bedeutet: Anschluss des Kondensators an eine Spannungsquelle.
Konstante Ladung bedeutet: offene Leitungen.
Beide Fälle werden nun nacheinander untersucht. Dadurch werden Sie den Kondensator als statischen Energiespeicher noch genauer verstehen.

Abstandsvariation bei konstanter Ladung
Nun sollen die Spannungen und Kräfte des Kondensators für **konstante Ladung q** bei **Variation des Plattenabstands d** untersucht werden. Wir laden den Kondensator **C = 1nF** auf die **Anfangsspannung U.B = 10V**. Dann speichert er die **Ladung q.0 = 10nAs**. Danach wird der Schalter geöffnet. Gemessen bzw. simuliert wird die stromlos gemessene Spannung eines idealen Kondensators bei Variation des Plattenabstands d. Dann errechnet sich die Kondensatorspannung gemäß

$$u.C = q/C = q \cdot d / (\varepsilon \cdot A)$$

Danach ist u.C proportional zum Plattenabstand. Gesucht wird die Kraft F, die zum Verschieben der Platten erforderlich ist.

Der Kondensator bei konstanter Ladung

Wir betrachten die Struktur des Kondensators bei konstanter Ladung q mit den Parametern Fläche A und Plattenabstand d (Abb. 2-132):

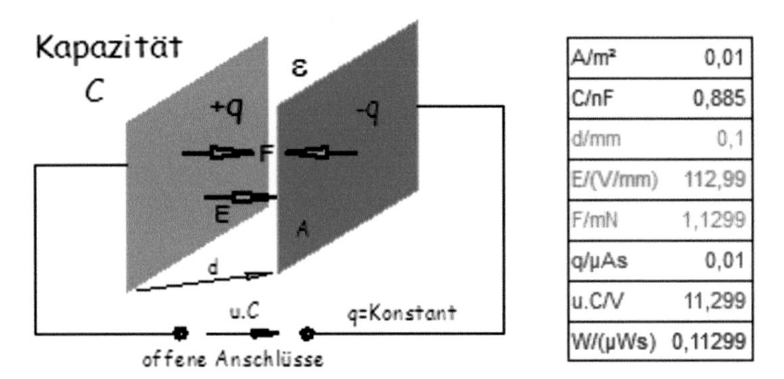

Abb. 2-132 Bei offenen Anschlüssen bleibt die Ladung des Kondensators konstant. Vergrößert man den Plattenabstand, bleiben Feldstärke und Anziehungskräfte konstant. Warum das so ist, zeigt die Struktur Abb. 2-133.

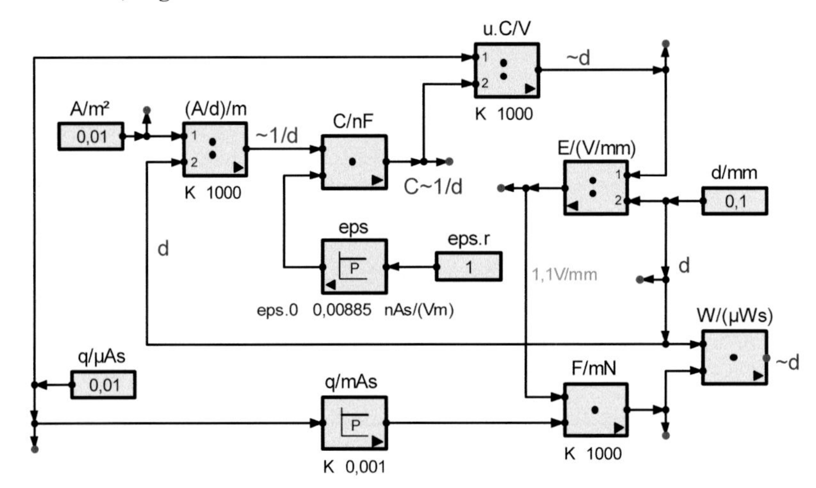

Abb. 2-133 Der Kondensator bei konstanter Ladung: Variiert wird der Plattenabstand d. Berechnet werden die Kapazität C, die gespeicherte Energie W und die Kraft F auf die Platten des Kondensators C.

Abb. 2-134 zeigt die Simulationsergebnisse zu Abb. 2-133:

Bei **eingeprägter Ladung q** und **variablem Plattenabstand d** bleiben folgende Größen **konstant:**

1. die Feldstärke $E = u.C/d = q/(\varepsilon \cdot A)$
2. die Kraft auf die Kondensatorplatten $F = E \cdot q$.

Bei Vergrößerung des Plattenabstandes d **ändern** sich folgende Größen:

1. die Klemmenspannung **u.C** = q/C = q / (ε·A) · d ~ **d**
2. die Kapazität **C ~ 1/d**
3. die Feldenergie **W** = F·d ~ **d**

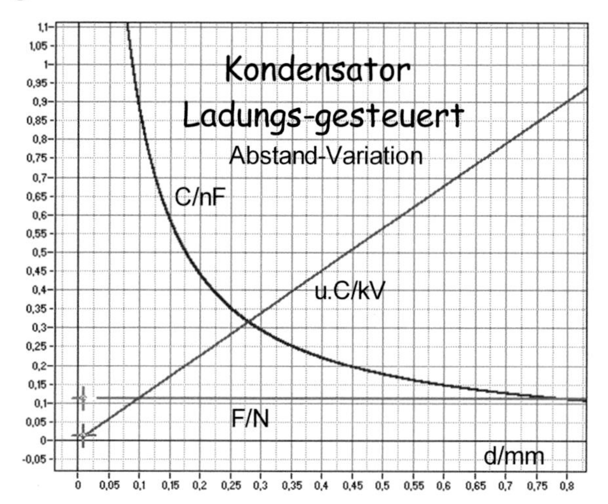

Abb. 2-134 Kondensator mit konstanter Ladung bei steigendem Plattenabstand

Abstandsvariation bei konstanter Spannung

Nun soll die Ladung q und Kraft F des Kondensators für **konstante Klemmenspannung u.C** bei **Variation des Plattenabstands d** berechnet werden (Abb. 2-135).

Bei fester Klemmenspannung u.C errechnet sich die Kondensatorladung q gemäß

$$q = u.C \cdot C = u.C \cdot \varepsilon \cdot A / d$$

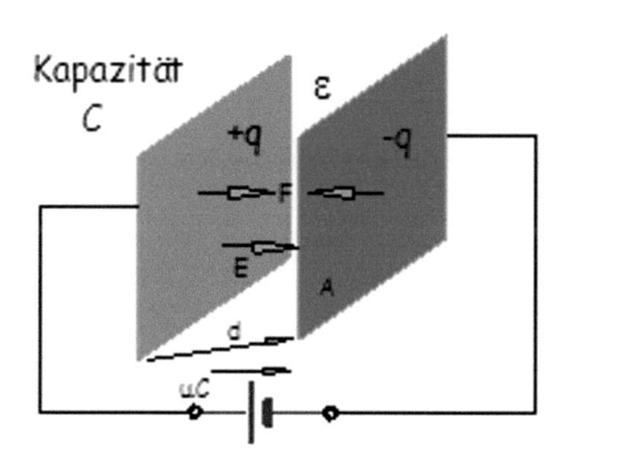

A/m²	0,12
C/nF	10,62
d/mm	0,1
E/(V/mm)	100
F/mN	10,62
q/µAs	0,1062
u.C/V	10
W/(µWs)	1,062

Abb. 2-135 Ein Kondensator an fester Spannung: Die Ladungsverschiebung q ist hier nicht direkt messbar. Sie soll als Funktion des Plattenabstands d berechnet werden.

Wir betrachten die Struktur zur Berechnung der Ladung q auch für den Fall der eingeprägten Spannung (Abb. 2-136):

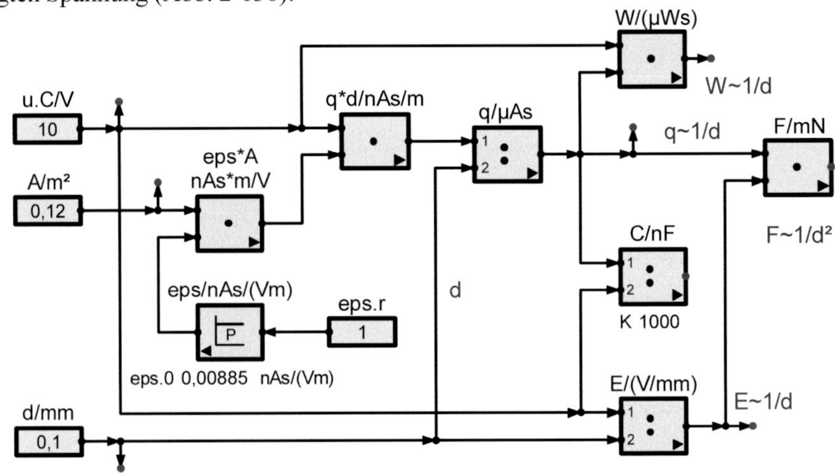

Abb. 2-136 C- spannungsgesteuert: Struktur des Kondensators bei eingeprägter Spannung und festem Plattenabstand d

Das unterscheidet den Kondensator von einer mechanischen Feder (Bd. 2/7, Kap 4.2), bei der die Kraft F.F~ε proportional zur relativen Dehnung ε ist. Der zum Kondensator an konstanter Spannung analoge Fall der Variation der Länge bei konstanter Kraft ist bei der mechanischen Feder unmöglich.

Die Simulationsergebnisse zum Kondensator an konstanter Spannung (Abb. 2-137**)**
Bei Vergrößerung des Plattenabstandes d ändern sich folgende Größen:

1. die Ladung **q** = u.C·ε·A/d ~ **1/d**
2. die Feldstärke **E** = u.C/d ~ **1/d**
3. die Kapazität **C** = q/u.C ~ **1/d**
4. die gespeicherte Energie **W** = q·u.C ~ **d**

Bei fester Spannung u.C und variablem Plattenabstand d bleibt nur eine Größe konstant: Es ist die Kraft **F=q/E** auf die Kondensatorplatten, denn sowohl q als auch E werden mit steigendem Plattenabstand kleiner.

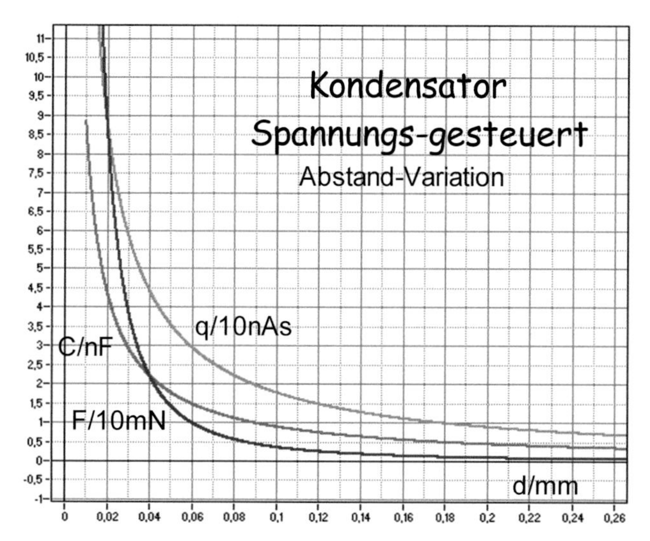

Abb. 2-137 Kondensator an fester Spannung bei steigendem Plattenabstand d: Je größer d, desto kleiner werden Kapazität, Ladung und Anziehungskraft – und umgekehrt.

2.4.8 Elektrofilter (Staubabscheider)

Elektrofilter entfernen feste Bestandteile aus Abgasen (Abb. 2-138). Sie dienen z.B. zur Rauchgasreinigung in Kohlekraftwerken und Müllverbrennungsanlagen.

Aufbau und Funktion eines Elektrofilters

Elektrofilter sind röhrenförmige Kondensatoren, in denen das zu reinigende Rauchgas strömt. Die Staubteilchen werden durch dünne Hochspannungsdrähte, genannt **Sprühelektroden**, im Gasstrom elektrisch aufgeladen (ionisiert). Dann können sie im Feld des Filterkondensators in Richtung der Kondensatorplatten (Niederschlagsanoden) beschleunigt und abgeschieden werden. Die abgeschiedene Asche wird mit Wasser befeuchtet und abtransportiert.

Mit Elektrofiltern werden Teilchen mit Größen unter 1µm bis zu über 95% erfasst.

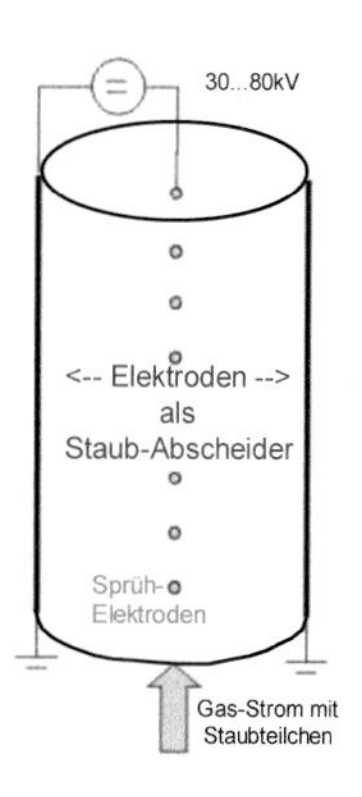

Abb. 2-138 Schema eines Elektroabscheiders

Hier soll es um die Berechnung des Filtervorgangs gehen. Dazu werden die für den Kondensator geltenden Gesetze angewendet:

Gl. 2-27 $q=C\cdot u$ und **Gl. 2-29** $F=q\cdot E$

Oszillierender Ladungsaustausch
Zur Darstellung der quantitativen Verhältnisse bei Elektrofiltern soll der oszillierende Ladungsaustausch durch einen polarisierbaren Probekörper im Feld eines Plattenkondensators simuliert werden. Dazu dient die in Abb. 2-139 gezeigte Versuchsanordnung.

Vor dem Start der Umladung wird der Luftkondensator durch **kurzes Drücken der Starttaste** aufgeladen. Zum Start der Oszillation drückt man den Probekörper z.B. mit einem Zahnstocher leicht gegen eine Kondensatorplatte.

Dann gibt man den Probekörper frei. Wenn die Luftreibung dominiert, pendelt der Probekörper mit konstanter Geschwindigkeit hin und her.
Dabei werden Ladungen ausgetauscht, bis der Kondensator entladen ist. Warum dies so ist, soll nun erklärt und danach simuliert werden.

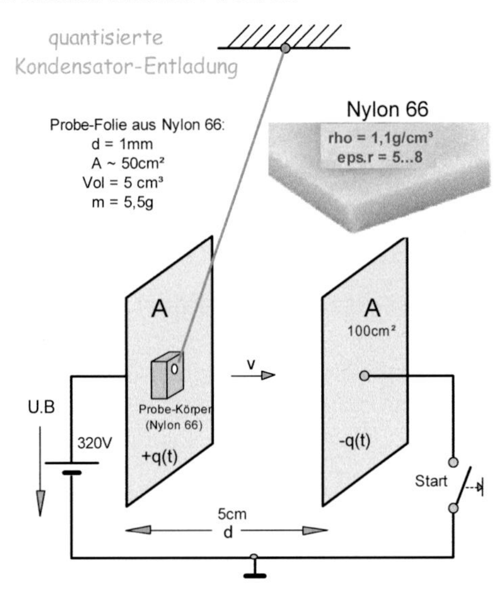

Abb. 2-139 Quantisierte Kondensatorentladung: Zwischen den Belägen eines Kondensators kann ein Isolator mit möglichst geringem Gewicht und hoher Dielektrizitätskonstante (z.B. Holundermark, Keramik) frei hin und her schwingen.

Für Experten: Die Driftkammern der Hochenergiephysik zur Messung von Energie und Impuls geladener Teilchen arbeiten nach dem gleichen Prinzip.

Abb. 2-147 zeigt die quantisierte Kondensatorentladung durch Oszillation des Probekörpers. Durch Influenz lädt sich der Probekörper an einer Platte gleichnamig auf. Gleichnamig geladene Körper stoßen sich ab. Dadurch wird die Probe von einer Seite abgestoßen und von der anderen Seite angezogen. Das beschleunigt den Probekörper in Richtung der gegenüberliegenden Platte, bis die **Luftreibung so groß wie die elektrostatische Kraft** geworden ist.

Abb. 2-141 zeigt die Struktur zur Berechnung der oszillierenden Entladung. Die darin vorkommenden Berechnungen werden nun erklärt.

Danach bewegt sich der Probekörper mit konstanter Geschwindigkeit. Nach einer halben Periode t.0/2 erreicht er die gegenüberliegende Platte, gibt seine Ladung ab und lädt sich entgegengesetzt auf. Dadurch beginnt der Vorgang mit umgekehrter Richtung aufs Neue.

Folgende Größen sollen als Funktion der Zeit berechnet werden:

1. die Geschwindigkeit v des Probekörpers
2. die Frequenz f (t) der Umladung, bzw. die Oszillationsperiode t.0(t)
3. die Kondensatorspannung u.C(t)

Wenn der Plattenkondensator nicht nachgeladen wird, verringert sich die gespeicherte Ladung mit jedem Durchlauf, was an der mit der Zeit sinkenden Spannung zu erkennen wäre, wenn man sie messen könnte.
Die Kapazität C des Plattenkondensators beträgt hier nur einige 10pF. Bereits bei einer Belastung der Kondensatorspannung u.C mit einigen pA würde sie sehr schnell zusammenbrechen. Deshalb ist die Kondensatorspannnug u.C nicht direkt messbar. Nur die Simulation zeigt die theoretischen Messwerte des Ladungsaustauschs. Die Realität würde auch die Oszillation des Probekörpers zeigen.

Die elektromechanische Reibungskonstante k.elme=v/E
Nun soll gezeigt werden, dass sich ein polarisierbarer Probekörper im konstanten elektrischen Feld eines Luftkondensators mit konstanter Geschwindigkeit v bewegt.

Wegen Turbulenz steigt die Luftreibungskraft quadratisch mit der Geschwindigkeit v an:

$$F.R = c.w * \rho * A * v^2/2$$

- Darin ist **v die Geschwindigkeit** des Probekörpers und $v^2/2$ der Mittelwert der quadrierten Geschwindigkeit der turbulenten Luftströmung um ihn herum.
- **ρ (=rho)** ist die Dichte der Luft: 1,3g/lit unter Normalbedingungen.
- **c.w** ist ein **Reibungsbeiwert.** Er berücksichtigt die Form des Probekörpers. c.w ist für viele Querschnittsformen durch Versuch ermittelt worden und kann Formelsammlungen entnommen werden. Für den hier verwendeten rechteckigen Probekörper ist **c.w=1,1**.

Die elektrostatische Antriebskraft steigt mit dem Quadrat der Feldstärke E:

$$F.el = q * E = D.Pro * A.Pro = \varepsilon.Pro * A.Pro * E^2$$

Nach einer kurzen Beschleunigungsphase ist die Reibungskraft F.R gleich der elektrischen Antriebskraft F.el. Aus **F.R=F.el** folgt die Proportionalität zwischen der **Probengeschwindigkeit v** und der **Feldstärke E** zwischen den Platten des Kondensators:

$$v = \sqrt{2 * \epsilon.Pro/(c.w * \rho)} * E = k.elme * E$$

Die Geschwindigkeit des Probekörpers ist von seiner **Fläche A.Pro unabhängig!**

Berechnung der elektromechanischen Konstante
Das Verhältnis v/E definiert die elektromechanische Konstante des Kondensators:

Gl. 2-35 $$\boldsymbol{k.elme = v/E = \sqrt{2 * \epsilon.Pro/(c.w * \rho)}}$$ … z.B. in (cm/s)/(V/m)

Bei konstanter Feldstärke E ist die Probengeschwindigkeit v ebenfalls konstant. Sie wird mit steigender Dielektrizität ε größer und sinkt mit der Reibung infolge der Dichte ρ der Luft.

Zahlenwerte:
Probe aus Keramik: ε.r=9: Mit ε.0=8,9pF/m≈0,01pF/cm wird

ε.Pro = ε.0·ε.r ≈ 0,8pF/cm.

Für rechteckige Querschnitte ist der cw-Wert 1,1. Luft hat die Dichte ρ=1.3g/lit=1,3mg/cm³. Dafür ist **c.w·ρ≈1,4mg/cm³.**

Damit erhalten wir die Berechnung der elektromechanischen Konstante des Luftkondensators:

k.elme = v/E ≈ 0,1(cm/s)/(V/cm)=0,1cm²/Vs.

cm² ist eine Flächeneinheit, Vs ist die Einheit des magnetischen Flusses. Das zeigt, dass bewegte Ladungen immer von einem Magnetfeld umgeben sind, das ihre Bewegungsenergie speichert. Magnetismus ist das Thema in Bd. 3, Kap. 5.

Angestrebt werden Probengeschwindigkeiten v in der Größenordnung **cm/s**.
Dazu gehören Feldstärken **E=v/k.elme=10V/cm**.

Die Experimentierspannung U.B
Bei einem Plattenabstand von z.B. d=10cm und einer geforderten Feldstärke E=10V/cm muss der Kondensator an die Spannung **U.B=E·d =100V** gelegt werden.

Die hier benötigten Spannungen von 100V und mehr sind in den meisten Elektroniklabors nicht vorhanden. Deshalb zeigen wir nun, wie sie zum Zwecke der quantisierten Kondensatorentladung aus der Netzspannung (effektiv 230V, max 320V) gewonnen werden können (Abb. 2-140). Wenn man Vorwiderstände im MΩ-Bereich vorschaltet, ist dies nicht mehr lebensgefährlich (ohne Gewähr!).

Durch Gleichrichtung der Netzwechselspannung erhält man mit der Schaltung Spannungen von maximal 260V.

Ein 1:100-Teiler ermöglicht die Messung von 1% der geteilten Hochspannung.

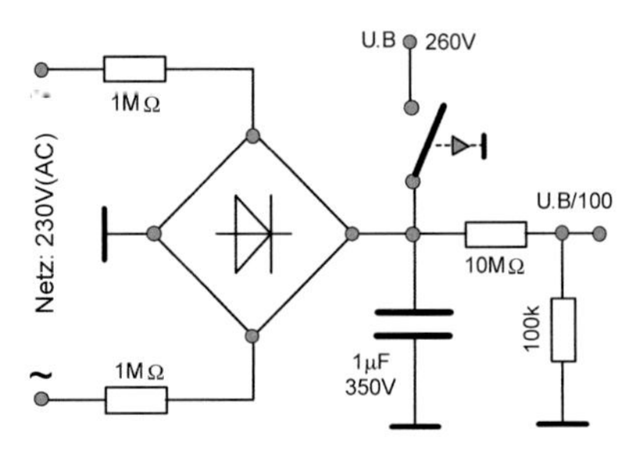

Abb. 2-140 Schaltung einer ungefährlichen Hochspannung: Die Berührung sollte trotzdem vermieden werden, denn sie verursacht einen Schreck. Der Spannungsteiler dient als Monitor.

Wir zeigen Ihnen nun die Struktur zur Berechnung der Parameter der oszillierenden Kondensatorentladung (Abb. 2-141). Sie wird anschließend im Einzelnen erläutert.

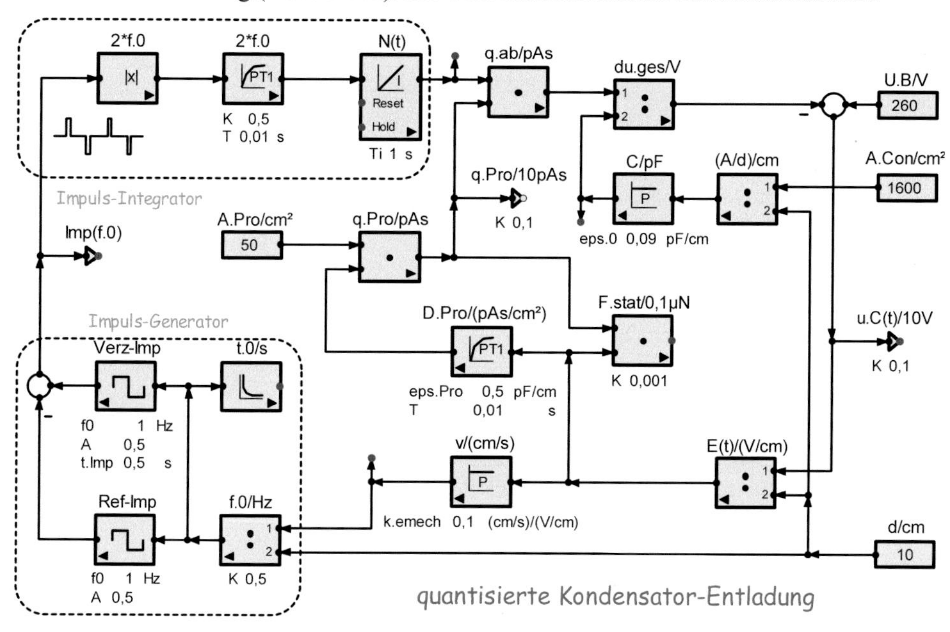

Abb. 2-141 Die Gesamtstruktur des oszillierenden Ladungsausgleichs: Sie verknüpft die Signale der Oszillation (Probengeschwindigkeit v, Periodendauer t.0) mit den Parametern des Kondensators (Anfangsspannung U.B, Plattenabstand d). Weitere Erklärungen folgen im Text.

Um Ihnen eine Vorstellung von der hier vorliegenden Größenordnung zu geben, zeigen wir zuerst die wichtigsten Messwerte zu drei verschiedenen Zeiten (Abb. 2-142):

t = 1s	
t.0/s	7,8596
F.stat/0,1µN	16,188
u.C(t)/10V	25,447
N(t)	0,12525
v/(cm/s)	2,5447

t = 20s	
t.0/s	9,3239
F.stat/0,1µN	11,503
u.C(t)/10V	21,45
N(t)	1,2218
v/(cm/s)	2,145

t = 120s	
t.0/s	17,705
F.stat/0,1µN	3,19
u.C(t)/10V	11,296
N(t)	7,4978
v/(cm/s)	1,1296

Abb. 2-142 Kondensatorspannung, Geschwindigkeit v des Probekörpers, seine Bewegungsrichtung Dir, die Oszillationsfrequenz f, die Kraft und die Probeladung der quantisierten Kondensatorentladung zu drei ausgewählten Zeiten

Die Parameter des oszillierenden Ladungsaustauschs
Gefordert wird der ungefähre zeitliche Ablauf des Ladungsaustauschs:

- Die Probe soll sich zwischen zwei Kondensatorplatten mit dem Abstand **d=10cm** bewegen.
- Die mittlere Periode des Ladungsaustauschs soll **t.0=5s** sein.
- Dazu gehört eine mittlere Geschwindigkeit v=2d/t.0=**4cm/s.**

Gesucht werden

- die Abmessungen des Kondensators C und
- das Material und die Abmessungen der Probe.

Für die nun folgenden Dimensionierungen nehmen wir für elektrische Spannungen und mechanische Kräfte Mittelwerte an. Die genauen Werte berechnet die anschließende Simulation als Funktion der Zeit.

Der Plattenkondensator
Seine Kapazität C=ε.0·A/d muss groß gegen die zu erwartenden Leitungskapazitäten sein (einige pF). Deshalb sollte C mindestens 10…20pF groß sein.
Mit **A.Con=1500cm²** und **d=10cm** wird **C=14pF**. Bei rechteckigen Platten gehört dazu eine **Kantenlänge von ca. 40cm.**

Der Probekörper
Seine Fläche A.Pro soll klein gegen die des Plattenkondensators sein,
z.B. A.Pro≈A.Kon/30. Mit A.Kon≈1500cm² wird **A.Pro≈50cm².**
Bei rechteckigem Querschnitt ist die Kantenlänge etwa 7cm.

Zur Ermittlung der Probenmasse **m.Pro=F.el/a** benötigen wir

die elektrische **Antriebskraft F.el** und die **Umkehrbeschleunigung a.**

Die Umkehrbeschleunigung
Bei der Richtungsumkehr ändert sich die Geschwindigkeit z.B. von +5cm/s nach -5cm/s. Daher ist **Δv=10cm/s.** Zur Berechnung der Umkehrbeschleunigung a=Δv/t.Um wird die erforderliche Umkehrzeit t.Um benötigt. Sie muss klein gegen die mittlere Oszillationsperiode t.0 sein. Da hier t.0=5s gefordert wird, soll **t.um ≈ t.0/10 = 0,5s** sein. Damit wird a=Δv/t.Um=20cm/s²=**0,2m/s².**

Die elektrische Antriebskraft F.el=q.Pro·E
Bei einer Spannung u.C=100V und einem Plattenabstand d=10cm
ist die Feldstärke **E=u.C/d=10V/cm.**
Die auf den Probekörper verschobene Ladung berechnet sich gemäß **q.Pro=A.Pro·ε.Pro·E.**

Für starke Kräfte soll die Dielektrizitätskonstante ε.Pro=ε.0·ε.r des Probenmaterials möglichst hoch sein. Wir wählen z.B. **Nylon 66,** das als Folie erhältlich ist.
Es hat **ε.r≈6**. Mit ε.0≈9pF/m wird **ε.Pro = 54pF/m ≈ 0,5pF/cm.**

Die Abmessungen des Probekörpers
Die Probenfläche wurde oben bereits bestimmt: **A.Pro=50cm²**.
Bei **E=10V/cm** wird **q.Pro=A.Pro·ε.Pro·E.≈ 1μN.**

Nun sind **F.el=1μN** und die Bescheunigung **a=0,2m/s²** bekannt.
Daraus folgt die **Probenmasse** **m=F.el/a=5mg.**

Aus der Dichte **ρ=1,2g/cm³** des Probenmaterials Nylon 66 erhält man das Probenvolumen **Vol=A.Pro·d=m/ρ=4,5cm³.**

Mit dem Querschnitt A.Pro=50cm² ergibt sich zuletzt die Stärke der Probenfolie:

d=Vol/A.Pro=1mm

Damit sind die Parameter der Komponenten des elektrostatischen Oszillators bekannt. Nun muss seine Funktion so beschrieben werden, dass er simuliert werden kann.

Ladungsintegration
Zur Berechnung der Kondensatorspannung **u.C(t)=Q(t)/C** wird die mit der Zeit t ausgetauschte Ladung Q(t) benötigt. **Q(t) = ΣΔq =N(t)·Δq** ist die Summe der Einzelladungen Δq, die bei der Oszillation des Probekörpers ausgetauscht werden.
N wird mit der **Anzahl N(t)** der Oszillationen immer größer (Abb. 2-143).
N(t) = t/t.0 ist proportional zur abgelaufenen **Zeit t.**

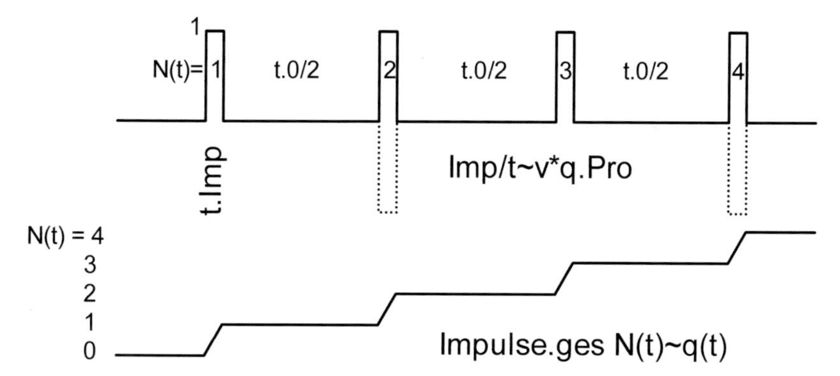

Abb. 2-143 oben: So sollen die Impulse des oszillierenden Ladungsaustauschs aussehen. Darunter: Die aufsummierte Impulsfläche ist der transportierten Gesamtladung proportional.

Ein Durchlauf der Probe dauert eine halbe Periode. **t.0/2 = d/v.**
t.0/2 ergibt sich aus dem **Plattenabstand d** und der **Probengeschwindigkeit v:**

t.0/2 = v/d. Damit wird **N(t) = t·v/d.**

Wie oben bereits gezeigt, ist die Probengeschwindigkeit v proportional zur Feldstärke E im Kondensator: **v=k.elme·E** – mit der elektromechanischen Konstante

$$k.elme = v/E = \sqrt{2 * \epsilon.Pro/(c.w * \rho)}$$ ... z.B. in (cm/s)/(V/m)=100cm²/Vs

Zahlenwerte:
Probe aus Keramik: ε.r=9; Mit ε.0=8,9pF/m≈0,01pF/cm wird **ε.Pro = ε.0·ε.r ≈ 0,8pF/cm**.
Für rechteckige Querschnitte ist der cw-Wert 1,1. Luft hat die Dichte ρ=1.3g/lit=1,3mg/cm³.
Dafür ist **c.w·ρ≈1,4mg/cm³.** Damit wird **k.elme≈0,1cm²/Vs.**

Zur Berechnung der Gesamtzahl N(t) = t / t.0 wird die Oszillationsperiode t.0 benötigt. Sie steigt mit dem Plattenabstand d und sinkt mit der Probengeschwindigkeit v. Dazu kommt noch ein Faktor 2 für Hin- und Rücklauf:

t.0=2·d/v.

Damit stellt sich die Aufgabe, die Oszillationsperiode t.0, bzw. die Frequenz **f.0=1/t.0~v**, als Funktion der Probengeschwindigkeit v zu berechnen.

Ein steuerbarer Impulsgenerator (Abb. 2-144 **Wobbelgenerator)**
Simulationsprogramme wie SimApp stellen Wobbelgeneratoren als Funktionsblock zur Verfügung. Bei offenem Steuereingang x.e ist die Ausgangsfrequenz f gleich der im Kontextmenü einstellbaren Grundfrequenz f.0. Durch das Steuersignal x.e kann f variiert werden: **f = f.0·x.e**.

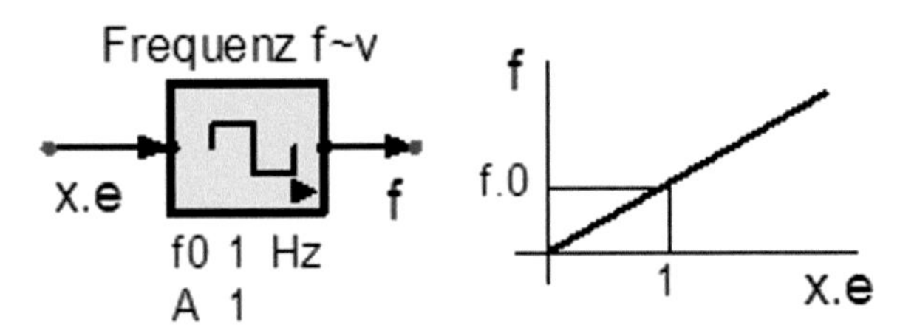

Abb. 2-144 Ein simulierter Wobbelgenerator: Seine Frequenz ist durch das Steuersignal einstellbar.

Wir zeigen nun, wie aus zwei Wobbelgeneratoren ein steuerbarer Impulsgenerator entsteht. Wir werden ihn anschließend durch Integration der Impulse zur Ladungsberechnung verwenden.

Der geschwindigkeitsgesteuerte Impulsgenerator
Die Struktur des Kondensatoroszillators (Abb. 2-145) zeigt oben links einen **steuerbaren Impulsgenerator**. Er erzeugt Einheitsimpulse mit einer Frequenz f=v/d.

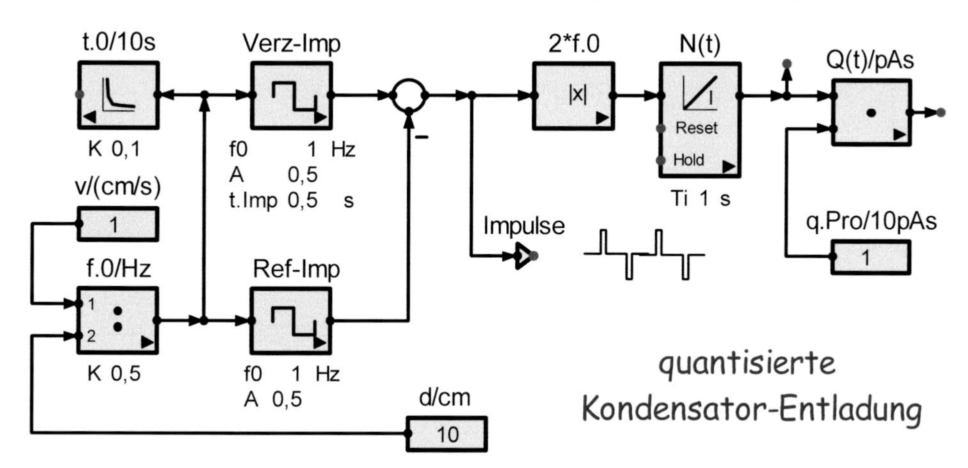

Abb. 2-145 Struktur eines Impulsgenerators mit steuerbarer Frequenz: Am Schluss werden die Impulse integriert. Das ergibt die gesamte Impulsfläche, die zur Berechnung der transportierten Ladung gebraucht wird.

Die **Impulsdauer t.Imp** entsteht durch die Verschiebung des unverzögerten zum verzögerten Rechteck. Die Verzögerung t.Imp des unteren Oszillators bestimmt die **Impulsdauer**. Sie entspricht der oben berechneten Zeit des Ladungsaustauschs

t.Um = t.Imp, hier 0,5s.

Abb. 2-146 zeigt die Simulationsergebnisse zum Impulsgenerator

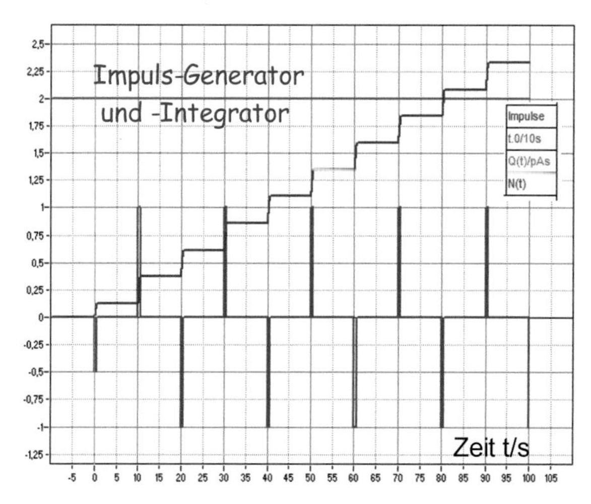

Abb. 2-146 simulierte Ladungsaustauschimpulse und ihr Integral: Die Impulse (rot) werden integriert. Das ergibt die gesamte Impulsfläche (blau), die zur Berechnung der transportierten Ladung gebraucht wird.

Abb. 2-147 zeigt das Simulationsergebnis zum quantisierten Ladungsaustausch.
Mit den in obiger Struktur angegebenen Parametern erhalten wir die Simulation der quantisierten Kondensatorentladung:

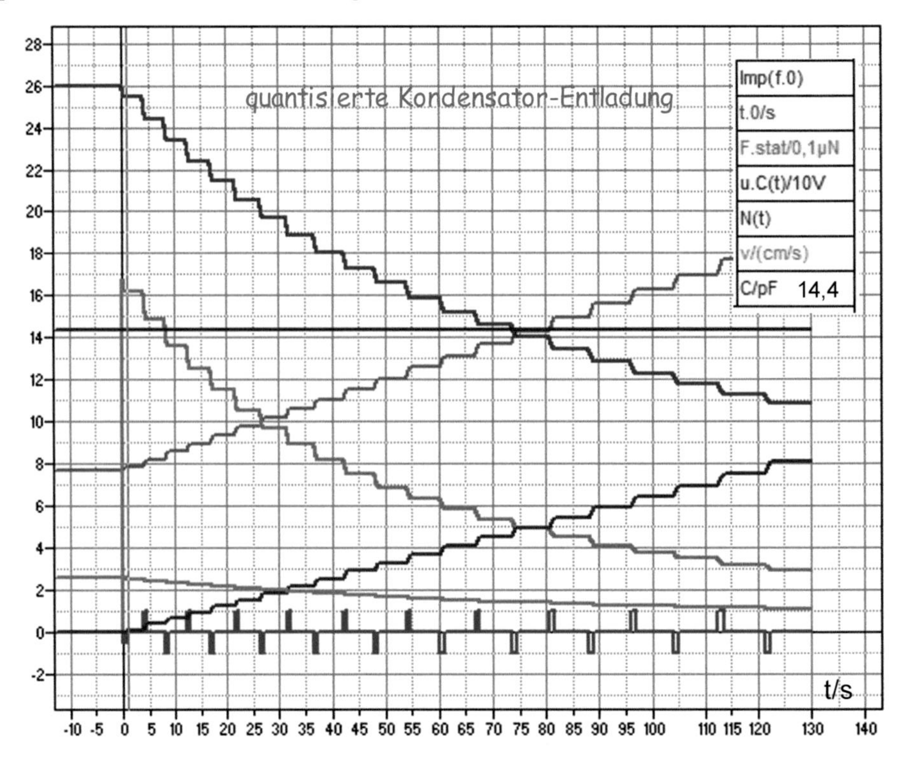

Abb. 2-147 Die Simulation zeigt, dass die Geschwindigkeit v des Probekörpers anfangs maximal ist und mit steigender Entladung immer kleiner wird. Nach jeder Halbperiode erfolgt ein Ladungs-Austausch, der mit dem Absinken der Kondensatorspannung verbunden ist.

Eine Kondensatoruhr

Der oszillierende Ladungsaustausch beim Elektrofilter entspricht einer mechanischen Pendeluhr.

Bei geschlossenem Schalter wiederholt sich der oszillierende Ladungsaustausch unbegrenzt, denn die Batterie ersetzt die abtransportierte Ladung. Das ist im Prinzip eine Pendeluhr. Allerdings kann ihre Genauigkeit infolge der Reibungsverluste nicht besonders groß sein.

Bei offenem Schalter (abgetrennter Batterie) ist die Oszillation beendet, wenn der Kondensator fast entladen ist. Dann reicht die elektrostatische Kraft nicht mehr aus, die Reibung des Systems zu überwinden.

2.4.9 Der Kondensator bei Wechselstrom

Mit Wechselstrom betriebene Kondensatoren (Abb. 2-148) werden z.B. in der Energie- und der Audiotechnik verwendet. Dafür nennen wir hier noch je ein Beispiel.

Abb. 2-148 zeigt die Voreilung des Kondensatorstroms bei sinusförmiger Wechselspannung.

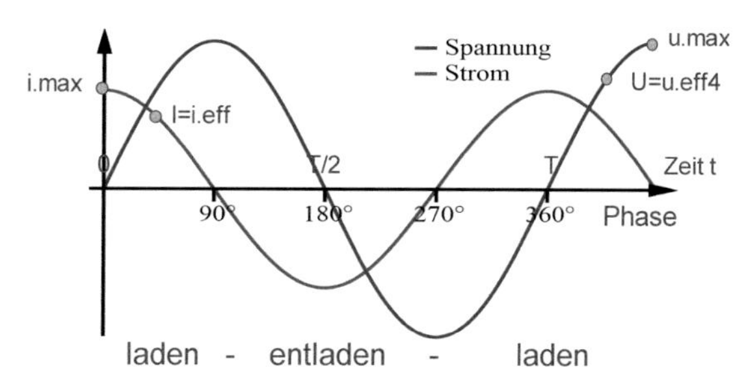

Abb. 2-148 kapazitiver Blindstrom - laden: Spannung steigt, entladen: Spannung sinkt

Die **Energietechnik** arbeitet mit sinusförmigen Spannungen und -Strömen (Abb. 2-149) mit diesen Effektivwerten:

- bei kleineren Leistung mit Einphasenwechselstrom von 230V(eff) und
- bei größeren Leistungen mit Drehstrom von 400V(eff).

Wichtigste Anwendung: elektrische Maschinen: Sie sind das Thema in Bd. 4/7, Kap.6.

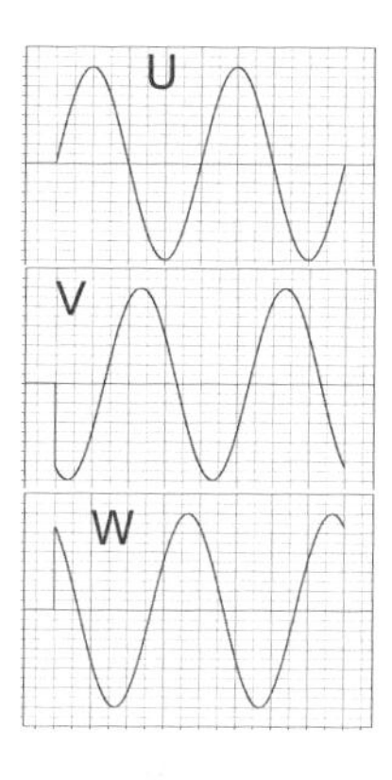

Abb. 2-149 Die drei Phasen des Drehstroms

Um einen Drehstrommotor mit Einphasenwechselstrom betreiben zu können, kann man die fehlende Phase kapazitiv nachbilden (Steinmetz-Schaltung, Abb. 2-150). Dadurch werden das Drehmoment und die Leistung das Motors reduziert.

Wenn man etwa 20% Leistungsverlust zulässt, benötigt man im 50Hz-Betrieb von Drehstrommotoren Kondensatoren von ca. **70µF pro kW** (Nennleistung).

Der Steinmetz-Kondensator muss ungepolt und spannungsfest sein. Für den 230V-Betrieb werden 400V-Kondensatoren benötigt. Sie werden bis zu 100µF angeboten.

Auch das bedeutet, dass die Steinmetz-schaltung nur für kleinere Motoren bis etwa 1kW in Frage kommt.

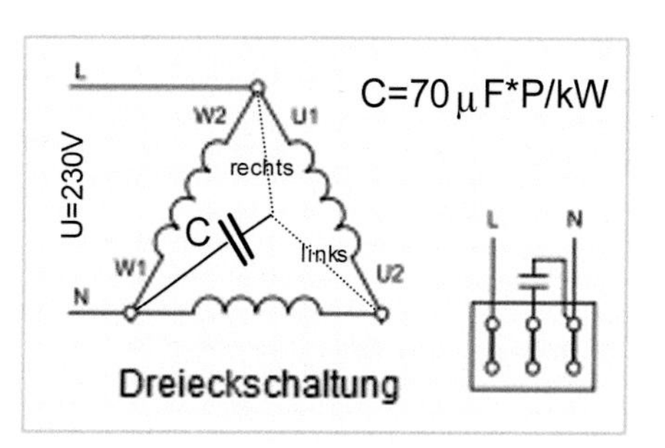

Abb. 2-150 Steinmetzschaltung

In der **Audiotechnik** verwendet man Kondensatoren zum Abblocken von Gleichspannungspegeln (Abb. 2-151).

Bei der unteren Grenzfrequenz f.g≈ 30Hz ist der kapazitive Widerstand X.C=1/ωC gleich dem Eingangswiderstand R. Mit ω.g=2π·f.g folgt daraus der Kondensator **C = 1/(ω.g·R).**

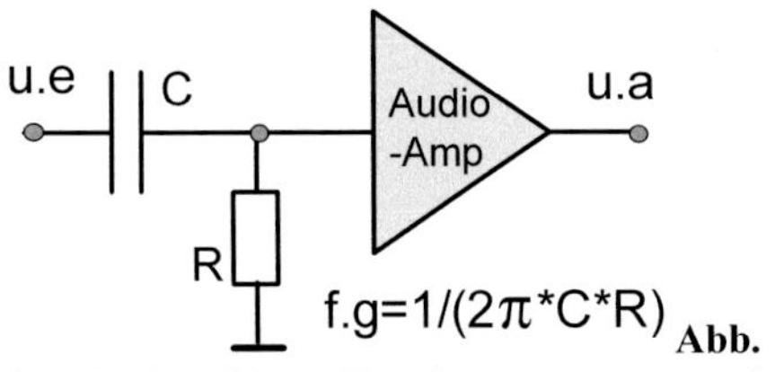

Abb. 2-151 Der Koppelkondensator erzeugt eine untere Grenzfrequenz f.g.

Bei **Verstärkern** erzeugt ein Ausgangskondensator C ebenfalls eine untere Grenzfrequenz (Abb. 2-152). Er kann bei einseitiger Vorspannung ein Elektrolytkondensator (Elko) sein.

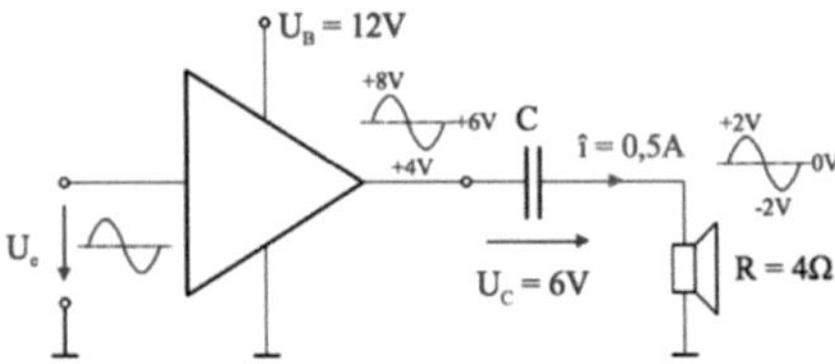

Abb. 2-152 Lautsprecher benötigen zum Betrieb reinen Wechselstrom. Verstärkerausgänge können einen Arbeitspunkt haben (Gleichspannungsmittelwert). Dann muss ein Koppelkondensator zwischengeschaltet werden.

Abb. 2-153: In der **Braun'sche Röhre** durchquert ein Elektronenstrahl einen Kondensator, wo er im Feld einer Messspannung abgelenkt wird.

Anwendung im vergangenen Jahrhundert: Fernseher und Oszilloskope

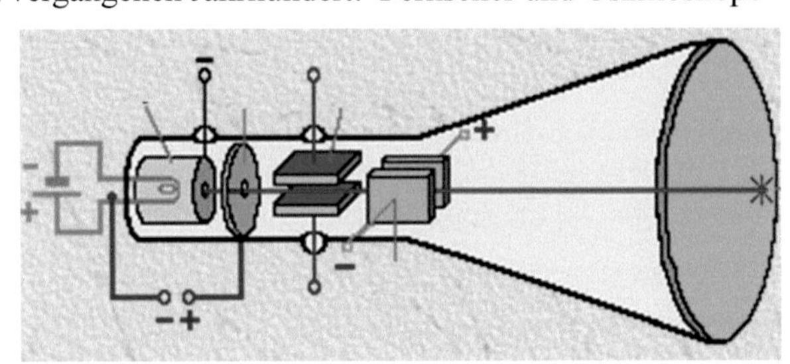

Quelle: http://www.schule-bw.de/unterricht/faecher/physik/online_material/e_lehre_1/spannung/braun_roehre.htm

Abb. 2-153 Braun'sche Röhre zum Sichtbarmachen elektrischer Spannungen: Bei elektrostatischer Ablenkung steigt die Energie - und damit die Helligkeit des Elektronenstrahls - mit der Auslenkung.

Schlussbemerkungen zu Bd. 1/7

Die Simulation technischer Systeme erfordert die Bildung von Strukturen. Das wurde hier vorwiegend für elektrische Schaltungen gezeigt. In den folgenden sechs Bänden soll die Strukturbildung auf mechanische, magnetische, thermische und hydropneumatische Systeme angewendet werden.

Wie geht es weiter?

Falls Sie an weiteren Themen zur Simulation interessiert sind, kann Ihnen der Autor die folgenden Teile seiner ‚Strukturbildung und Simulation technischer Systeme' anbieten:

Band 2/7 - - - - - - - - - - - - -

3 Elektrische Dynamik
4 Mechanische Dynamik

Band 3/7 - - - - - - - - - - - - -

5 Magnetismus
Teil 1: Grundlagen, Induktion und Wechselstrom
Teil 2 Dauer- und Elektromagnete

Band 4/7 - - - - - - - - - - - - -

6 Elektrische Maschinen
Gleichstrom, Allstrom, Drehstrom
7 Transformatoren
Netztrafos und Übertrager

Band 5/7 - - - - - - - - - - - - -

8 Elektronik
Diode, Transistor, Operationsverstärker, Thyristor
9 PID-Regelungen

Band 6/7 - - - - - - - - - - - - -

10 Sensorik
Hall-Effekt/Photometrie/Temperaturmessung
11 Aktorik
Peltier-Elemente/Piezos/Akustik

Band 7/7 - - - - - - - - - - - - -

12 Pneumatik/Hydraulik
13 Wärmetechnik
14 Kältetechnik

Spezielle Themen:

- Simulierte Regelungstechnik
- Simulierte Messtechnik
- Der simulierte Operationsverstärker
- Der simulierte Schrittmotor und seine Ansteuerung

Infos dazu finden Sie auf der Webseite des Autors:

http://strukturbildung-simulation.de

Die Themen der

Strukturbildung und Simulation technischer Systeme
Stand 2016, Änderungen vorbehalten

In dieser Reihe werden Grundlagen und Anwendungen zur Simulation der Funktion von Maschinen (im weitesten Sinne) behandelt. Simulationen werden sowohl bei der Entwicklung von Maschinen als auch bei ihrer Beschaffung und in Forschung und Lehre benötigt.

Die Simulation technischer Systeme wird in vorerst 14 Kapiteln behandelt. Nachfolgend werden deren Inhalte und Ziele beschrieben. Durch Beispiele aus vielen Bereichen der Physik und Technik sollen Sie in den Stand versetzt werden, eigene Systeme und ihre Komponenten zu simulieren.

Die zur Bearbeitung des jeweiligen Themas erforderlichen physikalischen Grundlagen werden allen Kapiteln vorangestellt. Gezeigt werden soll, dass zur Strukturbildung keine besonderen mathematischen Vorkenntnisse benötigt werden.

Voraussetzung zur Simulation ist die Kenntnis der Struktur der Maschinen Sie zeigt durch die Verknüpfung von Messgrößen, was-womit-wie zusammenhängt. Strukturen können von Simulationsprogrammen berechnet werden. Diese erzeugen Daten und Kennlinien wie mit einem Teststand, nur einfacher und schneller. Deshalb ist die Vermittlung der ‚Kunst' der Strukturbildung das zentrale Anliegen dieser Reihe.

Zur Strukturbildung gehören physikalische Grundlagen und als Handwerkszeug ein Simulationsprogramm Ihrer Wahl. Der Autor empfiehlt SimApp.

http://www.simapp.com/index.php?lang=de

Die in vorerst 14 Kapiteln behandelten Themen werden nun vorgestellt.

Band 1/7, Kapitel 1 und 2
‚Simulationsprogramm und Elektrizität'

Kapitel 1 ‚Von der Realität zur Simulation' zeigt anhand einfacher mechanischer, elektrischer, magnetischer und hydropneumatischer Beispiele die Vielseitigkeit von Simulationen. Dabei liegt Fokus auf dem statischen (zeitunabhängigen) Verhalten. Dadurch werden die in allen folgenden Bänden behandelten dynamischen Simulationen vorbereitet.

Als Beispiel für ein Simulationsprogramm wird die Handhabung von SimApp erklärt. Damit verfügen Sie über das Rüstzeug zur Simulation eigener Projekte.

Was Sie in Kapitel 1 lernen:

- Die Analogien zwischen Mechanik, Elektrik, Pneumatik/Hydraulik und Wärme/Kälte
- Den Umgang mit SimApp, einem einfach zu erlernenden und sehr leistungsfähigen Simulationsprogamm
- Die Operationen Proportionierung(P), Integration(I) und Differenzierung(D)
- Mit- und Gegenkopplung
- Formeln berechnen durch Simulation: Zinseszins, quadratische Gleichung und Gleichung mit zwei Unbekannten, Winkelfunktionen
- Die Sinusschwingung: Mittelwerte und Effektivwerte
- Tankbefüllung und -entleerung: die Exponential(e)-Funktion
- Das symbolische Rechenverfahren, die Vierpolmethode

Einführung in die Regelungstechnik

- Zwei- und Dreipunktregelungen
- Testverfahren: Sprungantwort und Anstiegsantwort
- Das Stabilitätsproblem und optimale Dynamik
- Proportionalregelung und Regleroptimierung
- Temperaturregelung: Schwerpunkt Konstantenbestimmung
- Reglerdimensionierung mittels Wendetangentenverfahren
- PID-Regler: Aufbau, Funktion, Dimensionierung und Optimierung
- Drehzahlsteuerung und -regelung
- Elektronischer Tacho mit Widerstandsmessbrücke

Warum Sie Kapitel 1 lesen sollten:

- Sie lernen das Denken in Ursache – Verknüpfung – Wirkung. Die Struktur zeigt Ihnen, wo noch Klärungsbedarf besteht und dass die Systembeschreibung vollständig ist.
- Durch Strukturbildung werden Sie zum Systemanalytiker. Die Simulation macht Sie zum wahren Rechenmeister.
- Durch die Messwerte erkennen Sie Realitäten. Die Diagramme und Parametervariationen fördern Ihr Verständnis technischer Zusammenhänge wie die Praxis selbst, nur gründlicher, einfacher und schneller. So erfahren Sie die Anschaulichkeit und Flexibilität von Simulationen.

Kapitel 2 ‚Elektrizität' beginnt die Simulation technischer Systeme, denn elektrische Größen sind besonders leicht zu messen (Multimeter, Oszilloskop).

Was Sie in Kapitel 2 ‚Elektrizität' lernen:

- Elektrische Zwei- und Vierpole
- Spannungsteiler und Überlagerungsprinzip
- Diode, Gleichrichter und Netzteile
- Die Bauelemente R, C und L
- Feldstärke und Driftgeschwindigkeit
- Der Operationsverstärker und seine Grundschaltungen
- Kondensatoren bei Gleich- und Wechselstrom
- ElektrofilteWarum Sie Kapitel 2 ‚Elektrizität' lesen sollten:

1. Kapitel 2 ‚Dynamik' legt die Grundlagen für zeitabhängige Simulationen. Zeitabhängigkeiten müssen immer dann bekannt sein, wenn es auf Geschwindigkeit ankommt, z.B. bei der industriellen Produktion. Dabei kann ein Problem auftreten, das besonders in der Regelungstechnik wichtig ist: Instabilität. Zu deren Vermeidung sind Dynamikkenntnisse unerlässlich.
2. Sie erhalten vertiefte Grundkenntnisse der elektrischen Strömung und der Ladungsspeicherung. Anwendungen finden Sie in Kapitel 8 Elektronik und Kapitel 10 Sensorik.
3. Sie erkennen die Ähnlichkeiten bei der Berechnung elektrischer und magnetischer Felder (Kapitel 5).

Band 2/7 Kapitel 3 und 4, ‚Dynamik'

behandelt das Zeit- und Frequenzverhalten elektrischer und mechanischer Systeme. Die hier vermittelten Verfahren (komplexe Rechnung, Bode-Diagramme) werden bei den meisten Simulationen gebraucht.

Kapitel 3 behandelt das Zeit- und Frequenzverhalten elektrischer Vierpole.

Was Sie in Kapitel 3 ‚Elektrische Dynamik' lernen:

- Testsignale: Rechteck-Dreieck-Sinus
- Differenzierung und Integration
- Elektronischer Winkelmesser und Beschleunigungsmesser
- Komplexe Rechnung und der normalisierte Frequenzgang
- Verzögerung und Tiefpass, Vorhalt und Hochpass
- Resonanz-Frequenz und Dämpfung
- Das Bode-Diagramm: Amplitudengang, Phasengang und das dB (dezi-Bel)
- Elektrische Systeme 1.Ordnung, 2.Ordnung und höherer Ordnung
- Filter aus Kondensator, Induktivität und Widerstand
- Tiefpass-Hochpass-Bandpass und Bandsperre

- Frequenzgang und Sprungantwort, Dämpfung und Überschwingen
- Kriechfall, Schwingfall und optimale Dynamik
- Elektrische und mechanische Zeitkonstanten

Warum Sie Kapitel 3 lesen sollten:

1. Die dynamische Systemanalyse besteht aus der Struktur, der komplexen Berechnung und der Darstellung der Frequenzgänge im Bode-Diagramm. Die hier beschriebene Methode erklärt, warum etwas so ist. Sie ergänzt die Praxis, die nur zeigen, wie etwas ist.
2. Dynamische Analysen zeigen die Zusammenhänge zwischen den Bauelementen eines Systems und den Systemeigenschaften (Resonanz, Dämpfung).
3. Dynamische Simulationen (Band 2/7) ergänzen die statischen Simulationen (Band 1/7). Beide zusammen ergeben sie ein vollständiges Bild des Gesamtsystems. Sie ermöglichen die Dimensionierung seiner Komponenten gemäß den gewünschten Eigenschaften. Weil das hier verwendete Analyseverfahren (Struktur, komplexer Frequenzgang und Bode-Diagramm) sowohl einfach als auch leistungsfähig ist, wird es in den folgenden Kapiteln immer wieder angewendet.

Was Sie in Kapitel 4 ‚Mechanische Dynamik' lernen:

- Arbeit, Leistung, Impuls bei Translation und Rotation
- Masse, Feder, Dämpfer, Massenträgheitsmoment
- Mechanische Systeme erster, zweiter und dritter Ordnung
- Oszillator, Transmission
- Materialkonstanten, Zeitkonstanten
- Kreisel: Spin, kardanische Aufhängung
- Wendekreisel, Kurskreisel (Kreiselkompass)
- Resolver und Torquemotor
- Trägheitsnavigation

Warum Sie Kapitel 4 lesen sollten:

1. Durch die Transmission erhalten Sie ein Beispiel zur Simulation eines linearen mechanischen Systems höherer Ordnung und dessen Resonanzen.
2. Der mechanische Oszillator ist das Standardbeispiel für Oszillatoren aller Art.
3. Das Thema ‚Kreisel' schult das räumliche Denken.

Band 3/7. Kaitel 5, ‚Magnetismus‘ behandelt magnetisch erzeugte Spannungen und Ströme (Induktion) und magnetische Kräfte und Drehmomente. Er legt die Grundlagen zur Simulation elektrischer Maschinen (Band 4/7), aber auch zur Simulation von Sensoren und Aktoren (Band 6/7).

Was Sie in Kapitel 5 ‚Magnetismus‘ lernen:

1. Beim Thema ‚Spulenberechnung‘ wird eine automatische Parameteroptimierung durchgeführt.
2. Simuliert werden nicht nur lineare, sondern auch gesättigte magnetische Kreise mittels Tabellen und Funktionen. Sie erkennen, dass differenzierbare Funktionen (d.h. ohne Sprünge) den punktuellen Tabellen vorzuziehen sind.
3. Sie erkennen die Analogien des Magnetismus zur Elektrizitätslehre und zur Mechanik. Dadurch können Sie auch gemischte Systeme simulieren.

Magnetische Messgrößen

- Magnetischer Fluss, Durchflutung und magnetisches Feld
- Dia-, Para- und Ferro-Magnetismus
- Magnetische Energie und Leistung
- Flussdichte, Feldstärke und Permeabilität
- Magnetische Influenz und Skineffekt

Magnetische Grundlagen

- Das ohm'sche Gesetz des Magnetismus
- Das Durchflutungsgesetz
- Feldstärke, Flussdichte und Permeabilität
- Influenz und Magnetisierung: Abschirmung
- Ringspule (Toroid) und gerade Spule (Solenoid)
- Magnetischer Leitwert, Trafokerne
- Hysterese und Induktionsheizung

Induktion

- Induktion und Induktivität
- Windungszahl und Wicklungswiderstand
- Spulen ein- und ausschalten
- Funkenlöschung
- DC-DC-Wandler

Wechselstrom

- Blind-, Wirk- und Scheinwiderstände
- Drosselspulen, Vormagnetisierung
- Blindstromkompensation
- Stromwandler und Spartransformator
- Uhrenquarz als Serienresonanzkreis

Magnetische Kräfte

- Die Lorentzkraft, Energie und Leistung
- Permanentmagnete und magnetische Polstärke
- Kraftmagnete und Relais
- Relais-Dimensionierung

Elektromagnetische Drehmomente

- Elektromagnetisches Drehmoment
- Drehspulinstrument und Galvanometer
- Wirbelstrombremse und Wirbelstromtachometer
- Massenspektrometer

Spulen und Kerne für Drosseln und Trafos

- Simulation von Magnetisierungskennlinien durch Tabelle und als Funktion
- Minimierung von Spulenkörpern

Warum Sie Kapitel 5 lesen sollten:

1. Der Magnetismus gehört wie die Elektrizität und die Mechanik zu den allgemeinen Grundlagen. Systeme ohne elektromagnetische Baugruppen sind selten.
2. Sie lernen Spulen und Kerne nicht nur zu analysieren, sondern auch nach Anwendungsspezifikationen zu dimensionieren.
3. Die Methode der dynamischen Spulenanalyse (Resonanzfrequenz, Dämpfung oder Güte) ist allgemein verwendbar.

Band 4/7 ‚Elektrische Maschinen und Transformatoren'

Elektrische Maschinen und Transformatoren funktionieren durch magnetische Vermittlung. Gezeigt wird, dass große Leistungen durch Spulen mit vielen Windungen und magnetisch gut leitenden Kernen übertragen werden.

Was Sie in Kapitel 6 ‚Elektrische Maschinen' lernen:

- Gleichstrommotor mit Permanentmagnet
- Reihenschlussmotor (Hauptschlussmotor)
- Nebenschlussmotor
- Allstrom(Universal)-Motor
- Synchronmotor
- Asynchronmotor
- Wirkungsgrad und Leistungsfaktor $\cos(\varphi)$

Warum Sie Kapitel 6 lesen sollten:

1. Sie kennen die Vor- und Nachteile der verschiedenen Motortypen.
2. Sie wissen, warum und wie Drehstrommotoren zur Blindleistungskompensation eingesetzt werden.
3. Durch den Asynchronmotor erhalten Sie ein Beispiel zur Analyse und Simulation eines nichtlinearen elektromagnetischen Systems.

Was Sie in Kapitel 7 lernen:

- Netztransformatoren
- Spannungsübersetzung und Stromrückwirkung, Magnetisierungsstrom
- Dimensionierung von Netztrafos
  Windungszahlen, Eisenlänge und -querschnitt, Wicklungswiderstände
- Trafodimensionierung, M-Kerntrafo, Ringkerntrafo
- Audioübertrager: Vormagnetisierung und Luftspalt
- Frequenzgang, Grenzfrequenzen und Resonanz

Warum Sie Kapitel 7 lesen sollten:
1. Sie können Transformatoren gemäß den Forderungen der Anwendung (Leistung, Grenzfrequenzen) dimensionieren.
2. Sie wissen, wie Frequenzgänge gemessen werden.
3. Sie wissen, dass Ringkern-Netztrafos auch als Audioübertrager zu verwenden sind.

Band 5/7, Kapitel 8 und 9, ‚Elektronik und PID-Regelung'
behandelt die Simulation elektronischer Schaltungen mit Transistoren und Operationsverstärkern, z.B. zur Realisierung von PID-Reglern. Auch Stellverstärker mit Thyristoren, Triacs für Phasenanschnittsteuerungen (PAS) und elektronischen Lastrelais (ELR) mit Vollwellensteuerung (VWS) werden simuliert.

Was Sie in Kapitel 8 ‚Elektronik' lernen:

- Dioden in Sperr- und Fluss-Richtung, Diodengleichung
- Z-Dioden: Spannungsstabilisierung, Temperaturgang
- Leuchtdiode (LED), Photodiode, Optokoppler
- Feldeffekt-Transistoren (Fets, MOS-Fets): Arbeitspunkt und Kenndaten
- Fet als Stromquelle und steuerbarer Widerstand
- Der MOS-Fet als Schalter, Verlustleistung und Kühlkörper
- npn- und pnp-Transistoren (bipolare Transistoren)
- Ersatzschaltung und Kennwerte (Steilheit, Early-Spannung)
- Der bipolare Transistor als Stromquelle und Schalter
- Der Transistor als Vierpol (h- und y-Parameter)
- Transistor-Grundschaltungen: Emitter-Kollektor-Basis
- Darlingtonschaltung, Stromspiegel
- Diskret aufgebauter Differenzverstärker
- Operationsverstärker (OP, Op-Amp)
- Invertierender und nichtinvertierender OP
- Impedanzwandler, virtueller Nullpunkt, Stromsummenpunkt
- Differenzverstärker, steuerbare Stromquelle, Instrumentenverstärker
- Nullpunktsfehler, Abgleich und Temperaturdrift
- Halbleiter-Schaltungstechnik
- Unstabilisierte und stabilisierte Netzteile: Spannungsregler
- Synchrongleichrichter, RC-Oszillator, Pulsbreitenmodulator
- Thyristoren und Triacs

- Vollwellen- und Phasenanschnitt-Steuerung
- Elektronisches Lastrelais

Warum Sie Kapitel 8 lesen sollten:

1. Elektronische Bauelemente finden Sie in der gesamten Technik – und daher auch in vielen Simulationen. Daher ist ihr Grundverständnis immer hilfreich.
2. Durch Arbeitspunkteinstellung können nichtlineare Transistoren linear behandelt werden. Zur Berechnung von Transistorschaltungen werden keine Herstellerangaben oder Kennlinien benötigt. Die Methode der Arbeitspunkteinstellung ist bei allen nichtlinearen Systemen anwendbar.
3. Sie wissen, in welchen Fällen elektronische Lastrelais mit Vollwellensteuerung eingesetzt werden und wann Phasenanschnittsteuerungen erforderlich sind.

Durch beschaltete Operationsverstärker wird die Präzision passiver Bauelemente auf ein verstärkendes System übertragen. Diese Methode werden Sie in Kapitel 12 beim Aufbau eines pneumatischen Reglers wiederfinden

Was Sie in Kapitel 9 ‚PID-Regelungen' lernen:

- Kompensation und Regelung
- Zwei- und Dreipunktregelungen für Temperatur und Position
- Schaltender Regler mit Rückführung und Pulsbreitenmodulator
- Regelungen mit Phasenanschnittsteuerung und elektronischem Lastrelais
- Stabilität im Regelkreis: optimale Dynamik und Instabilitätskriterium
- Der offene und der geschlossene Regelkreis
- Proportional- und Integralregelung
- Frequenzgänge des Regelkreises bei Führung und Störung
- Durchtritts- und Resonanzfrequenz, Dämpfung
- PID-Regler: Entwurf, Dimensionierung und Optimierung
- Positionsregelung mit Analogmotor
- Ausregelung von Störspektren, Spektrum und Effektivwert
- Rauschunterdrückung und Rauschbefreiung

Warum Sie Kapitel 9 lesen sollten:

1. Sie wissen, in welchen Fällen I- und D-Anteile zum P-Regler erforderlich sind.
2. Sie lernen PID-Regler systematisch zu optimieren.
3. Sie wissen, wie P-, I- und D-Regler dimensioniert werden.

Band 6/7 ‚Sensorik und Aktorik

Steuerungen und Regelungen erfordern die Messung und Beeinflussung der Regelgröße. Wenn die elektrisch geschehen soll, werden Wandler benötigt. Hier soll gezeigt werden, wie Sensoren mit Halbleitern und Aktoren mit elektronischen Verstärkern realisiert werden.

Was Sie in Kapitel 10'Sensorik' lernen:

- Halbleiter: Ladungsgeschwindigkeit und Ladungsdichte (Hallkonstante)
- Temperaturmessung: NTC, PTC, Pt100, Thermoelement
- Strömungsmessung (Anemometer)
- Magnetoresistiver Effekt
- Der Halleffekt: Hallspannung und Empfindlichkeit
- Induktiver Strömungsmesser
- Messung des Erdmagnetfeldes (Inklination und Deklination)
- Photoelektronik
- Lichtstrom (lm), Beleuchtungsstärke (lx)
- Strahlungsgeometrie (Raumwinkel in Stereoradianten sr)
- Beleuchtungsmesser mit LDR
- Photodiode und Phototransistor
- Photovoltaik: Photozelle und Solarmodul
- Strahlungsintensität und Beleuchtungsstärke

Warum Sie Kapitel 10 lesen sollten:

1. Um physikalische Größen steuern und regeln zu können, müssen sie mit geringem Aufwand möglichst genau gemessen werden – d.h., sie sind in analoge elektrische Signale umzuwandeln. Hier erfahren Sie an Beispielen aus den Bereichen Magnetismus, Licht und Temperatur, wie dies mit Hilfe der Elektronik erfolgt.
2. Bei der Behandlung des elektrischen Strömungsfeldes wird gezeigt, dass die Elektronendichte in Leitern konstant ist. Der elektrische Strom verhält sich wie eine Flüssigkeit. In Halbleitern hängt die Elektronendichte von der Feldstärke ab. Deshalb sind die Ladungsträger in Halbleitern komprimierbar wie ein Gas.
3. In Abschnitt ‚Photometrie' wird der Zusammenhang zwischen spektraler und effektiver Intensität hergestellt. Diese Methode wird bei Strahlungsmessungen immer dann gebraucht, wenn Emitter und Sensor in unterschiedlichen Spektralbereichen aktiv sind, z.B. in der Photovoltaik.

Was Sie in Kapitel 11 ‚Aktorik' lernen:

- Peltierelemente, Kühlung einer Nebelkammer
- Piezos: direkter und inverser Piezoeffekt
- Piezo als Generator: Kraft und Druckmesser
- Beschleunigungsmesser, Elektretmikrofon
- Der Piezo als Linearantrieb: Piepser (Beeper)
  Piezodynamik: Resonanzfrequenz und Dämpfung
- Akustik: Schallpegelmessung
- Schallschnelle und Schallimpedanz
- Dynamischer Lautsprecher und dynamisches Mikrofon
- Lautsprecherfrequenzgänge: Hochtöner, Mitteltöner, Tieftöner (Subwoofer)
- Schallübertragung

Warum Sie Kapitel 11 lesen sollten:

1. Zur Simulation von Aktoren werden Kenntnisse aus vielen Bereichen der Physik benötigt. Hier z.B. aus der Mechanik, dem Elektromagnetismus, der Pneumatik und der Elektronik. Deshalb sind Beispiele mit Aktoren bestens zum Erlernen der Simulationsverfahren geeignet.
2. Viele Aktoren können auch als Sensoren dienen (Aus Motoren werden Generatoren). Dann ändern sich die steuernden und gesteuerten Signale in der Struktur. Das zu erkennen erfordert systematisches Denken, das für die Strukturbildung und Simulation unerlässlich ist.
3. Mit dem Lautsprecher erhalten Sie ein Beispiel zur dynamischen Umwandlung von Strom in Kraft mittels Magnetismus. Dadurch erkennen Sie den Unterschied zu Motoren als stationäre Wandler von Strom in Kraft.

Band 7/7, Kapitel 12, 13 und 14,
‚Hydraulik/Pneumatik, Wärme- und Kältetechnik'

Zum vorläufigen Abschluss (2016) der ‚Strukturbildung und Simulation technischer Systeme' werden noch vier Themenbereiche behandelt:

- Hydraulik, mit der große Drücke von Flüssigkeiten gesteuert werden können.
- Pneumatik zur Berechnung der Drücke und Strömungsgeschwindigkeiten von Gasen
- Ausgenutzt wird die Pneumatik und Hydraulik in der Kältetechnik zur Erzeugung tiefer Temperaturen.
- Wärmetechnik, durch die die Speicherung, Leitung und Strahlung von Wärme genutzt wird.

Was Sie in Kapitel 12 ‚Hydraulik/Pneumatik' lernen:

- Analogien der Hydraulik/Pneumatik zur Mechanik und Elektrik
- Druck und Leistung: Ölmotor, Kompressor, Pumpe
- Druck und Temperatur: Gasthermometer, Steigleitung
- Bernoulligleichung für den Zusammenhang aus Druck und Strömungsgeschwindigkeit
- Messung von Strömungsgeschwindigkeiten, Reynoldszahl
- Hydropneumatische Serien- und Parallelschaltungen
- Pneumatische und hydraulische Zeitkonstanten
- Pneumatischer Schwingkreis: Resonanzfrequenz und Dämpfung
- Befüllung und Entleerung eines Gasspeichers
- Laminare Strömung: Hagen-Poiseuille
- Turbulente Strömung: Blende und Ventil
- Ventilsimulation und Membranantrieb
- Druckteiler (Drossel) und Druckfolger
- System Düse-Prallplatte: Pneumatischer Differenzdruckverstärker
- Pneumatischer PID-Regler: Druckregelung

Warum Sie Kapitel 12 , Pneumatik/Hydraulik' lesen sollten:

1. Hydraulische und pneumatische Systeme sind hochgradig nichtlinear. Damit sind sie mit klassischer Mathematik nicht mehr zu berechnen. Hier zeigt sich, was Simulationen zu leisten vermögen.
2. Sie erkennen die Ähnlichkeiten und Unterschiede pneumatischer und hydraulischer Systeme zu mechanischen und elektrischen Systemen.
3. Mit der hier angewendeten Berechnungsmethode können Sie beliebige nichtlineare Systeme simulieren.

Was Sie in Kapitel 13 ,Wärmetechnik' lernen:

- Wärmeleitung: Spezifische Wärmeleitfähigkeit und thermischer Widerstand
- Wärmestrom und Wärmedurchgangskoeffizient: Fensterscheiben
- Heizkostenberechnung und Heizkostenmessung
- Thermische Reihen- und Parallelschaltung: Kühlkörperberechnung
- Wärmespeicherung: thermische Kapazität und -Zeitkonstante
- Kühlung durch Konvektion
- Brauchwasserspeicher
- Wärmestrahlung, Strahlungsleistung: Treibhauseffekt
- Solarkollektoren und Kollektorleistung, Solarheizung
- thermische Solaranlage: Funktion und Amortisation

Warum Sie Kapitel 13 lesen sollten:

1. Sie erlernen die Grundlagen zu Berechnung Wärmetechnischer Anlagen: Wärmeleitung und Wärmeaustausch, Wärme Strahlung und Konvektion und Wärmespeicherung.
2. Alle Energiewandler erzeugen Verluste in Form von Wärme. Bei der geforderten Nennleistung dürfen sich die Bauteile eines Systems nicht unzulässig erwärmen. Zu zeigen ist, wie Wärmeverluste minimiert und abgeführt werden.
3. Um thermische Systeme zu konzipieren sind meist umfangreiche Berechnungen nötig. Ziel ist es, die erforderliche Heiz- oder Kühlleistung mit Bauteilen von geringem Volumen zu erbringen. Dazu sind Simulationen das probate Hilfsmittel.

Deshalb gehören thermische Berechnungen zum Grundlagenwissen des Ingenieurs.

Was Sie in Kapitel 14 ,Kältetechnik' lernen:

- Das Lindeverfahren (Kompressionskühlung)
- Kältemittel
- Die Komponenten einer Kühlanlage:
  Kompressor, Expansionsventil, Kondensator und Verdampfer
- Adsorptions- und Absorptionskühlung

Warum Sie Kapitel 14 lesen sollten:

1. Sie verstehen thermische Kreisläufe.
2. Sie verstehen das Prinzip von Kälteanlagen und Wärmepumpen.
3. Sie erkennen die Vor- und Nachteile der Kälteerzeugungsverfahren.

Sachverzeichnis

Der Autor

Axel Rossmann, geb. am 22.01.1944
Ausbildung zum Fernmeldemonteur in Hannover.
Erstes Studium zum Ingenieur der Nachrichtentechnik in Darmstadt.
Entwicklung von Kreiselstabilisierungen bei der AEG in Wedel/Holstein.
Technikerausbilder in den Fächern Elektronik und Regelungstechnik.
Zweites Studium der Physik in Hamburg.
Sensorentwicklung, u.a. Strömungs- und Druckmesser.
Elektronikentwicklung für die Elementarteilchen -Physik beim Deutschen Elektronen-Synchrotron (DESY) in Hamburg.

Seit 2009 Rentner, der endlich Zeit hat, ein Buch zum Thema ‚Strukturbildung und Simulation' zu schreiben.

Printed in the United States
By Bookmasters